张春田　姜文涛　主编

情感何为

情感研究的历史、理论与视野

Critical Emotion Studies:
History, Theory, Perspective

北京大学出版社
PEKING UNIVERSITY PRESS

本书获得"华东师范大学中文系学术著作出版基金（2018年度）"及"中央高校基本科研业务费项目2021年华东师范大学青年预研究项目'抒情传统与中国近代文学转型'（项目编号：43800-20101-222253）"资助。

目 录

编者说明 / I

第一部分 "情动转向"基本理论

第 1 章　情动时刻，或者对生命的见证　马克·B. N. 汉森 / 3

第 2 章　情动的效用　迈克尔·哈特（存目）/ 48

第 3 章　情动的自足　布莱恩·马苏米（存目）/ 49

第二部分 批评"情动转向"

第 4 章　情动障碍　威廉·埃金顿 / 53

第 5 章　情动转向：一个批评　鲁斯·莱斯 / 76

第三部分 早期近代与情感

第 6 章　忧心历史里的情感问题　芭芭拉·H. 罗森韦恩 / 121

第 7 章　早期现代情感与稀缺经济　丹尼尔·M. 格罗斯 / 154

第 8 章　神经、精神与纤维：关于情感的起源　乔治·S. 卢梭 / 170

第 9 章　风，梦，剧场：情境的谱系　林凌瀚 / 200

第四部分　情感与现代性

第 10 章　捍卫人文学：以查尔斯·达尔文之《人和动物的情感表达》
（1872 年）为例　丹尼尔·M. 格罗斯（存目）／241

第 11 章　批评的共情：弗农·李的美学及细读的起源
本杰明·摩根／242

第 12 章　情感脉冲：怀特海"纯粹情感批判"　史蒂文·沙维罗／273

第 13 章　抒情：诺瓦利斯的感官人类学　查德·维尔蒙／295

第 14 章　康德及其理性情感　查德·维尔蒙／324

第 15 章　情感自由　威廉·雷迪（存目）／356

第五部分　情感与当代问题

第 16 章　作为媒质之情动：或论"数字 – 面部 – 图像"
马克·B. N. 汉森（存目）／359

第 17 章　女性主义理论与情感科学　凯瑟琳·鲁兹（存目）／360

第 18 章　价值与情动　安东尼·内格里（存目）／361

第 19 章　祛魅的矛盾情绪　保拉·维尔诺／362

第 20 章　作为情感结构的末世论（断续六章）　李文石／385

第六部分　20 世纪中国的情感问题

第 21 章　重访中国革命：以情感的模式　裴宜理（存目）／425

第 22 章　非理性之魅惑：朱谦之的群众观　肖铁（存目）／426

第 23 章　与爱何干　李海燕（存目）／427

第 24 章　唯情与理性的辩证——五四的认识论　彭小妍（存目）／428

第 25 章　有情的历史：抒情传统与中国文学现代性　王德威（存目）／429

编者说明

近年来,"情感"文化及其表现已成为国际人文学研究中重要的话题。这从"情动/情感转向"(affect/emotion turn)①的说法中就可以见出端倪。"情动/情感转向"风靡一时,影响遍及诸多学科,几乎成为"语言学转向"之后势头最盛的学术潮流之一。某种意义上讲,这个"转向"是后现代文化研究之一种,直接受到诸如法国哲学家德勒兹等人的理论的启发。但如果往历史深处去看,对"情感"的重视和勘探应该上溯至17世纪哲学家斯宾诺莎和18世纪哲学家休谟。20世纪60年代以来,情感研究(emotion studies/affect studies)的取向在多个学科(特别是哲学和文化研究)中逐渐兴起,理论家以"情动"(affect)作为主要的理论概念,从人体的意识和感官感觉出发,批判近代以来形成的以原子化的个体身份为基础的主体性,寻找身体感官、认知及意识中的可塑性(plasticity)和液态性(liquidity),强调前话语状态的可能性。"情动"概念与更广义的"情感"分析,已经显示出其在文本解释和文化批判上丰富的能动性,同时也带动了对主体与客体、个人与社会、理性与道德、认同与伦理以及现代性的普遍性与特殊性等一系列理论问题的再思考。锋芒所及,不仅挑战了资本主义现代性条件下理性与情感二分的身体范式,而且慢慢汇集起一整套对于

---

① 英文中表示"情感"及相关的词汇有几个:emotion, affect, feeling, passion, lyrical, affective, sensibility, sentimental, sentimentality 等。使用 emotion 的情况较多。对有些研究者而言,这些词之间存在差别,这些差别有时候甚至非常大。比如有学者强调,emotion 表示的是具有明晰主体意识和认知理性的,affect 则是存在于主体意识和认知之外的、与身体相关的感知。这些词之间具体的区别是由所讨论问题的语境决定的。对有些研究者而言,这些词之间的区分并不重要。

情感与主体性、身体、媒介、文学之间的关系的新理解，在方法论上也暗示了"理论之后"的突破。"情感研究"不仅作为领域和对象，更作为视野和方法，对传统人文研究产生了广泛的刺激；并且通过与认知、心理和神经等研究相连接，正在召唤一种"新文科"的可能样态。

比如，在历史学界，2012 年 12 月《美国历史评论》（*American Historical Review*）邀请了几位历史学家，组织了一场有关"历史学情感研究"（The Historical Study of Emotions）的学术对谈，提出历史学界存在"情感转向"。事实上，历史学中对于情感研究的重视，可以追溯到法国年鉴学派吕西安·费弗尔（Lucien Febvre）在 20 世纪 40 年代关于历史研究的看法。1985 年，两名历史学家，彼得·斯特恩斯（Peter Stearns）和卡罗尔·斯特恩斯（Carol Stearns），甚至宣称一个名为"情感学"（emotionology）的历史研究新学科的诞生。福柯的疯癫史研究在某种意义上也属于这个范畴。这些研究多涉及历史发展的心理学因素、情感表达与社会价值规范、家庭及其他社会单元与个体规训等，也与德国社会学家诺贝特·埃利亚斯（Norbert Elias）提出的"文明的进程"范式相关。

又如，"情动"的过程性与扩展性等问题，也成为一些从事文化研究的学者的重要思路。不同学者通过把情感与各自关心的议题相结合，发展出了很多新颖而有影响力的论述。弗朗茨·法农（Frantz Fanon）在《黑皮肤，白面具》中重点讨论殖民者与被殖民者的情绪与心理反应，对自卑、妒恨等情感的分析，突破了原先对殖民结构的政治解释，也启发了此后的后殖民探索。雷蒙·威廉斯（Raymond Williams）所贡献的概念"情感结构"（structure of feeling），在文化研究领域影响深远。他提出："［情感结构］同结构所暗示的一样严密和明确，然而，它在我们的活动最微妙和最不明确的部分中运作。在某种意义上，这种情感结构是一个时期的文化。"它一方面推动了马克思主义文学批评对情感和心理领域的介入，另一方面更深刻地解释了感知领域的变动对于社会转型和意识形态建构的重要性。威廉斯从 19 世纪 40 年代英国作家的作品中解读出"一代人思想与感受的形成",特别突出了个人情感与身体经验对于思想的形塑作用;在此基础上,他把文化界定为"一种整全的生活方式"。对意识与关系中感情元素的重视,突破了早前西方思想史中"感觉"与"思想"长期的二元对立。"思想作为感受,以及感受作为思想"的理解方式在文学解读和思想史分析中尤其有重要意义,甚至影响到法学和政治学。玛莎·纳斯鲍姆(Martha Nussbaum)在《诗性正义:文学想象与公共生活》(*Poetic Justice: The Literary Imagination and Public Life*)中就特别强调了文学想象所催生的"同情"感对于一种超越功利主义的公共生活的意义。多米尼克·莫伊西(Dominique Moisi)的《情感地缘政治学:恐惧、羞辱与希望的文化如何重塑我们的世界》(*The Geopolitics of Emotion*:*How Cultures of Fear, Humiliation, and Hope are Reshaping the World*)则把"文明的地图"的生成一定程度归因于"情感的地图"。而像布莱恩·马苏米(Brian Massumi)在《虚拟的寓言:运动,情感,感觉》(*Parables for the Virtual*:*Movement, Affect, Sensation*)中那样,从运动与感觉的关联出发,引出"自然文化连续统一体"的认识,更是为"表演"的意涵开拓了新的向度。

中文学界对于"情感转向"以及情感史研究的动态和成果已经有一些介绍,也陆续涌现了不少原创性的研究。比如,汪民安、陆扬等学者早就有介绍文章阐述理论的背景和脉络,《生产》第11辑中"德勒兹与情动"专辑的专题讨论,《文化研究》第38辑(2019年秋)中一组涉及情动理论的谱系追溯,以及《史学月刊》第4期(2018年)关于情感史研究的一组文章,等等。在中国文学研究方面,关于"抒情传统"议题的讨论,关于解放区和社会主义文艺的研究,也常常涉及情感问题。我们也注意到,情感、情欲、情理等问题近年来也是中国思想史和文化史讨论的热点问题。这一切都表明了在知识生产方面,中国与西方在"情动"话题上已经产生了互动与共振,同时也对如何依托中国经验参与到理论的重新界定、重新解释和重新对话之中提出了新的要求。

我们选编的这部情感研究的读本，主要包括以下几部分内容：

第一部分，"情动转向"基本理论。其中包括将德勒兹引入英文学术界的布莱恩·马苏米的文章、西方马克思主义理论家迈克尔·哈特（Michael Hardt）的文章，以及理论家马克·B. N. 汉森（Mark B. N. Hansen）的文章。这些是普及性质的文章，也是国内介绍"情感／情动转向"的时候一般都会提到的文章。

第二部分，批评"情动转向"。考虑到国内在引介西方理论的时候，较为缺乏对这些理论在西方学术脉络中位置的考察，这样容易导致在理论讨论中过度抽象和空泛，为此，我们特意选择了来自威廉·埃金顿（William Egginton）和鲁斯·莱斯（Ruth Leys）的文章。埃金顿突出了"情动转向"的历史性，将其历史化为早期现代"剧场性"（theatricality）出现的时刻。莱斯是研究神经科学、精神分析、精神病学等生命科学及其与人文学科交叉领域的历史学家。她的这篇文章从20世纪美国科学史的角度出发，对提出"情感转向"理论的马苏米等人的认知和文化前提提出了严肃的批判，在英文学界影响较大。

第三部分，早期近代与情感。在讨论情感问题的时候，我们尤其注意到它的历史性，并结合文学、历史、修辞学、科学、媒介、社会学等跨学科的讨论。这是我们组织这个读本的基本思路。在早期近代部分，我们选编的几篇文章分别来自芭芭拉·H. 罗森韦恩（Barbara H. Rosenwein）（历史）、丹尼尔·M. 格罗斯（Daniel M. Gross）（修辞）、乔治·S. 卢梭（George S. Rousseau）（科学史）、林凌瀚（Ling Hon Lam）（文学）。罗森韦恩作为中世纪研究的大家，对历史学"情感史"研究中的"文明的进程"范式提出了批评，并以中世纪研究为出发点，提出在一定的社会、政治和历史结构中丰富对"情感史"的考察。格罗斯以亚里士多德的修辞学和霍布斯的理论出发，从政治经济学的角度，讨论情感表达与权力结构的关系，这是对17世纪笛卡尔和18世纪苏格兰启蒙运动思想家所提出的情感范式的批判。乔治·卢梭是科学史研究的大家，他认为英国18世纪中期文学和文化中出现的情感话语的大爆发实际上起源于17世纪末期基督教以及医学中有关情感、感知、灵魂等的讨论，这与欧洲大陆上的变化（笛卡尔、医学等出现）有密切的联系。林凌瀚在加利福尼亚大学伯克利分校任教，将埃金顿讨论欧洲早期近代"剧场性"的理论概念引入明清文学的研究中，认为明清文学中对于情感的规训是从空间的层面上展开的。这种思考对于我们重新讨论明清与近代的关系会很有启发。

第四部分，情感与现代性。其涵盖的历史时期是18世纪至20世纪上半期，主题包括了康德启蒙哲学中的理性与情感、浪漫主义抒情与感觉感官、进化论、唯美主义，以及数理逻辑学家怀特海对康德的美学批判。丹尼尔·M.格罗斯（修辞）讨论的是达尔文的《人和动物的情感表达》（*The Expression of the Emotions in Man and Animals*），将达尔文关于情感的修辞性与英国小说《多情客游记》（*A Sentimental Journal through France and Italy*）联系起来，突显达尔文讨论认知时采用的修辞模式，论证意识是局限于大脑—身体—世界连接体中，并对目前较为流行的心理学家保罗·埃克曼（Paul Ekman）提出的"基本情感"（Basic Emotions）模式及其衍生出的"面部行为编码系统"（Facial Action Coding System）所代表的科学主义提出了批判。本杰明·摩根（Benjamin Morgan）（文学）讨论晚期维多利亚时期唯美派批评家弗农·李（Vernon Lee）所提出的生理共情理论，这种理论认为艺术作品在激起身体运动感觉时是令人愉悦的，其目的在于理解语言是如何协调身体经验的。他认为李提出了一种共情式细读方法，并论证这种阅读方法乃是新批评派的反情感修辞的一个重要批判对象。这篇文章也涉及19世纪晚期西欧语境下"同情"（sympathy，或译为"设身处地"）与"共情"（empathy）之间的关系。史蒂文·沙维罗（Steven Shaviro）（理论）通过重新挖掘怀特海20世纪初提出的"纯粹情感批判"（critique of pure feeling）的美学层面内涵，形成对康德《纯粹理性批判》形而上学的批判。查德·维尔蒙（Chad Wellmon）（文学）的文章从诺瓦利斯（Novalis）的诗歌出发，讨论18世纪德国浪漫派关于感觉（sensibility）

和知觉（perception）、自然、人性与现代性带来的碎片化以及理性之间的关系；他的另一篇文章讨论了康德的问题。总的来说，这一部分着重于情感与美学、现代文学、启蒙哲学、文学研究方法及20世纪初期生理学的关系，以现代主体性形成过程为中心，检讨了现代情感、意识、感官、知觉、书写、阅读等之间呈纠缠状的关联。

第五部分，情感与当代问题。这部分讨论情感与媒体和图像、电影、当代社会和劳动生产方式及问题的关系，突出的是在后现代和媒体融合的情形下。马克·B. N. 汉森（理论）讨论数字媒体、情动与视觉文化的关系，这是他新媒体哲学理论中的一个部分。凯瑟琳·鲁兹（Catherine Lutz）（人类学）研究了20世纪后半期西方女性主义运动中关于情感与性别问题的几种不同类型的讨论。安东尼·内格里（Antonio Negri）（理论）从马克思批判传统出发，讨论后现代和全球化语境中的劳动、价值和情动的关系。保拉·维尔诺（Paolo Virno）（理论）将"情感形势"（emotional situation，或"情势"）与20世纪80年代意大利后工业社会来临之际的生产关系和生活形式的变化联系起来，提供的是一幅政治经济学图景。李文石（Ira Livingston）（文学）则从末世论（Apocalypse）出发，以雷蒙·威廉斯的"情感结构"为框架，以诗人般的敏锐，捕捉当代生活的情感政治劳动。

第六部分，20世纪中国的情感问题。情感在中国语境中是一个特别有意思的话题，在思想史、历史、文学等领域中多有讨论。我们选择了讨论情感与中国文学（以现代为主）方面的几篇文章，试图提示一些在我们看来值得注意的方向和问题。

总之，我们认为，情感不只是精神分析或身体领域所处理的内容，而应该被看作是一种社会、政治、法律、美学关系的建构；换言之，是在历史语境中所形成的复杂的、带有文化政治特质的话语实践。编译本书的过程中，我们坚持历史化、跨学科的方法，坚持把握人文问题与科学问题之关联性，重点介绍讨论情感与主体性、美学、媒体、生命科学之间关系的文章。我们希望，对于情感研究的讨论可以拓展历史的深度、情感物质性和媒介性的维度，能引发更多更深入的关于情感政治性和社会性的理论思考。

  本书是中文学界第一本以情感研究为主题的读本性质的学术论文集，其中选取的文章均是第一次翻译为中文并结集。一定程度上反映了情感研究作为一个多学科交叉的、国际学术前沿的课题的理论背景、发展情况和研究前景。我们衷心希望这个读本能进一步推动关于情感与中国历史经验、情感与文学和文化表述的重新研究。

第一部分

"情动转向"基本理论

第 1 章　情动时刻，或者对生命的见证[①]

马克·B. N. 汉森

　　一进入画廊，你就会注意到三块并排悬挂的等离子显示屏——它们展示着三个中年人的脸部图像：左右均为女性，中间为男性（图1.1）。你慢慢走近这组人像直到仅有几步之遥；你停住脚步，把目光集中在左侧那个亚洲女人的脸上（图1.2）。你专注地凝视这张影像一分钟左右；直到你可以察觉出它所呈现的一些中性情绪状态。这位女性好像并不确定她在注视着什么（那是否应该是你呢？），她正在努力尝试着专注于此。然而，比表情本身更引人注目的是它似乎并没有以任何方式发生变化的事实。而且实际上，你会发现很难在这个所谓的移动影像（moving image）中察觉到任何运动。你带着困惑向右迈出一步，专注于中间那张没有刮过胡子、略显灰白的白人男性面孔上。像刚刚你见到的女人一样，这张面孔显示出一种中性的表情；而在这种情况下，它所表现的是对一些个人事情的思考以及一种对于周围环境的不在意（图1.3）。然而，又一次地，在感受到了表情所体现的意义后，你被它怪异的停滞感打动；你无法在面部表情上看出其

[①] 本文译自 Mark B. N. Hansen, "The Time of Affect, or Bearing Witness to Life," *Critical Inquiry* 30, no. 3（2004）: 584-626。感谢作者授予中文版版权。

马克·B. N. 汉森（Mark B. N. Hansen），现为美国杜克大学三一文理学院文学系及艺术、艺术史和视觉研究系教授，研究兴趣包括电影与新媒体、批评理论与媒体研究、现象学和认知科学等。著有 *New Philosophy for New Media*（The MIT Press, 2004）; *Bodies in Code: Interfaces with Digital Media*（Routledge, 2006）; *Feed-Forward: On the Future of Twenty-First-Century Media*（The University of Chicago Press, 2015）等。本文从德勒兹的理论入手，结合具体的电影为例，分析了情动时刻的特殊意义及其技术性，并显示了技术的扩展使得生命理解得以逐步深入。——编者注

图 1.1　比尔·维奥拉,《内心》,2000 年(三面 LED 平面嵌板上的彩色视频三联相,16/4" x 75" x 2")。描绘三张封闭影像中面部情感难以觉察的瞬间变化的 81.5 分钟数码录像。(图片选自 John Walsh, ed. *Bill Viola: The Passions* [Oxford University Press, 2003]: 268;在下文中简写为 *BV*)

图 1.2—1.4　比尔·维奥拉,《内心》,2000 年,特写。(图片选自 *BV*, 80-81)

他有意义的运动或改变,尽管它在时间上以偶尔的眨眼或抽搐的方式显示出明显的运动。再向右迈出一步,现在你注视着第二位女性的面孔——那是一位有着卷发的女性(图 1.4)。不出所料,尽管这一次你对中性表情本身——对这位女性侧视的目光和撅起的嘴唇关注较少,并将注意力集中在识别图像中哪怕最轻微的变化上,你还是经历了与之前相似的体验。在持续高度集中注意力几分钟后,你又一次发现了在另两张面孔上所感受到的奇怪的停滞感:尽管在图像上,像眨眼和抽搐这样不时发生的生理运动是一种明显的运动状态,面部表情本身却似乎并未以任何可辨的方式改变或

图 1.5—1.7　比尔·维奥拉,《内心》, 2000 年, 特写。(图片选自 *BV*, 82, 83, 85)

发展。你依旧困惑地向前走去。

　　稍后,当你再次回到这三个显示屏前,你会极度震惊于同样的三张面孔上的表情所发生的彻底变化。那个男人沉浸在深深的悲伤中,嘴角弯下,湿润的眼睛眯起,脸上满是紧张情绪(图 1.5)。卷发的女人似乎处于一种震惊的状态中,仿佛她正注视着某种令人毛骨悚然的东西;她的眼睛睁得很大,眉毛抬起,嘴角下垂着,肩膀拱起,脖子上的肌腱紧绷着(图 1.6)。最后,右侧的女人正处于一种内心幸福的状态中,她闭着嘴微笑着,脸颊皱缩而又鼓起,眼睛紧闭,肩膀向内倾斜(图 1.7)。把注意力轮流集中在每一个面部表情上,你会再次发现这些影像是彻底静止的,即使是最微弱的变化也难以被感知。

　　慢慢地,你会发现,在你面前是描述生活中情绪变迁的影像。矛盾的是,这种变化对你的眼睛而言是不可觉察的。参考视频艺术家比尔·维奥拉(Bill Viola)对这幅艺术作品——《内心》(*Anima*, 2000 年)的解读,你会马上明白这种变化难以察觉的原因:这些表现了欢乐、悲伤、愤怒和恐惧这四种主要情绪转变的影像被大大放慢了,以至于它们在事实上仍然是图像——最初持续约 1 分钟时间的运动已被延缓至 81.5 分钟的播放时间。所以,你在这个作品中实际遇到的是在可识别或离散的情感状态之间的微观上的丰富结构。由于发生得太慢以致肉眼无法捕捉(至少对于任何认知反应能力而言都是如此）。此处这些情感性的微级间隙（interstitial microstages）是不可察觉的，因为它们发生得太慢了；在这些实际上处于静态的影像中，你根本无法将离散的情感状态之间无标记连续体的增量序列看作是连续的。

了解了这些知识后，你决心在更长的时间内观察这个影像序列，允许自己以一种轻松简单的方式去理解它们，不再试图去识别变化或者通过一种认知连续性的方式把图像联系在一起。这一次，虽然你并没有进一步成功地将这些影像视为一个独特的、不断演变的过程，但你发现，仅仅对它们进行观察就会带给你深深的感动，你感觉自己经历了一些相当激烈的事情，尽管这有些奇异而无法辨别。

让我把这种经历假定为一个示例，在其中，自我情感——长期以来被西方哲学视为构成我们所谓的"主观性"这一难以捉摸的感受的内容——经历了一场技术性的扩张。通过打开接下来将被我称作情动性（affectivity）的不可察觉的情感状态的中间物，达到某种具体而有意的理解。维奥拉的作品《内心》证明了新媒体具有打破现有技术性门槛的能力，可以增强人体自身活力的主体构成经验，或者借用莫里斯·梅洛-庞蒂（我将在下面提及的那位）的术语，可以扩展由此类最为基础的经验所构成的"前客观存在的厚度"（thickness of the pre-objective present）。① 在本文中，我建议对自我情感的技术拓展进行探索，因为它在近期的新媒体艺术及文化理论中有多变的设定。正如我们应该看到的那样，在这样的拓展中面临危机的是时间自身的给予性，即自我情感（self-affection）的内容。在新媒体艺术授予肉体经验以情动性的范围内，强化它并扩大它的范围，它就可以被当作时间意识（time consciousness）的体现。事实上，它体现了时间本身的存在。随着从抽象的时间意识到具体化的情动性的转变，我们将发现自己处

---

① Maurice Merleau-Ponty, *Phenomenology of Perception*, trans. Colin Smith（London, 1962）: 433; 在下文中简写为 *PP*。

于当代主观性的明显悖论中：自我情感的技术发展使更加丰富和强烈的主体性经历成为可能，简而言之，科技使我们可以与自身更加紧密地联系，可以更亲密地体验形成我们存在核心的那种活力，我们构成的不完备，我们的生命终有一死的有限性。

从影像到身体

为了去理解维奥拉的创意——更普遍来讲，去理解新媒体艺术的影像、时间与身体的组合结构，让我们引用吉尔·德勒兹（Gilles Deleuze）所建立的时间影像（time-image）的理论概念。根据德勒兹的说法，时间影像一旦通过取代整体的综合美学、倾向于向外开放而获得了直接呈现时间影像的能力，它就具备了电影的特征。在传统的影院中，

> 开放与间接的时间表征相融合：在任何存在着运动的地方，都在某处适时存在有一整个变化着的开放体。这就是为什么电影影像在本质上存在一个外场（out-of-field），它一方面指的是在其他影像中可实现的外部世界，另一方面则是指一个不断变化的整体，这一整体在相关的影像集合中得到了表达……当我们说"整体是外在的"时，这一要点就大不相同了。首先，问题不再是影像的联想或吸引。与之相反的，重要的是影像之间的间隙（interstice），它是存在于两个影像之间的空隙，意味着每幅影像都被从空间中取出，然后又回落到其中……这一整体经历了一次变化，因为它已经不再作为一体（One-Being）而存在——这是为了成为构成事物的"和"的成分，两个影像之间的部分（between-two of images）的构成关系。①

---

① Gilles Deleuze, *Cinema 2: The Time-Image*, trans. Hugh Tomlinson and Robert Galeta(Minneapolis, 1989)：179–180.

时间影像包含着影像与其他东西之间的一条通路，这些东西不仅包括处于框架之外的，而且涉及存在有被框架化可能的整个图像集合以外的影像。这就是时间影像必须处于"影像之间"的原因；只有打开一个外部空间，一个间隙，电影才能在两个影像之间呈现出时间的直接显像。正如我在本文其他地方所提及的，德勒兹的时间影像概念标志着一种分离逻辑的顶点。①而传统电影的运动影像制定了亨利·柏格森（Henri Bergson）对于身体是"图像宇宙"（universe of images）中"不确定中心"（center of indetermination）的这一概论。其中，摄影机的画面取代（并置换）了身体而成为选择的媒介，在时间图像的存在下，甚至连联系相机与身体的残存类比（residual analogy）都被暂停。②在这里，时间的直接影像恰恰是通过一个彻底的无实体化而成为可能的；由于两幅图像之间的间隙或不合理的切割所打开的各种虚拟图像序列不可能共存，时间就可以用于且只能用于一种纯粹思维的体验。

与这种对时间的认知把握相反，维奥拉提出的时间、影像以及身体的结构，恰恰是身体调解在时间体验中的不可还原性和特权，即自我情感（主观性）。为了给更全面地分析维奥拉最近的作品奠定基础，让我们简要地回顾一下另一位当代媒体艺术家的成果，他更直接地运用空隙或"两个影像之间的部分"的概念。因此，他可以充当德勒兹和维奥拉的美学之间的一个中介者。在这两者间，没有什么比两个影像之间部分的解体、取而代之的两种情感之间的部分（between-two of emotions）或者（更好的是）以情动性作为中间的媒介取而代之更为重要的了。

在包括《24小时惊魂记》（*24 Hour Psycho*，1993年）、《一个清白罪人的忏悔》（*Confessions of a Justified Sinner*，1996年）、《透过一面望镜》（*Through*

---

① 参见 Mark Hansen, "Affect as Medium, or the 'Digital-Facial-Image,' " *Journal of Visual Culture* 2（Aug, 2003）: 205–228. 更宏观的研究见 *New Philosophy for New Media*（Cambridge, Mass., 2004）: chap. 5 and esp. chap. 7. 本文就是从这本书的结论扩展出来的。

② Henri Bergson, *Matter and Memory*, trans. Nancy Margaret Paul and W. Scott Palmer（New York, 1991）: 36.

a Looking Glass，1999 年）、《左边是对的，右边是错的，左边是错的，右边是对的》（left is right and right is wrong and left is wrong and right is right，1999 年）、《似曾相识》（Deja Vu，2000 年）和《五年车程》（5 Year Drive-By，1995 年—2000 年）在内的众多作品中，苏格兰艺术家道格拉斯·戈登（Douglas Gordon）致力于研究电影时间、时间影像，尤其是两个影像之间的部分及间隙的问题。此外，戈登通过一种特定于视频的实践来挖掘电影的时间维度。这是一种特权模式。通过这种模式，影像作为当代感知（perception）的物质基础真正地进入了人们的生活或为人所经历。戈登的文章和采访反复强调了视频的这一方面。一次又一次地，他坚持认为视频时间——慢动作、定格和重复的时间——是他这一代人的既定时间。随着录像机的发展，这一代人"与电影之间存在着一种特殊的关系"，在这个关系中，视频慢动作和定格功能与其说是分析技术（对早期一代的电影学者而言），不如说是欲望工具。"随着 VCR 的出现"，戈登说，我们生活在一种"不同的电影文化，一种重放文化，以及一种慢动作拍摄事物的方式中"。①

想想戈登对他作为艺术家的学徒生涯中意义非凡的开创性时刻的描述——关于《24 小时惊魂记》的灵感源起：

> 1992 年，我回家去和家人共度圣诞节，当时我正在看电视转播的一段电影《惊魂记》。在诺曼举起《苏珊娜与长者》（Suzanna and the Elders）画的那部分，你可以看到他的眼睛透过窥孔窥视着玛丽恩脱衣的特写镜头。我觉得我看到了她在解胸罩。我不记得在录像带版本中看到过这个，这有些奇怪。我觉得按审查制度，电视上播放内容的尺度应该比视频录像中的更严，所以我用定格按钮看了那个部分，看看是不是真的有那个镜头。②

---

① Leslie Camhi,"Very Visible……and Impossible to Find," ART News 98（Summer, 1999）：144.
② Amy Taubin,"Douglas Gordon," in Spellbound: Art and Film, ed. Philip Dodd（London, 1996）：70.

这部电影的电视版本和视频录像版本之间不一致的经历让戈登产生了一种压倒性的感觉，即存在着的东西比眼前所见的更多。影像本身的流动——尤其是影像之间的空间——包含了大量并非由给定的观看设备直接呈现的信息。其结果当然就是戈登1993年的不朽作品《24小时惊魂记》——这是他在国际艺术舞台上亮相的标志。在《24小时惊魂记》中，戈登将希区柯克的电影内容作为旧片重制，他通过技术性改造和制度性移位（institutional displacement），将影片的放映速度降低到每秒2帧（而不是24帧），并将其呈现在一个装置空间里，鼓励观众-参与者（viewer-participant）在高架屏幕上双面放映的影像周围走动。

这种对希区柯克最为人所熟知的电影彻底减速和解构造成的效果，是一种久违的怪异体验，也是对时间相对性的清醒洞察。因为任何观众花在《24小时惊魂记》上的时间都是有限的（最多是整个博物馆或画廊的开放时间），他或她对这一作品的感知能力本身就受到了严重的限制（对整部电影的感知是不可能的），并且在根本上取决于他或她是在电影进行到什么时候进入观看的。更值得注意的是，这些关于给定时间内在过剩的双重教训，是以情感预期为动力带给观众的。因为图像每12秒钟只变化一次，观众很快发现他们的注意力强烈地集中在了期待这一变化的时刻。换句话说，戈登对电影的技术改造是专为引起特定的生理反应而设计的。他的作品以各种方式使他们的观众接受被称为"浸入剧中"（into play）的实验——从而引起人们的注意，这种实验体现了身体在调解间隙及两个影像之间的部分的关键性作用。① 因此，戈登强调的时间影像是必须发生在接

---

① 戈登最重要的召唤身体进入剧中的策略包括：（1）时间减速［temporal deceleration，突出在《24小时惊魂记》《五年车程》及《搜索者》（*The Searchers*）五年的公共播放中。］；（2）预见感知变化的时刻［比如《一个清白罪人的忏悔》中将杰基尔博士（Dr. Jekyll）转变为负面形象海德先生（Mr. Hyde）的部分设定为永久循环］；（3）带有轻微时间不一致性的镜像（比如《透过一面望镜》中，罗伯特·德尼罗在参演的《出租车司机》中拉着枪对着镜子自言自语的场景中略微发散的孪生影像被放置在画廊相对的两面墙壁上）；（4）将感知的变化暴露在感知的纹理上［如《左边是对的，右边是错的，左边是错的，右边是对的》中将（转下页）

受行为中的，更具体地说，这是由置身其中的观众－参与者在具体的活动中完成的，在他或她努力解决各种作品中具体问题的时候。

与德勒兹的构想形成对比的是，戈登的作品从一个纯粹的精神空间中重新定位了时间影像。可以说，这个精神空间位于电影的形式联系之内或之间，与间隙或两个影像之间的部分进行具身性的协调，必然通过每个特定观众－参与者的情感体验而发生。因此，戈登的作品揭示了德勒兹的"大脑电影"（cinema of the brain）概念的基本局限性：时间影像电影与当代大脑的同构关系。要理解电影是如何变化的，德勒兹认为，我们必须留心现代脑科学革命，"智力电影（intellectual cinema）已经改变了，不是因为它变得更加具体实际（从一开始就是如此），而是因为我们对大脑的认识和我们与大脑之间的关系同时发生了变化"。[1] 艾森斯坦（Eisenstein）的智力电影虽然专注于辩证概念的感觉运动（sensorimotor）产生，但也与大脑整合和联想的理解相关；而阿兰·雷乃（Alain Resnais）的这一概念则不能与脑过程中新的定向作用分开理解，这便是德勒兹在其他地方所称的"不定脑"（indeterminate brain）[2]。然而，到最后，德勒兹关于电影和大脑之间同构性的假设仍然有着令人不安的片面性；尽管它在电影可能性的开辟上起着至关重要的作用，但大脑在这方面所包含的只不过是电影题材的被动对象。这就是为什么德勒兹声称电影中的新回路必须产生新的大脑回路，这实际上否定了它主张的认知革命。他提出的将时间的力量直接传递给思想的主张，与当前神经科学研究中的共识相矛盾，即思维是建设性

（接上页）奥托·普雷明格（Otto Preminger）1949 年拍摄的晦涩难懂的电影《黑色漩涡》（*Whirlpool*）放映在两个屏幕上，一个屏幕放映电影的每一奇数帧，另一个则呈现偶数帧］；
（5）催化观众体内时间的相对化（比如在《似曾相识》中，三个分别为每秒 23 帧、24 帧和 25 帧的 DOA 投影被并排放置在一起）。

[1] Deleuze, *Cinema* 2, 210.

[2] 参见 Deleuze and Félix Guattari, *What Is Philosophy?* trans. Tomlinson and Graham Burchell (New York, 1994)。

的和涌现性的，它包含了丰富体现性的自组织过程。① 戈登的作品——以及它在这里所代表的新媒体艺术的分支——正是通过质疑这样一种直接将时间传递为经验的方式，来驳斥德勒兹的时间影像模型。通过依照观众-参与者对间隙或两个影像之间的部分充分呈现的生理反应产生的时间影像，戈登的作品不仅挑战了德勒兹现代电影模型主要的抽象同构性，而且挑战了大脑作为非理性、不确定性且超出感觉运动的模型。

技术性（Technicity）

尽管戈登对两个影像之间部分的挖掘作为时间和影像连接的再体现而言有着重要性，但它仍然受到媒体框架的持续性封锁的限制，而这正是被它所有效颠覆的。因为戈登把电影作为自然形态的连续镜头来处理，这已经成为其操作的原材料，他的美学标准集中在重放而非记录的极点。因此，尽管他对给定的电影对象（《24小时惊魂记》中希区柯克的电影《惊魂记》）做了根本性的修改，但戈登实际上还是赞同电影式的记录载入模式。简单地说，他从电影时间的被给予性（givenness）开始论证，即以每秒24帧的速度再现"现实"。他的作品的关键功能包含了一项对电影艺术，即知觉的错觉系统的必要参考。现在，这个模型正是维奥拉最近的作品所质疑的关键，不是对已构成的图像序列的控制，而是对录影和重放的协调修改，后者的作用是暂停电影时间的被给予性。通过因数字化而得到开拓的技术能力，以高速拍摄影片，将其转换成数字视频，然后以正常速

---

① 参见 Antonio Damasio, *Descartes' Error: Emotion, Reason, and the Human Brain*（New York, 1994）and *The Feeling of What Happens: Body and Emotion in the Making of Consciousness*（New York, 1999）; Joseph LeDoux, *The Emotional Brain: The Mysterious Underpinnings of Emotional Life*（New York, 1996）; Gerald Edelman, *Bright Air, Brilliant Fire: On the Matter of the Mind*（New York, 1992）; 尤其是 Francisco J. Varela, *Principles of Biological Autonomy*（New York, 1979）and Varela, Eleanor Rosch, and Evan Thompson, *The Embodied Mind: Cognitive Science and Human Experience*（Cambridge, Mass., 1991）。

度无间隙地放映出来,维奥拉能使图像过度饱和,表现出通常情况下无法感知的情感信息的过剩。因此,他的作品从根本上重新定位了电影系统。维奥拉没有选择继续与戈登一起覆盖影像,即把两个影像之间的部分作为进入电影情动性的空间,而是改变了影像,使之成为情感微知觉记录和载入的一种支持,有效地使它和电影的整个感性体制从属于强烈、具身的自我情感之下。这种对于电影系统根本性的再定位,这种影像和情动性的层次倒置,决定了维奥拉在我对主体性技术扩张的分析中的典范地位。维奥拉把技术带入了自我情感的核心,展示了技术是如何促成后者范围的扩展,从而暴露了主体性所体现的物质性。

为了理解这种扩张的极端性,我们可以把它与哲学家贝尔纳·斯蒂格勒(Bernard Stiegler)最近的作品联系起来。他试图解释存在与技术之间的相互关系,声称意识和电影的同源性预示着这个真正的时间媒体时代的主观性。斯蒂格勒提出了对胡塞尔(Hussel)时间意识分析的解释并以之作为自己技术哲学的核心,其目的是扩展前景,[①] 而不是胡塞尔自己的迟疑,其分析的根本结果即是时间意识的内在技术基础。[②] 如果时间意识可以被证明依赖于一种技术构成对象——胡塞尔所称的时间客体(temporal object)——的调解,那么在胡塞尔看来,自我的内容本身,即自我在时间中流动的意识本身就会依赖于技术中介。虽然斯蒂格勒对这一论点的论

---

① 迄今为止,斯蒂格勒的语料库包括三本书和几篇文章,以及对德里达的一次重要采访。见于 Bernard Stiegler, *Technics and Time 1: The Fault of Epimetheus*, trans. Richard Beardsworth and George Collins(Stanford, Calif., 1999), *La Technique et le temps*, 3 vols.(Paris, 1994–2001),"The Discrete Image," in Jacques Derrida and Stiegler, *Echographies of Television: Filmed Interviews*, trans. Jennifer Bajorek(Cambridge, 2002);还有"The Time of Cinema: On the 'New World' and 'Cultural Exception,'" trans. Beardsworth, *Tekhnema* 4(1998):62–113,在下文中简写为"T"。斯蒂格勒还有另外一篇写德里达的重要文章,"Derrida and Technology: Fidelity at the Limits of Deconstruction and the Prosthesis of Faith," trans. Beardsworth, in *Jacques Derrida and the Humanities: A Critical Reader*, ed. Tom Cohen(Cambridge, 2001):238–270.

② 这个读数是在 *La Technique et le temps*, vol. 2, chap. 4 中最明确地发展起来的,并在"T",68–76 中做了最有价值的总结。

证，一方面将会成为一个模式，揭示维奥拉对自我情感进行技术处理的局限性，但另一方面，它也将面对在维奥拉作品中的局限性。因为正如我们看到的那样，它对胡塞尔哲学的忠实使得它根本无法把握将自我情感和技术中介联系在一起的具身基础。

斯蒂格勒认可胡塞尔的决定，并以此开始他的介入，推进他通过时间客体对意识时间性的分析。[时间对象被定义为不仅是时间上的，而且是通过时间构成的，其适当的客观演变与意识所经历的意识演变相一致。胡塞尔最推崇的例子是旋律。]斯蒂格勒认为，如果我们要掌握意识的时间基础，那么诉诸时间对象是必要的。考虑到意识作为一种演变结构，我们不能对在意识水平上构成这种演变的现象学条件进行分析，而必须通过对本身是时间对象的客体的分析来解释它。更简单地说，我们把握我们自己意识演变的努力遇到了结构性的延迟或**区别**，因为要把握的东西（演变本身）在我们抓住它的时刻就已经消失了。将关注点从演变本身转移到时间对象上，这使胡塞尔可以以一种能够避免，或许还可以更好地缝合这种时间间隔的方式来稳定时间意识。

聚焦于当代时间对象的技术条件使斯蒂格勒可以反过来将技术——他所称的三级记忆（tertiary memory，对胡塞尔图像意识[image consciousness]的一种注释）——[1]引入初级保留（primary retention）的核

---

[1] 胡塞尔举了一个图像意识作为对象的例子，通过一个半身像或一幅画，艺术家实际上是以一种记忆痕迹（memory trace）的形式记录他或她的经历。虽然这一痕迹可以在之后由另一种意识所体验，但不能说它是通过这种意识被体验的，因为它既没有被这种意识所感知过，又没有被其所生活过。它是对过去和另一种意识的记忆的一个影像，但它不能是所生活的过去在此之后被意识所观看的部分的记忆影像。因此，胡塞尔将图像意识排除在时间意识中的任何角色之外。斯蒂格勒的策略是通过展示三级记忆——不是靠意识而存在的记忆——为何实际上正是时间意识的状态来扭转这种排斥。

心，从而使胡塞尔对时间意识的分析复杂化。① 三级记忆，意味着过去的存储形式允许它在当下的意识中复活或被意识所假定，可以被理解为胡塞尔的图像意识与德里达《胡塞尔〈几何学的起源〉引论》(*Husserl's Origin of Geometry: An Introduction*) 中关于传统观念的融合 [因此，至少隐含着海德格尔的被抛状态（Geworfenheit）概念]。② 由于这种融合，德里达在早期作品中开始的对胡塞尔的解构得到了推进。通过将德里达的传统观念运用到他在《声音与现象》(*Speech and Phenomena*) 中对初级和次级保留的解构上，③ 斯蒂格勒展示了后者本身是如何依赖前者的，即被理解为第三种形式的保留、三级记忆（或保留）。只有当一个主体有能力去承担它并未生活过的集体的过去，它才能假设和重新呈现它自己的过去（次级保留或记忆），且以一种由滞留和保留组成的厚度来体验现在。

在胡塞尔对时间意识的分析语境中，斯蒂格勒的分析的哲学意义在于使初级记忆、次级记忆和三级记忆之间达到绝对的区别，且实际上颠倒了胡塞尔提出的结构层次，即认为是三级记忆将次级记忆引入初级记忆。在此基础上，它必然会发现自己处于一个范围中——一个已经构成的世界，既包括它过去所经历的，也包括它从未经历过的（即其他人所经历过

---

① 这一举动涉及对胡塞尔分析的两个具体的批判性修正，它们本身在斯蒂格勒对当代媒体技术的分析中是结合在一起的。（在这里，斯蒂格勒紧随其后，正如我们将看到的那样，以一种至关重要的方式扩展了德里达在《声音与现象》中的分析。）一方面，斯蒂格勒反对感知和想象的根本对立，这是胡塞尔对初级记忆与次级记忆（或回忆）进行重要区分的根源。另一方面，斯蒂格勒反对胡塞尔把图像意识（三级记忆）从时间意识中排除在外。（在这里，斯蒂格勒遵循德里达在《胡塞尔〈几何学的起源〉引论》中的分析，在某种程度上——但仅在某种程度上——与胡塞尔自己对于演变的观点相一致。）在这两种情况下，斯蒂格勒的批评都涉及对胡塞尔分析中赋予生命范畴以首要地位的质疑。此外，这两种修正本身在本质上也是相互关联的，这并不奇怪，因为正是由于感知和想象之间的绝对区别，胡塞尔才能将图像意识排除在时间意识的现象之外。

② 参见斯蒂格勒的 "Derrida and Technology"。

③ 德里达的解构侧重于破坏感知与想象之间的对立，胡塞尔将这种对立归因于初级保留和次级保留之间的差异。

并通过技术记忆的支持给予它的）——初级保留不仅被其他形式的记忆彻底污染，而且实际上受到了它们的制约。①

这种情况是胡塞尔自己对时间客体的依赖而产生的严格而激进的结果，可以（且只能）通过对时间客体的技术特性敏感的分析来识别。这与曾因关注留声机、电影和打字机的重要性而闻名的弗里德里希·基特勒（Friedrich Kittler）并非完全不同。斯蒂格勒坚持认为，技术录音的出现标志着技术与时间相关性的历史上一个根本性突破。② 然而，在与基特勒的技术决定论几乎完全对立的情况下，③ 斯蒂格勒的兴趣点在于我们所称的媒体技术与意识之间的结构耦合（structural coupling）。④ 录像（recording），准确地说，提供了不止一次感知（听到或看到）完全相同的时间物体的可能性，带回了他所主张的对胡塞尔的时间意识分析的倒置。在同一时间对象的两种知觉（听觉或视觉）本身不相同的情况下，它们的差异必须由前者渗透后者来解释。因此，在两次感知同一时间对象的场景中，我们面临着识别保留中某种选择的形式的必要性，以及次级记忆对保留的构成性管理。否则，实际上，如果不是说第二次听觉的修改植根于第一次听觉的次级记忆，即对第一次听觉（或视觉）的回忆，我们还能如何解释第一次听觉（或视觉）对第二次听觉（或视觉）的修改？此外，假如它正好包含了这种管理可能性条件，录像便也标志着三级记忆成为这种管

---

① 在这里，斯蒂格勒是通过海德格尔的历史性概念和抛掷概念来解读胡塞尔的，甚至更直接的，是通过德里达自己对胡塞尔的《几何学的起源》中传统功能的解读来进行的。

② 参见 Friedrich Kittler, *Introduction to Gramophone, Film, Typewriter*, trans. Geoffrey Winthrop-Young and Michael Wutz（Stanford, Calif., 1999）：1—19。

③ 对基特勒技术决定论的批判，见 Hansen, "Cinema beyond Cybernetics, or How to Frame the Digital Image," *Configurations* 10（Winter, 2002）：51—90。

④ 我从自我再生理论中借用了"结构耦合"一词，它指出了一个封闭的自我再生系统（生物）与环境或其他系统之间的相关性。这种相关性是系统演变的媒介。参见 Humberto Maturana and Varela, *The Tree of Knowledge: The Biological Roots of Human Understanding*（Boston, 1987）and *Autopoiesis and Cognition: The Realization of the Living*（Dordrecht, 1980）。

理的操作者,从而标志着次级记忆和初级保留本身的可能性条件:① "图像意识……是指由于时间客体技术性重复的可能性而使初级和次级都扎根于其中的情况……录像是对所有时间客体结构的留声机式的揭示。"("T",76)

对斯蒂格勒来说,这种对三级记忆(和技术)的意识(初级保留)的依赖,最好的例子是电影。这首先是因为电影记录技术的奇特性,将两种巧合结合在了一起:一方面,是"过去与现实的照片-录音巧合",另一方面,则是"电影演变与电影观众意识的演变之间的巧合"("T",66)。后者更是如此,因为电影是一门选择标准卓越的技术性艺术。在电影中,比起其他任何记录技术,意识通过减少的方式来传递先前保留的选择标准,可以被看作不仅仅是活体保留的二级记忆工作,而且实际上是三级记忆的工作。通过将意识的演变缝合到一个时间客体的演变上,对大多数观众且在大多数情况下来说,几乎全部由三级记忆(他们自身所没有的体验记忆)组成,电影对时间意识施加了客观的束缚。对斯蒂格勒来说,这正是电影将美式生活方式强加于人的力量来源,也是当代电视实时制度的规则,即三级记忆侵入了瞬时空间的保留。事实上,根据其在这方面的示例,斯蒂格勒将会继续坚持电影对生活的认同:他断言,电影的剪辑技巧、日常节奏的修改、加速与减速、特效等等,都正是时间意识本身的技术。从本质上说,一个"后期制作的中心……要负责编辑、分期以及实现初级、二级和三级保留的演变",而意识只不过是"电影摄影般的"(cinematographic)。("T",84)

---

① 在这个极限上,这意味着不同的关系本身受到技术的制约,或者更好的是,与技术同时出现,而不同的记录的技术条件将会产生不同时期的差异。这是斯蒂格勒对德里达作品进行转型的基础,它与今天的德国媒体理论家,尤其是伯纳德·西格特(Bernard Siegert),当然还有基特勒对法国后结构主义的诠释,有着一些共同的重要方面。并非偶然的是,这是德里达本人所批评的,比如在他与斯蒂格勒的电视辩论中(就有体现),参见德里达和斯蒂格勒的《电视的回声》(*Echographies of Television*)。不幸的是,对这一有趣且重要的辩论的进一步审议超出了本文的范畴。

双重意向性（Double Intentionality）

胡塞尔哲学项目的支持者无疑会在这一点上停下来，去问一问这幅图像中遗漏了什么。例如，对于现实厚度的强调去了哪里？而建立一个绝对的基础，一种由现在延伸到过去的时间延续性，并把所有过去的现在联系在一起的努力，变成了什么样子呢？事实上，在我们的语境中，斯蒂格勒的叙述缺少了一些基本的东西，当我们问到在电影接管了选择将在当下重新呈现的新观念的功能的那一刻发生了什么时，这一点就变得很明显了。与斯蒂格勒相反的，这种时间意识的技术性补充并没有取代或排除目前感知的合成行动，而只是使其基础更加复杂化。由于可供意识所用的材料是预先选定的，意识的职能一部分已被技术所取代，即被三级记忆所取代；但这一事实绝对没有关系到材料打算使用现在的感知行为的必要性（即使材料总是存在差异且被延期）。换句话说，斯蒂格勒对时间客体的本质化产生了以胡塞尔的时间意识概念为中心的遗忘双重意向性的错误。"每一次体验，"胡塞尔解释说，"都是'意识'［Bewusstsein］，而意识永远是意识的。"但每一个经验也是"自身所经历的［selbst erleb］，在这个程度上说也是意欲的［bewusst］。这种意欲是对经验的［Erlebnis］意识"。[①] 换句话说，保留是指对时间客体（例如，音乐音调）的保留，**以及**对该对象刚刚过去的感知：因此，流（flow）的实际阶段除了保留刚刚过去的对象事件外，还包括流本身刚刚过去的阶段。转置到斯蒂格勒对时间客体的分析中，这个结构引入了一个双重结构，一方面是包含初级保留、次级记忆和三级记忆的整个复杂体，通过感知它们演变的调解而形成时间客体；另一方面则是这种感知力本身。这里有一种（对应于第一种情况）对于演变（flux）内容的意识和一种（对应于第二种）演变本身的意识。

---

① Edmund Husserl, *The Phenomenology of Inner Time Consciousness*; quoted in Varela, "The Specious Present: A Neurophenomenology of Time Consciousness," in *Naturalizing Phenomenology: Issues in Contemporary Phenomenology and Cognitive Science*, ed. Jean Petitot et al. (Stanford, Calif., 1999): 289.

为了抓住斯蒂格勒与胡塞尔相背离的想法，让我们集中讨论他的分析中的四个弱点：

第一，斯蒂格勒以一个具体的情况为基础进行了概括。斯蒂格勒以对一个记录下来的、因此始终同一的时间客体的反复感知作为他论证感知的技术性渗透的例子，并通过声称这是当今默认的感知情境，把对胡塞尔来说是一个理论上有用但绝不是典型的情况转变为了一个普遍的感知模型。这通过使两个单独的、保持有各自独特性的（即使是难以觉察的）行为崩溃，夸大了例子的作用。用胡塞尔的概念来说即为：对于时间客体的意识和对于演变本身的意识。

第二，通过将时间客体的范式从旋律转移到电影，斯蒂格勒实际上在两个方面脱离了胡塞尔的示例：一方面，他用一种丰富而多层次的感性体验（听觉的）来换取最抽象的、因而也是最高级的感觉（视觉的）；① 而另一方面，他模糊了区分两种截然不同的选择形式的根本分界，即一种电影时间客体总是在感知时刻之前已经作用于保留的预选方式，并且在重听录制好的音乐记忆（或者关于那一点而言，对电影的复习）时实际发生的选择，在其中驱动着选择的是身体反应的整体。除了其他的问题之外，这一转变还有一个缺点，那就是加剧了困扰胡塞尔的时间意识哲学趋于分离的趋势。

第三，斯蒂格勒对电影的价值化过程实际上把最初保留的处理归因于对三级记忆的**回忆**，而不是把残余对于它本身所体现的历史影响施加于当下，因而扭曲了选择的功能。这样，斯蒂格勒对保留的技术处理的解释就未能将其置于与当下相联系、与其保留及前展联系密切的、与现存生物的全部过去联系在一起的保留链中；因此，在某种意义上，处理在初级保留之外仍然存在。更重要的是，通过使回忆（次级记忆）变得高尚以作为对

---

① 在视觉的高贵性及其在触觉和听觉的具体化感觉模式中的根源方面，参见 Hans Jonas, "The Nobility of Sight: A Study in the Phenomenology of the Senses," *The Phenomenon of Life: Toward a Philosophical Biology*（Chicago, 1982）: 135–156。

初级记忆的管理媒介——事先试听或观看一个记录好的技术客体对后续技术对象的影响——斯蒂格勒弄错了这里的问题所在。

与其通过我们所称的影像记忆（对过去物体的回忆现在变成一幅影像）来影响现在的意识，不如对一段记录先试听或观看，从而以一种更具体的方式影响到现在，作为活体仍然存在的过去或习惯记忆的一部分。① 回到胡塞尔的例子，当我们听到一个录制旋律第二遍（或第三遍或第 n 遍）的时候，我们的听觉不受我们对第一次体验的全部或作为一个预先选择的单元的自觉回忆的影响，而是受到我们对它的一些特定方面的无意识、深刻的、单一的反应的影响。

最后，斯蒂格勒的分析中对于前展几乎没有什么可谈的，未来导向的保留关系，正如我们很快就会看到的，包含了维奥拉美学中关于当前技术扩展的核心力量的问题。

所有这些弱点都或多或少可以直接归因于斯蒂格勒的媒体技术模式——电影——不足以涵盖当代技术中的利害关系。与对三级记忆构成支持的视听和电视技术不同，今天的数字技术和机器系统的功能很大程度上低于图像记忆的阈值。② 因此，与其说今天的技术是为不断扩大的三级记忆系统建立档案和传送系统，不如说是在无须考虑人类感性系数的情况

---

① 我把这一对于影像记忆（image memory）与习惯记忆（habit memory）之间区别的独特解释归功于 Raymond Ruyer, "There Is No Subconscious: Embryogenesis and Memory," trans. R. Scott Walker, *Diogenes* 142（Summer, 1998）: 24–46。我在 *New Philosophy for New Media*, chap. 2 and esp. chap. 5 中更为广泛地讨论了 Ruyer 的区分方式以及他的成果。

② 关于当代媒体技术的一篇精彩报告，参见 John Johnston, "Machinic Vision," *Critical Inquiry* 26（Autumn, 1999）: 27–48。还可参见 Kittler, "Computer Graphics: A SemiTechnical Introduction," trans. Sara Ogger, *The Grey Room*, no. 2（Winter, 2001）: 30–45; Lev Manovich, *The Language of New Media*（Cambridge, Mass., 2001）; 以及 Paul Virilio, *The Vision Machine*, trans. Julie Rose（Bloomington, Ind., 1994）。David Wills 对斯蒂格勒的电影价值化进行了有力的批判，认为它是对现实主义电影惯例的一种价值化。参见 David Wills, "Technology or the Discourse of Speed," in *Prosthetics: Carnal, Assembly, Extant*, ed. Marquand Smith and Joanne Morra（即将出版）。

下，在微物理范围内促进数据的整体传输。① 在这种情况下，我们可以称其为"时间的伦理规则"（ethical imperative of time）的东西要求我们找到一种方法来重申"现象学上的差异⋯在（保留和记忆）非感知的两种修改之间"，这种差异正是在斯蒂格勒电影观念的实时系统模型中受到了威胁的。② 因为只有通过确认包含着存在的合成间隔（或者，对德里达而言，保留），我们才能保持人类经验作为生命的特殊性。总之，我们必须允许现在的感知被情感包含；我们必须用这样的阈值来识别现在，在该阈值内，对一个物体演变的感知会影响到它自身，从而产生一种补充的感知，一种对演变本身的感知，即时间意识。

身体

遵循这一规则意味着强调对时间意识的技术补充的另一不同方面——投资于技术对现在的生命本身的潜能的扩大，而不仅仅是它对传统的扩展

---

① 参见 Kittler, *Gramophone, Film, Typewriter*；还可参见 Kittler, "There Is No Software," and "Protected Mode," *Literature, Media, Information Systems*, ed. Johnston（Amsterdam, 1997）: 147–155。

② Derrida, "Speech and Phenomena," "*Speech and Phenomena" and Other Essays on Husserl's Theory of Signs*, trans. David B. Allison（Evanston, Ill., 1973）: 65. 在这里，重要的是德里达没有像斯蒂格勒那样简单地将保留和次级记忆混为一谈。他的观点倾向于两者都涉及非感知的修改——因此，不存在像感知瞬间（perceptual instant）或完全存在的时刻（moment of full presence）这样的东西——但它们是以不同的方式进行的。结合斯蒂格勒对技术特性差异性的强调以及对它与当代整体电视系统实时媒介之间相关性的观点，这一区别要求我们用人类综合推理的间隔特异性来识别现在，从而（与斯蒂格勒自己的结论相反）区分保留与三级记忆。关于德里达与斯蒂格勒的辩论，参见 Derrida and Stiegler, *Echographies of Television*. 作为一次错过的相遇，对于这次辩论有帮助及富有洞察力的批判性评论，参见 Beardsworth, "Towards a Critical Culture of the Image," review of *Echographies de la télévision* by Derrida and Stiegler, *Tekhnema* 4（Spring 1998）, http://tekhnema.free.fr/4beardsworth.html。

性媒介作用。① 的确，正如我们可以看到的，如果技术确实扩展了我们对自身的历史性过去的了解，那么它就是在这种扩展的基础上进行的。三级记忆之所以有可能入侵初级保留，首先就是因为对于后者的预先技术性补充，即正是通过通知和产生三级记忆的技术来增加当下的厚度。正是在这一点上，梅洛－庞蒂（Merleau-Ponty）在《感知现象学》(*Phenomenology of Perception*) 中提出的对时间性的理解，对于现今意识与技术的融合来说，比德里达和斯蒂格勒都要有前途得多。从根本上讲，这是因为梅洛－庞蒂寻求保持胡塞尔关于时间意识分析的连贯性和重要性，特别是他通过将其嵌入一种活体现象学的语境中而得到的"当下的厚度"（thickness of the present）的概念。

从梅洛－庞蒂的观点来看，胡塞尔坚持认为一定存在有"一种背后没有可以使其被意识到的意识的［原始的］意识"，这是完全正确的，但他在解释这样一种意识的手段上却极度无力（*PP*, 422）。对梅洛－庞蒂来说，这种原始意识仅仅是作为活着的（人类）存在的特权维度而存在的：

> 时间对我来说是存在的，因为我有一种现实……这种现实（在广义上，还包括它的原始过去和未来的范围）仍然享有一种特权，因为它是存在和意识重合的区域。［胡塞尔的分析］中的终极意识是……对于现实的意识。（*PP*, 424）

在这一角色中，存在（presence）解释了时间和主体之间②的密切相关

---

① 很明显，这是一种与胡塞尔不同的生活着的当下（living now），恰恰是因为它把技术融入了它的核心。从这个意义上说，如今的技术证明了德里达对声音和生活着的当下的解构的有效性，但又以某种方式剥夺了它的影响。事实上，正如斯蒂格勒的项目所坚持的（沿袭勒罗伊－古尔汉 [Leroi-Gourhan]），人类的生活总是与技术共同进化，即使这仅仅是如今才变得非常明显；参见 Stiegler, *Technics and Time* 1。

② "对时间的分析并不是要贯彻预先确立的主观性观念的重要性，而是要通过时间寻求对它的具体结构的了解"（*PP*, 410）。

性——传导关系（transductive relation）；① 它也预示了生命作为存在所运转的时间连续性的基础作用。②

然而，对于我们目前所关注的而言，最重要的是，这一被理解为生命存在形式的对于存在的优先引发了梅洛－庞蒂对胡塞尔关于保留和回忆之间的区别的辩护，也就是说，告知了上述伦理规则的区别。对于梅洛－庞蒂来说，保留指定了一种使过去与生活的现在（主题作为时间的高涨）共同保留的模式："我仍然掌握着眼前的过去……我并不设想过去，也不把映射（abschattung）中的建构主义与之真正区分或运用多种表达行为，而是通过明示的行为而真正地区别于它；但是……我到达它最近的、然而已经消逝了的现实性。"（PP, 417）此外，由于过去的延续性存在于生命存在（living presence）中，并且"整个过去的存在"在其中得到了重申，因此，这种当下的厚度扩大到将整个过去包括在一个与"再现"（representification）这一记忆行为有着本质不同的保留链中。这就是胡塞尔所说的操作意向

---

① 追随西蒙东，我们可以理解一种传导关系，其中的任何一项都不独立于这种关系而存在；参见 Gilbert Simondon, "The Genesis of the Individual," in *Incorporations*, ed. Jonathan Crary and Sanford Kwinter（New York, 1993）: 296–319；还可参见 Simondon, *L'Individuation psychique et collective*（Paris, 1989）。

② "主体性之所以不是及时的，是因为它占用或贯穿于时间，并且与一种生活的凝聚融为一体"（PP, 422）。"时间的'合成'是一种过渡性的综合，是一种由生活展现的且除了通过亲身经历那种生活之外没有办法实现它的行动，在这里不存在时间的位置；时间对自己产生影响并将自己重启"（PP, 423）。在这方面，主观性、时间和生活之间的联系预示着梅洛－庞蒂后来对生命的理解是在《自然》（*La Nature*）讲稿中引入了对于存在中的消极性。在后者本质上保持不完整的情况下，时间代表了生命的基本存在形态。"过去和未来在世界上存在得太过显而易见，它们存在于当下，而其存在自身在对于时间秩序的遵循上缺乏秩序性，即不在他处、过去和明天存在。"（PP, 412）"因此，过去不是过去，未来也不是未来。只有当一个主观性存在于那里去破坏存在本身的充分性，显示一种观点，并将非存在引入其中的时候才得以存在。"（PP, 421）这一分析与《自然》的分析之间唯一的区别是主体性（subjectivity）一词取代了对生命和肉体的偏爱。参见 Merleau-Ponty, *La Nature*, trans. Robert Vallier, ed. Dominique Séglard（Evanston, Ill., 2003）。我对于梅洛－庞蒂的生活观念的讨论见于以下文章：Hansen, "The Embryology of the (In) Visible," in *The Cambridge Companion to Merleau-Ponty*, ed. Taylor Carman and Hansen（Cambridge, 2004）: chap. 9, 也可见于 Renaud Barbaras, "A Phenomenology of Life"。

性。此外，在梅洛-庞蒂的解释中它所经历的具体化使它得到了胡塞尔的（以及德里达和斯蒂格勒的）解释中所缺少的东西，即一种对于同时进行的时间构成以及时间构成的生命体的支持。因此，记忆的方式本身就是以具体化保留为基础的：

> 当然，存在着识别合成，但只有在明确地记忆和自愿回忆遥远的过去时，在那些衍生于过去意识的模式中……与我在调节认同中，为我的回忆指定位置相关的客观地标，以及普遍的智力合成，都有其自身的时间意义。这仅仅是因为逐渐地、一步步地，理解力的合成将我与我的整个实际的过去联系在了一起。（PP, 418）①

实际上，现在和过去有两种联系方式：回忆即对于过去的一个时刻的重新呈现，以及保留。通过这两种方式，曾经历的过去的全部都继续存在于生活的当下。

记忆和保留之间的这种区别解释了上述意向性加倍的原因，根据这种差异，对时间客体-事件的感知产生了对时间演变本身独立但又难以觉察的感觉。从梅洛-庞蒂的角度来看，即对预先感知到的、记录下的（因此保持不变的）时间客体的感知产生了两种截然不同的体验：对当前表现行为的感知和对过去经历的当前表现。准确地说，只有前者是被感知的，这

---

① 这一保留的体现也是梅洛-庞蒂对海德格尔的历史时间概念的前后矛盾进行批判的基础。因为它定位于一个坚定的决定，这给了它"先发制人的未来，且使[它]从崩溃中被一劳永逸地拯救"，所以海德格尔的历史时间是不可能是以他自己的思想作为根据的："因为，如果时间是一种原始状态，如果现在和过去是这种原始状态的两种结果，我们怎么可能停止从当下的角度来看待时间呢，我们怎样才能最终从不真实中逃脱呢？我们总是以现在为中心，我们的决定也是从那里开始。"（PP, 427）早些时候，梅洛-庞蒂在回答原始状态为什么不是"那消失了的时刻的个人特征的绝对解体"的问题时说："这是因为解体破坏了从未来到现在所完成的行程…随着[当下时刻]被建立起来，它以越来越少的映射的方式表明了自己的接近，因为它正在接近肉体。"（PP, 420）这种批评与斯蒂格勒（和德里达）的传统观念和保留限制的主题有着密切的关系。

意味着它且只有它才能进入生命存在的保留链；相反，后者只有在它影响到目前的感知时才能进入这个链中："我的表现行为，与经验所表现出的不同，是对我而言真正的现实；前者是被感知的，后者则仅仅是被代表的。无论是以前的还是潜在的经验，为了使它们显现在我面前，都需要由一种初级意识所产生。在这种情况下，这是我对回忆或想象的内在感知。"（PP, 424）当三级记忆被重新呈现在一个从未经历过这些的人生活现实中的回忆行为下时，是对这一记忆行为的一种当下感知，它本身超越了对回忆的把握。与斯蒂格勒的电影意识模式形成鲜明对比的是，这种理解只允许三级记忆在经过同样严格的约束后才能进入保留，是真正经历过的记忆的必须采用的间接途径：即，通过对具体化的感知现实进行调声或增味。根据这一理解，三级记忆与次级记忆在性质上没有什么不同；在这两种情况下，它们的功效都在于它们能够污染属于生命存在的保留痕迹。①

梅洛-庞蒂在生命存在优先性的基础上对保留和回忆之间的区别所做的辩护，对我们对时间意识的技术污染的概念化有着进一步的启示。首先，它允许我们在基础层面上重新思考时间客体的功能。梅洛-庞蒂避开了对时间意识和时间客体的识别，而这是斯蒂格勒电影范式的核心。梅洛-庞蒂坚持认为时间客体是一个更大的生态关系的一极。在对时间演变的正常体验中（与理论上可以用于解释感知时间客体像一段旋律或者电影序列一样的例子形成对比），感知发生在远比孤立的主客体关系所能提供的更大的语境中：

---

① 就一张有着我过去生活痕迹的表格的例子而论，梅洛-庞蒂得出了以下结论："这些痕迹本身并不是指过去：它们是当下的；而且，就我在它们中发现的某些'以前'的事件的迹象而言，这是因为我从其他地方获得了我对过去的感觉，因为我在自己身上带有这种特殊的意义。"（PP, 413）类似的可以作为例子的东西比如说一部电影，而且，重要的是，这独立于我之前是否观看过它。它所包含的过去的痕迹是当下的，我把它们作为先前事件的标志，一件事是我所经历过的或者我所没有经历的，通过它在我身上触发的内在意义。

> 我并不把对事物的过多感知作为对环境的理解；我在我的工具中寻求支持，并且是通过我的任务，而不是直接面对它。胡塞尔对于意向性使用前展和保留的说法，使我固定在了一个环境中。它们不是从一个中心的我跑出来的，而是从我的感知场本身跑出来的。可以这么说，它在它自己保留的界限里并入与苏醒，且用它的前展咬住了未来。(*PP*, 416)

只有在这样一种扩展的生态中，才能使"如何使时间在进入存在时变得明确且使其本身变得明显"的问题得到解决。时间本身是引起"时间的概念……不是 [作为] 我们知识的一个对象，而是 [作为] 我们存在的一个维度"(*PP*, 415)。通过他对时间的生态概念的呼唤，梅洛－庞蒂由此提出了一种系统的相互关联，服务于打开主体与世界的基本关联——对于主体和世界——包括存在本身。时间与世界上的任何事物都有着本质的不同，"因为它把主体和客体作为一个存在的独特结构中的两个抽象的'瞬间'来揭示。正是通过时间使得存在被构想，因为正是通过时间主体和时间客体的关系，我们才能理解主体与世界之间的存在"(*PP*, 430-431)。对于斯蒂格勒关于时间意识和时间客体的新胡塞尔式（neo-Husserlian）关联，梅洛－庞蒂用一种更为复杂的相关性来替代它所代表的生物存在（主体）和环境（世界）之间的生态相关性。在这个由梅洛－庞蒂提出的更为复杂的关联中，最重要的与其说是一种身份认同，不如说是一种划分，它弄清了时间和存在是怎样聚集在生命存在的原始活动中的。

其次，梅洛－庞蒂对保留和回忆之间的区别的辩护，产生了一个与我们和传统之间的关系不同的概念，因此也产生了三级记忆的概念。对他来说，对我所未曾生活过的过去的开放本身就是因为我有能力打开我自己所生活过的过去：

> 当我生活着的当下开启了一个我已不再生活着的过去，以及一个我还没有生活过、也许永远也不会经历的未来，它也可以向我的生活经历之外的那些时间性开放，并获得一种社会视野，结果我的世界被扩展到我个人的存在所涉及和向前推进的那种集体历史的各个层面。所有超越性问题的解决办法都是在前客观存在的厚度上探寻的，我们在其中发现了我们的身体存在、我们的社会存在以及世界的先存在，即"解释"的起点，只要它们是合理的——同时也是我们的自由的基础。(PP, 433)

在这两种情况下，使对过去的开放成为可能的都是在生命存在中所继承的保留（和前展）的连续性。这就是上文中我在倒置斯蒂格勒的等级体系时所指的意思，我认为存在构成了我们进入传统和三级记忆的可能性条件。

最后，梅洛－庞蒂对胡塞尔的本质区分的辩护带来了一个重要的转变，即从保留到前展，这与斯蒂格勒（和德里达）对保留限制和记忆政治的投入形成了鲜明的对比。这一转变是从梅洛－庞蒂对时间性的分析开始时发出的，当时他提出了一个对于赫拉克利特隐喻（Heraclitean metaphor）的惊人倒置：

> 时间以对时间的一种观点为前提。因此，它不是一条河流，也不是一种流动的物质……我刚刚介绍过一个观察者，时间关系被逆转了……已经被输送的水量不是向未来移动，而是沉入过去；将要到来的来自本源那边，因为时间不是来自过去。不是过去推动了现在，也不是现在推动未来成为当下；未来不是在观察者的背后准备好的，而是前去迎接他的沉思的存在。(PP, 411)

当他随后对未来的给予性做出解释时，梅洛－庞蒂在某些方面与胡塞尔是一致的。尽管后者将前展仿照保留，将其构造为一种与现在成为过去的模型相反的模型，前者却坚持两者之间的根本区别。如果，梅洛－庞蒂假设性地提议：我要把未来作为一个可回溯的预测（通过窃取现在的通道，"把我眼前的过去当作遥不可及的事物，把我实际的现在当作过去"，那么我就会看到前方的真空，并将它视为未来），这将不会为我打开未来。因为，他总结道："即使……我们在我们所看到的东西的帮助下形成了对未来的想法，但事实仍然是，为了在我们面前展现未来，我们首先需要一种对于未来的感觉。"（ *PP*, 414）作为存在（或生命存在）的一个维度，这种对未来的感觉、前展是不可减少的，而且从本质上与保留不同。在西方哲学传统中（海德格尔可能除外），[1] 这种前展和保留之间的不对称（当它甚至得到了承认时）一直是有利于后者的；值得注意但并不奇怪的是，它正是斯蒂格勒对电影范式的价值化的核心，它是成为一个主体的唯一途径。接受意识就是接受过去，也就是说，让一个人的现实被记录下来的、可复制的记忆所包含。[2]

　　如果斯蒂格勒对保留的哲学优先地位的认可正反映了对未来的满足或抽象，那么对他来说，只有通过一种记忆的政治（实质上是从过去到未来的预测），对这种未来的期待才能到来，它可以直接与他对任何可替代模

---

　　[1] 但对于梅洛－庞蒂对海德格尔的批评而言，他对未来的特权，只要它依赖于一个决定，就必须与他的思想有着对比的不同，根植于活的现在（n.38）。通过这一论断，梅洛－庞蒂否认了历史时间在存在和时间上所起的超越作用，且对他自己关于"一切超越问题的解决办法"都可以在"前客观存在的厚度"中找到的声明也有好处（*PP*, 433）。

　　[2] 在这方面，值得注意的是，斯蒂格勒几乎没有提到过胡塞尔的前展，这与德里达在《声音与现象》中的分析里的保留相对应。此外，当他提到这一点时，他把它缩减为保留。例如，他对"顺序预期"（sequential expectations）在旁观者的合成（spectatorial synthesis）中的作用的观点："我们现在知道了这些期望（胡塞尔将其命名为前展）是由初级、次级和三级保留的作用产生的，一方面是在观者意识的演变中出现的，即合成，另一方面则是由时间客体的影像演变所产生的"（"T", 102）。这在他的《技术与时间》（*Le Technology et le Temps*）第三卷中更全面的分析中仍然保持着正确，在这里他打开了前展，但是是通过一种从保留中得到它或者使其在保留中对称的方式，从而保持了它的哲学从属。比如，可以参见斯蒂格勒对希区柯克的《四点钟》（*Four O'Clock*）的前展结构的分析，见于 *Le Technology et le Temps*, 3：55-58。斯蒂格勒的分析存在的问题似乎又是他的示例和他定义时间意识和时间客体的压倒一切的渴望的产物；对未来和前展的恰当分析需要的是对未来的一种开放，而这与基于回顾的展现方案相背离，即基于一个人对时间客体的先前经验。

拟的未来如何为生命存在打开的想象的无能相联系。这样一个模型正是已故神经学家弗朗西斯科·瓦雷拉（Francisco Varela）关于时间意识和情动性的概念的核心。对瓦雷拉来说，神经科学的认知范式产生于情动性，或者更准确地说，来自神经突起的混沌动力学，它以一种赋予前者明显特权的方式重申了前展和保留之间的对称性。对瓦雷拉而言，情动性是神经动力学在现象学上的关联，现在是从中产生的，并因此与时间意识的前展维度是分不开的。这意味着前展必须被理解为普遍不对称的保留；与保留不同的是，前展在任何影响或感知呈现之前都意欲拥有新的优先权，因此，"总是伴随着演变而充满情动和一种情感的语调……前展不是一种我们可以理解为'可预测的'的期望，而是一种能够自我运动、不确定但即将显现的开放。在这种性质中，它提供了与情感的自然联系，或者更恰当地说，提供了某种形式的自我影响"。[1] 为了给一个印象的构成准备新的优先，意识必须像之前一样，利用它本身，而且由于时间意识的内容不能（在前展的情况下）通过一种印象来给予，影响必须存在于时间本身的那一起源上。

乍一看，我们可能会认为这意味着情动性是为了前展，就像三级记忆是为了保留一样，当基础意识没有可以获得的记忆内容时，情动性就会以某种方式填补。然而，鉴于我们上述分析的结论，事情不可能这么简单。因为，通过确认梅洛-庞蒂对未来（前展）特权的洞察，瓦雷拉的观点具体化了在前客观生活现实的厚度中所发生的事情，并揭示了梅洛-庞蒂关于其优先权主张的更深层次的意义：它无非是时间的流逝和感知的基础，而且因此，它在构成上超越了感知本身。如果像瓦雷拉所声称的那样，前展的优先产生了感知的衍生物，那么原因就比他意识到的要深刻得多。感知远非（仅仅）是印象的，即，是一个从对象到意识的单向关系的结果，因为感知是通过存在着意向性（前展和保留）的生活当下的递推相关性而

---

[1] Varela, "The Specious Present," 296. 我在 Hansen, *New Philosophy for New Media*, chap. 7 中找到了瓦雷拉关于时间意识的研究的很多有价值的细节。

产生的，所以它是有着相关性的，即"将［它］锚定在一个环境中"（*PP*，416），① 将其定位在一个不收敛于一个中心的自我的域场中。这就是为什么感知——以及所有它的同质改变，包括前展－保留以及保留－回忆和前展－预测——最终必须根植于生命存在（或简单生命）的更基本的操作中。这一态度被梅洛－庞蒂的学生吉尔伯特·西蒙东（Gilbert Simondon）简洁地表达了出来，他声称情动性是身体体验的一种模式，它在个体和前个体（pre-individual）之间，在构成的身体和它所构成的虚拟或狂喜的环境之间进行调解。西蒙东认为，感知对于个体化的存在内部已经构成的结构有着吸引力，"情动性指代及包含的是个体化存在与前个体现实之间的这种关系：它因此与个体化现实之间有某种程度上的错杂关系，而且似乎从外部带来了某种东西，向个体化存在表明它不是一个完整封闭的现实集合［全体］"。② 这篇文章对我们在本文中所关注的问题产生了影响。这一分析意味着，如果我们将主观性的技术污染局限于后者的一种派生形式，（就是说）局限于三级记忆对时间意识的影响，③ 那么我们就不能期待去解释它对于时间意识的影响。

当下，技术上的扩展

让我们现在回到本文开始的场景：新媒体艺术有效地利用技术以扩大自我情感。新媒体艺术的能力如何促进现在的技术扩张来证实我们上述分析的结论？如果后者脱离了感知（或者至少是感知的印象化或铭刻的基

---

① 请注意，尽管它与德里达对感知（印象）－想象分裂的解构有着相似的前提，但这种反对感知的印象化解释的论点是出于非常不同的原因、为了非常不同的效果而这样做的。

② Simondon, *L'Individuation psychique et collective*, 108.

③ 正是这种主观性（和感知）对记忆的减少，我称之为技术（*technesis*）。对德里达的作品中这种减少的评论，参见 Hansen, *Embodying "Technesis": Technology beyond Writing*（Ann Arbor, Mich., 2000）: chap. 4。然而，在我目前的工作中，我对这种减少使用了不同的表达方式，因为我现在把主观性理解为与记忆和感知都有所区别的情动性。

础），新媒体艺术如何完成自我情感的技术扩张？而这种扩张一旦完成，又如何作为自我对自身的一种情感去影响主体性体验？又或者，也许更好地，作为一种自我本身对自身结构性过剩的激烈化？

毫不意外，维奥拉仍将是我们解决这一问题的焦点。在他最近使用了基本的时间加减速的美学实验中，维奥拉有效地运用了电影和视频技术，从而以一种与电影作为三级记忆示范性支撑角色正好相反的方式扩展了现实。维奥拉使用了新媒体进行的美学实验并没有将过去开放给过去、开放给那些通过技术性对象具体化了的没有生活过的经历，而是通过完全难以觉察（就是说，对于自然感知而言难以觉察）的刺激（信息的单位）去真正地过载它而达到对现实的强化。① 在他目前的"激情"系列中，即《内心》所属的那一个系列，维奥拉使用了一种电影固有的技术能力——高速拍摄能力——通过视频进行延展和改变，从而用一种未生活过的存在来污染感知的当下，和在摄影与电影二者中那样，它不是三级过去的重现［罗兰·巴特（Roland Barthes）著名的 çaaété］，② 而是扩大后的现在本身的物质性基础结构。或者换句话说，正是瓦雷拉的术语中所谓的神经动力学的情感结构，制约着生活的存在的体验，即梅洛-庞蒂所说的前客观存在的厚度。

预料到维奥拉 1995 年的《问候》［The Greeting，一个色彩斑斓的、与真人同等大小的设计影像，模仿庞托尔莫（Pontormo）的《拜访》（The Visitation），由三位女性以极慢的动作互动而成］，"激情"系列于 1998 年起正式开始跟随维奥拉在盖蒂研究中心（Getty Research Center）的居所，在那里他参加了"激情的表现"（The Representation of the Passions），一个

---

① 事实上，尽管维奥拉对视听媒体的时间灵活性的兴趣可以追溯到 20 世纪 80 年代中期（假如不向更早追溯的话），但正是电影和视频的具体结合的数字化使得技术性成为可能，这对于他最近的作品中存在争议的时间美学实验来说是至关重要的。

② 参见 Roland Barthes, *Camera Lucida: Reflections on Photography*, trans. Richard Howard（New York, 1981）: 76–77。

致力于探索"情感的极端——反映的能力在这里真正地丧失了——是怎样"被可视化地描述出来的项目。① 他在盖蒂的任期过程中，维奥拉受托为国家美术馆的一个展览贡献一件基于其收藏的作品。结果便是"激情"系列的第一个作品，《惊讶五重奏》(Quintet of the Astonished，2000 年)，以国家画廊中耶罗尼米斯·博斯（Hieronymus Bosch）的《嘲弄基督》（Christ Mocked）为基础。在他的笔记本中，维奥拉描述了这一项目实现之前的情况：

> 惊讶五重奏：奇异但谨慎的空间组合，水平纵横比，高速的镜头，精致的灯光，身着全部行头的人物类型，博斯展于伦敦国家美术馆的《嘲弄基督》，情感与关系的移动外观。个体经历了一个压缩系列的冲突情绪，从笑到哭，在高速镜头中拍摄而成，以高分辨率、质朴、超现实的方式展现出来。情绪的来去是如此按部就班，以至于很难分清某一个是从哪里开始而另一个是从哪里离开的。数字之间的关系变得不固定而又多变。（"E"，33）

这一作品制作于近两年后，经过了一段专注于单一图形研究的准备阶段，是一个后投影、大规模的作品，记录于高速镜头中，转换成数字视频，并以每秒 30 帧的正常视频速度放映，描绘了五个躯干直立的真人大小的人物（四男一女）慢慢地通过不确定的过渡性情感，而由中性的面部表情发展到初级的情感（悲伤、痛苦、愤怒、恐惧、狂喜）的过程（图 1.8）。观者视其为一个静止影像的第一感觉与一幅画没有什么不同，随着人物逐渐开始移动且面部呈现出情感的色调，这幅作品开始呈现出生命。

---

① 由盖蒂研究中心的塞尔瓦托·塞蒂斯和迈克尔·罗斯提出，公布于 John Walsh，"Emotions in Extreme Time: Bill Viola's *Passions* Project," in *Bill Viola: The Passions*, ed. Walsh（Los Angeles, 2003）：31；在下文中简写为"E"。

图 1.8　比尔·维奥拉，《惊讶五重奏》，2000 年（背投于屏幕上的彩色视频，46 x 8）。数字视频描绘了一个五人群组之间的情感的变化；用高速镜头拍摄的一分钟动作进行 16 分钟的回放。（图片选自 *BV*, 266）

约翰·沃尔什（John Walsh）对该作品的细致观察传达这一复杂变化过程中的一些东西：

> 这位妇女交叉的双臂从一开始就表明了她的悲伤；几分钟后，其他的手和手臂的手势开始使场景充满活力。中间那个欣喜若狂的男人举起了他的手臂，一只手被举到了女人的肩膀上。前面那个悲痛欲绝的人歪着头，萎靡消沉，脸因为痛苦而皱起。动作到达高峰，之后的几分钟，它逐渐消退，直到只有狂喜的人在中心移动，看向上方。（"E"，36-37）

这些人物似乎是自成一体的，仿佛生活在内部的情感世界中，不受外界的影响，也不受彼此存在的影响；他们的手势定义了在纯粹偶然的情况下相互侵犯的自我反射空间。

维奥拉在这里的意图，就像在作为一个整体的"激情"项目中一样，是要捕捉到情绪状态之间的过渡。他的灵感来源，过去的大师（Old Masters），"并不去绘画，在这些步骤之间"（"E"，36）；使用梅洛－庞蒂的术语，我们可以说，他试图安置准时的现在——极端情绪性的静止形象——重新归入意向性的领域，从而恢复作为情感体验基础的生态。正如他在接受汉斯·贝尔廷（Hans Belting）采访时所报道的那样，"我最感兴趣的是打开情感之间的空间。我想专注于渐进的转变上——将情感表现为一种持续的易变运动的想法。这意味着，过渡，也就是你从快乐转变到悲伤的模糊时期，和主要情感同样重要。"① 维奥拉对情感之间的转换的兴趣——他将它们在传统上没有完全被归入但曾经从属的情感区分开来的努力——与精神分析学家丹尼尔·斯特恩（Daniel Stern）提出的生命力情感（vitality affects）和绝对情感（categorical affects）之间的区别产生了共鸣：后者指的是真正意义上的情感，前者则指通常情况下难以察觉的面部（和身体）暗示，正是标志着身体活力的事实。② 斯特恩关于母亲与婴儿之间的情感协调的作品为理解维奥拉的作品与观众之间建立的共鸣提供了有益的见解。正如我们在《内心》的例子中所看到的，我们在"激情"系列中所遇到的是一种过于饱和的、对于富者的临时性膨胀的介绍，分离而又联系着离散情感状态的情感音调。缺乏词汇及经验先例来应对这一陈述，我们实际上处于一个类似于婴儿的位置，必须通过（语言前）身体反应的病理学机制来学习。然而，在维奥拉的作品中，我们暴露于感情的细微差别下，人的眼睛无法觉察到，它们是只有通过技术媒介才能表现出来的，且只有通过情感的形式才能被接受。因此，鉴于婴儿要为他或她未来的社会生活做准备而学会通过情感媒介与另一个人同步，我们了解到了情动性方式在其正常功能的感知下继续发挥着多大的作用。我们还学

---

① Bill Viola, "A Conversation," interview with Hans Belting, in *BV*, 200；在下文中简写为"C"。

② 斯特恩在亲子观察的基础上发展了他的概念，但他确实在一个非常有趣的分析中把它扩展到了艺术，特别是摄影方面。参见 Daniel Stern, *The Interpersonal World of the Infant: A View from Psychoanalysis and Developmental Psychology*（New York, 1985）: chap. 4。

习到了我们构成的生命力或活着的感觉,生活着的当下的实质,在这一通常无法察觉的经验模式中有其来源。在维奥拉的作品中,主体性的技术污染仅仅是这个学习过程,而它所带来的关于当下的更大的厚度恰恰是对我们活力源泉的开放。我们仅仅是通过关注代表人物脸上微妙的、过饱和的情感转变,并以我们所能的唯一方式对它们做出回应——通过它们在我们的身体中触发的丰富而有着细微差别的共鸣,来使用技术去扩展我们自己的主体性。

然而,我们对影像的过饱和,以及,确切地说,对它是如何将技术合成和主观合成的不同相关性与电影进行对比的,甚至可以更加精确。就像所有的"激情"系列作品一样,维奥拉以高速镜头拍摄了《惊讶五重奏》(在这一情况下,大约比正常速度快 16 倍,也就是每秒 384 帧),随后将其以数字方式转换成视频,并以正常速度进行投影。因此,这一 16 分钟的视频显示了在大约一分钟的时间内发生的事件。然而,这项技术的关键之处在于,它与任何慢动作(包括戈登的)在电影中的使用不同之处在于,维奥拉最充分地运用了电影的记录潜力:电影的每一秒包含(大概)384 次运动增量,即 384 次离散的信息捕捉!以正常的速度(即每秒 24 帧,虽然现在是通过视频的每秒 30 帧)播放这段视频,真正让观众感受到了细微的——感受到了情感音调令人难以置信的片刻变化,远远超出了(非技术上补充的)自然感知所能观察到的范围。当观众接受这个确切来说完全不能被称为一个感知对象的极度过饱和的时间客体时,电影时态的引导机制——电影的演变和意识的演变之间的知觉并存——让位于一种情感传染,意识通过这种情感传染无法正确感知,然而还有建立于可感知的事实之外的情况面对面放置,经历了一种意义深远的自我情感。在这个令人难以置信的强烈体验中,我们被强制去经历一个过程,我们构成的生活现实通过它从一个时刻到又一时刻不断地(再)涌现出来——即,从一个未曾生活过的与它之间的严格同生进行选择(维奥拉的神经加工快速动力学)。

因此，我们可能会想：假如，实际上，维奥拉为前展而做的关于电影对于保留作用（按照斯蒂格勒的分析）的工作，即，通过在传统上曾从属于它的东西去影响保留的技术污染。正如电影把意识暴露在一个未曾经历过的（三级记忆）且成为其可能性的条件下一样，维奥拉的"激情"系列视频也把生命存在暴露给了一个未经历过的、从感觉产生之处而生发的情感过度，这似乎划定了它的可能性条件。然而，除了这个普遍的相同点外，两者开始有明显的分歧，而且是通过召回上面所探讨过的前展与保留之间的不对称性的方式。最根本的是，斯蒂格勒的三级记忆包含了意识中未经历过的一个内容，而维奥拉的情感过剩是对于生活的当下的一个维度，根据定义，它不能成为感知的一个内容；它是生活当下之中的一种未经历过的悖论。从我们开始思考维奥拉对"激情"系列，特别是对《惊讶五重奏》背后动机的描述的时刻起，我们就可以清楚地看出这种差异，即，情感矛盾的双重性，这既是体验中最为短暂的，也是在某些奇异的观念中独立于经验或处于经验之外的。① 这一双重性在他 1987 年进行的一项涉及一位儿童的生日聚会录像的项目中被带回给了这位艺术家。注意到在所有人中，孩子们讲他们的情绪表现在表面上，维奥拉回忆说，对快乐在他的研究对象脸上真实地生发与运动的观察让他十分惊讶。后来，在创作他 1987 年的作品《生日聚会》的过程中，维奥拉拥有了把他所拍摄的连续镜头作为静止影像来看待的机会。他发现自己又一次惊讶得目瞪口呆。这一次，即使是在一幅静止影像中，表现为一个持续时间为三分之一秒的剪裁片段（在视频中），它也远低于关于感性现实的神经生理阈值的切分。感性的现在（也就是意识），② 这里不仅是一个情感的过量，而且是它超出

---

① 参见 Viola, *Lecture at the Institute for Advanced Study*（Princeton, New Jersey, 6 May 2002）。艺术史学家和前盖蒂博物馆馆长沃尔什随之进行了一个讨论。我在此感谢比尔·维奥拉允许我录制他的演讲而且使用这里的材料。

② 至少根据瓦雷拉的说法（是如此），他将这一阈值定为 0.3 秒。参见 Varela, "The Specious Present"。

了影像中所捕捉到的东西的限制的一种时间上的扩展。被情绪在时间性演变在知觉上所特有的自主性所打动，维奥拉由此得出"情感是位于时间之外的"，它们"存在于时间之外的某处"的结论。①

如果情感表面下的情感本质指明了维奥拉融合进了生命存在未经历过的经历，那么他的作品提供了一个与斯蒂格勒截然不同的技术处理模式。这种未经历过的情动性不仅仅与生活着的当下的前展性维度（而且实际上与它整个作为一个效价的厚度）严格地同生，更重要的是，它没有提供一个暴露了保留的选择基础（因此是意识）的未经历过的内容，它包含了前展本身的一个技术性延伸、一个暴露了巨大差异的选择过程——一个无意识的选择过程而且涉及一种从定义上说不可能被经历过的过度，生命存在通过它而将自身延伸到未来。直截了当地说，斯蒂格勒认为技术性是未经历过的过去的外在化，而维奥拉的作品则把技术补充安置进了当下本身的中心，作为知觉与其来源之间的中介物，情动性。有趣的是，这意味着维奥拉的技术处理和包含模型将技术作为一种恰当的人类模式的中介物，尽管——强调这一点很重要——在某种程度上那并没有非常反对把科技作为我们称之为人类技术起源的基本组成成分之一。② 斯蒂格勒的模型引入了感知在技术上记录的记忆，这实际上是意识的表面。而维奥拉则使用高速镜头和视频的技术，在一个数字环境下，将通常是不可察觉的情动性，带入感知的范围。

我认为，在这样做的过程中，维奥拉设法颠倒了时间客体的意向性；他的作品并没有为观众开放过去，而是将他们带去与当下的质感面对面。这不正是我上面的意思吗？当我建议活着的现在必须用情感本身的流动而

---

① Viola, Lecture, 这种对过度情感化的丰富的洞察力也是维奥拉对于"过去的大师"中的激情的表现的系统化研究背后的动机，这一探索始于他 1998 年在盖蒂研究中心居住的那一年。更确切地说，它有助于解释《惊讶五重奏》的具体图像材料的来源。

② 对于人类与技术的共同进化，参见 André Leroi-Gourhan, *Gesture and Speech*, trans. Anna Bostock Berger（Cambridge, Mass., 1993）: esp. part 1. 勒罗伊-古尔汉的作品构成了斯蒂格勒自己在 *Technics and Time* 1, esp. 134–179 中关于人与技术内在联系的论点的基础。

不是时间媒体对象的流动来识别的时候，这不正是我在上文中所提到的生活的当下必须被情动性的流动本身而不是被时间媒介物质所确认吗？通过将技术置于现在的厚度内，并从现在的时间间隔中进行操作，维奥拉的新媒体艺术使技术影响通过现实再生的感性行为，也就是说，在位于意欲时间演变本身的双重意向性的一极；而且，通过这种方式，它向我们的感性范围暴露了通过自我影响自身的那一过程，以它自己的构成基础扩大现在。我们甚至可以说，我认为，维奥拉的工作正是通过彻底分解时间客体来完成的，因为他的作品所设定的关联与其说是在一个对象和一种意识之间的，不如说是两种作为主体和世界的相遇的生命存在的模式本身。如果这里的工作中依然存在着生命和技术的同构，那就是发生在维奥拉所谓的时间形式（time-form）的层面上，而不是在记忆内容的层面上。维奥拉把时间形式的概念看作是特定于视频的："媒体［视频］的本质是时间。"维奥拉声称："一个作品的'时间形式'是难以描述却真实的。它是一种发自内心的事情……［它］每一种情况都有独特的形状，它被观众不自觉地感知到——感觉到的比看到的更多。正是在时间形式的层面上，［决定了］一项工作通常是会失败或成功。"（"C"，199）对于维奥拉来说，重要的是，正是通过一种时间形式的共同性将情动性和过饱和的视频相互关联了起来："情感……是我们个人生活中的时间形式。他们的现实是变化和超一时性……［而且这一相同的］时间形式……在视频中就像情感在我们日常生活中所做的那样运作。因此，这两者实际上非常适合彼此。"（"C"，199）① 维奥拉的视频并不是时间客体，实际上也不可能是时间客体，这正

---

① 有趣的是，维奥拉提到了高速镜头的技术，以及影像与这种通过时间形式进行相关性联合的过饱和的需求："我……知道视频的媒介，长镜头的大师，只能以每秒 30 帧的速度拍摄动作，而我需要更多时间的视觉增量来捕捉过渡和转换的微妙之处。"他还指出了拍摄场景的必要性，"作为没有任何编辑的单镜头""运动是由情感本身创造的，而这种情感的媒介，它的固定基础，是人。任何形式的编辑都会破坏这种关系。"（"C"，200）在这里，我们又一次看到了他的美学的反电影维度，至少如果我们把它与斯蒂格勒将意识作为电影摄影的定义进行对比的话，即，通过对现存的、预先录制好的材料的选择（蒙太奇和剪辑）而产生的。

是因为它们与生活着的现在的演变紧密相连,而这正是生命于其中安眠的时间形式。

想一想看两个来自"激情"系列的例子,这两者均是由事后独立的一组情感变化序列组成的二联画。在《多萝莎》(*Dolorosa*,2000年)中,一个长发女人与一个留着山羊胡子的痛苦的男人,圣母玛利亚和基督的当代模拟物,以一种极度痛苦的细节来表现(图1.9)。当他们分别哭泣、转过头、睁开和闭上眼睛和嘴时,两人似乎都露出对于对方近在咫尺的存在的意识;然而,正如沃尔什所指出的,这完全是没有计划的,因为他们是作为分开的独立研究而被拍摄的,维奥拉甚至在把他们放在一起的时候也丝毫没有试图去协调他们的动作("E",38)。在《上锁的花园》(*The Locked Garden*,2000年)中,同样由两项自主研究组成,一个中年男人和一位女人在不同的情感状态中发展着(图1.10)。注意到这两个彼此独立的研究过程的同源性——"突然之间,"他观察到,"它们变成了一个对话"("E",39)——维奥拉决定把他们合为一个二联画。在这两种情况中,

图1.9 比尔·维奥拉,《多萝莎》,2000年。(图片选自 *BV*,77)

图1.10　比尔·维奥拉,《上锁的花园》, 2000年。(图片选自 BV, 88)

争论的焦点是介于中间的媒介——介于一个特定的中间,从而回到我们先前的讨论中,影像与观众之间的距离在这里瓦解:"内部和外部[两者之间]的连接实体是我们在二联画中的位置,是等式中的第三个元素。在更大的意义上而言,它是所有影像和关系中的创造性潜力。"("C",202)

这意味着,维奥拉的作品对生命进行了一种不可读的语法化,而这种语法化只能被感觉到。与斯蒂格勒提出的生命的电影语法化(他谨慎地说,内心是电影)形成了直接的对比,维奥拉的作品是一种打破了技术和旁观者合成的同构的语法化,它构成了斯蒂格勒立场的核心。这里,我们遇到的不是两种合成之间一个限制另一个的巧妙一致性,反之亦然,我们所遇到的是一种基本的分歧。通过对于高速镜头和取消剪辑的使用,维奥拉的视频实际上可以被说成是对生命的过度语法化,以一种无法通过正常的感性方法理解而只能通过情动性,即生命的形式去捕捉它。简而言之,它们让我们与生命面对面,通过这种做法,激发我们自己作为体验生命的媒介的生命力。此外，在这个过程中，他们打破了到目前为止限制媒介进行再现的时间障碍，因为维奥拉捕捉到的生命并不是在真实时间中的，而是实际上比真实的时间更快的。生命存在的技术污染绝不仅仅是作为生命再现（书写，语法化）的载体，它暴露了生命与西蒙东所谓的前个体或亚稳域的结构耦合，我们现在可以看到，这是形成生命持续（再）出现的环境的未经历过的场域。作为对生活的一种重写，一种对超越感知范围而又恰恰构成它前提条件的潜能（前个体，情动性）的捕捉，维奥拉的作品表明，生命是完全不可记录的，总是超过、速度上快过可以写下且可供重复的东西。① 因此，它所体现的美学——新媒体的美学——可以以下特征为特征：将数字技术应用于一个真正有创造性的终止，正是因为它在人类感知和现存的（类似物）媒体形式共同的时间范围内是完全不可觉察和不可合成的而引起的对人类的经历，才恰好如此具有创造性。

对生命的见证，或者这一话题在技术上的扩展

让我们回到主题的图解上来得到最终结论，再问一遍自我情感的技术扩展是如何影响我们对它的理解的。在我们对维奥拉的分析之后，这相当于问为什么它是通过我们与情动性的相遇，一种我们真正允许自己被自己的生命力所影响的相遇，而让我们作为主体来体验自己的。

在其以羞耻感为主体的概念化中，吉奥乔·阿甘本（Giorgio Agamben）以一种直接传达与存在、情感和生活的联系的方式将自我情感与生理学

---

① 因此，它与斯蒂格勒把数字作为影像"批判性分析"的一个媒介的解释形成了鲜明的对比："影像的类比——数字技术（就像对于声音的那种技术一样）开启了对时间客体的分析化理解的时代。而且由于合成是双倍的，新的分析能力的获得也同时是新的合成能力的获得。"（"C"，159）虽然这种回报仍然是有限的，因为从技术分析流动到技术主观合成，而不是在另一个方向，即维奥拉的作品中，恰恰利用了数字比起对影像的简单分解而言在更根本的意义上消解影像的能力，使影像和对影像的技术分析成为一种工具，生命存在通过它来改变它自身的合成条件。

上的生活（他称之为赤裸的生活）联系在一起，而这正是本文探讨的话题。对于阿甘本来说，羞愧，"受托于一种无法被假定的被动状态"的经历可以与自动情感的经历作比，从康德开始，它就提供了主观性的原始结构。① 虽然这里的一般理由是对时间的自动情感的哲学认同（也就是我们一直在探索的那种认同），但对于阿甘本来说，除了追随康德（和海德格尔）之外，还有一个更具体的原因：康德著名的名为内在意识悖论的理论。在康德的哲学中，时间是内在感觉的形式，但由于时间（像前展一样）本身并没有多样性，所以它必须从外部感觉上借用它的内容（空间中物体的感知）。内在感觉，一言以蔽之，是通过对外在感知行为的一种二级命令反思而形成的，它忽视了它们的客观意义而有利于它们在时间上的渐进有序。对阿甘本而言，这一悖论的深刻意义在于它要求我们去"以被动的态度对待自己"（*RA*，109）的事实。② 被动性，阿甘本继续说，不是简单的对于一个有效的外部原则的接受性，而是"一种对第二程度的接受性，一种对经验本身的接受性，被它自己的被动性打动"。羞耻"似乎是主观性中最恰当的情感调性"，因为它命名了这种第二程度接受性的情感关联；当人类被感动时，即，对它的被动性感到高兴时，羞耻感就会产生（*RA*，110）。

为了试着加深列维纳斯（Levinas）把人类置于我们无法与之保持距离的那些东西作为羞耻感的分析，阿甘本将其与生活联系在了一起：

> 变得羞愧意味着被委托去做一些无法被假设的事情。但不能被假设的并不是外在的东西。相反，它起源于我们自己的亲密关系；它是对我们而言最亲密的东西（例如，我们自己的生理学上的生活）。在这里，"我"因此被它自己的被动性和它自己最感性的部分所克服；

---

① Giorgio Agamben, *Remnants of Auschwitz: The Witness and the Archive*, trans. Daniel Heller Roazen（New York, 1999）：110；在下文中简写为 *RA*。

② 参见 Immanuel Kant, *Critique of Pure Reason*, trans. Norman Kemp Smith（London, 1929）。

然而，这种征用和去主观化也是"我"对于它自己而言的一种极端和不可抑制的存在。就好像我们的意识崩溃了，并试图向四面八方逃亡，同时又被不可辩驳的命令召唤着出现在自己的堕落中……令人羞愧的是，主体因此除了它自身的去主体化之外不再有其他的内容；它成为它自身混乱的见证者，它作为一个主体的自我遗忘。（RA，105—106）

在维奥拉的视频中，无法被假替的正是生命存在的前展维度。因为他的视频促成了与处于生命存在狂喜的核心那些未经历过的经历的接触，它们让我们接触到生命的一个维度——情动性，自我对自身至关重要的过剩——这使我们的感知变得被动。我们对这些作品强烈的反应是我们对这种被动沉迷的有力象征。而如果这种沉迷最终产生一种羞耻或厌恶的、似乎表明了我们复杂的情感反应的感觉，我们通过自身情动性而得的自我情感，对我们作为主体的自我构成而言是多么的根本。因为，基于这一理解，我们之所以是主体恰恰是因为我们与自己"不合拍"（out-of-phase）；简而言之，主体性是一种情感和感知之间的传导关系（一种构成了它的各种术语的关系，因为它们只存在于这种关系当中，所以任何术语都不能优先于另一个），在我们内部超越了我们的那些东西与想要将其作为内容而捕捉到的那些东西之间。①

然而，如果阿甘本对于我们自身生理生活中的羞耻的概念有助于阐明为什么维奥拉的作品会引发如此强烈的反应，也就是说，为什么我们与自己的情动性的对抗是如此难以忍受，它便落到了他们将我们的生命力带回的那些作品上，也就是对我们而言最亲密的那些东西是怎样成为支撑我们当代主体性经验的羞耻感代言人的。他们向我们展示的，或者更确切地说，他们强迫我们去感受的，是我们自身对时间的亏欠，对

---

① 我从西蒙东那里借用了同自我不合拍的观念以及转导（transduction）的概念；参见 Simondon, *L'Individu et sa genése physico-biologique*（Grenoble, 1995）；关于这一文本的介绍可以获取到英文版本，参见 Gilbert Simondon, "The Genesis of the Individual"。

总会作为被我们保持着无法经历的那些东西即将到来的未来的亏欠。可以回顾梅洛-庞蒂对海德格尔的批判，即生命存在的优先性带来的决断性（Entschlossenheit）的不真实（参见 PP, 427；另见于 n.38），我们也许会理解维奥拉的成就是一种哲学性的成就。羞耻感是"'纯粹的自我情感'……一种'从自身走向……'同时也是一种'回顾'的东西"（RA, 110）。① 因为且仅因为时间使生命存在，在我们之内最密切的生命力，面对着它自身的缺席，一种作为延续它的可能性的条件即将到来的未来的空虚形式。主体是这种互感对抗的残余物；它远非通过二阶命令感受性产生的，而是一个人以自己的去主体性为内容的过程。当一个人面对它自身构成的不完全性时，主体性就会发生，而当这种相遇发生时，面对自身的这种被动性，就变成了一种愉悦或沉迷的源泉。在这种意义上，作为耻辱的残余物，主体性只不过是作为某种不可设想的东西被赋予生命的条件。毕竟，这难道不是我们为什么在那些最不受约束、对自己最缺乏主权的时刻感到最有生命力的原因吗？也是为什么这种重要的感觉常常被一种耻辱的残余物完全浸透，且事实上无法分离。

　　通过一个人自己的情动性产生的自我情感，并没有与在"激情"系列中的另一作品的背景下变得突出的另一内容产生关联。在《仪式》（Observance，2002 年）中，维奥拉在一个更复杂的结构中——没有剪辑的单拍，以正常速度回播高速录影——有效地利用了相同的包装。基于丢勒的《四使徒》（Four Apostles），这部作品描绘了排成一列的 18 个缓缓向我们走来的衣着光鲜的人物。当他们每个人都在这一列的前端短暂停顿、被情绪所压倒的时候，他们似乎在注视着位于画框边缘之外的未知物体（图 1.11）。那些人物个体偶尔触摸或交换目光，在显然是一个深刻的集体悲痛的时刻彼此寻求安慰（图 1.12）。由向这一行列前的不管是什么东

---

① 参见 Heidegger, *Kant and the Problem of Metaphysics*, trans. Richard Taft（Bloomington, Ind., 1990）。

西致敬的相同愿望而团结成一体,他们中的每一个都单独这样做了,且在这之后迅速离开以便让位给他们的同胞。正如沃尔什敏锐地观察到的,这里的重点之处与早期有着"许多情感而没有一个单独的焦点"的《惊讶五重奏》存在显著的不同;相比之下,在这里,情感表达的共性分布在一个"强大的个人反应序列"中,它们汇聚在一个共同的对象上("E", 55)。换句话说,在这里,观众表达情感的自我情感的意向性是被引导向外的;并非将生命存在的意向性加倍以及一种产生羞愧的内在分裂,表达情感的自我情感变得自由浮动,可依附于外部的社会事件。

图 1.11　比尔·维奥拉,《仪式》,2002 年(等离子显示器上播放的彩色高清视频,47 1/2" x 28 1/2" x 4")。慢动作数字视频描绘了 18 个情绪变化的人物轮流观察某些相同的屏幕外物体(的景象)。(图片选自 *BV*, 126)

　　如果《仪式》标志着维奥拉的一次突破,那正是因为它将最为直接的生命力引导到了一个不同的、或许更为积极的方向上,走向一种植根于放弃个人自主性、放弃对自我的自主权、支持西蒙东所称的集体个性化的集体体验。① 当它因此导向一个共同的经验时,换句话说,导向这个假

---

　　① 参见 Simondon, *L'Individuation psychique et collective*.

图 1.12 比尔·维奥拉,《仪式》,2002 年。(图片选自 BV, 127)

如换一种方式就会产生耻辱的自我情感的过程,因为它的残余物产生了一种反个性化,与其他人的预测力量产生的一种积极的反响,将前个体有效利用于一种不同于个体个性化的生产中。在西蒙东看来,反个体性并不是由一组个体组成的,而是指定了一种二级个性化,完全不同地使用了前个体现实的力量;在其中,个体尚未解决的问题——产生耻辱的生命的构成的不完整——找到了一种不同的、也许更为积极的精神投资,这种投资产生于一种个体之间的深刻共鸣,且与使我们寻求的捕捉生命构成的过剩的预测即前个体相背反。在我看来,这种积极投入的潜力在于彼得·塞拉斯(Peter Sellars)所声称的深刻意义,即维奥拉的作品——尤其是《仪式》——设想了一种复兴的"哀悼文化"。"面对生活的某些动荡,面对某些极度震惊或悲伤的行为,"塞拉斯写道,"首先必须要有沉默。必须有可供治愈的空间,使受损的生命组织自我再生。必须要有可供领悟、可供沉思的时间。必须要有让我们变得更有人性的可供悲伤的空间,以及一种谦恭和通过接近圣者的痛苦而学到的宽恕。"① 如果维奥拉的最新作品

---

① Peter Sellars, "Bodies of Light," in *BV*, 158–159.

为我们指明了通往最新发现的我们内心的一种哀悼潜力的方式,我认为这是因为它以耻辱让我们超越了主观,将后者转向外部,并利用它所寻求的力量去遏制一种对不同的、集体性投入的遏制。

窦文欣/译　张春田/校

第 2 章　情动的效用[①]

迈克尔·哈特

（存目）

[①] Michael Hardt, "Forward: What Affects Are Good For," in *The Affective Turn: Theorizing the Social*, eds. Patricia Ticineto Clough and Jean Halley (Durham: Duke University Press, 2007): ix-xii.

迈克尔·哈特，现为美国杜克大学三一文理学院文学系教授，研究兴趣包括全球化与后殖民、马克思主义与批评理论、现代主义与现代性等。著有 *Gilles Deleuze: An Apprenticeship in Philosophy* (University of Minnesota Press, 1993)，并与意大利政治哲学家安东尼·内格里合著多部著作，如 *Labor of Dionysus: A Critique of the State-Form* (University of Minnesota Press, 1994); *Empire* (Harvard University Press, 2000); *Assembly* (Oxford University Press, 2017) 等。本文从斯宾诺莎的情感哲学出发，认为情感有能力超越身心/情理二元论的界限，所以情感转向能够成为人文与社会科学领域中的又一范式理论。——编者注

第 3 章　情动的自足[1]

布莱恩·马苏米

（存目）

---

[1] Brian Massumi, "The Autonomy of Affect," *Cultural Critique*, no. 31（1995）: 83–109.
布莱恩·马苏米，现为加拿大蒙特利尔大学传媒系教授，研究领域包括德勒兹研究、传媒美学、权力理论研究、政治哲学等。Gilles Deleuze and Félix Guattari, *A Thousand Plateaus: Capitalism and Schizophrenia*（University of Minnesota Press, 1987）英译本译者，著有 *Parables for the Virtual: Movement, Affect, Sensation*（Duke University Press, 2002）;*Politics of Affect*（Polity Press, 2015）等。本文结合多个实验，借用跨学科的案例，认为感情直觉与理性分析是并行不悖的两种模式，证明了情动的自足性，并呼吁将其纳入文化与政治研究的考量范围。——编者注

第二部分

批评"情动转向"

第4章　情动障碍 ①②

威廉·埃金顿

近期,"情动"概念成了人文研究领域的焦点,它似乎展现了关键术语和焦点发生转向的所有必要元素。在过去的几年中,许多专著和文章已

---

① 本文译自 William Egginton, "Affective Disorder," *Diacritics* 40, no. 4 (2012): 24-43。感谢作者授予中文版版权。

威廉·埃金顿,现为美国约翰霍普金斯大学现代语言与文学系教授,研究兴趣包括西班牙与拉丁美洲文学、欧洲文学与思想、比较文学等。著有 *How the World Became a Stage: Presence, Theatricality and the Question of Modernity* (State University of New York Press, 2003); *The Philosopher's Desire: Psychoanalysis, Interpretation, and Truth* (Stanford University Press, 2007); *The Theater of Truth: The Ideology of (Neo) Baroque Aesthetics* (Stanford University Press, 2010)等。本文审慎观照情动理论这一思想史热潮,从研究界对其美好愿景和主体性对其根本挑战两方面,理解情感与主体性之间的深刻关联。——编者注

② 为了简要且有选择性地标示书的题目,我把一些要进行深入分析的内容写在下面:两部论文集,Patricia Ticineto Clough and Jean Halley, eds., *The Affective Turn: Theorizing the Social* (Durham: Duke University Press, 2007); W. Russell Neuman, et al. eds., *The Affect Effect: Dynamics of Emotion in Political Thinking and Behavior* (Chicago: University of Chicago Press, 2007), 以及 Jaak Panksepp, *Affective Neuroscience: The Foundations of Human and Animal Emotions* (New York: Oxford University Press, 1998); Rei Terada, *Feeling in Theory: Emotion after the "Death of the Subject"* (Cambridge: Harvard University Press, 2001); Brian Massumi, *Parables for the Virtual: Movement, Affect, Sensation* (Durham: Duke University Press, 2002)。我的两位约翰霍普金斯大学的同事,鲁斯·莱斯和威廉·康诺利(William Connolly),最近在《批评探索》(*Critical Inquiry*)上进行了关于"情动转向"问题的讨论,参见 Ruth Leys, "The Turn to Affect: A Critique," *Critical Inquiry* 37, no. 3 (2011): 434-472; William E. Connolly, "The Complexity of Intention," *Critical Inquiry* 37, no. 4 (2011): 791-798。大部分争论的焦点集中在何种程度上有莱斯所批评的思想家们的"错误观点,即对情动体制和内涵或者意义,抑或是意图这两方面进行假定的分离"。这句话也正是莱斯对康诺利的回复,见 Ruth Leys, "Affect and Intention: A Reply to William E. Connolly," *Critical Inquiry* 37, no. 4 (2011): 800。虽然在莱斯批评最明显的几个思想家中,我找到了一些支持这个观点的证据,但是在下文中,我仍然将从意义层面、意图层面,特别是和情动有着千丝万缕关系的主体性层面重申我的观点。

经涉及了这个话题，几本论文选集也已经出版。

更重要的是，这个概念也流传于许多其他学科之中，包括政治学、文学、媒体理论和神经科学。如果说情动成为焦点是对一种特定的需要或紧迫性的反应，那么就有必要问一下，这个词及其表面上产生的理论进展是否辜负了学者们从中看到的希望。正如我在下文论述中所指出的那样，当前"情动"这个概念的使用承受着它的潜在效用与当代理论家投射其上的期望这两者之间的分化。具体来说，这个词的力量是在20世纪70年代由吉尔·德勒兹和费利克斯·加塔利（Félix Guattari）两人的哲学介入所激发的，并且由于德勒兹早些时候与斯宾诺莎哲学的接触，它隐约地，有时也明显地显示出美好前景，即聚焦于情动的批判视角可以在阐释直接、当下的人或人之间关系层面时避开个人主体性和象征性中介的陷阱。然而，不求助于主体性而去试图理解情动功能就类似于研究不受光线干扰的色彩现象。换句话说，对情动的连贯性的解读表明，情动的维度是通过身体和媒介的彻底相互渗透而被恰当地定义。也许最引人注目的是，由主体的不透明视野（horizon of opacity）所强加的限制又如何转而以客观的方式影响主体。

情动理论希望从以情动维度为导向的思维中产生出新的伦理可能性。就此而言，这些理论就要克服媒介的悖论。这些悖论是以斯宾诺莎自己试图建立的一种思想体系——不包括他在笛卡尔那里看到的缺点——为核心。像斯宾诺莎和休谟（另一位早期对德勒兹产生影响的人）这样的早期现代思想家感觉到的是，伦理问题在本质上与主体对他人愿望和意图的盲目性有着不可分割的联系，并且最终导致他或她自己在愿望和意图的方面也是盲目的。虽然情动的传播是一种真实且非常重要的沟通，但人们面对的问题——我应该做什么——不仅无法通过这种沟通得到缓解，反而会在情动层面上被无情地反弹，并且持续地影响着我们的情感生活。

情动的愿景

虽然"情动"概念在许多领域内都很重要,但它最近在人文科学领域的流行度可以追溯到两个来源,一个是伊芙·科索夫斯基·塞吉维克(Eve Kosofky Sedgwick)和亚当·弗兰克(Adam Frank)两人对西尔万·汤姆金斯(Silvan Tomkins)理论的运用①,另一个是布莱恩·马苏米在继承了上述德勒兹式斯宾诺莎主义的传统后,于20世纪90年代中期撰写的文章《情动的自足》。这篇文章后来被作为主要文章收入到他2002年出版的《虚拟的寓言》之中。②在这篇论文中,我只着眼于第二条路径,这是由于我没有看到汤姆金斯的理论或其追随者被同样的问题所激发。我现在对它进行概述。③

帕特丽克·蒂奇内托·克拉夫(Patrica Ticineto Clough)在《情感转向》(The Affective Turn)一书介绍的开头几页中给出了关于情动研究的强大吸引力。许多学者也支持这种看法,

> ……将情动作为潜在身体性反应的基础,这种反应通常是自主性的和超意识性的。对于这些学者来说,情动一般是指身体进行情感

---

① 参见 Eve Kosofsky Sedgwick and Adam Frank, eds., *Shame and Its Sisters: A Silvan Tomkins Reader*(Durham: Duke University Press, 1995); Eve Kosofsky Sedgwick, *Touching Feeling: Affect, Pedagogy, Performativity*(Durham: Duke University Press, 2003)。

② Brian Massumi, "The Autonomy of Affect," *Cultural Critique*, no. 31(1995): 83–109; Brian Massumi, *Parables for the Virtual: Movement, Affect, Sensation*(Durham: Duke University Press, 2002)。这个谱系也可以追溯到 Melissa Gregg and Gregory J. Seigworth, eds., *The Affect Theory Reader*(Durham: Duke University Press, 2010): 5。

③ 我也应该注释一下,许多学者已经因我在这篇论文中提到的非常相似的原因而避免了德勒兹式的语言。比如 Katrin Pahl 用情绪性(emotionality)来代替情动并声称:"严格来说,德勒兹和加塔利定义的'情动'一词是一种无意识的和非语言的强度经验。当一个人想要去探索理性和情感的重叠之处时,使用这个词似乎是毫无用处的。当一个人想要坚持文本和自我反省,也就是情绪性的特征——自我扩张(self-augumenting)和自我弱化(self-attenuating)——时,亦是如此。"见 Katrin Pahl, "Emotionality: A Brief Introduction," *MLN* 124, no. 3(2009): 549。

感应与被情感感应的能力，或者说是指身体行动、参与和衔接能力的扩张与削弱。因此，自动感应和与活着的自我感觉息息相关——也就是和活力或者说生命力息息相关。①

和新的情动理论中的其他主要声音一样，克拉夫谨慎地向读者保证，把批判注意力转移到情动语域上并不意味着替代或取消意义、身份、主体性的重要性，以及个体对人的社会性的理解这些重要方面的关注。然而，很难不发现，有一种挥之不去的希望伴随着几乎所有由情动理论启发的主张——情动理论希望能同时指向"身体和心灵"，或者说同时涉及"理性和激情"②，希望能通过这个新的批判性词汇超越二元论的"调和主义"而去彻底地开辟一番新天地。马苏米在他的转折性专著《虚拟的寓言》的序言中写到他的研究动机：

> 它建立在以下希望之上：以其最字面意义的感觉（和感知）存在于身体上的运动、感觉和体验的性质，也许都可以从文化理论上来思考，而不用陷入素朴实在主义或天真主观主义的维谷境地，也不会和后结构主义文化理论的真正洞见——关于文化和经验领域、权力和文化的共存——相矛盾。我们的研究目的，是要将事物**无中介地**放回文化物质主义中，同时将看上去最身体性的东西放回身体。③

这个解释的关键是最后一句话中起作用的否定性副词——"无中介地"（unmediatedly）。马苏米在书的开头批评了以往人文主义者在试图将

---

① Patricia Ticineto Clough and Jean Halley eds., *The Affective Turn: Theorizing the Social*（Durham: Duke University Press, 2007）: 1–2. 见引言部分。

② Michael Hardt, "Forward: What Affects Are Good For," in *The Affective Turn*, eds. Clough and Halley, ix.

③ Brian Massumi, *Parables for the Virtual: Movement, Affect, Sensation*（Durham: Duke University Press, 2002）: 4.

身体及其物质性引入研究视野时，却通过话语将身体中介化的行为："身体被认为卷入了这些日常抵抗实践的中心。但是完全作为中介的身体只能是一个'话语'身体：带着能指姿态的身体。"① 他认为，将身体作为中介建构，这样无法回到身体。因为如果这样的话，身体就以意义的形式存在于感觉之中，"对它们的描绘来说，感觉根本是多余的，或更糟，感觉对这种描绘是破坏性的，因为感觉诉诸当下的经验"。②

因此，马苏米的介入提供了一种纠正措施的再纠正，重新转向身体，使得身体不再重新回到身体，也使身体不仅仅是作为某类文化中介的效果。在这样做的时候，他先预设了一个批判性反映，即他的观点能诉诸一种无中介经验。但马苏米不是通过否认这种诉求，而是通过将产生上述反映的原因定位在诉求的一个可能结果上，即主观主义（subjectivism），然后再去否认这个原因。换句话说，个体能够区分什么是直接通过其感官获得的和什么是仅从他人的反馈中获得的，个体的这种区分能力我们也可能归因于直觉性（immediacy），但是我们不能将马苏米所诉诸的直觉性与其混淆。恰恰相反，马苏米用了吉尔伯特·西蒙东的话，情动意味着"前个体"。③ 从这个角度看，主体的知觉状态或感觉状态在任一时刻都能在虚拟的可能性中获得实现或消减。

---

① Massumi, *Parables for the Virtual*, 2.

② 同上。

③ 马苏米的这些观点参考了 Gilbert Simondon, *L'individu et sa genèse physico-biologique*（Paris: P.U.F., 1964）; Gilbert Simondon, *L'individuation psychique et collective*（Paris: Aubier, 1989）。重要的是，在我所谈的马苏米观点中概念上的飞跃，这在西蒙东的作品中及对他概念的发展中都并不是必然的。举例来说，马克·汉森有效地采纳了西蒙东的词汇为数字时代一种新的图像现象学服务："西蒙东将情动——或者他更喜欢称之为'情动性'——作为感觉的一种模式，它将身体的经验向并不符合已经收缩了的身体习惯的经验敞开，由此情动这个概念得到了扩展。西蒙东声称，由于它是'个体'领域（换句话说，即任何构成了已经个体化了的人类机体之物）和构成了调节所有个体化过程的'亚稳定'（metastability）状态的'前个体'领域两者之间的媒介。"见 Mark B. N. Hansen, "Affect as Medium, or the 'Digital-Facial-Image'," *Journal of Visual Culture* 2, no. 2（2003）: 207。

情感是虚拟的联觉视角，它们定着于（功能上受限于）实际存在，特别是具体体现了它们的事物。情动的自足就是它在"虚拟"中的参与。它的自足就是它的敞开。如果情感逃离了特定身体的围限，这是身体的生命性或实现交互作用的虚拟。在此程度下，情动是自足的。①

因此，这篇论文标题中的"自足"指的是情感从个体化的"捕捉"中"逃离"；虚拟是其理论关注的领域，它不受个体主体"实存"边界限制。所以，那些所谓的重返身体和物质问题研究，只是强调我们只能通过间接方式达到身体和物质。马苏米调用的情动的直觉性是对这种研究的一种回应。事实上，这种承诺也存在于其他地方，换句话说，它存在于不受个人主观范围限制的感觉或经验领域的调用之中。② 这就是为什么他所发展的词汇已被一些学者所接受，这些学者想从以下这种情况解脱出来，按照克拉夫的话来说，"这是一种对主体身份、表征、创伤这三者与信息和情动发生关系的精神分析学批评；从以有机体身体为优先到探索非有机体的生命"。③ 的确，马苏米他自己也注意到，在西蒙东的分析中，一度被认为

---

① Massumi, *Parables for the Virtual*, 35.
② 探讨情动所谓虚拟的理论家们表面上想要避开"意义"，但却是在有意义地（我们认为）书写意义。这种情况也是如此。对于凯瑟琳·斯图尔特（Kathleen Stewart）而言，情动"并不通过'意义'本身起作用，而是通过它们在经历身体、梦境、戏剧和各种社会世界化（worlding，疑为海德格尔的概念，译者注。）之物时所选择密度（density）和纹理（texture）的方式起作用。它们的意义在于它们建立的强度之中，在于它们将何种所感、所思化为可能。它们引人追问的问题并不是它们在表征的次序中意味着什么，也不是去评价它们在许多事物统贯一切的组合中好坏与否，而是在它们可能的前进方向是哪里，以及何种事物认知、联系和关注的可能模式已经以某种方式在场了，并以一种潜在和共鸣的状态在场》。见 Kathleen Stewart, *Ordinary Affects*（Durham: Duke University Press, 2007）：3。
③ Clough, "Introduction to *The Affective Turn*," in *The Affective Turn*, 2. 再次，情动理论概念的运用无需促进这样的二分法。在另一篇论文中，汉森使用了情动理论概念性的装置去对下面这个问题进行探索，用他的话说是，"当代主体性的明显悖论：自我情感的技术拓展使得主体有了更加完整、更加强烈的经验，简言之，技术让我们与自己的关系更加紧密，让我们的生命力有更加亲密的经验，这些形成了我们存在的核心、我们本质上的不完整和我们凡人的有限性。"见 Mark B. N. Hansen, "The Time of Affect, or Bearing Witness to Life," *Critical Inquiry* 30, no. 3（2004）：589。

是人类专属的自我反思能力扩展到了"所有生命事物"之上。尽管如此，他还是接着说"难以搞清为什么他自己的分析没有让他将之延伸到所有事物，不管有无生命。"①

分辨超出个人、主体，甚至人类界限的经验领域，这样做可以带来的一个可能的好处是，它打开了理解他者侧面的各种可能性，而这在传统上被我们的知识所遮蔽。要对和主体相关的认识论优先地位所造成的障碍进行消减或转换，意味着交流或理解的模式得以超越曾被认为绝对限制的一种可能性。这些可能性具有直接的道德影响。如果我现在知道成为一只蝙蝠是什么样子，这个事实就暗示了我应该如何对待蝙蝠，并且同样地，把"蝙蝠"换成任何值也是如此。②关于情动传播的理论隐含着一种范式上的转变，这是一种"异质现象学"（heterophenomenology）③，它长期以来一直是人工智能和神经科学的梦想，甚至从弗洛伊德的角度看，这曾经是一种被预设的未来。但是这种知识需要什么样的形式？"认识"成为他者是什么样究竟意味着什么？以及情动概念是否使我们更接近那种知识？虽然我似乎已经将讨论转回到一系列情动理论断然否认的关切点上，但它表明

---

① Massumi, *Parables for the Virtual*, 36. 我需要讲清楚的是，我认为这种研究转向本质上并无不妥，只要它相应地得以承认，并且是处于一定的架构之中。例如，简·班尼特（Jane Bennett）在她发表于《政治理论》（*Political Theory*）期刊上的一篇有影响力的文章中，集中讨论她称之为"事物中的顽拗或生命力旺盛时刻"。她如此命名是为了"给那种不那么特别人类的物质性发声，去显现我所称的'物力'（thing-power）"。她接着将其具体化起来，"我这样做是为了拓宽一种可能性，即对（非人的）物体及其力量的关注会对人类产生一种值得赞誉的效果（我并不是对人类毫无兴趣，尤其是，正如梭罗所认为的那样，对物力的敏感是否可能引发一种更强的生态意识？"见 Jane Bennett, "The Force of Things: Steps Toward an Ecology of Matter," *Political Theory* 32, no. 3（2004）: 348。班尼特采用人类主体的语言和经验来讨论传统上被称为无生命的领域，以便使得人类/非人类和生命/非生命的既定区别看起来有问题，而正是这种既定区别无意识地决定了我们对待环境的态度和行为。

② 哺乳动物的选择明显地来自托马斯·内格尔（Thomas Nagel）的一篇有影响力的论文 Thomas Nagel, "What Is It Like to Be a Bat?" *Philosophical Review* 83, no. 4（1974）: 435-450。

③ Daniel Dennett, "Who's on First? Heterophenomenology Explained," *Journal of Consciousness Studies* 10, nos. 9-10（2003）: 19-30.

了斯宾诺莎提出的情感的概念装置正是受到这些问题的启发。这就是说，情动转向始终是关于主体性的挑战的。

主体性的挑战

在最近一篇将情动理论谱系回溯至斯宾诺莎的文章中，卡罗琳·威廉姆斯（Caroline Williams）指出了这个概念在政治思想上的关键效用："情动在一个重要方面也是取消主体性，正如对于斯宾诺莎来说，它也是一种诉诸主体又超越主体的动力或者力量。因此，它不能轻易地被归入主体性的范围之内。"① 通过拒绝将有关政治能动和操控的讨论限制在主体的欲望、动机和认同的范围内，从斯宾诺莎派生出来的情感概念据称为身体政治中的主体之间如何相互沟通和影响，以及政治主体如何首先形成，提供了一个更为微妙和完整的理解。这当然是一个重要的见解，考虑到主体抵达政治现场之时，并非没有完全成形，而是源于超出它们且大部分由它们形成的特定政治现实。具体而言，斯宾诺莎的模式允许一个作为时空中身体政治物质性延伸的主体及其观念：

> 因此，斯宾诺莎写道："人心能够知觉许多物体的性质，以及它自己身体的性质。"斯宾诺莎进一步思考了回忆一次经历如何引发与类似经历的想象性联系。这样，想象、图像和记忆就和情感与身体的存在密切相关。此外，在构成政治团体的想象性身份认同过程中，总是存在无意识的情感模仿，如作为民主政体的、国家的公民。因此"假如我们想象着与我们相似的任何人为同样的情感所影响，则这种

---

① Caroline Williams, "Affective Processes Without a Subject: Rethinking the Relation Between Subjectivity and Affect With Spinoza," *Subjectivity* 3, no. 3（2010）: 246.

想象将我们身体的一种感触表现为这种情感。"①

换句话说，在拥挤的政治体中，一个界限明显的主体会展开自己的意图而且会受到各种渠道的影响。与这个概念相反，斯宾诺莎模式将心灵定义为主体对其身体的观念，身体本身由其自身过去和现在的情感所构成。身体或身体的历史，或者构成其现在形式的其他领域都肯定存在，或者就此而言，不会被认为是次要于主体的，因为它们被预设为对象；而在此之下，心灵是个观念。

在写《伦理学》（Ethics）的时候，斯宾诺莎看到了他那个时代的主要哲学体系的根本问题，因此他提出了一个深刻的、影响深远的解决方案。如果他早期发表的作品中有一部分是对笛卡尔的批判性回应，那么《伦理学》就是试图在笛卡尔之后重写本体论和认识论，从而为政治学和伦理学知识奠定基础。斯宾诺莎试图纠正的问题源于笛卡尔在可改正和不可改正的知识之间建立起来的区别。在笛卡尔的例子中，如果我看到一个怪物，我可以正确地怀疑我所看到的是否为一个怪物，但是我不能怀疑我正在看见我认为是怪物的东西。② 这个区别是必要的，因为它是整个物质体系的基础，思维实体（res cogitans）基于任何不可怀疑之物，广延实体（res extensa）基于可以怀疑之物。尽管笛卡尔用上帝将世界连接在一起，③ 但是他仍然在任何试图建立政治学或伦理学方面留下了一个巨大的哲学问号，因为主体外世界的存在必须以宗教信仰为基础。

德勒兹在 1968 年出版了两本关于斯宾诺莎的书。在第一本中，德勒

---

① Caroline Williams, "Affective Processes Without a Subject: Rethinking the Relation Between Subjectivity and Affect With Spinoza," *Subjectivity* 3, no. 3（2010）: 256. 引用分别见于 Benedictus de Spinoza, *A Spinoza Reader: The Ethics and Other Works*, trans. E. M. Curley（Princeton: Princeton University Press, 1994）: 129, 168。

② René Descartes, *Meditations on First Philosophy*, 3rd ed, trans. Donald A. Cress（Indianapolis: Hackett, 1993）: 25–26.

③ René Descartes, *Meditations on First Philosophy*, 47.

兹解释了笛卡尔如何拒绝用夸张预设的综合法获取知识，而是支持更温和的分析方法："通过引发对效果清楚分明的知觉……提供给我们一种方法，可以从该知觉中推断出有关达成这种效果的真正的知识。"① 德勒兹继续分析道，笛卡尔的预设是综合法一定使关于这个世界上事物的真正知识都依赖于抽象的普遍观念，而斯宾诺莎拒绝承认这种预设。相反，对于斯宾诺莎的综合法来说，"一个观念的形式因从来就不是抽象的普遍"；相反，"一个真实观念的形式因是我们的理解力"，它使得"思想从一个真实的存在'不通过抽象的东西'走向另一个真实的存在"。②

笛卡尔承认自己无法知道上帝造物主如何制造了他，使他清楚分明地（不可错地）认知事物是否正确，这一判断来自"我们事实上无法通过上帝本身认识上帝"这一断言。这是笛卡尔的困境。尽管存在这种困境，笛卡尔还是坚持认为，我们能具备有关上帝存在的某些知识，只要准确地关注某些推断，后者引导我们从我们明确的所知推断到对上帝存在的信仰。对于这一点，斯宾诺莎在对笛卡尔的早期批判性评论中冷漠地说："这个答案让某些人不满意。"③ 并接着提出了自己的答案。与笛卡尔相反，他的回答否认了这一情况，即如果没有一个"清楚分明的、使我们确信他是至高无上的真理的上帝概念"，④ 我们除了确定自身的存在之外，别的什么都不能确定。因此，斯宾诺莎的转变破坏了笛卡尔关键性区分的可行性。事实上，如果没有一个清楚分明的上帝概念的话，在笛卡尔建立的所有知识基础上产生的清楚分明的概念起不到任何基本作用。但是，如果关于上帝的知识和关于我们感官的知识达到同样的清晰度和区别水平，那么实际上对知识根本不存在内在和本质性的限制，在可以清楚了解的知识和为这种认识论优势所排斥的知识之间没有界限。

---

① Gilles Deleuze, *Expressionism in Philosophy: Spinoza*（New York: Zone Books, 1990）:159.
② 同上书，161.
③ Spinoza, *A Spinoza Reader*, 72.
④ 同上书，73.

当然，正是这种区分的消除吸引了德勒兹，对他来说，"斯宾诺莎的观念必须与它所含的对否定性神学（negative theology）的反驳一起考察"。他继续说道："斯宾诺莎不仅批判了将否定性引入存在之中，并且还批判了对否定性持确定态度的所有错误观念。这些正是斯宾诺莎在笛卡尔和笛卡尔学派中找到并挑战的。"① 德勒兹通过斯宾诺莎批判的笛卡尔的否定性正是有关主体性的认识论特权。虽然这种特权可以并且已经被视为能使得主体独立于世界，就像当笛卡尔用它来区分思维和延展实体。但是，重要的是要认识到主体独立性并不一定必然遵循认识论特权的事实。但是对斯宾诺莎来说——他在笛卡尔观点的影响下又想要肯定某种知识的可能性——破坏认识论特权是消除二元论的必要步骤。

某种程度上，斯宾诺莎的论点以及德勒兹的相关观点攻击了主体性或者是意识所号称的自足自治和权力。就此而言，他们之间并无不同。的确，斯宾诺莎见解深刻，抓住了与未被思考之物相关的意识思维的有限性。用德勒兹的话来说：

> 这就是说，身体超越了人们对它所具有的知识，而这个思想同样也超越了人们对它所具有的意识……简言之，按照斯宾诺莎的说法，身体之模式并非意味着对与广延相关的思维的贬低，但是，更为重要得多的是，它意味着对于思想相关的意识的贬低：即对潜意识之发现，对于像身体之未知因素一样深奥的思想之潜意识之发现。②

对德勒兹而言，斯宾诺莎哲学的强大吸引力在于，他在这里看到了摆脱掉一种幻觉的意图；这种幻觉是意识建立起来以"平息它的痛苦"，痛苦起因于只认识到效果；这种幻觉是意识将自己视为其唯一因；如果极端化，

---

① Deleuze, *Expressionism in Philosophy*, 165.
② Gilles Deleuze, *Spinoza: Practical Philosophy*（San Francisco: City Lights, 1988）: 18–19.

这种幻觉就会达成神的主观人格化。① 斯宾诺莎的伦理学建立在一种新的理解脉络之上，这种理解脉络破坏了或者取代了之前的、基于错误原则上的理解意识。就这样，在先前道德被认为是"神的审判"的地方，伦理学取代了道德。② 即用超验的价值取代了存在本身，而这仅仅是一种幻觉。

正如我们所看到的，斯宾诺莎的策略是要认识到主体是无法被想象为一个独立实体的，并且从这种认识出发，建立起来一个系统或途径来阐明构成"神即自然"（deus sive natura）的所有环节，从而指出个体伦理生活的适当位置和方向。③ 情动和情感理论在这方面至关重要，因为它是斯宾诺莎弥合笛卡尔可纠正性问题鸿沟的运作机制。如果我的观念或想法与我的身体必然地为同一个，并且这个身体是由历史和现在的情感构成的，那么我能够怀疑和不能怀疑的事物之间就不可能有完全的区别，因此也就没有实体的区隔。用瑞·特拉达（Rei Terada）的话来说就是，"情感出现了，情动从中分离、爬升、被'表达'，其中的一半回落到现象界中，而另一半则停留在本体论中，就像德勒兹后来的无经验意识领域之中"。④

那么，自德勒兹以来的现代情感理论在某种程度上已经定位于一种逃避主体性的概念。就理论而言，它们是绝对正确的。然而，主体性不仅仅是一个哲学问题，同时也是一个存在主义问题。虽然提出一种重建主体的理论来解决哲学问题是有益的，但重要的是要认识到还有存在主义的问题：重建主体不会也不能改变这项事实，在其中主体对自身和他者知识及经验的结构中存在着基本性的缺陷。这些缺陷是任何伦理讨论的内在关注点，并且在情感生活中也起到重要的作用。

---

① Gilles Deleuze, *Spinoza: Practical Philosophy*（San Francisco: City Lights, 1988）: 20.

② 同上书，23.

③ 在特拉达的暗示性表述中："斯宾诺莎着手通过在情感和具有情感的情动的区分中、在具有情感的情动之间、在所有情动和正确观念之间建立一种途径来解释产生正确的观念。情动启发式的重要，因为它既同时面向内外，也因此抓住了表达的单义性。"见 Rei Terada, *Feeling in Theory: Emotion after the "Death of the Subject"*（Cambridge: Harvard University Press, 2001）: 117-118。

④ 同上书，119.

情动的他律

毫无疑问,情动确实可以交流,而且它们常常且大部分都以知觉察觉不到的形式进行交流。事实上,从某种意义上说,审美体验完全基于通过媒介进行的情动传播。神经科学在研究大脑如何对审美刺激和社会刺激产生情感反应方面取得进展。最近有一项研究强调了情感传播模式的不可察觉性,研究表明女性眼泪中的一种化学物质的气味对男性的性唤起有抑制作用。[1] 虽然眼泪与抑制情感唤起之间的联系可能并不令人惊讶,但信息素(pheromonic)中介直接作用于荷尔蒙层面和有关眼泪原因的认知的讨论肯定会被视为新闻。情动可以通过多种方式传播。而且,事实上,不借助现代神经科学带来的益处,斯宾诺莎也非常有先见地关注类似镜像神经的东西。他认为:"假如我们想象着与我们相似的任何人为同样的情感所影响,则这种想象将我们身体的一种感触表现为这种情感。"[2] 这是完全有道理的。

因此,关键不是去否认一种庞大且高度复杂的情动生活不仅包含了并且还远远超过了主体性的界限;这都是真实的。同时,为情动转向带来的所有关注寻求合法性,这也是合理的。相反,关键要强调的是将主体性经验的语言扩展至无主体(non-subjective)或是前个体的现象,乃至无器官和无生命的物质,这都不能使主体从主体性的"房获"中"逃离"。主体性的房获反而是伦理学的组成部分,它本身也是情动生活的强大动力。

正如我在本文开头提到的那样,近年来一直存在一种情动转向,这种转向已经在多个探究性领域中发生,其中以脑科学领域最为明显突出。诸如安东尼奥·达马西奥(Antonio Damasio)、约瑟夫·勒杜(Joseph

---

[1] Stephanie Pappas, "Scent of a Woman's Tears Lowers Men's Desire," *Live Science*, accessed January 6, 2011, http://www.livescience.com/9212-scent-woman-tears-lowers-men-desire.html.

[2] 达马西奥用"拟身体循环"(as-if body loop)概念来识别镜像神经元,这是大脑"在内部模拟某些情绪体态"的过程。见 Antonio R. Damasio, *Looking for Spinoza: Joy, Sorrow, and the Feeling Brain*(Orlando: Harcourt, 2003):115。

LeDoux）和贾克·潘克赛普（Jaak Panksepp）等研究者都对神经科学领域如何理解大脑产生情感和情感在精神生活中如何普遍存在的研究做出了贡献。① 用达马西奥的话说，"我所指的是经验的情动维度会包括情感和感受。情感是情动体验的物理或外部可检测的基础，感受是主体所经验的内在的、私人的层面"。就像德勒兹一样，达马西奥认为斯宾诺莎有着重要的影响，赞同斯宾诺莎并引用了斯宾诺莎的观点，即"心灵是有关身体的"观念。② 在那些赞同斯宾诺莎学说的学者的比拟中，情绪是破坏身体的，感受则是心灵中有关情绪的观念。

感受可以被感知，因此我们可以意识到它们。但是它们从属于达马西奥所说的核心意识（core consciousness），也还未被更具自我意识的延伸意识所使用的语言标记、进行叙述和识别。③ 虽然是这么说，达马西奥和其他神经科学研究者都认为人类的大脑网络太过于复杂，以至于在不依赖于认知的经验方面不存在细微差别，这就像认知不受情绪影响一样难以置信。④ 正如潘克赛普所说：

---

① 除了达马西奥 *Looking for Spinoza* 一书外，还可以参见 Antonio R. Damasio, *Descartes' Error: Emotion, Reason, and the Human Brain*（New York: Putnam, 1994）; Antonio R. Damasio, *The Feeling of What Happens: Body and Emotion in the Making of Consciousness*（New York: Harcourt Brace, 1999; Antonio R. Damasio, *Self Comes to Mind: Constructing the Conscious Brain*（New York: Pantheon, 2010）。还可以参见 Joseph E. LeDoux, *The Emotional Brain: The Mysterious Underpinnings of Emotional Life*（New York: Simon and Schuster, 1996）; Jaak Panksepp, *Affective Neuroscience: The Foundations of Human and Animal Emotions*（New York: Oxford University Press, 1998）。

② Damasio, *Looking for Spinoza*, 12.

③ 同时，达马西奥认为，核心意识和某种程度的情感直接相关，见 Damasio, *The Feeling of What Happens*, 100。

④ 正是由于这个原因，我们不能将当代神经科学家和那些捍卫理性及意向性在情感生活中起到更重要作用的哲学家和理论家们轻易地区分开来，比如玛莎·纳斯鲍姆和罗伯特·所罗门。参见 Martha C. Nussbaum, *Upheavals of Thought: The Intelligence of Emotions*（Cambridge: Cambridge University Press, 2003）; Robert C. Solomon, *Not Passion's Slave: Emotions and Choice*（New York: Oxford University Press, 2003）。

没有一个单一的心理学概念完全描述了任何给定的脑区或脑回路的功能。尽管某些关键回路对于特定情绪的具体产生是必不可少的,但大脑中的具体情绪并没有明确的"中心"或轨迹,并不与其他功能大量互相交叉。一切最终都来自许多系统的相互作用。①

亚德里安·约翰斯顿(Adrian Johnston)对此进行了补充,他在评论潘克赛普的这句话时说:"他随后将这一事实与情绪现象联系起来,强调大脑中令人吃惊的复杂内在互联性使得情绪与非情绪(即认知的和目的性的)维度密不可分地缠绕在一起。"②

然而,这一点不仅仅是强调当代神经科学的研究成果是如何挫败了在理论上努力将情感生活从比如知觉意识等高等认知功能的影响中分离出来的努力;情动与我所认定为德勒兹式情动理论的主要对手这一主体性特定方面之间的关系是如何紧密,这方面的证据更为重要:即对主体性的否定是认识论特权的体现。西尔万·汤姆金斯提出了情绪分类法,这最初包括"八种基本情绪:惊奇,兴趣,愉快,愤怒,恐惧,厌恶,羞愧和痛苦"。③脑研究者已经以各种形式采用了这种情绪分类法。基于此,神经科学家们和专门研究情绪的心理学家们提出了各种稍微不同的版本,其中最有影响

---

① Panksepp, *Affective Neuroscience*, 147. 究竟何者通常可以被一般性地称之为情绪判断理论,何为情动理论,有关这个问题的争论来来回回几十年了。前者强调认知在产生情绪反应中的作用,后者则强调身体或情动维度,许多合理的看法似乎在回应这个问题的不同观点。此处再去重复这些已经发生了的学术辩论并无必要,知道这一点已经足够了。比如詹妮弗·鲁滨逊(Jenefer Robinson)批评了判断理论,但是提供了一种新的模型,后者强调情绪唤醒是一种多步骤(尽管非常快)的过程,从非认知的情动估值开始,但是几乎马上就和认知估值重叠。见 Jenefer Robinson, *Deeper than Reason: Emotion and Its Role in Literature, Music and Art*(New York: Oxford University Press, 2005):41。

② Adrian Johnston, "The Misfeeling of What Happens: Slavoj Zizek, Antonio Damasio and a Materialist Account of Affects," *Subjectivity* 3, no. 1(2010):91.

③ LeDoux, *The Emotional Brain*, 112–113.

力的是保罗·埃克曼。① 他们的共识是人类的一系列基本情感"与低级动物相同,但是派生性或者非基本性情感则倾向于更为人类所独有。如果两个动物拥有相同的认知能力,那么他们的派生性或非基本性的情感才会是相同的"。② 可以说,那些基本情感都是与主体自我的方向和位置、主体与他者的关系,以及主体对他者的感受和欲望无法直接体验这三者之间存在着错综复杂的联系。认识到这一点,并不需要一个概念性上的飞跃。愉快涉及对自我限制的满足,以及当这些限制增加或者受到影响的时候自我的毫不在意。愤怒通常是出于对自我限制受到冲击的回应,比如自我受到轻视怠慢的时候;悲伤是因失去一个心爱的物体而产生的,或者来自感觉到他者对主体无爱无求;当某些主体希望不被他人发现的东西被暴露之时,羞愧之感就会产生。和其他复杂情绪相关的关系更加清楚:爱与欲望涉及扩大自我的限制以融入他者;仇恨则亟待收缩这些自我限制并且拒绝他者的差异性;嫉妒与他者所拥有的、而我们自身认为是想要为自己所有的事物相关。在所有情况下,虽然情绪毫无疑问是完全身体性的,但情动体验根深蒂固的一个层面是主观经验的不透明视野。在此引用休谟一个别出心裁的例子,假设人们真的能知道他人的意图和愿望,当涉及自己和他人的利益时真的能不偏不倚,那么,许多我们视为当然的情感情动就永远不会产生。③

把这个观点进一步推进的话,上帝般的全知因为缺乏主体的模糊性视野,就不会体验到情感情动。遵循着这个逻辑,康德认为上帝没有可能进行伦理选择。这是因为伦理的观念本身就需要(上帝不可能有的)欲望以

---

① Paul Ekman, *Emotions Revealed: Recognizing Faces and Feelings to Improve Communication and Emotional Life*, 2nd ed. (New York: Holt, 2007).

② LeDoux, *The Emotional Brain*, 114.

③ David Hume, *An Enquiry Concerning the Principles of Morals*, ed. Tom L. Beauchamp (New York: Oxford University Press, 1998): 84.

及对他人的意图或自我行为会带来的后果缺乏认知。① 伦理行为需要承诺能根据正确的准则采取行动，这个准则完全来自责任感，与自我的倾向和意愿无关。去观察自然动机和伦理行为任何具有意义的差别，这需要通过他者的媒介，这种媒介至少是以关于他人意图或愿望的问题形式。而这并不需要我们成为康德式的道义论者。

在一项研究黑猩猩利他行为的有趣实验中，研究者们向两只黑猩猩展示了两盘不同分量的食物。黑猩猩们被要求指向一个盘子，当它们指向的盘子是较大的那个时（事实也总是如此），这个盘子就会被给予另一只黑猩猩，而第一个黑猩猩只能得到那个较小的盘子。虽然这导致了黑猩猩大量的"嚎叫和抱怨"，但"在成百上千次实验后，这些黑猩猩仍然没有学会不去指向那个更大的盘子"。② 后来，教这些黑猩猩学会了一些基本的数字符号，用这些符号代替盘子，然后再展示给黑猩猩看。这时，实验结果才发生了改变。在象征性中介（即在黑猩猩和其因饥饿而向往的对象之间的第三方中介）的帮助下，黑猩猩可以快速学会选择较小的部分，以求自己能够最终获得较大的部分。

虽然数字符号很明显地将装满食物的盘子的直观性相对化了，但也可能会产生这样的效果，即黑猩猩的大脑中建立起对他者欲望的一种认知典型（cognitive representative）。换句话说，在最基本的层面上，一个符号所能象征的就是雅克·拉康（Jacques Lacan）通常所说的一般意义上的能指（signifier），它代表了另一个能指的主体。③ 在这个例子中，数字符号具有将黑猩猩主体

---

① "但所有这三个概念，即动机概念、兴趣概念和准则概念，只能被应用于有限的存在者上。因为它们全都以一个存在者本性的某种限制性为前提，该存在者任意性的主观性状与实践理性的客观法则并不自发地协调一致；这就有一种通过什么而被推动得活动起来的需要，因为某种内部的阻碍是与这种活动相对抗的。所以这些概念在上帝的意志上是不能应用的。"见 Immanuel Kant, *Critique of Practical Reason*, trans. T. K. Abbot（Amherst, NY: Prometheus, 1996）: 100。

② Panksepp, *Affective Neuroscience*, 319。

③ Jacques Lacan, *Écrits: The First Complete Edition in English*, trans. Bruce Fink（New York: Norton, 2006）: 694。

化的作用。它将其中一只黑猩猩表现为密码,对另一只黑猩猩意味着一个能指,并将另一只也表现为第一只的密码。一个基本的推理过程就这样展开了,或多或少可以解释为:我选择什么才能让别人选择我希望他选择的?这个问题本身最终基于更为基础的问题:他人想要从我这里得到什么?① 关键在于理解,在达成自私自利的目标时,使用符号性媒介如何从侧面打开有关他人欲望的问题。因此,由这个问题所界定根本性的不透明视角是所有伦理行为的必要基础,也是情感情动体验的强大动力。

灵魂的剧场

我们无法亲身体验他人的认知和想法,这是项有关自我存在的事实;但是,如何阐明、理解并体验这项事实,这也可能会受到文化和历史变化的影响。迄今为止我所引用的发生在早期现代历史时期的、关于情感情动传播的争论一致认为,这个问题可以从我所称为"剧场性"(theatricality)的角度展开。② 早期现代欧洲新戏剧制度普遍在当时的文化上体现了出来,这为将认识论特权的经验进行概念化做好了语汇上和模式上的准备。这样的话,当笛卡尔在我们可以清楚明白地知道的观念和我们不能知道的观念之间的边界中建立他哲学探究的基础时,他就不得不将这个问题概念化成这样的一些语言,后者可以轻易地转化为当时人们在与剧场发生关系时用到的技能和涉及的生活实践。③

我们已经讨论过,笛卡尔的影响对主体例外主义(subjective exceptionalism)和自足主体性理论的发展很关键,它引发了斯宾诺莎和休

---

① Jacques Lacan, *Écrits: The First Complete Edition in English*, trans. Bruce Fink (New York: Norton, 2006):693。

② 这个观点在 William Egginton, *How the World Became a Stage: Presence, Theatricality, and the Question of Modernity* (Albany: State University of New York Press, 2003) 一书中得到进一步推进。

③ Egginton, *How the World Became a Stage*, 124.

谟等思想家的反应，后者反过来又启发了德勒兹和基于他思想的最近的情动转向。这些辩论的标准思想形象是一种剧场的人类头脑或主体，其中世界的现象像剧场上的人物一样在自我之前经过。它所指的是剧场外面难以接近的世界，而在剧场内则由一种元观众（meta-audience）或旁观者统一联结起来。休谟在其重要著作《人性论》中写道："心灵是一个剧场；各种知觉在这个剧场上持续不断地相继出现；这些知觉来回穿过，悠然逝去，混杂于无数种姿态和情形之中。"① 但休谟在该文本中的目标恰恰是要质疑从剧场性的比喻中得出的推论。这种比喻认为像剧场一样的心灵一定是一个一致的地理场所，因此自我一定先于或者处于不断变化的印象的中心，而后者，在休谟看来实际上构成了自我本身："恰当地说，在同一时间内，心灵是没有单纯性的。而在不同时间内，它也没有同一性；不论我们有多么自然地容易想象那种单纯性和同一性。拿剧场来比拟心灵，这一定不要误导我们。这里只有接续出现的知觉，它们构成心灵；对于演出这些场景的地方，或对于构成这个地方的材料，我们连一点概念也没有。"②

德勒兹在他早期关于休谟的著作中引用了这段话，这并不奇怪。德勒兹继续说道："这个地方与在此地所发生的完全相同；表征并非是在一个主体之中发生的，"③ 然而，重要的是要指出还有这么一个问题——任何意义上的主体是先于一系列印象还是为一系列印象所构成？这个问题与剧场隐喻本质毫无关系，也就是说，那些印象并非自足，而是代替了不在场、不可达之物。此外，如果随着时间的变化，主体的一致性实际上仅仅只是联想和关联的产物——这是休谟所认为的，那么他已经在他的伟大作品中直觉地意识到我们不可能了解他人的印象，其程度之强烈，对于产生和调

---

① David Hume, *A Treatise of Human Nature* (New York: Penguin, 1985): 301.
② 同上。
③ Gilles Deleuze, *Empiricism and Subjectivity: An Essay on Hume's Theory of Human Nature* (New York: Columbia University Press, 1991): 23.

动那种自我主体看起来的一致性至关重要。

休谟在分析自我意识随着时间的变化如何通过印象的联想而产生时，将这种一致性的本质归纳为他称之"意象"与其"对象"之间的相似性原则。"意象"指的是我们记忆的痕迹，而记忆就是"我们借其唤起过去知觉意象的一种官能"。① 就像多个相似的知觉先后接续发生一样，这些意象必须和它的对象相像，这个事实使得"全部系列显得像一个对象的继续……具体在这一点上"。休谟总结道："记忆不但显现出了同一性，并且由于产生了知觉间的类似关系，有助于同一性的产生。"② 我们已经看到了休谟的理论中那种幻象的投射，那这种投射如何有助于对象持久性观念的形成，这才是很有趣的分析。被记忆的意象和它们所代表对象之间的相似性原理可以生产出对象的身份和观察者的身份，如休谟所说，"不论我们考虑自己或他人，情形都是一样的。"然而，整个思想实验都是由这个条件开始的："假使我们能够清楚地透视他人的心胸，并观察构成其心灵或思想原则的接续发生的知觉。"③ 为什么休谟在阐明相似性在身份生产的中心地位之前先提出这样一个事实上不可能的假设？这正是因为他所捍卫的原则与这个思想实验试图解释的他者的体验一样，都是达不到的。在这两种情况下，随着时间的推移，有助于产生暂时的一致性或综合印象的，那是由于我们无法看到对方的心胸，以及我们无法将我们对象的体验与它本身的经验——或者说，它是如何被一个不受我们存在方式限制的人所感知的——加以分开。

什么是印象？是意象，还是一段无限薄弱的时间碎片？德勒兹说，是一种身体的情感。然后德勒兹用休谟的方法将心灵定义为这些印象的集合。这个假设不需要另一种官能来连接两个不同的时刻："联想……

---

① Hume, *A Treatise of Human Nature*, 308.
② 同上。
③ 同上。

是一种想象的规则，也是一种它自身自由运动的表现。"① 康德也将联想作为想象的一种规则，但会接着说，想象的自由运作只是想象力（自发性）的一部分。② 想象力也在概念的统一之下综合了不同的印象，正是这种运动使任何类型的经验成为可能。③ 事实上，在休谟的经验主义的挑战下，康德受到启发，认为，随着时间的推移，经验综合依赖于两个内涵无关的支点：一个是暗涵所有可能认知对象的"客体 =X"，一个是统一各种主体印象的知觉主体。④ 我对这个世界的经验通过这样一项有关存在性的事实进行，即我无法像他人那样去经历我所经历的。这是一个基本问题，它将我自己的欲望和情感情动生活与他人的欲望问题联系起来。因为如果统一起来的印象是我的，那么只有当他人的印象不属于我时这才成立。⑤

德勒兹拒绝了主体的剧场性模式，之后，他写道："然后，问题依然是，心灵如何成为主体？"⑥ 心灵通过并入他者而成为主体。心灵将其他主体表示为一个能指，用一个能指来将自己表示为另一个能指，它即是如此存在的。这确实也引起了一个问题，即我的观念是否与实际所存在的一致。也就是说，我清楚分明的观念是否可以延伸到这个世界。也因此，休谟"剧场的比较"（comparison of the theatre）变得完全适用了：剧场的比较成为一种指出我们中他者之分裂的一种方式。这是早期现代文本中心灵

---

① Deleuze, *Empiricism and Subjectivity*, 24.
② Immanuel Kant, *Critique of Pure Reason*（Cambridge: Cambridge University Press, 1998）: 257.
③ 同上书，249。
④ 同上书，233, 251。
⑤ 这就是为什么萨特在他自己的现象学体系中将他者的凝视置于中心位置："我将世界上的他者理解为很可能是一个人，长期以来，这意味着我被他看到的可能性。就是说，这种永久的可能性：看见我的主体代替了我所看见的客体。"见 Jean-Paul Sartre, *Being and Nothingness: An Essay on Phenomenological Ontology*（New York: Philosophical Library, 1956）: 345。拉康对于凝视的阐释异想天开，这一点在他著名的轶事中很清楚：渔夫指着漂浮在水中的沙丁鱼罐头，开心地向年轻人，虽然拉康觉得不那么有趣，"你看到那个罐头了吗？你看到它了吗？好吧，但它看不见你！"见 Jacques Lacan, *The Four Fundamental Concepts of Psychoanalysis*（New York: Norton, 1981）: 95。
⑥ Deleuze, *Empiricism and Subjectivity*, 23.

成为主体的方式。剧场的观念之所以恰当并不是因为它意味着为意象的集合提供了外部的空间，而是因为它在身体和人物两者之间产生了体制性的区分。剧场性成为一种认识论特权的观点，它既强大又具有历史的具体性。剧场，就像印刷品、电影或数字图像一样，以自己的方式成为一项基本的媒介——不仅是人类交流的方式，也是人类具身（embodiment）的基本形式。①

因此，当亚德里安·约翰斯顿强调情感生活的二阶性质时，从某种意义上也就是说"感受总是感受的感受"。我们可以看到这种基本中介观念对于情感生活的影响。② 我只能感受到我的感受，因为它们是最低程度的我的他者，它们在构成我感情的同时也正因我感受到它们而构成了我。这意味着，我并非首要地存在于身体，或者说，我意识的存在并不是由一个远远超过它的身体无意识所支持和限制的，这是德勒兹式的表达。相反，这是在坚持认为主体性的基本中介装置彻底地与情感经验联系在一起了，并且德勒兹式的情动理论及其哲学先辈们试图弥合的剧场性分界（theatrical divide）仍然是他们所希求转向的经验之中根深蒂固的一个因素。

正如我们所看到的，德勒兹式情动理论的很大吸引力在于，它承诺在经验和身体之间找到了一条捷径，这条捷径绕开了主体性及其伴随着的限

---

① 参见 Bernadette Wegenstein, *Getting Under the Skin: The Body and Media Theory*（Cambridge: MIT Press, 2006），尤其是第四章"The Medium is the Body"。汉森也强调："身体性中介的不可约性，也是一种特权，在时间的经验中是一种自我感觉（主体性）。"见 Hansen, *The Time of Affect*, 590。他在阅读贝尔纳·斯蒂格勒受到德里达启发后的观点后阐明了如下要点，即技术中介已经在最基本的主体经验层面发挥作用。参见 Bernard Stiegler, "Derrida and Technology: Fidelity at the Limits of Deconstruction and the Prosthesis of Faith," in *Jacques Derrida and the Humanities: A Critical Reader*, ed. Tom Cohen（Cambridge: Cambridge University Press, 2001）: 238–270。

② Adrian Johnston, "Affekt, Gefühl, Empfindung: Rereading Freud on the Question of Unconscious Affects," *Qui Parle* 18, no. 2（2010）: 257.

制①——自我，种族中心主义，性别偏见，等等——而触及了隐性的伦理利益。但是对主体性的虏获似乎适得其反，并无助于以任何形式与他者发生真实的关系。但也正如我们所看到的，同样的早期现代性试图将伦理学的基础打在如此影响了德勒兹的经验中，这以惊人的细节显示了主体性的局限是如何在其根本上囿于伦理问题的。事实上，如果没有主体性的中介，将情感传播与伦理学联系起来是不可能的，主体性及其内在的自动异化也很有可能是情感经验的本质。在最好的情况下，情动转向已经在从政治到心理、文学等方面引起了理论家对于交流形式的注意。当人们交流的时候，他们是通过身体进行的，这种具身沟通的情感维度往往是认知过程把握和主导不了的。但是，正像思想史潮流中常见的那样，情动研究的狂热者有时会夸大这种情况，为他们的理论努力确定了一个超过其可能性的承诺，这样的承诺还削弱了神经科学在情感研究时对哲学、心理学、文学理论、艺术、文化方面重要问题的实际针对性。最后，我们最好不要将情感视为主体性的对立面，而是要理解两者之间的深刻的联系。古巴小说家和理论家阿莱霍·卡彭铁尔（Alejo Carpentier）在他的《方法论》中写道："我感受，故我在。"②这部小说从标题开始的基本原理就是对笛卡尔思想的模仿和回应；人们只能注意到，这种对感受与存在之间原始亲缘关系的最基本表达似乎在被缝合，其中的核心就在于这个孤独的元音标志着主体从周围世界那里感受到了最低层面的被排除在外。

陈思聪、张春田／译　姜文涛／校

---

① 从众多段落中只选择一个："彻底的经验主义如果是对关联的彻底思考，那么它必须找到能将次经验主义（infraempirical）与超经验主义（superempirical）直接、情动地结合起来的办法。"见 Massumi, *Parables for the Virtual*, 16。

② Alejo Carpentier, *El recurso del método*（Mexico City: Siglo Veintiuno Editores, 1974）: 309.

第 5 章　情动转向：一个批评①

鲁斯·莱斯

> 如果你不理解，就试着去感受。根据马苏米的理论，这是有效的。②

在这篇文章中，我打算讨论的是一般的情动（affect）转向，特别是最近在人文社会科学学科中发生的在情绪神经科学上的情感（emotion）转向。③在历史学家那里，这种日益增长的"情感"研究兴趣已经有了很好的文献记录了。④我的关注有些不同，我想要关注的是发生在很广的领域中的情感转向，包括：历史领域、政治理论、人文地理学、城市环境

---

① 本文译自 Ruth Leys, "The Turn to Affect: A Critique," *Critical Inquiry* 37, no. 3（2011）: 434-472。感谢作者授予中文版版权。

鲁斯·莱斯，现为美国约翰霍普金斯大学克里格艺术与科学学院教授，研究领域包括科学史、神经科学与精神分析的历史与理论、情感研究等。著有 *From Sympathy to Reflex: Marshall Hall and His Critics*（Garland Publishing, Inc., 1991）；*Trauma: A Genealogy*（University of Chicago Press, 2000）；*From Guilt to Shame: Auschwitz and After*（Princeton Press, 2007）等。本文通过考察在关于情动的争论中具有重要意义的实验研究，对占主导地位的反意向主义提出了批评，进而重新审视新情动理论和神经科学之间的相互影响。——编者注

② Elad Anlen, "Reflections on SCT 2009," *In Theory*（Fall 2009）: 9，在布莱恩·马苏米的小型研讨会上所做的报告。

③ 在我的论文中，我解释了为什么许多新的情动理论学家在"情动"和"情感"之间做出了区分，以及为什么我认为这种区分是不可维持的。

④ 特别参见 William Reddy, *The Navigation of Feeling: Framework for the History of Emotions*（Cambridge，2001）和 Barbara H. Rosenwein, "Worrying about Emotions in History," *American Historical Review* 107（June 2002）:821-845。

研究、建筑学、文学研究、艺术史和批评、媒体理论和文化研究。丹尼尔·罗德·斯梅尔（Daniel Lord Smail）最近开创了神经史，主张通过整合历史和包括情感科学在内的大脑科学来开创神经史学，这是一个很好的例子。① 但我的研究也将考虑那些文化批评家和那些甚至在历史学家之前冒险进入这个领域的人，在诸如神经政治学（neuropolitics）、神经地理学（neurogeography）和神经美学（neuroaesthetics）这些新开发的领域里，他们不仅强调了情动的重要性，不仅强调了情感的影响，而且呼吁在情感领域科学家们研究的基础上更新他们的学科。限于篇幅，我无法对所有关于情动的文献和我发现所有有意思的问题做到公正的对待。相反，我应该把重点放在我认为最直接影响到一般意义上情动转向的核心问题上。

以一个简单的问题作为开头：为什么今天在人文社会科学领域有如此多的学者对情动理念着迷？显而易见，答案并不难找到；一个人只需要关注那些学者所说的话。"在这篇论文中，我想思考的是情动在城市中和情感城市中的问题"，地理学家奈杰尔·思瑞夫特（Nigel Thrift）对此解释道："最重要的是，更明确地考虑这些话题的政治后果可能是什么——一旦接受'政治决策本身就是由一系列不为人类所左右的或先于主体的力量和强度所产生的'。"② 文化评论者埃里克·肖斯（Eric Shouse）也指出："情动的重要性在于，在许多情况下，有意识地接收的信息对信息的接收者来说，可能比他或她无意识地对信息来源的情动共鸣更不重要。"他还补充道，许多媒体的力量"不在于它们的意识形态效果，而在于它们能够创造

---

① 参见 Daniel Lord Smail, *On Deep History and the Brain*（Berkeley, 2008）。比较 Michael L. Fitzhugh, William H. Leckie, Jr., "Agency, Postmodernism, and the Causes of Change," *History and Theory* 40, no. 4（2001）: 59–81。

② Nigel Thrift, "Intensities of Feeling: Towards a Spatial Politics of Affect," *Geografiska Annaler* 86（2004）: 58; 下文中简写为"IF"。在这篇文章里，思瑞夫特引用了李·斯平克斯（Lee Spinks），"Thinking the Post-Human: Literature, Affect, and the Politics of Style," *Textual Practice* 15, no.1（2001）: 24。

独立于内容或意义的情动共鸣"。① 本着同样的精神，当今人文和社会科学领域最有影响力的情动理论家之一、政治哲学家和社会理论家布莱恩·马苏米，将美国里根总统的政治成功归因于他"以非意识形态的手段产生意识形态效应"的能力，"他的手段是十分有效的"。里根"没有头脑"，没有内涵。马苏米断言道："意识形态像每一个实际结构一样，是由不发生在其层次且不遵循其逻辑的行动所产生的。这仅仅提醒我们，有必要将融合集成，或者……将'影响规则'考虑进来。这对于避免指涉层面上的确定和封闭是必要的。"② 同样地，政治理论家威廉·康诺利批评了"所谓的思辨主义和审慎主义思维模式之缺乏"，并断言"文化涉及这样的实践：争论会更多地受到纷杂的意见、未明说的习惯以及不同的情动强度影响，这是固执的、坚持理性的人不愿意承认的"。③

在这些学者看来，政治的论证和理性思维是如何运作的，这有一套观点。而激发这些学者的原因是他们希望反驳这些观点。还可以引用许多其他类似的观点。这些理论家被这样一个概念所笼罩，即，过去大多数哲学家和批评家（康德派、新康德派、哈贝马斯派）都高估了理性和理性在政治、伦理和美学中的作用，其结果是在关于人们实际上形成政治观点和判断的方式方面，他们给出的论述过于平淡或"无层次"或太抽象。他们主张我们人类是充满了潜意识情动强度和共鸣的生物，这些决定性地影响或限制我们的政治和其他方面的信仰。如果我们忽视了这些情动强度和共鸣，这会置我们于危险的境地。不仅因为这样做会导致我们低估操纵我们情感生活所造成的政治危害，我们也因此会错过旨在有利于我们具身存在

---

① Eric Shouse, "Feeling, Emotion, Affect," *M/C Journal* 8（Dec. 2005）: journal.media-culture.org.au/0512/03-shouse.php, 2, 3; 下文中简写为 "FEA"。

② Brian Massumi, *Parables for the Virtual: Movement, Affect, Sensation*（Durham, N.C., 2002）: 39, 40, 41, 263; 此书在下文中简写为 *PV*。马苏米在我刚才引用的文章中继续写道："意识形态在这里被理解为一种常识性的信仰结构，在文化理论意义上被理解为一种相互交织的主体定位。"（*PV*, 263）

③ William E. Connolly, *Neuropolitics: Thinking, Culture, Speed*（Minneapolis, 2002）: 10, 44; 下文中简写为 *N*。

的"自我的技术"带来的伦理创造力和转换的潜力。这正如思瑞夫特所说:"我们所称为政治的内容必须越来越多地注意到'政治态度和言论部分地受到自主身体强烈反应的制约,而这种反应不简单地再现政治意图的轨迹,且不能完全地呈现在真理的意识形态体系内'。"("IF",64)①

哲学家和批评者们很大程度上忽视了我们具身情感因素在思考、推理和反思活动中所扮演的重要角色,正如刚才引用的作者们所断言的那样。如果这是真的,那么似乎就需要对情动在我们生活和制度中的位置进行描述。我所引用的这些段落让我们初步地了解了对它的描述会是什么样子。他们认为,这些情动必须视为与意识形态无关,且在重要的意义上是发生在意识形态之前的——也就是说,在意图、意义、原因和信念之前,因为它们是非意志性的自主过程,发生在意识到意识和意义的开始之前。对于所讨论到的理论家们而言,情动是影响我们思考和判断的"非人类的"(inhuman)、"先于主体的"(pre-subjective)、"出于本能的"(visceral)的力量和强度,影响到我们的思考和判断,但又与它们是分开的。不管"情动"和"情感"这两个词可能还意味着什么(稍后再详细介绍),从上面引述的言论来看,情动必须是非认知的、具身有形的过程或状态。对于这类理论家来说,情动正如马苏米所说,是"不可化约地具有身体性和自足性"(*PV*, 28)。

这是一个有趣的主张,不仅仅是因为它以某些明显的方式与今天的心理学家和神经科学家倾向于概念化情感的方式相一致。在过去二十多年或更长的时间里,情感领域的主导范式,源自西尔万·汤姆金斯及其追随者保罗·埃克曼,假设情动过程在意图或意义之外独立发生。根据这种范式,我们的基本情感不涉及对我们世界中物质的认知或信仰。相反,它们是迅速的、从动植物演化史方面来讲古老的、为了生存目的演化的有机体的自动反应,缺乏高阶智力过程的认知特征。这种观点的起源经常追溯到

---

① 思瑞夫特再次引用了斯平克斯,"Thinking the Post-Human," 23。

查尔斯·达尔文和威廉·詹姆斯（William James），情动可以并且确实与大脑的认知处理系统相结合，但它们在本质上是分开的。对弗洛伊德和"评价理论家们"来说，情感是通过表达的，是受我们的信仰、认知和欲望支配的目的性的状态。与此相反，汤姆金斯和他的追随者们将情动解释为无目的性的、身体的反应。于是，他们假设我们的情感与我们对于导致和维持它们的原因的认识之间存在结构性的断裂，因为，根据他们的想法，情动和认知是两个独立的系统。正如汤姆金斯所说，"情动的'真正'原因与个人对这些原因的解释之间存在根本性分歧"或者说是断裂。①

汤姆金斯的方法是表明情动只与世界上的物质偶然相关；我们的基本情感是盲目运作的，因为它们对引发它们的物体或情境并没有内在的知识，也没有内在的关系。评估理论家们认为情绪是针对对象的有意识的状态，并且取决于我们的信仰和愿望。与其不同，受汤姆金斯启发的理论家们考虑到情动的能动性。这种能动性以自我激励或自我惩罚的方式进行释放，而不考虑引发它们的具体对象、物质或目标。在这个范式中，理解恐惧或喜悦的方式是它们被各种物质、对象或目标"触发"，但后者不过是内在的行为——生理反应的导引而已。汤姆金斯观念的主要代表人物唐纳德·纳桑森（Donald Nathanson）指出："情动是……完全没有内在意义或与其触发源的关联。没有任何关于抽泣的事件能告诉我们关于触发它的稳态刺激的任何事情；抽泣本身与饥饿、寒冷或孤独无关。我们在成长过程中有越来越多的抽泣经历，这项事实让我们形成了对其意义的一些观念。"②或者，如生物哲学家保罗·格里菲斯（Paul Griffiths）在提到埃克曼的观点时以类似的方式所指出的，基本的情动是"动机的源头未整合进信仰或欲望的体系。情动程序系统状态的特征属性，它们的信息封装和无意识触

---

① Silvan S. Tomkins, *Affect Imagery Consciousness*, 2 vols.（New York, 1962−1963）, 1: 248。

② Donald L. Nathanson, *Shame and Pride: Affect, Sex, and the Birth of the Self*（New York, 1992）: 66。

发，需要引入与信念和欲望概念分离的精神状态概念"。①

这种观点与情感概念一样，包含6、7、8或9个位于大脑皮层下的"情感程序"，并且在演化意义上被定义为普遍或泛文化范畴、或"自然种类"。这些基本情感，最低限度上包括恐惧、愤怒、厌恶、喜悦、悲伤和惊奇，从基因上来讲被视为天生的、反射作用式的反应。每种反应都表现为独特的生理自主和行为反应模式，特别是在典型性的面部表情方面。在这个概念上，当我们的面部表情没有被文化决定的或传统的"表现"规则掩盖时，这些规则控制着适当的社会行为，我们的面部表情表达我们的情感情动。也就是说，我们的面部表情能够真实地读出构成我们基本情感的不同的内在状态。约瑟夫·勒杜和其他神经科学家的工作有助于强化这一观点。他们认为，诸如恐惧之类的基本情感，是由大脑中的神经回路（如被称为扁桃腺的神经元皮层组织）所推动的。它们比起更高级、行动更慢的认知系统能够更快地自动操作。②在这篇文章中，我将称之为"基本情感"范式。

许多情感情动神经科学领域最有影响力的研究人员，如安东尼奥·达马西奥，都接受了"基本情感"范式。最近一些人文和社会科学的学者也是如此。伊芙·塞吉维克和斯梅尔两位学者也是如此，她们直接或间接地受益于这种范式，这正是因为它似乎为她们提供了这样一种经验证据，即寻求对情感进行非目的性的、实体的描述。③在我最近的一本书中以及一些其他地方，我已经给出了质疑基本情感模式对于情动认识有效性的

---

① Paul E. Griffiths, *What Emotions Really Are: The Problem of Psychological Categories*（Chicago, 1997）: 243.

② 参见 Joseph LeDoux, *The Emotional Brain: The Mysterious Underpinnings of Emotional Life*（New York, 1996）。

③ 参见 Smail, *On Deep History and the Brain; Shame and Its Sisters: A Silvan Tomkins Reader*, ed. Eve Kosofsky Sedgwick and Adam Frank（Durham, N.C., 1995）；以及 Sedgwick, *Touching Feeling: Affect, Pedagogy, Performativity*（Durham, N.C., 2003）。

理由。① 具体而言，就塞吉维克接受汤姆金斯的观点，我曾提出过质疑，即关于存在六七个（或者是八九个甚至十五个？）不同的情感或位于大脑皮层下的"情动程序"的实验性证据。它们以不同的、普遍性的面部表情为特征。这种实验性证据是有严重错误的，该范式背后的理论是不合逻辑的。也不是只有我一个人持有这样的批评观点。几年前，当我开始进入汤姆金斯和埃克曼的研究，我很快就对他们研究项目的健全性产生了一些保留意见，并且很快我就发现我的怀疑是合理的。情感领域的几位科学家也已经质疑了他们的方法。埃克曼以前的学生艾伦·弗里德伦德（Alan Fridlund）、心理学家詹姆斯·A. 罗素（James A. Russell）和约瑟-米格尔·费尔南德斯-多尔斯（José-Miguel Fernández-Dols）等人都就汤姆金斯和埃克曼在这一领域的观点发表了强有力的批评，他们表明两人所用来支撑观点的实验证据并不充足，对实验结果的解释也令人难以接受。最近，在弗里德伦德、罗素和其他研究学者的工作基础上，心理学家丽莎·费尔德曼·巴雷特（Lisa Feldman Barrett）针对日益增多的经验证据发表了一系列令人印象深刻的评论，这些证据与自然界存在六种或七种基本情感模式的观点并不一致。她得出一个结论：汤姆金斯和埃克曼提出的情感类别划分不具有本体论地位。后者才支持归纳和科学概括方法，也使得知识积累成为可能。这些知识广博的科学家之间达成了一个共识：情感研究领域需要新的科学范式。所有的迹象都表明，无论是什么样的新模式或范式想要得到接受（如果这确实发生了），它都将建立在这个前提下，即，使得情感情动之于有机体或者客体之主体在其世界中意义的问题成为核心问题和关

---

① 参见 Ruth Leys, *From Guilt to Shame: Auschwitz and After*（Princeton, N.J., 2007）: 133–150; "How Did Fear Become a Scientific Object and What Kind of Object Is It?" *Representations*, no. 110（Spring 2010）: 66–104; "Navigating the Genealogies of Trauma, Guilt, and Affect: An Interview with Ruth Leys," interview by Marlene Goldman, *University of Toronto Quarterly* 79（Spring 2010）: 42–65; and "'Both of Us Disgusted in *My* Insula,' Or, How Is Emotion Empathy Supposed to Work?" *Science in Context*（即将出版）。

注。① 尽管如此，基本情感范式继续在研究领域占据主导地位。

乍看起来，与我正在分析的人文和社会科学的理论家"情动转向"的研究相比，汤姆金斯和埃克曼对情感的描述似乎过于简单化了。的确，就像汤姆金斯和埃克曼那样，许多人都致力于从生物学角度理解情动。康斯坦丁娜·帕普利亚斯（Constantina Papoulias）和费利西蒂·卡拉德（Felicity Callard）观察到（他们的观察很有用），15 年前，那些受社会建构、心理分析尤其是解构主义影响的文化理论家们，他们倾向于将在生物学上的发现排除在他们有关主观性和文化的分析模式之外，担心那样会陷入一种他们认为的有损文化转变之可能性的本质主义之中。② 但是，在过去几年里，人们普遍对后结构主义强调的对语言和精神分析的重视有了反动的看法。这种看法也是出于这样一种观点，即身体之有生命的物质性在人文和社会科学领域中长期被忽视。在文学领域，2009 年去世的杰出评论家塞吉维克强调了汤姆金斯的情感研究方法对理解（同性恋）身份形成

---

① 有大量的文献参考，特别参见 Alan Fridlund, *Human Facial Expression: An Evolutionary View* (San Diego, 1994); James A. Russell, "Is There Universal Recognition of Emotion from Facial Expression? A Review of the Cross-Cultural Studies," *Psychological Bulletin* 115（Jan. 1994）: 102–141; *The Psychology of Facial Expression*, ed. Russell and José-Miguel Fernández-Dols (New York, 1997); Lisa Feldman Barrett, "Are Emotions Natural Kinds?" *Perspectives on Psychological Science* 1（Mar. 2006）: 28–58; "Solving the Emotion Paradox: Categorization and the Experience of Emotion," *Personality and Social Psychology Review* 10（Feb. 2006）: 20–46.

② 参见 Constantina Papoulias and Felicity Callard, "Biology's Gift: Interrogating the Turn to Affect," *Body and Society* 16, no. 1（2010）: 30; 下文中简写为"BG"。在这篇令人印象深刻的文章中，作者批评了马苏米和康诺利等文化理论家选择性地利用达马西奥和其他科学家的成果来对"情动"进行理论化。其他对新情动理论家的回应见 Claire Hemmings, "Invoking Affect: Cultural Theory and the Ontological Turn," *Cultural Studies* 19, no. 5（2005）: 548–567。最近我所关注的作者们构成了一个极具影响力的派别，这个派别将情感研究融入了文化和社会研究的理论多元化中。并且最近一些学者基于各种理由反对将情感和意义分开的倾向，这也正是我批判的焦点所在。详细请参见 Daniel Gross, *The Secret History of Emotion: From Aristotle's "Rhetoric" to Modern Brain Science* (Chicago, 2006); Martha Nussbaum, *Upheavals of Thought: The Intelligence of Emotions* (Cambridge, 2001); Barbara Rosenwein in Reddy, Rosenwein, and Peter Stearns, "The History of Emotions: An Interview with William Reddy, Barbara Rosenwein, and Peter Stearns," interview by Jan Plamper, *History and Theory* 49（May 2010）: 260.

和变化具身性方面的价值,这尤其具有影响力。思瑞夫特是这样观察这些发展的总体结果:"与生物学的距离不再被视为社会和文化理论的主要标志。越来越明显的是,如果要了解操演力量(performative force)……就必须考虑到它存在的生物构成,特别是出生(和创造力)而非死亡的动力。"("BG",31)①

思瑞夫特提及出生和创造力的动力,这表明,今天的许多情动理论家们在拥抱生物学时,希望与之前阶段中文化理论的批评目标保持一定距离,以避免陷入粗糙的化约论的谴责,这就是遗传学和决定论。相反,他们试图用动态的、活力的、不确定的术语重新描述生物学,强调其不可预测性和潜在的解放能力("BG",33)。②此外,许多这样的理论家借鉴卢克莱修、斯宾诺莎、柏格森、威廉·詹姆斯、怀特海以及其他持反对立场的自然哲学家,特别是最近的两位,即吉尔·德勒兹和费利克斯·加塔利,在情动和感情之间做出了区分。乍看之下,它们似乎与基本情感理论范式不同。③被广泛认为强调这一区别的马苏米,将情动定义为一种无意义的、无意识的"强度",与主体的、表达性的、功能意义轴线没有关联。人们更为熟悉的感情的范畴属于这种轴线。"如果没有非表现形式的、无意义的有关情动的哲学,"马苏米写道,"人们很容易就会退回到通常的心

---

① 要进一步了解从解构、语言和精神分析到情感和显现的转变,请参阅 The Affective Turn: Theorizing the Social, ed. Patricia Ticineto Clough and Jean Halley(Durham, N.C., 2007); Maria Angel, "Brainfood: Rationality, Aesthetics, and Economies of Affect," Textual Practice 19(转下页)(接上页)(Summer 2005): 323–348; Elizabeth Wilson, Psychosomatic: Feminism and the Neurological Body(Durham, N.C., 2004); Teresa Brennan, The Transmission of Affect(Ithaca, N.Y., 2004); Derek P. McCormack, "Molecular Affects in Human Geographies," Environment and Planning 39, no. 2(2007): 359–377。

② 关于混沌和复杂性思想影响的讨论,与伊利亚·普里高津(Ilya Prigogine)和伊莎贝尔·斯坦格斯(Isabelle Stengers)的工作相关,关于情动的理论化,请参阅 Clough, The Affective Turn: Theorizing the Social, 1–33。

③ 在新情动理论兴起的过程中,最具影响力的人物可能是德勒兹,但对于是这种还是另一种情动理论准确地代表了他的观点,这始终是个开放性的问题。我将把这个问题悬置在一边,以便集中讨论在这里所讨论的理论家们提出的主张。

理学范畴中去，消除掉那些由后结构主义有效进行的许多解构主义研究。情动经常很宽松地被用作感情的同义词。但是……感情和情动——如果情动是指强度——遵循不同的逻辑，属于不同的秩序。"（PV，27）[①] 思瑞夫特同样拒绝或搁置"倾向于个人化情绪概念（例如经常在某些形式的经验社会学和心理学中常常发现的）"的方法，喜欢提出"广泛倾向和力量线"的方法。后者坚持"非人类"或"跨人类"（transhuman）的理论框架，"个人通常被理解为他们的身体部位（广泛意义上的理解）应对并参与的事件所产生的效果"（"IF"，60）。同样，肖斯赞同马苏米，认为："不要将情动（affect）、感觉（feelings）和情感（emotion）混为一谈是很重要的……情动不是个体的感觉。感觉是个体的、传记性质的，感情是社会性质的……情动是个人成为个体之前的……情动不能完全通过语言实现……因为情动始终在意识之外和/或在意识之前……情动是身体在特定情况下为行动准备的方式，通过增加量化层面的强度进入经验的质量中。身体有自己的语法，不能在语言中完全捕捉到。"（"FEA"，1,5）[②]

声称情动是没有形状和结构的、非表现性的力量或"强度"，它背离了心理学家使用的范畴，这种论点表明汤姆金斯或埃克曼或达马西奥所谈论的关于六或七、八或九种结构化的、演化的内在感情类别与马苏米等作者的观点互为矛盾，后者支持斯宾诺莎-德勒兹式的关于情动的思想。然而，令人惊讶的是，受德勒兹启发的、将情动定义为一种非语言身体性"强度"的观点竟然与汤姆金斯-埃克曼范式一致。举一个例子，思瑞夫

[①] 马苏米接着写道："感情是一个主观的内容，是从社会语言方面对个体经验的质的层面上的确定，这样的经验被确定后即被认定为个体的。感情是质化的强度，是一致同意的、依照惯例的强度嵌入点，进入到语义化和符号化形式的发展中，进入到可叙述的动作-反动循环中，进入到功能和意义中。它是一种被拥有的、可识别的强度。"（PV, 28）马苏米基于情动和感情的区别，认为情动的"不是同情心或情感认同，也就此不同于任何形式的认同"（PV, 40）。

[②] 在许多文本中，情动的概念与"非表现主义型"（nonrepresentationalist）的本体论联系在一起，这种本体论用从斯宾诺莎那里衍生出来的术语定义情动，即影响和被影响的能力。以这种方式来说，情动的作用是作为前意识中的一个层次，是"为行动预备"。如此之后，具身的行动在没有理性内容输入的情况下，习惯于世界并处理各种情况。

特说他想避免经验主义心理学家和社会科学家的情感范畴。但随后他继续利用情动的四种"转化",包括引用汤姆金斯、埃克曼和达马西奥的观点。最后一位尽管由于宣称是斯宾诺莎式的和反二元论的,这使得他的研究特别吸引了许多文化批评家的注意,但他仍然遵循汤姆金斯-埃克曼范式研究基本情感("IF",61-64)。①

受德勒兹启发的情动理论学家们常常用这样的科学方法来研究感情主问题。这表明,无论这些理论家和神经科学家之间的对话多么复杂,无论人们是如何描述这些对话的——这些对话或涉及人文科学和神经科学之间的"对谈",或涉及人文科学从科学那里借用的一种更为创造性的、无耻的形式②——从根本上把新情动理论学家和神经科学家联系在一起的是他们共同的反意向论。我的判断是,无论新情动理论家之间,以及他们和那些他们想利用其研究发现的神经科学家们之间的哲学知识倾向上有什么不同(其中当然存在差异),需要认识到的重要的一点是他们拥有同一个信念:相信情动与指涉系统(signification)和意义。简言之,我提议,对于那些接受德勒兹情动观点的文化理论者来说,汤姆金斯、埃克曼或达马西奥的研究乍一看似乎过于简单化;但事实上,这两个群体的观点之间存在着深层的一致性。这关系到所预设的以下两者间的不同:一方面是情动系统,另一方面是意向、意义或认知。对于新情动理论学家和他们广泛借用其研究的神经科学家来说——这超越了哲学背景、方法和方向上的差异,情动是自主反应的问题,它们被认为发生在意识和认知的门槛之下并植根于身体。新情动理论家和神经科学家都努力认同这样的观点,即主体的情动与其对情动情境或对象的认知或评价之间存在一条鸿沟,这就使得认知

---

① 同样,肖斯通过引用汤姆金斯和埃克曼的研究来区分情动和感情之间的区别;参见"FEA",1,4。

② 康诺利表示,他的目标不是从神经科学中"获得文化活动的逻辑",而是"追求文化理论与神经科学之间的对话"(N,9);马苏米宣称,关键在于"从科学中借鉴,以便在人文科学中有所作为",他也将这一过程描述为一种"盗版行为"或"非法狩猎"(PV,21,20)。

或思维因为理由、信念、意向和意义在行动和行为中发挥被赋予的作用"为时已晚"。结果是，行动和行为由情动倾向决定，而情动倾向独立于意识和精神控制。

这是我想在这篇文章接下来的部分检验的观点。我计划的是通过查看一些在最近的关于情动的争论中具有重要意义的实验研究来审视新情动理论和神经科学之间的相互影响。我将会研究马苏米对一些实验的使用情况，大部分时间，他从事的是相当隐晦的哲学玄思性的思考，神经科学在其中只短暂地闪现了一下。我也将简要地思考康诺利对某些实验的使用，在他的文章中，神经科学发挥着更为突出的作用。但这两位学者不仅主张神经科学在情动研究中的重要性，他们还呼吁某些特定的神经科学实验，以证明他们的观点是正确的，这正是吸引我兴趣的地方。我选择了三个这样的实验来进行分析和讨论它们的使用，我将遵循马苏米所倡导的通过实例进行工作的方法，即他所观察到的，"取决于细节"（PV, 18）。

雪人实验

我的第一个例子来自马苏米颇具影响力的文章《情动的自足》，文章一开始就将我们引入 1980 年发表的一篇鲜为人知的德国研究媒体情绪效应的文章的细枝末节中。[①] 这项研究是在慕尼黑电视台播放的一部有声而无字的电影短片，是两个节目之间的小休憩。基本情节很简单："一个人在他的屋顶花园堆了一个雪人，雪人在下午的阳光下开始融化。这个人就看着它融化。过了一段时间，他把雪人带到山上温度低的地方，在那里雪人不再继续融化。于是他向它道别，然后离开了。"（PV, 29）这部电影引起了家长们的抗议，他们抱怨这部电影吓坏了他们的孩子。由媒体研究人

---

① 马苏米的论文《情动的自足》于 1995 年首次出版，其重印版经略微修改，作为《虚拟的寓言》一书的第一章。

员赫塔·斯图姆（Hertha Sturm）领导的一个研究小组决定通过几项实验来评估这部电影对情绪的影响。该团队使用了这个短片的三个版本：原版电影，一个带有针对不同情形和行为进行如实报道音轨的版本，以及第三个版本中，事实文本被进一步（稍微）补充增加了情感方面的评论。原电影中加入的口语材料包括 15 个每个 50 秒的短句；这部电影的每一个版本都长达 28 分钟。①

研究人员对维也纳一所小学的九岁儿童的情绪反应在三个层面上进行了测试：生理反应、言语认知反应和运动反应。在生理反应层面上，使用外围记录装置测量心率、呼吸和皮肤电导的变量：中指的夹子监测儿童的心率，皮带测量呼吸频率，孩子手上的电极记录皮肤电反应。在言语认知水平层面上，选择了三个变量进行测试。在电影版本的展示过程中，研究人员会询问某一场景是"愉快的"还是"不愉快的"。一张刻度盘显示了孩子们笑着哭着的脸，并让他们在"高兴"和"悲伤"之间做出选择。同时，孩子们对他们所看到的一切的回忆也被记录了下来，他们要求孩子们尽可能多地"复制"电影场景（到底是什么意思？这并不明确）。最后，当孩子们观看电影中的一个版本时，他们会用录像记录孩子们的运动反应（我认为这意味着在录像放映期间孩子们的面部－身体运动是被"隐秘地"录像了）。此外，调查人员还通过性格测试和家长访谈收集了有关孩子的各种个人数据和他们看电视的习惯。不同组的儿童都接触了这三个不同版本的电影，并对实验结果进行比较。这个实验也通过间隔三周后重新放映电影来评估重复的影响力（"TEM"，31）。

在他们对实验的概述中，斯图姆和合作者玛丽安·格鲁韦－帕奇指

---

① 参见 Hertha Sturm and Marianne Grewe-Partsch, "Television——The Emotional Medium: Results From Three Studies," in *Emotional Effects of Media: The Work of Hertha Sturm*, ed. Gertrude Joch Robinson (Montreal, 1987)：25-36；下文中简写为"TEM"。事实上，马苏米对这部电影的内容做了一些简化。斯图姆和格鲁韦－帕奇在没有确定的情况下注意到，"经过一些思考和挣扎之后"，这个人把雪人带进了高山，在那里雪人不会融化（"TEM"，30）。

出这些发现是"非常复杂的"("TEM",31)。① 从第一次电影放映中获得的生理数据总结显示,看过有如实报道音轨版本电影的儿童比看过其他版本的儿童心率更高。根据作者们的说法,较高的心率表明在电影放映过程中有更高的激活水平。这表明,与其他两个版本相比,孩子们更容易为有如实报道音轨版本而兴奋起来。这一结果得到了证实,即在呈现有如实报道音轨版本时,皮肤电阻降低了。斯图姆和格鲁韦－帕奇观察到,皮肤电阻的降低(或皮肤电导的增加)通常与一般激活水平的增加有关。观看三种电影版本的儿童们在呼吸频率上无明显差异。言语认知数据显示,孩子们认为有如实报道音轨版本的电影明显不如其他版本的电影令人愉快,而电影原作的无语言版本则被认为是最令人愉快的。这两位作者写道,最高水平的电流皮肤反应伴随着最原始的版本(我认为这是因为皮肤电阻很高,表明由于较低的唤醒或激活水平导致电导率较低)。三个版本的"快乐—悲伤"评价没有发现差异。至于回忆相关的部分,电影的情感版本显然是最容易被记住的。

  为了进一步探究戏剧的影响,比如剪辑、缩放和灯光,研究人员将三个电影版本分成了十个部分。如预期的那样,除了呼吸作用似乎与戏剧表演平行以外,在这些节段的生理反应中并没有发现任何差异。在这十个场景中,皮肤电阻的降低被解释为是由于对所呈现的电影片段关注和兴趣的增加导致的激活增加。然而,在认知水平层面上,这十个片段接受了不同程度的"愉快—不愉快"和"快乐—悲伤"评分,与三个版本呈现了相似的趋势。因此,孩子们将1—3的场景标为"悲伤",4—8的场景标为"愉快",9—10的场景标为"悲伤"。作者们说,"快乐—悲伤"的判断与"愉快—不愉快"的程度成反比,因为人们认为场景越悲伤,评价越愉快。十

---

① 在玛丽安·格鲁韦－帕奇和斯图姆的电视效果研究中,他们使用了一个唤醒(arousal)概念来区分两种唤醒系统:一种"网状"(reticular)激活系统,被视为产生皮层兴奋的主要装置,以及一种"边缘"(limbic)系统,负责营养过程,包括情绪。他们认为两个系统之间会发生相互作用和潜在的干扰("TEM",29)。然而,马苏米并没有提及这一区别。

个场景的保留与这些评分有关,因为更愉快经历的场景是那些更好被记住的场景("TEM",32)。

作者们进一步观察到,重复电影的播放产生了一些意想不到的有趣结果。然而,第二次观看非言语和情感版本的电影会降低心率,而在有如实报道音轨版本的再次播放中,心率则会提高,甚至达到比第一次观看时更高的水平。而呼吸和皮肤反应则没有显著差异。此外,这三种版本在第二次播放时都被评为更令人愉快的版本,尽管有如实报道音轨的版本又一次被认为是其中最不愉快的。

作者们在实验报告中表达了对于有如实报道音轨版本使观看者产生最高级别的激化作用的惊讶,尽管在事实上,情感版本与它只有最低层面上几个单词的差别罢了。他们观察到,所有这些发现都符合生理学理论所给出的解释,即,适度地增加刺激被理解为是"愉快"的,极端地增加刺激则是"不愉快"的。他们注意到,在这方面,这些研究发现已经被丹尼尔·伯莱因(Daniel Berlyne)所证实了。伯莱因在他们之前曾指出,在短暂刺激后渐渐减缓的唤醒在经验中是"愉快的";持续更长时间的刺激如果增加的话,则是"不愉快的"。"这解释了为什么有如实报道音轨的版本比其他两个版本更让人感觉'不愉快',因为观看者长时间地保持着较高的受刺激水平。"("TEM",32)作者们认为,同样高水平的刺激引起效果较差的回忆,这是因为刺激抑制了记忆过程。

研究者们根据这些发现总结说,口头表达中非常细微的措辞变化会导致完全不同的观看体验。研究结果证明了,观看者们会对字词—图像关系中的细微变化做出反应,并且叙述中所呈现的关系是极其重要的。这个发现对于那些想了解媒体效果的人来说很重要。作者们特别注意到在有如实报道音轨版本中得到的明显结果,因为该版本的观看者们有明显高于其他组别儿童的生理上的唤醒。作者们认为,后者的效果是由于视觉—情感展示和事实性文本之间的差异,这一不同显然导致了"不愉快"的体验,因为观看者们都排斥该版本。此结果也证实了伯莱因的假设:强劲的激活增强通常带来不愉悦的体验。另一方面，当图片和语言同时呈现时，观看者们会感到愉悦。这些研究者们提议，他们的结果也可以充分解释这个证据明确的研究发现，即观众们对电视新闻节目的记忆差，也就是说，电视新闻节目中情感画面和事实语言之间的不一致妨碍了理解和回忆。然而，斯图姆和格鲁韦-帕奇陈述说，发现有儿童将电影片段中"悲伤"的部分判断为"愉快"的，这"完全令人惊讶"："电影片段场景越悲伤，就会得到越积极的评价，呼吸作用也会越深。"（"TEM", 33）

这些研究引起了马苏米的兴趣，他用这些发现来帮助建立自己的情动理论。迅即引起马苏米注意的是儿童对电影片段中雪人表现出的"快乐—悲伤"和"愉快—不愉快"间明显的差别，即最悲伤的电影片段同时也被认为是最令人快乐的这项事实。马苏米否认了任何在衡量和测试儿童语言认知反应上可能存在的模糊含混（一个人如何量化"愉快—不愉快"的感觉？"更让人愉快的"情感是否意味着儿童经历了更多的情动？），并且他明确地认为一个人同时经历悲伤和愉快的感觉是一个内在矛盾的观点（难道不是悲伤的电影有时也会让人愉快、让人享受？）。他将情动定位于儿童在这两种情感范畴之间所谓的不协调。根据他的说法，实验数据表明两种不同的反应或系统之间存在分歧，换而言之，他表述为图像"内容"和"效果"之间的差距。他写道："情动的首要特征是内容和效果之间的差距：图像效果的强度和持续时间并非简单逻辑性地直接与内容相关。"（PV, 24）

马苏米将斯图姆和她团队的研究发现朝着一个他们没有想到过的方向推进，并因此声称图像的内容是"它在跨主体语境中对传统惯常意义的指涉及其社会语言学层面的鉴定。这种指涉确定了图像决定性的品质。"（PV, 24）（虽然我不是很明白，他所认为的这些图像的"传统惯常意义"会是什么——比如说，那个将雪人留在山里的人。）但是"图像效果的强度和持久性"，或者是他称为"强度"（intensity）的，以他的描述，涉及非表意逻辑和"跨越语义线：在这里，悲伤就是愉快的"（PV, 24）。马苏米认

为在两系统之间有即时的"反应分歧":

> 强度等级是受非排中律的逻辑组织的,这就是说,它不是受语义和符号秩序所限制的。它并没有修复差别。相反,它含糊却坚定地在原本被认为是分离的东西之间建立联系。在表达自己时,它则以一个完全悖论的形式。(PV, 24)

此外,马苏米认为内容(以意义的形式呈现)和效果(表现为强度)之间的沟壑对应两种不同种类的具身之间相似的差别。[①] 在从实验结果看上去毫无根据的进一步论证中,马苏米声称实验中的儿童是"生理分裂"的,因为"事实材料使他们心跳加速、呼吸加深,但也同时使他们肌肤的电阻降低。"(PV, 24)斯图姆和她的团队并没有将这些结果视为没有逻辑或是矛盾的,因为他们认为两边都降低了肌肤电阻其实是增加了皮肤电导,并且心脏和肺的反应增加通常也是由于情感认知刺激的增加("TEM", 30)。但是马苏米用这些发现来阐释深处的心脏和肺与表面的肌肤之间分歧和差别的存在是与限制(意义)和强度之间的差别所对应的。他主张,虽然限制(意义)和强度(非表意情感强度)都被身体所展现,但是深度反应(depth reactions)"即使也涉及了像心跳和呼吸的自主功能,但更属于形式/内容(限制)的水平"。而强度是"包含在纯粹的自主反应中的,最直接体现在皮肤上——在身体的表面,在与事物接触的地方"(PV, 25)。然后,马苏米用深度和表面之间的区别来支持两个系统存在的观点:在深度的或垂直的轴线上起作用的"意识自主"系统,他将其与意义、期待、常识和叙述连续性连接在一起,并且与心脏和呼吸的调整机制关联;在表层的或水平的轴线上起作用的强度系统"传遍身体整个表面,像

[①] 对于马苏米来说,强度是刺激效果的体现形式。相似地,"意义作为一个区别差异的传统体系"是内容体现的形式,或者如马苏米说的那样,"是内容的形式"(PV, 25)。

从功能意义单位衣（interloops）开始的侧面回流，流过头脑和心脏之间的纵向小径"，这被他定义为自足的反应系统，是与意义和表达分开的。"强度是……一种无意识的、永远不会被意识到的自足的残留物，"他写道，"它在期待和调整之外，从意义顺序和叙述断裂开来，正如与生命体的功能分离出来意义。"（PV, 25）

照马苏米看来，"意义"和"强度"（或情动）系统，可以相互间以不同的方式共鸣或相互影响，但是强度系统拥有所有如今自称受德勒兹影响的情动理论家们大力称赞的特性：非语义的、非线性的、自足的、生命体的、独异的、新的、异常的、不确定的、不可预测的，以及对固定和"传统"意义的颠覆。① 对于马苏米而言，强度系统是"无法说明的系统：创发涌现（emergence）、进入以及反对再生（一个结构的复制和繁殖）。在雪人的案例中，与生成的反应一起涌现的那些不可预测的和无法说明的现象，与悲伤和喜悦、儿童和成人之间的不同有关，并非拥有所有被称赞的特点，这令我们在科学上留有遗憾：规则的改变。强度是无法被吸收的"（PV, 27）。在这些非表意术语中，强度是情动的另外一个词而已。"为了现在的目的，"马苏米写道，"强度将等同于情动"（PV, 27）。进一步地说，"情动摆脱了充满生命力和互动虚拟的具体身体中的限制，在这个程度上来说，它是自足的。结构化了的、限定中的、情境化了的感觉和认知发挥了实际连接和堵塞的功能，这捕捉到了或结束了情动的运作。情感是这种

---

① 于是，马苏米说有如实报道音轨的影像版本"抑制"了强度："事实性抑制了强度。在这个例子中，事实性的版本将图像的次序扩大了一倍，以叙述尽可能客观地表达常识的功能和在屏幕上察觉到的有关图像运动的一致同意的意义生成。这牵涉了图像的效果。"（PV, 25）马苏米认为加在情感电影版本中增加的短语和文本的"限定""增强了图像效果，犹如它们是对这一强度水平的共鸣而不是对其造成干涉。一次的情感限定暂时打破了叙述的连贯性来记录一个状态，事实上是重新记录一种已经有所感知的状态，因为皮肤总是快于言语"（PV, 25）。这些并不是那么清楚的言辞给人的印象是，马苏米会认为，那些有如实报道音轨版本电影的观看者们所表现的低一点的肌肤电阻是一个衡量的尺度，来表示强度受到了抑制；然而，既然低一点的皮肤电阻意味着升高了的皮肤电导，而这是与更高的刺激相关联的，那么，从数据看来，我们就不清楚在这个理论版本中，是否有任何东西受到了"抑制"。

情动运作最强劲的（最有限的）表达，情感也表现了这样的事实：有些事物总是一再地逃避了这样的表达。"（PV，35）情动指的是那些没有结构、认知和意义的事物。

重要的是，我们要注意到马苏米给斯图姆的实验发现强加了一层解释，这是出于他一系列关于情动非语义表达本质的预设。这些预设使得他在对斯图姆数据的分析中产生一组区隔：一方面是具备意识的、表意的（情感的和思想的）的过程，这受制于既定意义和范畴之稳定性；另一方面是强度的无意识情动过程，这是独立于表意之外、自足地发生的。马苏米与汤姆金斯和埃克曼殊途同归，从理论上认为情动本质上与意义和意图无关。他和包括塞吉维克和斯梅尔，以及汤姆斯金和埃克曼在内的情动理论家们都认同这样的观点：主体的情感情动过程与产生这些过程之客体相关的感知或知识之间存在脱节或者说是间隙。这样思考的结果就是，身体不仅"感觉"到、表现出一种低于意识认识和意义阈值的"思考"；而且，我们马上会看到，它在大脑意识干涉前就完成了，因自足情动过程产生的速度在这些人看来是迅疾的。

现在，马苏米将"情动"和表意过程区分开，这样做更深一层的意义开始清楚起来。他对政治、影像、虚构或艺术表现针对观众所产生的认知内容或者意义并不感兴趣，而是关注它们表意之外其主体上的效果。因此，马苏米和其他想法类似的文化批评者们提出的情动转向，其所有意义在于将注意力从对意义或"意识形态"或者说实际上是表征的考量转移到对主体个体亚人格（subpersonal）唯物—情动的反应上，并且认为，正是在这里，政治和其他影响因素真正起到了作用。将"意识形态"和情动割裂开，这导致的一个后果是对思想和信仰在政治、文化和艺术中的作用相对地冷漠起来，而更倾向于对不同人的身体情动反应之"本体论"的关注上。我们在斯梅尔的"神经史"（neurohistory）中发现了类似的意义和情动之间的脱节。例如，在斯梅尔看来，八卦与意义完全无关，而是"毫无意义的社交闲聊，其唯一的功能是刺激八卦双方平和知足情绪的荷尔蒙。

在这个模式中，八卦是一个重要的传播媒介"。斯梅尔观察到，得以传播的并不"首要是字词和它们的意义"，而是"互相间放电的讯息传递者"。① 那么，对于情动理论者们和斯梅尔而言，政治宣传、广告、文学、视觉图像和大众媒体都是为了在意义和意识形态阈值下生产这种效应的机制。② 简而言之，据这些理论者们看来，情动有驱使人成善或变恶的潜能，而这不用考虑到争论或者观点的内容。这是马苏米和其他学者对科学研究感兴趣的原因，这些研究都号称发现了以下内容，即：情动的过程和甚至是某种智力活动在身体中发生，它们不受认知和意识的影响；大脑运作太晚

---

① Smail, *On Deep History and the Brain*, 176.

② 这里涉及一整套美学理念，它强调读者或观者对文本或图像的体验，某种程度上，这种体验可能被认为代替了其中的文本和图像。相反的立场则坚持认为尽管一件艺术作品可能会让我们感到快乐、悲伤、嫉妒或羞愧，但重要的是作品本身的意义，也就是艺术家在作品中构建的意图关系结构。一部小说或一幅画能让我以某种方式去感受或思考，这项事实可能是我对这部作品反应的一个重要方面，但仅仅是作为我的反应而已，并不能作为是对作品的一种诠释。但是转向情动研究的文化理论者们把关于艺术作品意义的问题转化为关于对读者以及观众的情感情动效应和影响的问题。比如，可以参考 Mark Hansen, "The Time of Affect, or Bearing Witness to Life," *Critical Inquiry* 30（Spring 2004）: 584—626，以及他的 *New Philosophy for New Media*（Cambridge, Mass., 2006）; Jill Bennett, *Empathic Vision: Affect, Trauma, and Contemporary Art*（Stanford, Calif., 2005）; Marco Abel, *Violent Affect: Literature, Cinema, and Critique after Representation*（Lincoln, Nebr., 2007）。这些情动理论者们所采取的立场被认为是威廉·K. 维姆萨特和门罗·比尔兹利所定义为情感谬见（affective fallacy）的一个版本，即以一件作品对读者的情感影响来错误地判断其重要性或成功与否。在艺术批评中，同样的问题自迈克尔·弗雷德（Michael Fried）以来就一直是争论的焦点。后者在《艺术与物性》一文中捍卫处于盛期的现代主义而反对极简主义（或者，正如他换而言之的，彻底的写实主义），因为极简主义/写实主义的立场使得观众的主观的、现在时的体验替代了（或者说取代了）作品本身（当然，这是简单化了这一观点）。参见 Michael Fried, "Art and Objecthood," *Art and Objecthood: Essays and Reviews*（Chicago, 1996）: 148—172。同时参见 Fried, "An Introduction to My Art Criticism," *Art and Objecthood*, 1—74。瓦尔特·本·迈克尔斯（Walter Benn Michaels）捍卫并推广了弗雷德的观点，Walter Benn Michaels, *The Shape of the Signifier: 1967 to the End of History*（Princeton, N. J., 2004）。有关对这种新情动美学的批评，请参见 Ruth Leys, "Trauma and the Turn to Affect," in *Trauma, Memory, and Narrative in the Contemporary South African Novel*, ed. Geoff Davis（即将出版）。

了，对这些过程起不到干涉作用。①

错失的半秒钟

确切地说，根据马苏米和其他许多人的说法，大脑往往晚了半秒而无法发挥常常归之于它在人类行为中的角色。为了证明这一观点，马苏米在其《情动的自足》一文中使用了一个著名的关于意识和身体的实验，这个实验在他和其他持类似观点的理论者们关于情动的论证中起到了战略性

---

① 根据思瑞夫特和其他持相同观点的理论者们的观点，情动反应涉及一种"思考"，这种思考呈现为具身习惯的形式，以一种非思考性、非表意性的方式发生，就是以一种据说先于认知和意向性的亚人格身体思考的形式出现。"思考中只有极小的部分是有显性认知的，"他说，"那么其他的思考是出现在哪里呢？它是身体生成的，不能理解为一种固定的'思维'，而是'通过我们学会记录和敏锐感知到世界是由什么组成从而形成的动态轨迹'。"Thrift, "Summoning Life," in *Envisioning Human Geographies*, ed. Paul Cloke, Philip Crang, and Mark Goodwin（London, 2004）：90. 句中"显性"一词表明作者认为身体思考与隐性认知能力有关。但是思瑞夫特迅速地认为身体是这种思考的来源，这意味着这样的智能感受方式在本质上是完全属于身体实体的，就好像身体性的思考、具身的习惯和熟练的行为都可以用完全非概念性的术语来理论化一样。因此，重点在情动神经和神经化学网络的作用上，这些神经和神经化学网络被认为能够产生创发的、不可预知的活动，为政治和个人的变化创造可能性。

克莱夫·巴内特（Clive Barnet）是否正确，这是个很有意思的问题。巴内特针对政治理论中的情动转向做了有价值的概述和批评，他指责康诺利和思瑞夫特支持"秘密的规范主义"（cryptonormativism），认为这些作者暗地赞成某些政治信仰和规范，比如民主价值，但没有给出他们由此信仰的原因，因为他们的理论立场不允许他们这样做。我们可以看到巴内特观点的吸引力，因为看起来的确是，康诺利在提倡用多种技能来反击对政治上右派的情动操纵时，援引了激进政治学中规范性的术语，比右派话语有更充足的说服力。参见 Barnett, "Political Affects in Public Space: Normative Blind-Spots in Non-Representational Ontologies," *Transactions of the Institute for British Geography*, n.s. 33（2008）：186-200。

然而，可以说，康诺利的立场并不矛盾，是始终一致的。这是因为根据他的情动理论，政治观点只是纯粹的个人喜好表达，所以他倾向民主而非专制，就像喜欢茶而不是咖啡一样。康诺利、思瑞夫特和其他情动理论学者们可以被视为是用对情动差异的呼吁取代了对政治信仰分歧的关注，他们认为情动差异是独立于信仰和意义的。结果是当人们有不同的情动反应时，他们并非互相持有异见，只是不同而已。从这个（我认为站不住脚）多元化的角度来看，民主并不是规范主义的价值而只是个人喜好而已，政治活动家试图做的是通过使用图像和其他策略在潜意识中影响和操纵他人分享自己的喜好，同时保持多元化的开放，不同的人只是拥有不同的倾向。

的作用。实验涉及有意识的意图和大脑活动之间的关系,它是本杰明·利贝特(Benjamin Libet)从20世纪70年代一直持续到90年代所做的关于这个主题的实验中的一个。马苏米对这个实验做了简单的描述:实验对象将手摆放在桌布上,选择一个时刻来弯曲一根手指,然后以注意到一个旋转点在一个大时钟的空间位置为标准,报告他们什么时候第一次意识到自己进行那个动作的决定或意图,这个旋转点测量的是一秒钟的几分之几。利贝特发现,实验对象锁定自己的决定时间后,真实的手指活动发生时间为0.2秒,然而用于监测大脑活动的脑电图机记录的显著的活动时间比实验对象自己意识到的活动快了0.3秒。换而言之,在身体—大脑事件开始到以手指完成活动为结束之间有0.5秒,也就是半秒的延迟。利贝特总结说,无意识的大脑自发开启过程出现在有意识的意图出现之前。尽管,他提出,大脑会欺骗我们,让我们以为自己能有意识地决定行为,进而让我们认为行为是个体事件。① 正如马苏米所言,当有人问利贝特其研究发现对于自由意志学说有何影响时,他表示"我们可以通过否决、同意或其他方式在意图出现后对其反应行使自由意志,而不是首先开启意图。"(*PV*, 29)②

在利贝特实验的"经典案例"(*PV*, 206)基础上,马苏米总结说:"错过了半秒,这并不是因为这段时间里什么也没有发生,而是因为它溢满了,超过了实际操作的行为和行为所赋予的意义。"他说,在这神秘的半秒内:

> 我们认为"自由""更高"的功能,如意志,显然是通过自主的身体上的反应来完成的,这些反应发生在大脑中,然而在意识之外;

---

① 参见 Benjamin Bibet, "Unconscious Cerebral Initiative and the Role of Conscious Will in Voluntary Action," *Behavioral and Brain Science* 8 (Dec. 1985): 529—539。

② 马苏米引用了约翰·霍根(Johu Horgan)关于利贝特的文章,"Can Science Explain Consciousness?" *Scientific American* 271 (July 1994): 76—77。在一条注释中,他还引用了利贝特1985年的原始论文。

虽是在手指和大脑之间，但在动作和表达之前。认知功能必然伴随和辅助意识的形成。我们第一个雪人故事的研究者并未发现认知，也许只是因为他们不得其所——认知发生在"意识"中、而不是在他们观察的身体中。(*PV*, 29)①

正如马苏米对斯图姆和她的研究团队所进行实验的分析叙述一样，马苏米也是如此对利贝特的研究发现进行阐释的，他的重点在于强调次人格情动过程在思考中的决定性作用。"思想滞后于他本身"，马苏米在另一处提及利贝特实验时评论道。"思想永远无法赶及其起源的时刻。思想成形的半秒钟是永远迷失在黑暗中的。所有意识都出现于一个无意识的思想发生时隔（lapse），这时隔与物质运动不能区分。"(*PV*, 195) 简而言之，他拿利贝特的实验来证明身体—大脑的物质过程产生我们的想法，而有意识

---

① 在这里，马苏米否定说，他关于情动与强度的观点包含了"一个诉求，即：初始经验丰富性的反身的、浪漫化了的原初范围，反射性浪漫原始域的吸引——这是我们文化中的自然。事实并非如此"。对他来说并不是这样，首先，"因为，身体直接取自于外界的、发生在意识之外的东西，这并不能确切地被定义为体验"(*PV*, 29)；其次，"因为，意志、认知及其他通常被认为是在大脑意识中的'更高'的功能……呈现和活跃在如今不是那么原始的领域。共振意味着反馈。'更高的功能'属于受限的形式/内容的领域，在这个领域中，识别度高的、善于表现自我的人按照线性时间线在常规的行为—反应回路中交流沟通，并被反馈回强度和递归因果关系的领域中"(*PV*, 29-30)。在一些相当晦涩的评论中，马苏米认为身体不仅吸收了脉冲或离散的刺激，而且通过将这些"社会要素"与属于其他功能层次的要素混合结合到一起，来"折叠"情景中的意志和认知，并"根据不同的逻辑"来组合它们。这使得他认为，大脑和肉体（"意识和身体之外的、被认为是具有限制的内在性，分别为积极的与消极的"）保存和自动重新激发"过去行为的痕迹，包括它们语境的痕迹"，这发生在"初期"过程中，行为和表达只能从众多竞争的可能性中选择一条途径来完全实现 (*PV*, 30)。在利贝特实验的基础上，马苏米的讨论达到了高潮，他声称，"宣称现实化的人群倾向于在一个新的可选择的语境中完成。它的崭新性意味着他们的'初期'不能仅仅是对某个过去的保存和再生。它们是不同的倾向——或者说，过去的属性直接通向未来，但并无现在可说。因为，现在遗失在了错过的那半秒钟，发生得太快，无法被感知，甚至无法发生。"于是，身体被反思为一种虚拟领域或者"体验悖论"(lived paradox) 的场所，在其中，相反的意念、动作和感觉共存、合并和互相联接 (*PV*, 29)。通过错失的半秒钟这一概念，马苏米将情动作为"强度"从认知和意志等心理功能中分离出来，然后试图解释这些心理功能是如何反馈回强度领域的。马苏米论文《情动的自足》中剩余的部分中，他参考了柏格森、斯宾诺莎、德勒兹、吉尔伯特·西蒙东和其他理论家的观点，大多是对身体虚拟性的反思。最后，他讨论了罗纳德·里根成功地实现其政治领袖的方式，不是通过意识形态的手段，而是以"情动"的手段。

的想法或意图来得太迟，只能主导这些过程的结果。①

但是，这样对利贝特研究发现的阐释是否站立得稳？我们有充分的理由怀疑。我先不谈针对利贝特实验的技术层面上的批评，以便集中讨论它引起的一些更多是概念—哲理层面上的问题。② 马苏米和许多其他的文化理论家都自称斯宾诺莎的拥护者，他们反对任何形式的二元论。然而，仅需要一点思考就足以明白，事实上，无论是在利贝特对利贝特实验发现的阐释上还是在马苏米在对这种阐释的同意中，贯穿他们思考的正是经典的身心二元论。的确，他们只有采用了非常理念化和形而上的有关意识的方面，将其完全与身体及大脑分离开，认为它可以自由地指挥其意图和决定，这样才能得出所得出的那些让人生疑的结论。早在1985年，在马苏米选择忽视的学术讨论中，就有几位被邀请评论利贝特实验结果的研究者观察到实验人员按要求做出的那些手指和手腕动作，是那些通常可以在对行动目的无意识的情况中做出的。他们因此认为，利贝特在其实验中请实验对象有意识地注意这些动作时，他其实是强加了一项虚假的要求给实验参与人员。正如那些研究者们指出的，技艺娴熟的钢琴演奏者们并非有意

---

① 类似地，思瑞夫特引用了利贝特、达马西奥、勒杜和其他人的观点，是为了声明"我们'晚于意识'"和"一个行为在我们决定施行它之前就已经启动了……换句话说……'大脑让我们为行动做好准备，然后我们才有行动的经验'……身体化的空间为一个飞逝但关键性的时刻扩展了，一个不断变动的前意识前站……所以我们可以把情感理解为一种身体的思考'"（"IF"，67）。他还指出："许多认知思想和知识实际上是一种事后的反思：'意识到一种经验意味着这种经验已经过去了'。"参见 Thrift, "Still Life in Nearly Present Time: The Object of Nature," *Nonrepresentational Theory: Space, Politics, Affect*（New York, 2008）: 58。在另一篇支持类似观点的论文中，思瑞夫特引用了 Tor Norretranders, *The User Illusion*。后者讨论到利贝特的实验及其提出的观点：我们的意识其实是错觉，而这也同样被马苏米和其他情动学家作为支持性的观点引用了（如 Smail, *Deep History and the Brain*）。正是诺瑞特朗德（Norretranders）所说："即使我们认为我们做出了有意识的行动决定，大脑也会在此前半秒就开始运转。我们的意识不是最初始的启动者——无意识的过程才是！……我们的意识欺骗了我们！"参见 Tor Norretranders, *The User Illusion: Cutting Consciousness Down to Size*（New York, 1999）: 220。

② 我发现以下关于利贝特的论文集尤其有用：*Does Consciousness Cause Behavior?* Ed. Susan Pockett, William P. Banks, and Shaun Gallagher（Cambridge, Mass., 2006）。同时参见 M. R. Bennett and P. M. S. Hacker, *Philosophical Foundations of Neuroscience*（Malden, Mass., 2003）: 228-231；Daniel C. Dennett, *Freedom Evolves*（London, 2004）: 221-257。

识地注意到演奏过程中指尖数不胜数的动作，但这并不是说那些动作是无目的的，也不是不承认钢琴演奏者意图演奏音乐的事实。确实，亦如利贝特的批评者们所论证的，利贝特的实验参与者被要求完成的那些动作，是总体上有目的意识的一个结构和场景的部分，其中包括实验参与者参加实验和遵从研究者所抱有期待的意愿（这即是这些参与者们的意图）。① 而且，所有实验参与者们在参与进实验的时候，都知道他们应该表现出什么行动，如果不确定，他们可以先对这些动作进行练习。正如科学作者约翰·麦克龙（John McCrone）在著名的意识研究者伯纳德·巴尔斯（Bernard Baars）所提出的批评中注意到的，"巴尔斯能……看出利贝特所给出的活动手指的实验是一个简单的欺骗性质的事情，这正是争议的大部分起因。人们做这个实验，是为了说明较低水平的大脑过程产生了我们的思维，以及意识水平的思维发生得太晚，只能发挥监管思维结果的作用。但并非如此……正如巴尔斯所言，无论设定什么，就总有意识层面的语境在发生作用。"麦克龙接着写道："利贝特的实验参与者们知道自己会发出什么动作：学生们参与到自愿的实验中，是带着有意识的语境的，这对许多评论者来说都是显而易见的。"② 总而言之，因为这些行为通常是在意识临界值下自动进行的，所以就有必要打破整个关于意向性的观念来假定它们只能在身体的层面得到解释，利贝特和马苏米这样的观点中存在着混淆。

问题不在于许多身体性（和思维性）的过程发生在意识层面以下、在潜在意识中。谁会想到怀疑这些呢？问题在于马苏米从这些事物中所做出的引申。肖恩·加拉格尔（Shaun Gallagher）最近认为：只有当正常的

---

① 关于 Bruno G. Breitmeyer、Arthur C. Danto、Richard Latto、Donald M. McKay 和其他对于利贝特实验技术和理论层面上的批评，以及利贝特对此的回应，参见 "Open Peer Commentary," *Behavioral and Brain Sciences* 8（Dec. 1985）: 539—566。

② John McCrone, *Going Inside: A Tour Round a Single Moment of Consciousness*（London, 1999）: 136—137, 334n.

运动神经控制机制失灵时，人们才会被置于利贝特实验参与者的位置中。举个例子，患有传入神经阻滞或本体感受反馈完全丧失的病人，缺乏管理运动神经行为的通常是自动性的过程，这意味着他们每次做习惯性的动作时，都不得不有意识地去思考。这样的病人发现，对每一个简单的动作都必须做出有意识的心理决定，结果是他们几乎完全不能准确地行动。正如加拉格尔所指出的，这样的病理情况需要采取这样的思维因果关系，即与笛卡尔对思维的标准描述完全一致，认为思维是一个与身体分离的精神空间，在这个空间里，主体可以自由地控制自己的思想和行为。① 换句话说，马苏米和利贝特似乎都陷入了一个有关大脑如何与身体互动的误区中。他们的错误是把思维理念化，将其定义为一种纯粹无实体的意识，当实验装置的非自然需求看起来像是在表明意愿或意图的意识，在所研究动作的因果链中出现得"太晚"，他们即以二元论的方式得出结论，认为在动作启动的时候意向性并没有出现，因此一定是大脑完成了所有的思考、感觉和运动。

加拉格尔对利贝特的实验工作从具身现象学（phenomenology of embodiment）的角度进行了批判。他在通常来说（但并不总是）是有意识的**意向性动作**和通常来说是无意识的**动作神经运动**之间划了条界限，认为利贝特的实验适用于他所划定的意向性动作，不适用于他所划定的动作神经运动，对后者的控制我们通常认为是非意向性的。② 但是马苏米拒绝接受现象学，根据是它的意图结构限于重复、阻止新事物涌现。他抱怨道：

---

① 参见 Gallagher, "Where's the Action? Epiphenomenalism and the Problem of Free Will," in *Does Consciousness Cause Behavior?* 109–124。对比 Gallagher, "Body Image and Body Schema in a Deafferented Subject," *Journal of Mind and Behavior* 16(Autumn 1995): 369–390; *How the Body Shapes the Mind*(Oxford, 2005); Gallagher and Anthony J. Marcel, "The Self in Contextualized Action," *Journal of Consciousness Studies* 6（Apr. 1999）: 4–30。

② 参见 Gallagher, "Where's the Action?", 115–116。

> 对于现象学来说，个人是先设于或者"预先决定于"世界中，存在于一个"意向性"的闭环之中。感知和认知的行为是对已经"先"嵌于世界中之物的反映。它重复同样的结构，表达已有的状态……这像是昨日再现，而无未知事物的预兆……经验，正常的还是临床的，都从不是完全意向性的。无论这一行为有多纯熟，其结果至少是在意识之外的成分和被引发出来的一样比例。（*PV*, 191, 287）

这段文字中的"完全意向性"——就像"经验，正常的还是临床的，都从不是完全意向性的"——表示了马苏米屈从于思想和物质的错误二分法。它们表明了马苏米认同这样的一种（实际上是形而上学的）观点：即一种行为如果是"被引发的"或者是意图性的，就必然得是"完全"在意识范围中的；既然并不是所有经验都能用那些术语来描述（但有任何"经验"能那样来描述吗？）唯一的选项只是将其或者视为身体性的或视为物质性的。① 利贝特的实验及其阐释获得马苏米的青睐，正是因为他们都是以这错误的二分法为框架构想的，因此看似给思维原初大脑物质性居于首要的观点提供了科学的证据。

最后一点可概括为：尽管新情动理论家们谴责主体和客体的割裂，但是在他们中有一种持续的倾向，我觉得那是坚持一种身体和思维的二元错误对立观。音乐经常被情动理论家们拿来证明情动的力量。例如，肖斯认

---

① 在另一处提及利贝特实验的地方，马苏米对自己的立场进行了评论："这里建议的角度体现了实在论唯物主义的一个取向……在讨论的几乎每一次变化中，看似极其主观的动态都最终全然转向，返回到了非人格的物质上。思维状态最终返回到物质，这总是与以某种方式关注思维从物质中的涌现同时发生。典型的例子是利贝特的感知意识的起源和大脑物质运动长久存在的前意识之间的反馈回路，后者能够在大脑物质运动无意识的情况下对经验进行着色。接受这种对坚持物质和非人格（非意识）在启动个体经验中的作用，这使得我的这项研究与现象学方法的解释非常地不一样。"（*PV*, 206）正如他在提及那消失和延迟的半秒时所说："这表明了大脑物质中思维状态的开始启动时间长。当感知和思考从化学和电子物质运动那里启程了，所有的事情可能都是以自动驾驶的状态在进行着。"（*PV*, 195）

为音乐能清楚地证明"感觉感官冲击身体的强度比意义本身对人'意味'更多"是如何一回事。在这一点上,他观察到"音乐有物理效应,可以识别、描述和讨论,但是这与它本身有意义并不相同,任何去了解音乐如何在文化中起作用的尝试都必须……能讨论那些效应,而不是将之瓦解成意义"("FEA",13)。在这里,肖斯把所有非(在非常有限的层面上定义的)"意义"问题的事物,与身体或情动相对并置。这样做,看起来的错误或者混淆来自二分法的界限分明。后者产生于两个层面上:一方面是高度理智主义、理性主义的有关意义的概念,另一方面是一个未经审视的假设,即:在这种有限的层面上,所有不是"意义"的事物都被归属于身体。这也是非常错误的二元论分法。尽管是有公开表达的对二元论的敌意,在新的有关情动的著作中却贯穿着这种思想。①

出乎意料

大脑运作和意识涌现之间存在半秒的延迟,这在康诺利反思日常生活中的理性、辩证和决断之时也发挥了作用。康诺利与马苏米观点一致,

---

① 于是,我们发现新情动理论家常常拥抱一个高度抽象的、无具身的思维或者理性的形象,而这样做恰恰是为了最终批判这一形象。但为什么先要有人赞同这种形象呢?在这一点上,值得注意到,新情动理论家们常常像是忽略了表征(representation)这个词两个不同含义之间的区别。"表征"一词经常被用来指有机体与世界之间的一种关系,它假定了在认知、表现思维和其客体之间存在明显的分隔。这是一种新情动理论学家们拒绝的说法,他们更赞成一种对思维—世界之间互动更具象的叙述。这样的具身理论也为许多哲学家们所持有,这里面并没有必然为非认知的或者非意向性的。但新情动理论家们同时拿"表征"这个词来表达意义生成、意思或信念等涵义。这好像是在说躲开再现论者的思维—世界互动关系,就不仅仅是不同意一种有关思维和身体互动的错误的观念,更是涉及拒绝意义生成、认知和信念等整个发挥的作用。该词的第二种用法表示说,既然我们并不是按照错误的、非具身的思维模式来表现世界,那么,我们与世界的关系在很大程度上是内在的、具身的、有情感的,因此根本不是一个意义或信仰的问题。新情动理论学家们倾向于拒绝谨慎的精神分析,他们或尝试用物质—技术的方法来重新理论化,这在这种理论的发展中产生了作用。他们在修正、润色和使弗洛伊德具体化,到头来却舍弃了精神无意识(psychical unconscious)的概念。在这个后精神分析的模型中,非完全意向性必然或是身体性的或是物质性的。

并承认从后者那里受到启发,① 他倡导一种"内在性自然论"(immanent naturalism)。根据这种观点,康德意义上先验的"领域"可以被"转换"为一种内在性的、物质性的领域,这就决定性地改变了我们意识性思维的方向。他分析的重点落在了思维"具备层次的"属性上,尤其强调了以下因素的优先性:快速行动、皮层下或"潜意识"的感知、"浸润着思想的情动"、出于内在的强度,以及身体性的习惯和对意向性意识、理性、陈述性知识和政治生活中明确立场之身体性的敏感度。所有这些是什么意思并不完全清楚。从康诺利感兴趣的几项神经科学研究中,我挑出其中具体的一项——这是我的第三个、也是最后一个例子,来揭示对新情动理论家们对神经科学发现的挪用的真正用途。

这项研究是关于一名 16 岁的癫痫少女的,她正在手术前接受颅内电极刺激的治疗,以精确定位引起癫痫发作的脑区域。在刺激过程中,病人要完成一些不同的动作,如辨认具体的物体、阅读文本段落、计算及手臂、手指和脚的各种动作。她的医生们刺激左脑额叶的一个区域时,发现电极接触到位于"辅助运动神经区域"的微小区域会使病人发笑。据医生所说,与此同时会发生"预约的感觉",而且,这样的笑都是由刺激产生,属于意识之外的。当让她辨别出笑的原因时,这个女孩却提供了一个不同的解释,将之归因于"任何当时存在的外在的刺激"。医生的报告中写道:"因此,笑的起因是:辨识时看到的具体物体(如'那匹马很有趣')、阅读中特定的段落内容,或者是病人在进行手指确认性动作时在场的某个特定的人(如'你们这些人那么有趣……就站在这里')。"②

---

① 康诺利表扬了马苏米"对'错失的那半秒'的超凡探索",他说,这激发了他自己的一些思考,参见 Connolly, "Brain Waves, Transcendental Fields, and Techniques of Thought," *Radical Philosophy*, no. 94(Mar.-Apr.1999): 28 n. 6, 下文中简写为"BW";以及再次引用了 *N*, 209 n.7。

② Itzhak Fried et al., "Electric Current Stimulates Laughter," *Nature*(12 Feb. 1998): 650.

这项研究吸引了康诺利，正是因为这样一种想法，即女孩必须在事实发生过后才能解释她发出笑声的原因——换句话说，就像利贝特的实验参与者一样：行为第一，之后女孩才能为其行动想出各种理由，更确切地说是合理化的解释："这个年轻姑娘，遵循着历史悠久的回溯性解释原则，认为这些研究人员是非常有趣的人。"（N, 83）[①] 康诺利认为这个例子进一步提供了证据，证明了"感官材料的接收，到有意识地对其解释，这之间存在着'半秒延迟'，这段时间中有着"许多的思考和阐释"活动（N, 83）。他写道："我们进入……到先于感觉和意识的扁桃体快速的自然反应时间中。"这是他在自己的书中提到下面观点的时候说的，即：在意向性认知和判断的范围之外发生的快速情感反应中，扁桃体是一个关键的成分。这一观点是与约瑟夫·勒杜等人的实验相关的（N, 209 n. 6）。[②] 他在此和相关研究的基础上，挑战"新康德"派的政治理论家们，认为他们高估了理性的重要性，低估了他称之为"技术"或"外部策略"——如药物——

[①] 康诺利没有引用科学论文的原文，而是引用了《纽约时报》上一篇有关的文章。在这篇文章中，作者在开始他的讨论时观察到，早在20世纪30年代，喜欢兀自取笑科学家的罗伯特·本奇利（Robert Benchley）曾对笑声进行过一次嘲笑式的分析。本奇利在断言"'所有的笑声不过是代替打喷嚏的补偿反射'"之后，他做了一个脚注："施旺森莱本（Schwanzenleben）在他的作品《死后的幽默》（'Humor After Death'）中间接地强调了这一点，他说：'所有的笑声都是一种被没有意识到的抽搐暂时缓解了的肌肉僵硬。它可以通过应用电流来诱导，也可以通过一个所谓的笑话来发生。'"但这位科学作家对这一说法持严肃态度。"本奇利几乎没有想到，他想象中的施旺森莱本这个人物的这个说法被证明几乎是正确的，"他评论道，"科学可能还需要证明比莎士比亚或巨蟒（Monty Python）更强有力。"Malcolm W. Browne, "Who Needs Jokes? Brain Has a Ticklish Spot," *New York Times*（10 Mar. 1998）：D1.

[②] 康诺利提到了勒杜关于扁桃体在情动中作用的观点（N, 76, 91, 206 n. 27 和 211）。康诺利用"强度"的语言来描述扁桃体的运作，他观察到"扁桃体既影响其自身的行为，又会将强度撞击进意向性的思考和判断中，后者是复杂的大脑区域根据它们的接受、速度和组织能力进行处理的"（N, 90）。在另一处，康诺利提到那个"出其不意"被刺激发笑的女孩，他看到病人是在事后试图解释她被激发的笑声，并将其归因于其时临时的事物或情形，认为这表明了大脑有创造性潜力，能产生新的阐释可能性："如所发生的，她激活其他电脉冲来作创造阐释的可能性，这超出了其后的阐释。在后者中，她把自己的意识当作刺激初发时刻一种必然的认知。"（"BW", 25）

在影响我们思想和伦理方面的作用("BW",23)。①

康诺利选择了一个有趣的例子,即我们触碰了热炉子后会疼痛难受然后退缩的反射动作,来示例同样的半秒延迟现象。"半秒的延迟?"康诺利问道,并回答说:

> 这可以用现象学的方法来说明白。当你把手放在滚烫的炉子上时,手会在你感觉到疼痛之前后缩,尽管你试图将这种后缩理解为好像是之后产生的感觉而引起的。反射动作先于感觉,而人们则普遍认为是感觉引起了反射;在这种情况下,人们至少可以通过密切注意动作的顺序,从而来验证对时间顺序通常的回溯性阐释与实际顺序之间的差异。似乎"不可理解的无意识计算量"发生在感官材料的接收与对知觉、感觉和判断的固化之间的半秒延迟中。(N, 83)②

---

① 可以看出,新的情动理论为进步性的政治议程带来了问题,因为现在完全不清楚一个人如何故意地影响自己和他人中超出意识控制范围的东西;对于人们反应中潜意识和发自内心之情感流露重要性的强调,导致人们难以想象一个政治活动家如何在特定情况下战略性地进行干预。大卫·坎贝尔(David Campbell)在他对康诺利的访谈("An Interview With William Connolly")中提出了这一点批评。这篇访谈收录进 The New Pluralism: William Connolly and the Contemporary Global Condition, ed. Campbell and Morton Schoolman(Durham, N.C., 2008):325-329。当政治成为一个区分"好情动"和"坏情动"的问题时,意识形态和意识线以下的操作只能通过本质上类似的操作来对抗。正如康诺利自己所提出的那样,一个有效的政治对抗必须以某种方式利用同样的形象控制资源来挑战反对派的声音媒体运动(sound-media campaigns);参见 Connolly, "The Evangelical-Capitalist Resonance Machine," Political Theory 33(Dec. 2005):885 n. 15。同样地,在提到9·11事件以及国土安全管理的彩色编码警报系统对国家恐惧的操纵时,马苏米评论道:"政府获得了得到民众神经系统和身体表情资源的重要渠道,这使得它能够绕过传统上依赖的话语媒介,并以前所未有的直接方式产生稳定的效果。即使不提供证据、不劝说,甚至都可以没有观点,政府的图像生产也会引发(再)行动。"以及:"布什政府采取的在行动中的恐惧(fear-in-action)是一种极其鲁莽的战略,正如它在政治上很有力量一样。令人费解的是,它很可能只能在与其行动所依据的同样情感的和个体生成的范围内进行"参见 Massumi, "Fear(The Spectrum Said)," Positions 13(Spring 2005):34, 47。对"紧急因果关系"(emergent causality)观念(转下页)(接上页)的认同使得这种策略的结果本质上是不可预测的,这种不可预测性之后就成为了后历史主义者和后马克思主义者对变革可能性的"希望"或"信念"的基础。关于最后一点,可以参见 Massumi, "Navigating Movements," in Hope: New Philosophies for Change, ed. Mary Zournazi(New York, 2002):210-244。

② 这段文章中,康诺利引用了诺瑞特朗德的话, The User Illusion, 164。

针对这段话,我不知道该评论些什么。康诺利是否在暗示,通过与疼痛反射的类比,笑也可以用反射的理论来理解?① 如果确实如此,康诺利实际上就是在不那么明确地论证说,笑作为一种快乐情感的表达,可以在理论上被认为是对刺激的一种自动反应,而我们无需考虑这些刺激对我们可能具有的意义,因为这些刺激能内在地触发一种笑反射。

事实上,这正是达马西奥如何解释笑这种现象的。达马西奥在讨论刚才提到的这个案例时,强调了这样一个事实,那就是女孩的笑声"出其不意"且"完全没有主观动机"。② 使他对这个以及类似电极诱导情绪反应的案例非常感兴趣的,尽管这些反应似乎表明了思维的存在能够引发情绪,但事实上这些思维只有在情绪行为被触发后才会出现。他写道:"从所有的意图和目的来看,效果似乎都表现了思维的存在有可能引起悲伤。"他是在描述以下这项研究的时候这么说的:一个电极探针意外地使得一名患有帕金森病运动症状的女性突然抽泣起来。"当然,除非是以下两种情况:在这项意外事件发生之前这位女性没有出现过这样的悲伤情绪,以及这个病人自身不太容易自然地产生这种想法。与情绪相关的思想只有在情绪开始之后才发生。"他的结论是:证据表明了"情绪的神经触发机制的相对

---

① 除非马苏米只是在象征性地发言,否则这就是他关于情动在当今政治生活中发挥作用的理论:"虽然人性化意向性以交流和提议被表达出来,也在整个社会结构中出现、重现和传播,但它并不将系统表现为一个整体。就像生命本身一样,人类的意向性已经成为资本主义力量的内在变量……以媒介为出发点的策略,无论是改革还是辩证斗争,现在都微不足道地参与到了权力的全球现场中……假设人类先消失,然后再出现,这次是当地性地且首先是情动性地,其后则在全球层面上它则置于一个反射性的、机械性的中继设备的地位。例如,即时民意测验引起了人们本能的反应,通过大众媒体的自主装置传递给其他的装置。在那里,它们合法化或赋能给某些自主的操作。在这样自主的环境中,哀悼道德理性和权利哲学的逝去是徒劳的。我们的社会存在是情动的和反射性的,否认这点几乎没有什么用处。"参见 Massumi, "Requiem for Our Prospective Dead [Toward a Participatory Critique of Capitalist Power]," in *Deleuze and Guattari: New Mappings in Politics, Philosophy, and Culture*, ed. Eleanor Kauffman and Kevin John Heller(Minneapolis, 1998):58。

② Antonio Damasio, *Looking for Spinoza: Joy, Sorrow, and the Feeling Brain*(Orlando, Fla., 2003):75; 下文中简写为 *LS*。

自主性"。对于"出其不意"而大笑的那位病人,他建议用电刺激模仿"能够笑"的刺激通常会产生的神经系统结果(*LS*, 69–70)。① (大概可能因为这种刺激下的笑声有进化意义上的价值吧:这会惊恐到鳄鱼,以至于它不再想吃掉你。)

达马西奥并不是通过认知上已经确定的事物或者关于世界的信念来定义笑或悲伤,而是将其看作无意图的状态。这样一来,既然我所感受的仅仅是一个我生理状况的问题,那么,"我"对自己感觉到什么做出理性解释的能力就必然会是基于一种错觉。在达马西奥看来,基本情感是身体性的反应,于是在这个意义上来说,它们本质上是无对象的,就像一种发痒;当我被痒到的时候我会笑,但我笑的对象不是你(或者,你的笑话)。这是一种唯物的理论,它延缓或暂停了对意义或意向性的考量,以将情动描述为本质上是内在有机的(实际上是内在机械的)。② 在达马西奥看来,

---

① 达马西奥根据这样一种假设情动不受制于语境和意义的有关笑的观点,接受了埃克曼令人存疑的断言,即真正的笑和模拟的笑之间的区别可以在脸部检测出来,因为只有真正感受到情感的人才会不由自主地收缩相关的面部肌肉。这种区别可以追溯到19世纪的科学家杜兴·德·布伦(Duchenne de Boulogne),他提出,一个真实的笑或微笑是不能假装成功的,因为这需要肌肉的收缩,而后者不属于能自愿控制的。根据这个观点,一个真正感受到所涉及情感的人可以产生真正的笑声;同样地,一个演员无法令人信服地表现他想要表达的情感,除非他自己经历了这种情感;如果他没有这样做,他只能模拟它,而这个模拟就会表现出是模拟的。据说神经学数据证实了这一点。于是,达马西奥说,和"出其不意"大笑的女性一样受到刺激的、同样大脑区域受损的患者很难做出"自然"的微笑——一种被笑话自然引发的笑——而只能局限于一种假的"说茄子"时刻的笑(*LS*, 76)。这种观念最近受到了弗朗索瓦·德拉波特(François Delaporte)的赞同, *Anatomy of the Passions*, trans. Susan Emmanuel, ed. Todd Meyers(Stanford, Calif., 2008)。针对这种立场及建立在其基础上的神经科学观点,参见 Fridlund, *Human Facial Expression*, 115–118, 152–155; Russell and Fernandez-Dols, *The Psychology of Facial Expression*; and Stéphanie Dupouy, "Le Visage au scalpel: L'Expression faciale dans l'oeil des savants(1750–1880),"(Ph.D thesis, Université Paris I, Panthéon-Sorbonne, 2007)。

② 像许多情动理论家一样,达马西奥也受到了詹姆斯著名的情感理论的影响,根据这一理论,我们害怕是因为我们奔跑,悲伤是因为我们哭泣(*LS*, 57)。所以马苏米说:"正如威廉·詹姆斯有名的观点,恐惧会袭击身体,并迫使它在意识上认识到之前的情况下采取行动。"他接着写道:"它在意识上认识到,那就是从已经开始了的身体行动中发生出来的一种认识;我们不是因为害怕而跑,而是因为跑而害怕……在面临威胁危险的时间段中这种纯粹激活的层面上,(转下页)

因电极刺激而发出笑声的这个女孩的案例意义在于，它表明了所有基本情动工作的方式。（而且，康诺利也是这么看的，虽然要弄清楚他在这个问题上的立场并不容易。）①

（接上页）（恐惧是经验的一个强度，而不是它的一个内容。威胁和危险起作用于神经系统，带来的是一种直接性，禁止了身体的反应与其环境之间的任何阻隔。神经系统与危险的发生有直接联系。激活就是现况。"参见 Massumi, "Fear（The SpectrumSaid）", 36—37。这里不详细讨论詹姆斯的情感理论对最近情动转向的影响。但关于这一理论的历史、它的批判接受以及詹姆斯随后的修正，参见 Thomas Dixon, *From Passions to Emotions: The Creation of a Secular Psychological Category*（Cambridge, 2003）: 204—230。

① 在《神经政治学》(*Neuropolitics*) 一书中，康诺利与约瑟夫·勒杜的研究发现保持一致，把皮层下的扁桃体视为一个重要的大脑"结节"，它与大脑中更复杂但动作慢一些的新皮层区域相互作用，但功能也独立于认知和"语言区域"，并进而产生更快的行动、对恐惧和焦虑的紧急反应（*N*, 206 n.27）。最近，康诺利认为勒杜的研究过于简约，他更关注达马西奥、V. S. 拉马钱德兰（V. S. Ramachandran）、弗朗西斯科·瓦雷拉和其他人的研究；参见 Connolly, "Interview with William Connolly," 327。例见康诺利对一名女性案例的讨论。根据达马西奥的说法，这位女性由于扁桃体有缺陷，她无法体验恐惧情感、不能感受到来自他人的危险；参见 *N*, 5, 8—9 以及 "Experience and Experiment," *Daedalus* 135（Summer 2006）: 67—75。康诺利以此例，说明"知性观"（intellectualist）和"审慎观"（deliberationist）思维模式的不足，以及知觉和判断中潜意识过程的优先性。达马西奥有关这个案例的解释依赖于反意向性的理论假设，后者为埃克曼处理基本情感的方法提供了依据，关于对达马西奥的批评，参见 Leys, "How Did Fear Become a Scientific Object and What Kind of Object Is It?", 85—89。

康诺利这样的政治和文化理论家被达马西奥的研究所吸引，这是可以理解的。后者坚持理性行动与情感（emotion）和感觉（feeling）之间的联系，因此吸引了这些人。特别具有吸引力的是他的"身体标记假说"（somatic marker hypothesis）。根据这一假说，决策是"高理性"和来自情感身体的躯体信号或身体状态特征综合后的结果，前者能对某一特定行为进行成本效益分析；后者被传递到更高的大脑中心，在那里它们帮助筛选出某些选择，从而为决策和行动设置约束。这样，达马西奥解释了前额叶腹内侧部受损患者所表现出的情绪和日常决策缺陷，认为这些患者缺乏通常影响抽象思维的无意识情感"预感"或"身体标记"。实际上，达马西奥强调了"纯粹理性"的局限性，进而突出了据说行动迅速的我们情动思想之构成性的作用，后者位于思考和论证的临界值之外。由于身体标记表明我们情动反应是先天内在和后天习得的混合，身体标记假说提出了一种思考文化和身体相互作用的机制。于是，身体标记被认为是受文化影响的"肠道反应"（gut reactions），为决策提供了指导。这些观点对那些质疑"审慎民主"（deliberative democracy）和理性选择在日常生活中作用的人是有吸引力的。

不难看出，达马西奥关于情感和感觉在审慎理性中影响的论述在理论上是混乱的，在经验上是有问题的。在我看来，他的根本错误是声称所有情感，包括羞耻和内疚等"次要"情感，都是建立在基本或"初级"情感之上的。根据埃克曼范式，这些情感被定义为由情感能力刺激（转下页）

一些结论

现在，让我们来做一下总结。最后，我将对本文所关注的几位新情动理论家如何利用科学提出和推进自己的观点做几点总结。

1. 就某些人文和社会科学学者而言，如塞吉维克和斯梅尔，情况是相对简单的。这些学者在看待情动时，借鉴了神经科学研究的成果，将情感视为内在的、独立于意图之外的。因此，情动被认为是一组与生俱来的、自动触发的大脑—身体行为和表现，它们在意识和意图行为的范围之外运作。

塞吉维克明确认可与汤姆金斯和埃克曼相关的"基本情感"范式。这一范式在很多方面都有利于她的理论和政治关怀，尤其在她对情感生活中偶然和错误的着重上。塞吉维克追随汤姆金斯的观点，认为在没有我们的认知系统对物体或引发物体"刺激"的认识的情况下，几乎任何物体都能够引发情动。正因为此，我们很容易对自己有错误的看法。所谓的情感和认知之间的断裂，恰恰是由于她所描述的"可计算和不可计算领域之间的意外断层"，这对塞吉维克很有吸引力。① 换言之，在塞吉维克看来，在汤姆金斯处理情感的方法中，将注意力从意义和意图问题上转移开，这产生的重要后果之一，就是强调一个主题的特质，即其可以顺势附加在客体上，但与该客体没有本质的关系。这样的效果是将个人有关客体的意图或客体对个人可能具有意义的观念替换为个体情动经验的观念。或者说，替

（接上页）触发的生理性固有状态，典型的方式无意识地释放出来。因此，达马西奥将非意向性的基本情感以概念化为本质上独立于认知、知识和信仰的情感。因此，他的观点很容易受到与埃克曼情感范式遭受到的批评一样的批评。关于达马西奥的身体标记假说有用的批判性评价，参见 Barnaby D. Dunn, Tim Dalgleish, and Andrew D. Lawrence, "The Somatic Marker Hypothesis: A Critical Evaluation," *Neuroscience and Behavioral Reviews* 30, no. 6（2006）: 239–271; John Cromby, "Integrating Social Science With Neuroscience: Potentials and Problems," *Bio Societies* 2（June 2007）: 149–169; Bennett and Hacker, *Philosophical Foundations of Neuroscience*, 210–216。

① Sedgwick and Adam Frank, "Shame in the Cybernetic Fold," in *Touching Feeling*, 106.

换为个体与所有其他主体不同的观念。①

斯梅尔对情感采取了类似的方法，因为他认为意向性是研究历史的一个非充分的基础。以解释作者意图为基础，寻找文本中的意义，这在斯梅尔看来在本质上是不可信的，因为作者可能会说谎。斯梅尔主张研究文本中过去无意沉淀的迹象——这些迹象是通过随机变化和选择的演化过程保持下来的，它们不仅可以被认为是对所发生事情更可信的记录，还可以作为"信息"而不是一种有意的意图，用与群体遗传学家读取 DNA 链相同的方式来解释。斯梅尔对作者意图的批判旨在消除史前研究中存在的偏见，因为史前缺乏书面记录。其结果是对过去的研究采取了一种神经历史学的方法，将历史和神经生物学结合在一起，研究所有那些据称是无意向

---

① 在塞吉维克的分析中，羞耻感是作为一种情动出现的，它确保了每个人与另一个人的绝对不同。根据塞吉维克的说法，按照汤姆金斯对这些情动的处理方法，羞耻感经验中最重要的不是你对某一事物有意的或无意识的愿望或意图，而是你的主观感受与他人的所有独特和不同之处。羞耻感因此转变和生产了身份，没有任何道德主义，实际上没有给予身份任何具体内容；它是创造（古怪的）身份作为纯粹差异的体验的一种手段。其结果是，对关于我们是谁或我们的感受的问题，或对我们的信仰、意图或意义的问题，进行了一种典型的后历史主义的价值评价。塞吉维克有关汤姆金斯研究中的合作者亚当·弗兰克，在最近的一篇文章中，主张在理解意识形态和情动之间的关系上，汤姆金斯以生物学为理论基础的情动因素优先于弗洛伊德对于罪感的心理分析理论。汤姆金斯将意识形态定义为"任何有组织体系的思想，在其中人们可以最明确有力地表达，最富激情，它们没有证据，人们对其最不确定"。看来，他认为我们的观念和信念无法被有力的论点所支撑，因为它们完全是虚构的 [Frank, "Some Affective Bases for Guilt: Tomkins, Freud, Object Relations," *English Studies in Canada* 32（Mar. 2006）: 17]。弗兰克根据汤姆金斯可争辩的主张，解释了在汤姆金斯看来情动影响了人们意识形态的方式。当然，没有人怀疑我们的感情能影响我们的信仰。问题是，弗兰克通过套用汤姆金斯的理论将情动与我们的思想或信仰分离，并将这些情动视为非意向的状态，和其他赞同这种方法的情动理论家一样，含蓄地淡化或消除了意识形态上我们所相信的东西的分歧，倾向于对我们的感觉或我们是谁的多元本体论的强调，这一立场使得对身份的关注压倒了我们信念上的分歧。关于这一立场的阐述和评论，参见 Michaels, *The Shape of the Signifier*; 同时参见 Leys, *From Guilt to Shame*, 150–154。

性的过程，例如那些影响人类行为的情绪。① 因此，斯梅尔赞同将人的基本情感看作是自动的身体状态。他声称"大脑经常喜欢自己去进行交流，而且只是勉强地让思想在这个过程中有发言权"，这显然与利贝特的观点相呼应。这就不让人吃惊了。②

2. 当我们研究那些号称是受到斯宾诺莎、詹姆斯、柏格森、德勒兹、加塔利等人思想影响的情动理论家们，如马苏米、肖斯、思瑞夫特和康诺利等，初看起来他们与科学的关系似乎比塞吉维克和斯梅尔与科学的关系更为复杂。甚至看起来神经科学似乎对这些理论家没有什么帮助，因为他们用看似对科学分析不利的术语来定义情动。正如倪迢雁（Sianne Ngai）最近在这方面所观察到的那样，马苏米将情动描述为在任何限定或量化之前或之外的"非表意强度"，"给更实证主义类的唯物主义分析带来了困难"。③ 事实上，马苏米对科学有一些相当苛刻的看法，认为它们是在试图驯服、工具化，并使这个变化中的世界的奇异性、不可预测性、内在性和生机性变得有利可图。"科学方法是在面对惊奇的情况下，机构化地维持沉着冷静的神情。"他写道，"完全意义上的科学活动始于将惊奇提前转化为认知自信。"（*PV*, 233）但这并非全部，因为他和志同道合的情动理论家也热衷于与科学建立某种联系。事实上，现阶段一个有趣的特征是，照马苏米看来，"人文科学需要科学……为了自身的理论健康，甚于科学需要人文科学。"（*PV*, 21；引自 "BG"，39）他希望人文科学能够借用或盗用科学，以将事情搅动起来的方式，在理想的情况下，改变这两个领域之间

---

① 关于斯梅尔有关达马西奥情绪研究方法的讨论，参见 Smail, *On Deep History and the Brain*, 150–151。斯梅尔虽然并没有提到埃克曼的名字，但几乎是采用了他的"神经文化"（neurocultural）理论，根据这一理论，社会化或习得可以决定触发我们基本情感的刺激范围，可以根据社会规范或"展示规则"（display rules）来调节面部表情，但潜在的情绪总可能会泄露出去。斯梅尔特别有兴趣的是"心理表现状态"（psychotropy），或化学物质或其他行为对人类情绪和情感的非意向性效果，这表明人类的等级结构嵌在了神经生理学之中。针对斯梅尔著作的一个重要的批判性评价，参见 Reddy, "Neuroscience and the Fallacies of Functionalism," *History and Theory* 49（2010）: 412–425。

② Smail, *On Deep History and the Brain*, 165.

③ Sianne Ngai, *Ugly Feelings*（2005; Cambridge, Mass., 2007）: 26.

相遇的条件。

如果有雅量，人们可能会同意，认为这就是马苏米用斯图姆和她团队的雪人实验所在做的事情。在她们有关儿童针对媒体情感反应的研究中存在着复杂性和明显的悖论，而这些科学家们是在使得这些复杂性和悖论看起来平常。可以说，马苏米是抓取到了这一点，如果按照他提议的思路来重新解读这些研究发现的话。然而，如果人们不那么有雅量，就可能会争论说马苏米不仅对斯图姆和她的团队不公平，后者指出了他们研究结果的复杂性，并承认是难以解释的；他还故意不故意地来误读研究数据，以便在数据不存在的地方制造出悖论。

无论如何，马苏米和康诺利对利贝特实验的挪用，或康诺利对达马西奥和其他人所描述的实验和病理案例史的利用，这都不能说是创造性的误读。挪用和使用的程度都相当于是直接的认可了。① 在马苏米看来，尽管他声称自己部分地受到詹姆斯的启发，拥护一种形式的"激进经验主义"，但他似乎是一位唯物主义者，总是以直截了当的二元论术语赋予"身体"及其对"思想"的情动以特权。他却忘记了，在詹姆斯看来，"身体"不是一种纯粹的存在状态，而是一种对"单纯经验"的实用分类，就像"思想"一样。② 这就是为什么马苏米发现像利贝特这样的科学家的工作是如

---

① 帕普利亚斯和卡拉德在这方面观察到，新的情动理论家引用的神经科学的语言通常是证据和验证的语言；他们引用了马苏米："经验的时间循环已经被实验**验证了**"（"BG", 37）；以及康诺利（"Experience and Experiment"），他说达马西奥对杏仁扁桃体有缺陷的病人所进行的其中一项实验"**揭示**了知觉和判断力如何发生于意识产生之前"（"BG", 37）。

② "主观性和客观性不是经验本有构成的状态，而是经验分类的状态。"马苏米引用了詹姆斯的文章"The Place of Affectional Facts in a World of Pure Experience"中的这段话，这篇文章首次发表在后者 1912 年出版的 *Essays in Radical Empiricism* 中（*PV*, 296）。詹姆斯在这篇文章中接着写道："在我们的情感经历中，我们没有固定不变的、要求我们始终如一的目标，因此我们发现很容易让这些经历模棱两可地飘浮，有时会将它们归类于我们的感觉，有时会将它们与更多的物理现实归置在一起，我们可以随心所欲，可以为了当时的方便。"有关这一点，他评论说，将情感纯粹说成是纯粹的精神现象是错误的，并引用他的情感理论断言："在很大程度上，它们同时也是身体的情感。"在这基础上，他指出："在实际生活中，尚未迫切需要决定是把它们的［情感经历］当作严格的精神事实还是严格的物理事实。因此，它们仍然模棱两可；而且，照目前的情况（转下页）

此的合宜；正如我们所看到的，利贝特给予身体特权，以至于主张思想总是发生"太晚"，这使得意图在理性行动和行为中不能起到决定性作用。在这方面，马苏米对科学的态度与非德勒兹派情动学者的态度几乎没有区别，例如塞吉维克和斯梅尔。①

3. 我的最后一点是这种关于情动的其他类别的描述是否可能，这些描述不会像我讨论的理论家所做的那样，他们错误地将情动与认知或意义分离开来。在这里，历史的视野是有用的。在情动理论中极为普遍的反意向观念有一个谱系。就我们的论述目的而言，这可以追溯到20世纪60年代初开始的心理科学的发展。当时，有两种极为迥异的科学方法同时被提出。一种方法与斯坦利·沙赫特（Stanley Schachter）和J. 辛格（J. Singer）在1962年进行的一项著名（如果有问题的话）实验相关联。这项实验宣称证明了情动和认知是不可分割的。同样也是在1962年首次发表的、与第一种对立的、与汤姆金斯的研究相关的第二种方法认为，情动和认知构成了两个完全不同的系统，因此情感应该以反意向的（anti-intentionalist）方式被理论化。起初，沙赫特和辛格的"认知"模式占上风。但是，由于

（接上页）而言，它们的模棱两可是它们的大便利之一。"总之，詹姆斯认为，我们所选择的范畴是一个实用的问题，不是一个构成性的问题，马苏米却总是把身体凌驾于思想之上。[William James, *Essays in Radical Empiricism*, ed. Frederick Burkhardt et al.（Cambridge, Mass., 1976）: 71, 73]。

① 关于马苏米《虚拟的寓言》一书的标题，虚拟的（virtual）概念值得进一步讨论。如果根据马苏米的说法，情动是"虚拟的"，因为它"发生得太快，以至于它不可能发生"（*PV*, 30）；如果作为虚拟的情动是"身体的非肉身性"（*PV*, 21）；如果情动是"开始，开始的行动和表达"（*PV*, 30）；如果情动是"潜力"的范畴（*PV*, 30）；如果情动是"不可分类的"或"从未感觉到的"（*PV*, 33）；如果情动是"被灌输到思想中的无法决定性"（*PV*, 37）；如果情动或虚拟"本身"是"无法感受到的"（*PV*, 133）；如果只有在拓扑上才能掌握情动，也就是说，非经验性地去把握（参见 *PV*, 134）；如果情动是"定性之前或之外"且并不是定量投入问题（*PV*, 260）；那么，目前尚不明确对于马苏米而言引用利贝特的实验来支持他的观点是否有意义，因为他这样做会让人觉得"虚拟"似乎确实存在于身体－大脑中。但是，如果他是某种唯物主义者，一心想把身体—大脑的作用置于人类生活、文化和行为中的思维和意向性之上，那么他引用利贝特的实验确实是有意义的。关于德勒兹被某些情动理论家误解的说法，因为他实际上从身体中解放了情动性和虚拟性，参见Richard Rushton, "Response to Mark B. N. Hansen's 'Affect as Medium, or the Digital-FacialImage'," *Journal of Visual Culture* 3（Dec. 2004）: 353–357。

各种尚未得到充分讨论的原因，随着时间的推移，汤姆金斯的方法取代了第一种认知模式。到了20世纪90年代，汤姆金斯的方法已经占据了主流地位。① 我们今天所能看到的是人文和社会科学的新情动理论家对第二种反意向主义的信奉，后者在情动科学中根深蒂固已经长达20多年。

因此，反意向主义范式的成功是一个相对近期的现象，它依赖于一系列复杂的制度、思想和社会因素。多年来，批评家们对反意向的立场也提出了各种反对意见。精神分析学家当然总是认为情感和认知或信仰之间有着密切的联系，因此，他们反对任何将情动与意义相剥离的企图。但我们今天生活在一个很大程度上是后心理分析的时代，而新的情动理论家要么忽视弗洛伊德的观点，要么按照唯物主义的观点重新解释它们，常常是为了使弗洛伊德的思想与最新的神经科学发现保持一致。哲学家们也倾向于支持认知立场，但是，除了少数例外，他们不想把自己的观点与经验科学的最新发现联系起来，他们的观点很容易被情动理论家所忽视，后者认为把最新的神经科学成果纳入他们的分析中是很重要的。在这方面，值得注意的是，许多人认为认知方法与非认知方法不那么激动人心的另一个原因是，认知方法常常被认为受制于一种与提出命题有关的认知版本。换句话说，认知主义被认为与人类产生语言命题的能力有关，这一立场似乎在人类和非人类动物之间造成了明显的分割线。由于新的情动理论家致力于推翻人类与非人类的动物区别，他们有时会在此基础上拒绝认知立场。因此，格里菲斯从人类"命题态度"能力的角度定义认知地位，以便拒绝它。但我认为这是个错误。认知或意向性立场并没有限制人类动物的认知能力

---

① 显然，从理论和实验的角度来研究情感的历史，最终要追溯到远早于20世纪60年代的时期，追溯到达尔文、詹姆斯、瓦尔特尔·坎农和其他许多人的工作上。有关一项确定20世纪初出现的"感觉的肾上腺素结构"的重要尝试，参见Otniel E. Dror, "Afterword: A Reflection on Feelings and the History of Science," *Isis* 100（Dec. 2009）: 848–851, 以及 *Blush, Adrenaline, Excitement: Modernity and the Study of Emotions*, 1860–1940（即将出版）。

和意向性，①也没有任何关于认知立场反对人类和非人类动物是情感具身生物的观点，而且这一事实具有至高无上的重要性。

有意思的是，科学家们对反意向立场提出了一些有力的反对意见。早在20世纪80年代，当汤姆金斯的观点开始占据这一领域时，理查德·拉扎鲁斯（Richard Lazarus）在一场著名的辩论中反对那些像罗伯特·扎约克（Robert Zajonc）那样声称情动和认知是不同体系的人。甚至在更早的时候，拉扎鲁斯就在一系列精心设计的实验中证明了这一点——与斯图姆和她的团队几乎同时进行的实验无有不同——观看让人紧张的电影会引起强烈的情感和生理反应，这在很大程度上取决于观众的评价、信念和应对方式。基于这些发现，拉扎鲁斯在捍卫认知地位方面发挥了突出的作用。②1994年，弗里德伦德对汤姆金斯－埃克曼范式的理论和经验主张提出了致命性的批评。同年，在对埃克曼和他的同事们所报道的跨文化面部判断研究的精妙分析中，罗素发现，他们的研究结果是人为捏造的，它取决于强迫选择的回应格式和其他有问题的方法，这些方法要求以从根本上颠覆埃克曼关于基本情感普遍本质的主张来证明这些问题。弗里德伦德接着提出，面部动作不应该像汤姆金斯和埃克曼所宣称的那样被视为是本有的、具体的内在情感泄露到外部世界，而是为了在进行中的人际或个人语境或事务中交流动机进化而来的有意义行为。从这个角度来看，一项与"新人类行为学"（new ethology）相联系的研究同样强调非人类动物表情的交际性价值，面部表现是考虑到其他（真实存在或想象到的）生物体的关系性信号。根据弗里德伦德的说法，人类和非人类动物产生面部行为或表现时，往往是他们在战略上有利的时候，而非在其他时候。因为表现是动态的，而且往往是具有高度可塑性的社会和交流信号。简而言之，弗里德伦德把意向性的问题——包括非人类动物的意向性——作为他对情感研

---

① 认知的（cognitive）一词可以表示对认知心理学和信息处理系统的关注，这与我感兴趣的评价理论家所说的这个词的意义相去甚远。

② 关于拉扎鲁斯的实验及其意义，参见Leys, *From Guilt to Shame*, 145–156。

究的核心。罗素和其他科学家也提出有关情感的其他方法，这些方法挑战了汤姆金斯－埃克曼范式所依据的情感和意义之区分。

因此，目前的形势为历史学家和批评家提供了一种有趣的现象，即相互竞争的情感思考方式之间的持续冲突。特别引人注目的是，由埃克曼的预设和研究方法形成并经过训练的科学研究人员对反意向主义范式表示怀疑。但是，尽管这些科学家的反对可能是强有力的，甚至在知性层面上是决定性的，但要推翻反意向主义范式并不简单，也不容易。[①] 后者与思想进化理论之间的团结；其关于情动系统和认知独立性的假设，与当代关于大脑功能模块化（modularity）和封装（encapsulation）的预设之间的一致；基于图像的情感方法与神经成像技术之间的一致性；埃克曼方法在促进研究方面使用标准化表情图片作为测试刺激的便利之处——所有这些和其他因素都有助于解释为什么汤姆金斯－埃克曼方法在当代神经科学关于情感的研究中仍然根深蒂固。这种奇怪的状况会持续多久是一个开放性的问题。

批评者也可能会面临另一个困难，那就是，当人们放弃汤姆金斯－埃克曼范式，转而对情动进行某种意向性解释时，人们发现自己不得不对某些类别的生活经验提供深描（thick descriptions），这样的生活经验为人类学家和小说家们熟悉，但普遍被认为是不利于科学分析的。同时，也不得不面对一系列关于意向性本质的很棘手的问题，包括非人类动物的意向性，从传统视角来看这些属于哲学领域。[②] 出于这些和其他原因，反意向主义立场很可能在未来一段时间内维持其在心理学和情动神经科学（affective neurosciences）中的主导地位。一个相关的问题是，为什么反意

---

① 以下两段话中的一些句子也出现在我的文章中，"How Did Fear Become a Scientific Object and What Kind of Object Is It?"

② 有关最近一项对多种动物所具备的最低理性进行的有趣的讨论，参见 Fred Dretske, "Minimal Rationality," in *Rational Animals?* ed. Susan Hurley and Matthew Nudds（Oxford, 2006）: 107–116。

向观让文化评论家和理论家如此着迷,我在这篇文章中一直在批评这些人的研究——尤其考虑到认同他们所持的观点,那就是表明情动和理性之间存在着大的区隔,使得有关意义的歧见或意识形态的争议与文化分析无关了。但这是另一个语境下的话题了。①

李心怡、丁怡君、唐文颖 / 译　姜文涛 / 校

---

① 当然,这种讨论的基本参考是 Michaels, *The Shape of the Signifier*。

第三部分

早期近代与情感

第 6 章　忧心历史里的情感问题 ①②

芭芭拉·H. 罗森韦恩

作为一名中世纪研究者，我忧心历史里的情感问题是有据可循的。我并不担心情感表达本身：过去的人们，就像现在一样，表达着喜悦、悲伤、愤怒、恐惧和许多其他感觉。这些情感（就像今天一样）在当时有多种含义，它们对他人产生了影响，也会反过来被他人操纵（正如我们现在也会做的一样）。中世纪研究者——实际上是所有想要正确叙述历史的历史学家——必须担心的问题是：历史学家如何对待历史中的情感。本文旨在考察西方历史上的情感史学，并对这个问题提出一些新的思考方法。

---

① 本文译自 Barbara H. Rosenwein, "Worrying about Emotions in History," *The American Historical Review* 107, no. 3（2002）:821-845. 感谢作者授予中文版版权。

芭芭拉·H. 罗森韦恩，美国芝加哥洛约拉大学历史系退休教授，研究兴趣包括欧洲中世纪史、情感史等。著有 *Emotional Communities in the Early Middle Ages*（Cornell University Press, 2006）; *Generations of Feeling: A History of Emotions, 600-1700*（Cambridge University Press, 2015）等。本文从吕西安·费弗尔在 20 世纪 40 年代呼吁建立情感史开始，延续至目前情感史研究跨地域、跨学科的丰富动向，对西方历史中情感史学的发展过程进行了系统的讨论。——编者注

② 我把这篇文章献给我的父亲诺曼·赫斯坦（Norman Herstein, 1921 年—2002 年）。这项研究受国家人文基金会的支持，并由芝加哥洛约拉大学资助，这篇文章即是在受到资助的一年研究期内（1999 年—2000 年）撰写，我对这两方表示感激。我谨向 Esther Cohen、Mayke de Jong、Lynn Hunt、Piroska Nagy、Daniela Romagnoli、Tom Rosenwein、Daniel Smail、Stephen D.White 和 *AHR* 编委会的成员表示衷心感谢，感谢他们在文章完成前进行了阅读和评论。在 Allen Frantzen 的授意下，我用本文的某一稿为洛约拉的中世纪研究项目做了一次演讲。我要感 Allen Frantzen、Theresa Gross-Diaz 和其他听众。最后，我要感谢我的研究生——Kirstin DeVries、Frances Mitilineos、Jilana Ordman、David Roufs 和 Sonya Seifert——在长达一年的课程中与我一起愉快地讨论这个主题。

也许有人会反对以下观点：大致说来，历史学家根本没有处理过情感这一主题。尽管有许多呼吁他们进行研究的声音，这些声音的源头至少可以追溯到1941年吕西安·费弗尔的一篇著名的文章，但大多数历史学家对这个主题避而不谈。历史学家为什么非得论述情感这个问题呢？作为一门学科，历史是服务于政治发展才得以创始的。① 尽管社会史和文化史值得一代人去书写，但这门学科从未丧失对艰深、理性之事的吸引力，② 情感似乎与历史事业（如果从根本上说并非相对立的话）并不相干。

当费弗尔在1941年呼吁建立情感史时，与其说他否定了历史聚焦于政治这一点，不如说他认识到了一些问题，这或许是纳粹带给法国人的观感，即：政治本身就不是理性的，不是没有感情的。（让我们把情感的理性本质按下不表。在20世纪40年代，事实上乃至20世纪60年代，每个人都毫无疑问地认为情感是非理性的。）费弗尔认为研究情感非常重要，因为"情感生活总［是］准备延伸进智力生活中去……［你可能会说：］仇恨的历史，恐惧的历史，残酷的历史，爱的历史，不要再用

---

① 对此问题的简短总结，参见 Georg G. Iggers, *Historiography in the Twentieth Century: From Scientific Objectivity to the Postmodern Challenge* (Hanover, N. H., 1997): 5。

② 不到40年前，当《社会史杂志》(*Journal Of Social History*)成立时，它的创始人彼得·斯特恩斯哀叹，社会历史学家是政治史的附庸；参见 *Journal of Social History* 1 (Fall 1967): 4。（在下文中可以看到，斯特恩斯在"情感史学"中占有突出地位。）但即使到了1994年，林达尔·罗珀 (Lyndal Roper) 的 *Oedipus and the Devil: Witchcraft, Sexuality and Religion in Early Modern Europe* 对近代早期主体性的研究，还是得与"我们对个人主义和理性崛起的故事的依恋"作斗争。这种偏见是历史性别问题的一个方面，参见 Bonnie G. Smith, *The Gender of History: Men, Women, and Historical Practice* (Cambridge, Mass., 1998)。直到最近，在人类学中，情感仍被避免，参见 Catherine Lutz, Geoffrey M. White, "The Anthropology of Emotions," *Annual Revue of Anthropology* 15 (1986): 405–436. 对情感史感兴趣的威廉·M. 雷迪把政治变成了一种情绪控制的工具也就不足为奇了，参见 Reddy, *The Navigation of Feeling: A Framework for the History of Emotions* (Cambridge, 2001): 124,"情感具有最高的政治意义，任何经久不衰的政治政权都必须建立起一种基本的情感秩序，即'情感体制'。"另参见"Against Constructionism: The Historical Ethnography of Emotions," *Current Anthropology* 38 (June 1997): 335,"情感控制是行使权力的真正场所：政治只是决定谁作为不合法的予以压制、谁作为有价值的受到强调的一个过程；决定在特定的背景里和关系之下的感觉和欲望。"

这些废话来打扰我们了。但是这些废话……明天就会把整个宇宙变成一个恶臭的粪坑。"① 请注意费弗尔在这篇文章中提到的情感：仇恨、恐惧和爱。他把"残酷"也囊括在内，因为他认为所有"非理性"的事物都殊途同归。费弗尔呼吁对我们称之为"黑暗面"的东西——仇恨、恐惧、残酷进行历史叙述。事实上，只有"爱"在这些情感中是格格不入的。② 但是费弗尔将"爱"也囊括其中，因为爱很容易越界，变成激情和欲望。

费弗尔为什么认为针对负面情感的历史叙述可以延缓法西斯这一噩梦？③ 他的回答是："观念史和制度史……是历史学家本人也不能理解的问题；或说如果没有先对心理学产生兴趣，历史学家就无法理解这些问题。"④ 他受朋友亨利·瓦隆（Henri Wallon）心理学理论的启发、而后者当时刚在《法国百科全书》（*Encyclopédie française*）上发表过一篇相关文章。费弗尔由此认为，情感是最基本的东西，因为是情感最先将人们聚集在一起

---

① Lucien Febvre, "La sensibilité et l'histoire: Comment reconstituer la vie affective d'autrefois?" *Annales d'historie sociale* 3（January-June 1941）: 5-20（hereafter, "La vie affective"），quote on 19; 用英文来说即"Sensibility and History: How to Reconstitute the Emotional Life of the Past," in *A New Kind of History: From the Writings of Febvre*, Peter Burke, ed., K. Folca, trans.（London, 1973）: 12-26。

② Febvre, "La vie affective," 18, 也将"死亡"包括在情感之内。连带效应是将情感和年鉴学派广为人知的"心态"（mentalités）问题联系起来。尽管从理论上讲，情感是心理史的一部分，但在这类研究的重点方向里，情感却很罕见。参见 *Europäische Mentalitätsgeschichte: Hauptthemen in Einzeldarstellungen*, Peter Dinzelbacher, ed.（Stuttgart, 1993）。在这个研究里，情感比起死亡、工作和自然等话题，占次要地位。这与 Hans-Henning Kortumüm, *Menschen und Mentalitäten: Einführung in Vorstellungswelten des Mittelalters*（Berlin, 1996）中所概述的情况是相同的。

③ 在"La vie affective," Lucien Febvre, "La sensibilité dans l'histoire: Les 'courants' collectifs de pensée et d'action," in *La sensibilité dans l'homme et dans la nature, 10ᵉ Semaine Internationale de Synthèse, 7-11 juin 1938*（Paris, 1943）: 77-100 的第一版中，费弗尔在第 98 页提到了"les foules hallucinées de Nuremberg et d'ailleurs"。

④ Febvre, "La vie affective," 19.

的；① 但它们同时也是原始的。正是在情感构建的基本组织之上，人类文明中的语言、观念和制度才产生，但情感却与它所生发出的文化相区隔。对于费弗尔来说，情感并不是文明生活的一个组成部分，而是对文明的存在至关重要。

费弗尔的观点具有重大影响，因为在少数对情感有兴趣的历史学家的眼里，费弗尔被看作是像旷野中哭泣的先知一样，是一个看到了光亮却信徒寥寥的人。而与此相反，我的观点是，费弗尔业已追随了一些人的脚步，并且在他这样做的过程中，引导历史学家走上了错误的道路。尤其是，他因袭了约翰·赫伊津哈（Johan Huizinga）的看法。这一点似乎令人惊讶，因为表面来看，费弗尔的文章是对赫伊津哈的抨击。在 1919 年以荷兰文出版的《中世纪的衰落》(*The Waning of the Middle Ages*) 一书中（费弗尔在 1932 年读到了该书的法文译本），赫伊津哈认为中世纪情感生活稚气未脱。他在第一章的开篇就揭晓了主旨：

> 在 500 年前的世界里，相较于我们现在，万物的轮廓似乎更加清晰……对人们来说，就像孩提时代的快乐和痛苦一样，所有的经验仍具有直接性和绝对性……生活中的一切都具备骄傲或残酷的公开性……一切事物都以强烈的对比和令人印象深刻的形式呈现出来，给日常生活增添了兴奋和激情的基调；事物引起的情感波动，往往在绝望和分心的喜悦、残酷和虔诚的柔情之间永恒地振荡着。这些是中世

---

① *Encyclopédie française*, Vol. 8: *La vie mentale*, Henri Wallon, ed. (Paris, 1938): pt. 24, 1–7; 这篇文章的第一部分 "Rapports affectifs: Les émotions," 是由瓦隆本人撰写的。在 1938 年的会议上，费弗尔第一次发表了这篇论文，瓦隆感谢费弗尔的 "élargi mon exposé sur l'émotion, l'a enrichi et complété," 参见 *La sensibilité dans l'homme*, 104. 知道费弗尔是《法国百科全书》的总编辑也许是有用的，从他们在诺曼学院还是同学的时候起，瓦隆就是他的密友。参见 Carole Fink, *Marc Bloch: A Life in History* (Cambridge, 1989): 137, 149. 尽管如此，费弗尔对暴力情绪的强调并非瓦隆的兴趣所在。瓦隆对各种情绪都感兴趣：恐惧、快乐、愤怒、焦虑，甚至害羞。

纪生活的特点。①

当费弗尔在纳粹恐怖的背景下读到这些话时，他提出了异议，并不是因为把中世纪认为是稚气的有何不妥，而是因为在他看来，赫伊津哈应该指出情感总是剧烈的、流变的和夸张的。然而，某些时代（在费弗尔看来）可以比其他时代更好地抑制激情。历史学家的任务就是确定这些时期，并解释那是如何和为何有效的。费弗尔呼吁建立道德的历史，建立一种可以解释法西斯主义的历史、一种揭示合理秩序建立原则的历史。他的呼吁其实是伪装成历史的公共政策。

在这件事情上，这不是费弗尔文章的遗留问题，它最重要的影响是让"中世纪在情感层面稚气未脱"这一点成为定论。很快就会清楚，这一点这对现代主义者来说有多便利。当然，是两位现代主义者——彼得·斯特恩斯和他兼任精神病学家和历史学家的妻子卡罗尔·斯特恩斯——紧接着开始呼吁建立研究情感的历史。他们的主张发表在1985年的《美国历史评论》（*AHR*）上，宣告为情感史学家开辟了一个新领域："情感学"。② 这是一个并不可亲的词语，却非常有用，它的科学外衣让人联想到"社会学"或"心理学"。一年之内，两人就出版了《愤怒：美国历史上情绪控制的

---

① Johan Huizinga, *The Waning of the Middle Ages: A Study of the Forms of Life, Thought and Art in France and the Netherlands in the XIVth and XVth Centuries*, Frederik J. Hopman, trans.（New York, 1924）: 9, from the original Dutch: Herfsttij der Middeleeuwen: *Studie over levensen gedachtervormen der veertiende en vijftiende eeuw in Frankrijk en de Nederlanden*（Haarlem, 1919）. 现在也可以参见 *The Autumn of the Middle Ages*, Rodney J. Payton and Ulrich Mammitzsch, trans.（Chicago, 1996）: 1, "就像孩子仍具有的快乐和悲伤那样，每一次体验都有其直接性和绝对性。"赫伊津哈真正想说的也许不如历史学家所认为的那么重要。费弗尔读到赫伊津哈的那个法文版本，是 *Déclin du Moyen âge*, Julia Bastin, trans.（Paris, 1932）. 这句话在第10页的翻译是："toute expérience avait encore ce degré d'immédiat et d'absolu qu'ont le plaisir et la peine dans l'esprit d'un enfant"。

② Peter N. Stearns with Carol Z. Stearns, "Emotionology: Clarifying the History of Emotions and Emotional Standards," *AHR* 90（October 1985）: 813-836.

斗争》(Anger: The Struggle for Emotional Control in America's History)。① 这些开场的炮火标志着一个潜在的小产业的诞生：斯特恩斯和一些他启发的人出版了一系列令人印象深刻的书籍和文章，它们都围绕美国的情感史展开。② 迄今为止，这一系列作品构成了情感史上最重要的研究。而这些著作是基于什么样的前提完成的呢？

"情感学"是由斯特恩斯夫妇创立的术语，指的是"社会或社会中特定的群体对基本情感持有的态度或标准，[以及] 这些情感合适的表现方式；同时还有体现在人们行为上的——社会惯例对上述情感进行回应和鼓励的方式"。③ 因此，情感学的重点不在于人们如何感受或表达自己的感受，而在于针对诸如在公共场合哭泣、恼火发怒或从肢体上表现愤怒等问题，人们对它们的看法。情感学认为人们对感觉所抱持的看法最终会被人真实地感受到。斯特恩斯夫妇敏锐地吸收了 20 世纪 70 年代和 80 年代的一些社会学理论。例如，社会学家阿莉·霍赫希尔德（Arlie Hochschild）认为，社会能够并且确实控制着情感和它们的表达方式；"感觉规则"（feeling rules）或"情感规则"（emotion rules）告诉人们，从根本上应如

---

① Carol Zisowitz Stearns and Peter N. Stearns, *Anger: The Struggle for Emotional Control in America's History* (Chicago, 1986).

② 例如，Peter N. Stearns, *Jealousy: The Evolution of an Emotion in American History* (New York, 1989); Peter N. Stearns and Timothy Haggerty, "The Role of Fear: Transitions in American Emotional Standards for Children, 1850–1950," *AHR* 96 (February 1991): 63–94; *An Emotional History of the United States*, Peter N. Stearns and Jan Lewis, eds. (New York, 1998); Peter N. Stearns, *Battleground of Desire: The Struggle for Self-Control in Modern America* (New York, 1999).

③ Stearns and Stearns, "Emotionology," 813. 在文章中，这一定义是作为一个术语提出的。这个概念中的前一部分是"情感"，而只有后一部分是从社会科学文献中衍生出来的。这个术语是由 Paul R. Kleinginna, Jr., and Anne M. Kleinginna, "A Categorized List of Emotion Definitions, with Suggestions for a Consensual Definition," *Motivation and Emotion* 5 (1981): 355 里面提出的。"情感学"这个术语的必要性并不是自明的；在斯特恩斯夫妇写作的时期，社会科学家用"情绪"（sentiment）一词来表示"社会通行的象征符号和行为期望"，而不是私人的感觉。参见 Lutz and White, "Anthropology of Emotions," 409。

何感受和表达那些完全社会化的感觉。①霍赫希尔德谈到，航空公司的空姐们在培训学校学到的不仅仅是微笑本身，而是当乘客对他们大吼时，她们能够感到愉快。她称其为"被管理的心灵"（managed heart）。斯特恩斯夫妇的想法是了解被规训的心灵在历史里的表现。

但事实证明，可供参考的历史案例非常少。因为如何才能理解一个社会的"情感标准"（emotional standards）呢？斯特恩斯夫妇的回答是：阅读时兴的指导手册。但指导手册必须是非精英化的才能被纳入情感学的框架。因此，例如在《愤怒》一书中，斯特恩斯夫妇明确不使用"高等文化的资源"；他们的注意力集中在"普通民众"之中，实际上就是指中产阶级。②而在现代的指导手册出现之前是否存在情感学呢？③斯特恩斯给出的答案是否定的。他们拿典雅爱情文学作为例子，明确地指出它不是情感学的一种，因为它"根本没有深入流行文化或宫廷的制度安排中，不足以算作一种真正的情感学。"④但是，如果典雅爱情文学是用民间白话写成的，或由法国南部的游吟诗人或其他地方的诗人口头吟唱的话，就可以被认为是"思想史"的一部分。这样说来，在前现代时期几乎没有东西可被认为是真正的情感学。

这就是为什么在对让·德吕莫（Jean Delumeau）的《罪恶与恐惧》（*Sin and Fear*）的评论中，彼得·斯特恩斯批评了这本书："基督教牧师开始驱使和利用人们对死亡的恐惧，这项研究为上述做法找到了新的佐证，但这种做法是否奏效仍无法得知。这是自上而下的历史学里最糟糕的一种情况。"并且"在非教徒的例子相对罕见"。最后，斯特恩斯批评中的

---

① 例如，Arlie Russell Hochschild, "Emotion Work, Feeling Rules, and Social Structure," *American Journal of Sociology* 85（November 1979）: 551–575; Hochschild, *The Managed Heart: Commercialization of Human Feeling*（Berkeley, Calif., 1983）。

② Stearns and Stearns, *Anger*, 249, n. 31, 12（"common folk"）, 16（"middle class protestants"）。

③ Stearns and Stearns, *Anger*, 2. 认为在前现代时期，"紧密的社区监督"占据着情感学的位置。

④ Stearns and Stearns, "Emotionology," 830.

致命一击是:"(德吕莫的)结果并不能完全摆脱设限较多的思想史的边界。"① 德吕莫的方法有很多可以批评的地方(这一点我们将在下面看到),但事实是,没有一个中世纪研究者或前现代研究者能够在斯特恩斯夫妇定义的"真正的情感学"范畴下找到相关史料。因为"情感学"在定义上就从属于现代时期,要从为中产阶级提供建议手册的那个年代开始。

《愤怒》的其中一个小节——"针对愤怒的前现代情感学"并非讨论"情感学"本身,而是讨论它的不足之处。利用赫伊津哈的发现,斯特恩斯夫妇(甚为感激地)表示,比起现代时期,前现代时期具有"不那么精确"的标准,前现代时期的社会容忍"盛怒"的发生。在表达方式上,那时的愤怒比现代时期更加"直白和外放"。事实上,在前现代时期不存在"普遍的情绪控制"。② 他们接着谈到:"比起19世纪和20世纪,在前现代时期社会中,公开地耍性子闹脾气、频频痛哭和欢天喜地的场面更加多见。按照现代标准来看,前现代时期的成年人在许多方面都像孩子一样放纵自己的脾气,这也是他们很容易和孩子玩在一块的原因之一。"③

不将18世纪中叶以前纳入考量,这一点帮助缩小了情感史学家的研究范围。在《愤怒》中,斯特恩斯夫妇将情感学史的发展划分为三个时期:约1750年至1850年间的百年,这个时期里,无怒家庭(anger-free family)的理想得到了引介;1850年至1920年间"产生了美国人独特的对待愤怒的矛盾心理",同时19世纪的价值观开始"扎根";约1920年到现在,时

---

① Peter N. Stearns, review of Jean Delumeau, *Sin and Fear: The Emergence of a Western Guilt Culture, 13th-18th Centuries*, Eric Nicholson, trans.(New York, 1990), in *Journal of Interdisciplinary History* 23(Summer 1992):156-158. 德吕莫的原书,*Le péché et la peur: La culpabilisation en Occident (XIIIe-XVIIIe siècles)*,于1983年在巴黎出版。

② Stearns and Stearns, *Anger*, 21-23, 25.

③ Stearns and Stearns, *Anger*, 25. 斯特恩斯在28页极为赞许地引用了赫伊津哈的观点。在这个语境下使用"发脾气"(tantrum)这个词是很奇怪的,因为斯特恩斯在《情感学》的826-827页中已经指出,"发脾气"是一项现代的发明。现在还不清楚中世纪人"愿意和孩子们玩游戏"的缘由是什么,但 Philippe Ariès, *Centuries of Childhood*, Robert Baldick, trans.(New York, 1962):50, 71, 90一书中或有体现。

代显示出了对于愤怒的普遍谴责，（讽刺的是）其唯一的发泄渠道局限于家庭内部。① 在《一部情感史》（*An Emotional History*）中，情感史的时期也被划分为三个阶段："在 1800 年左右和 1920 年左右发生了一些变化。"② 这是一个范围很小的时间段。情感学被标榜为理解历史中的情感这一过程的"助推器"；事实上，它从实质上推动了创造情感学的时期。③（在斯特恩斯夫妇看来）从人的情感生活不再幼稚和剧烈的那个时刻开始，人们开始受到制约。

斯特恩斯派或赫伊津哈派对于前现代时期图景的描摹，很大程度上采用了诺贝特·埃利亚斯和他学生们的作品。④ 埃利亚斯在英国作为纳粹难民生活时，用德文创作了《文明的进程》（*The Civilizing Process*），这本书在 1939 年首次出版时影响甚微。但是到它 1968 年重新出版、并在 20 世纪 70 年代翻译成英文和法文时，就成了一个极具影响力的文本。⑤ 埃利亚斯透过弗洛伊德的视角来看待赫伊津哈笔下那个天真的中世纪：

[中世纪的]人们是狂野的、残忍的、易怒的、耽于享乐的。他

---

① Stearns and Stearns, *Anger*, 11. 他们的结论就是在这一篇中被总结出来的。

② Stearns and Lewis, *Emotional History*, 6. 编辑们实际上称他们为"双周期"（dual periodization），但这取决于那个前面的、大体上未定义的前现代时期。

③ Stearns and Lewis, *Emotional History*, 7. "通过缩小历史学家的任务范围并精确地定义它，斯特恩斯夫妇给这个新领域（即情感研究）提供了一个重要的推动力。"斯特恩斯把情绪论局限于中产阶级的范围内，而并非所有的历史学家都严格对待这一点。例如，Kari Konkola 认为，她对 17 世纪英国神职人员的著作中情感和罪恶关系的研究也是情感学史上的一部分。诚然，她只研究了"名家著述"。但是，在 17 世纪的语境下，"名家"意味着什么呢？什么阶级才是有文化的？参见 Konkola, "Psychology of Emotions as Theology: The Meaning and Control of Sin in Early Modern English Religion,"（Ph. D dissertation, University of Wisconsin, Madison, 1994）: esp. 13-16。

④ 如要比较费弗尔和埃利亚斯的观点，参见 André Burguière, "La notion de 'mentalités' chez Marc Bloch et Lucien Febvre: Deux conceptions, deux filiations," *Revue de synthèse*, 3d ser., 111-112（July-December 1983）: 333-348。

⑤ 关于解释埃利亚斯观点的书目，可见 Gerd Schwerhoff, "Zivilisationsprozeß und Geschichtswissenschaft: Norbert Elias' Forschungsparadigma in historischer Sicht," *Historische Zeitschrift* 266（June 1998）: 561-606。

们能承受得起这些。在他们的处境中，没有什么能迫使他们克制自己。在当时的条件下，他们不太会被迫发展出所谓严格而稳定的超我：超我须是一种产生于他人的依赖和强迫，后被转化为自我约束的机能。①

埃利亚斯所说的"人们"，是精英、战士、常常血洒疆场和参与掠夺搜刮的人。没有国家来约束他们的话，他们可以肆意妄为。一个例外是在尊贵的领主们的宫廷里（埃利亚斯此处想到的是 12 世纪以降），在"受限的宫廷圈子里，尤其是在女士在场的情况下，和平的行为模式变成必需品"。②"文明的进程"起始于朝臣的心理，他们在王公贵族的宫廷里娱乐、治国、受教。"约束"和"克己"导致了"需求的转变"，并在上流女性的爱中变得温和。③

然而，只有在近代国家的专制宫廷里，这种新的行为模式和情感风格才变得强制化和普遍化。国家，而应非"女性"，完结了武士与骑士的统治。国家垄断了税收和军队，这两者是权力的两大支柱。国家接管了诸多复杂的社会机构。为了加入这个无所不包的结构，人们被迫"调整自己的行为（包括情绪表达）以与他人的行为相一致"。④（事实上，即使没有国家的出现，社会协调、相互依存和管理控制几方面的加强也需要个人的自我约束。⑤）

---

① Norbert Elias, *The Civilizing Process*, 2 vols. in 1: *The History of Manners and State Formation*, Edmund Jephcott, trans.（Oxford, 1994）: 319.

② Elias, *Civilizing Process*, 324.

③ Elias, *Civilizing Process*, 327.

④ Elias, *Civilizing Process*, 445.

⑤ Elias, *Civilizing Process*, 93—95. 对于战后时期出现"或多或少自发的自我监督"有所下降的反对意见，埃利亚斯和他的学生阐述了"非正式化"的概念，它假设"放松约束和行为准则与'更紧密的欲望'密切相关，同时将后者包含其中。"参见 Cas Wouters, "Informalisation and the Civilising Process," in *Human Figurations: Essays for Norbert Elias*, Peter R. Gleichmann, Johan Goudsblom, and Hermann Korte, eds.（Amsterdam, 1977）, quote at 442。

埃利亚斯的构想很吸引人。它为后续调整留出了空间，并解释了这一点。此外，它欢迎情感学和其他学科对约束的探索，因为所有这些都是文明进程的一部分。① 历史学家们在埃利亚斯的基础之上，构建了情感的"宏大叙事"，这正是本文试图讨论的问题。

简单地说，宏大叙事是这样的：西方的历史是日益克制的情感的历史。希腊和罗马时期遭到了忽略：难道荷马没有歌颂过愤怒的甜头吗？② 中世纪有一种孩童式的情感生活：纯洁、剧烈、公开、毫无羞耻，现代（有各种定义）带来了自律、管控和抑制。③

---

① 对于不属于情感学的新约束，例见 Abram de Swaan, "The Politics of Agoraphobia: On Changes in Emotional and Relational Management," *Theory and Society* 10（May 1981）: 359-385, 文章提到19世纪"广场恐惧症"（agoraphobia）的发展，其时它曾为了公共秩序，作为正式城市法律的内在化被颁布。对男子气概的研究通常也与埃利亚斯的看法一致，特别是当他们追踪到从蛮力的特权到19世纪末出现的"更温和、更驯化的男人"这一条轨迹时。参见 Pieter Spierenburg, "Masculinity, Violence, and Honor: An Introduction," in *Men and Violence: Gender, Honor, and Rituals in Modern Europe and America*, Spierenburg, ed.（Columbus, Ohio, 1998）: 6。Karen Lystra, *Searching the Heart: Women, Men, and Romantic Love in Nineteenth-Century America*（New York, 1989）: 21, 文章认为，在19世纪的情书里，男性与女性相同，都注重"忠实、开放、真切的（情感）表达"，这在她看来（第8页），"促成了美国式的个人主义。"参见 n. 40 以下其他有关男子气概的研究。

② 例如，Stearns and Stearns, *Anger*, 7 and 21。研究古代的学者有一些更为精微的方式。最近一些关于古代情感的书目包括 Carlin A. Barton, *The Sorrows of the Ancient Romans: The Gladiator and the Monster*（Princeton, N.J., 1993）；Edward Champlin, *Final Judgments: Duty and Emotion in Roman Wills, 200 B.C-A.D. 250*（Berkeley, Calif., 1991）；*The Emotions in Hellenistic Philosophy*, Juha Sihvola and Troels Engberg-Pedersen, eds.（Dordrecht, 1998）；Martha C. Nussbaum, *The Therapy of Desire: Theory and Practice in Hellenistic Ethics*（Princeton, 1994）；*The Passions in Roman Thought and Literature*, Susanna Morton Braund and Christopher Gill, eds.（Cambridge, 1997）。但 William V. Harris, *Restraining Rage: The Ideology of Anger Control in Classical Antiquity*（Cambridge, Mass., 2001）的书中认为情感促成了中世纪的分裂，情绪控制存在于古代世界，然后又在16世纪重现。"在我看来……[埃利亚斯]描述了一个真实的历史过程，但描述得片面而不准确……这里提到的是，这一过程在古典世界里有一个重要的前身。"

③ 与历史学家的宏大叙事相对应的，是近代早期哲学家将心灵与身体、理性与情感分离的错误观点，因此现代哲学代表了这种两分法的成功弥合。反驳这种观点的有 Susan James, *Passion and Action: The Emotions in Seventeenth-Century Philosophy*（Oxford, 1997），她在17-18页进行了有条理的论述。

接受这一范式的不仅仅有历史学家：事实上，它是20世纪所有伟大的理论家都提倡的叙述方式。马克斯·韦伯认为，现代主义和国家带来了官僚主义，这反过来又促进了"'理智的求实性'（rational matter-of-factness）的发展与专家这一人格类型"。① 加尔文主义者强调选举的证据，这导向了一种"系统性的自控"（systematic self-control），这是现代资本主义精神的宗教基础。② 在弗洛伊德那里，"文明"的确是现代欧洲文明的代名词。电话、飞机、公园和对清洁的执着，这些文明的表征"被建立在放弃享乐本能的基础上"。在被神话化的"过去"里，有着更自由的空间。这里的"过去"不一定要是中世纪，但肯定不是现代。③ 福柯关于古代性学的著作摧毁了希腊时期享乐主义的神话，而即使是在他看来，中世纪之后大量涌现的这些规章，注定是要督促、审视、分析和控制人的身体和性的。④

现代史学家大多将中世纪作为现代性的陪衬，所以他们很容易就接受了宏大叙事。⑤ 现在我们快速地转换一下地域。在美国，现代情感史研究

---

① Max Weber, *From Max Weber: Essays in Sociology*, Hans H. Gerth and C. Wright Mills, eds. and trans.（New York, 1958）: 240.

② Max Weber, *The Protestant Ethic and the Spirit of Capitalism*, Talcott Parsons, trans.（New York, 1958）: 115。有关虔敬派（与加尔文派相悖）的"情感主义"的讨论，参见第138页。

③ Sigmund Freud, *Civilization and Its Discontents*, Joan Riviere, trans.（London, 1955）: 63.

④ Michel Foucault, *The History of Sexuality*, Vol. 1: *An Introduction*, Robert Hurley, trans.（New York, 1978）; Foucault, *Discipline and Punish: The Birth of the Prison*, Alan Sheridan, trans.（New York, 1979）.另一方面，Foucault, *The History of Sexuality*, Vol. 2: *The Use of Pleasure*, Robert Hurley, trans.（New York, 1985）, and Vol. 3: *The Care of the Self*, Robert Hurley, trans.（New York, 1986）显示出了在古代世界里，在性的规范下的约束、控制和工作标准。

⑤ 人类学家在"原始社会"概念中构建了一个类似的陪衬物，参见 Adam Kuper, *The Invention of Primitive Society: Transformations of an Illusion*（London, 1988），其表明：从一开始，在创造"原始"神话上，像 Henry Maine 和 N. D. Fustel de Coulanges 这样的法律史学家和民族学家 E. B. Tylor 和 Lewis Henry Morgan 发挥了同样的作用。Kuper 专注于原始血缘关系的概念，但"原始精神"（primitive mind）的观念也并不落后；参见 Charles R. Aldrich, *The Primitive Mind and Modern Civilization*（London, 1931），他特别强调恐惧是原始社会的主要情感（与年鉴学派的一些观点相似。参见下文，n. 46）；除此之外还有 Franz Boas, *The Mind of Primitive Man*, rev. edn.（New York, 1938）, chap. 2。

往往分为两大类：一类是有关"情感家庭"形成的研究，另一类是对"荣誉制"社会的研究——如美国的南方社会和欧洲的地中海文化。①

研究情感家庭的历史学家普遍认为，在中世纪和近代早期，家庭是冷酷和无爱的；一直要到18世纪，有爱的家庭才出现。没有感情的家庭这一概念与中世纪情绪过度的观点并不矛盾，因为情感家庭内的爱应是平和的、克制的、坚定的。这样看来，前现代家庭充其量是一个进行繁育的社会机构，最坏的情况是一个爆发暴力行为的剧场。相比之下，现代家庭是有

图6.1 乔托《耶稣的诞生》（1304年—1313年）的局部。现存于意大利帕多瓦的斯克洛文尼礼拜堂。在中世纪晚期，像乔托这样的艺术家们通过增加家庭化细节，将基督的一生和死亡的故事人性化，这在这幅图中的诠释就是母亲与孩子之间温柔的目光。（承蒙 Fratelli Alinari 博物馆与纽约 Art Resource 档案馆惠允使用）

---

① 主要的例外是彼得·斯特恩斯（在前文中业已讨论）和威廉·雷迪（在下文中讨论）。我把关注浪漫主义的研究放在一边（浪漫主义根据定义来说可称为对情感的关注），例如 Richard Brantley, *Coordinates of Anglo-American Romanticism: Wesley, Edwards, Carlyle, and Emerson*（Gainesville, Fla., 1993）。对于非西方文明中的情感研究才刚刚开始：参见 *Emotions in Asian Thought: A Dialogue in Comparative Philosophy*, Joel Marks and Roger T. Ames, eds.（New York, 1995）；David R. Matsumoto, *Unmasking Japan: Myths and Realities about the Emotions of the Japanese*（Stanford, Calif., 1996）；Norman Kutcher, *Mourning in Late Imperial China: Filial Piety and the State*（New York, 1999）。

情的。①

无论欧洲南部还是美国南方，都给情感史以启迪。爱德华·缪尔（Edward Muir）的《热血狂怒》（Mad Blood Stirring）是埃利亚斯范式下一个精妙的例子。缪尔研究了一群不安分的意大利贵族，他们为了维护荣誉，似乎一直处在无止境的复仇中。缪尔认为，在这些贵族们学会隐忍怒气、成为有教养的廷臣之时，"情感史上最伟大的转变之一"发生了。② 同样，莫琳·弗林（Maureen Flynn）有关早期西班牙文化中的愤怒的著作，也援引了安娜·弗洛伊德（Anna Freud）对游戏中的儿童的研究，来解释16世纪亵渎神明的目的。她把神职人员的"考察、忏悔、赦罪"等视为"'文

---

① 对于无爱家庭的研究，参见 Edward Shorter, *The Making of the Modem Family*（New York, 1975）；Lawrence Stone, *The Family, Sex and Marriage in England, 1500-1800*（London, 1977）。这些研究的鼻祖是 Ariès, *Centuries of Childhood*。关于文学的调查，参见 Tamara K. Hareven, "The History of the Family and the Complexity of Social Change," *AHR* 96（February 1991）: 95-124。早先的一个例外案例是 *Interest and Emotion: Essays on the Study of Family and Kinship*, Hans Medick and David Warren Sabean, eds.（Cambridge, 1984），在这一篇里，编辑们认为，"不谈论情动"并不意味着不存在情动。这本书里的文章共同认为，物质计算和情感总是交织在一起的。晚近一些，Louis Haas, *The Renaissance Man and His Children: Childbirth and Early Childhood in Florence 1300-1600*（New York, 1998）: 2, 讨论了文艺复兴时期父亲和孩子之间"亲密的情感纽带"，但这只是推前了情感化家庭的出现时间，而没有从理论上质疑这一概念。类似地，Steven Ozment, *Ancestors: The Loving Family in Old Europe*（Cambridge, Mass., 2001），通过认为在 12 世纪时"转折点……（出现）在儿童的治疗中"（58 页）反对了 Shorter 和 Stone 的观点；大约 1500 年，情感化家庭大量出现。但仅在过去的十年里，中世纪主义者有效地反驳了进步主义者的观点，认为他们的论述经过修订仍然成立。最近的两篇评论文章涵盖了相关证据并引用了相关的参考书目：Pauline Stafford, "Parents and Children in the Early Middle Ages," *Early Medieval Europe* 10（2001）: 257-271; Barbara A. Hanawalt, "Medievalists and the Study of Childhood," *Speculum* 77（April 2002）: 440-460。

② Edward Muir, *Mad Blood Stirring: Vendetta and Factions in Friuli during the Renaissance*（Baltimore, 1993），xxvi. 亦可参见 Muir, "The Double Binds of Manly Revenge in Renaissance Italy," in *Gender Rhetorics: Postures of Dominance and Submission in History*, Richard C. Trexler, ed.（Binghamton, N.Y., 1994）: 65-82。缪尔认为从复仇转向决斗这个过程是文明演进的证据，因为决斗是以规则为基础的。但 Thomas W. Gallant, "Honor, Masculinity, and Ritual Knife Fighting in Nineteenth-Century Greece," *AHR* 105（April 2000）: 358-382, 却认为，尽管希腊下层阶级的决斗也有所记载，但只有当он们放弃决斗、通过法庭诉讼解决时，"文明"一词才会在记载中出现。尽管他们将"文明"一词置于自我约束进程的不同节点上，但这两种观点都遵循了埃利亚斯的看法。关于地中海世界情感生活的其他研究，参见 Gallan 文章中精妙且新近的参考文献。

明进程'的一部分"。①

联系美国南方来看，情感史倾向于认为南北战争才是"文明化的时刻"。在这种观念里，古老的南方代表"传统社会"。在《南方的荣誉》（*Southern Honor*）中，伯特伦·怀亚特－布朗（Bertram Wyatt-Brown）或许对这种倾向颇为赞同，他将实质上的印第安－欧洲文化的道德准则视为统领古老南方准则的源头。② 怀亚特－布朗并没有在美国南方的风俗是在德国的森林③里发现的这一点上过分纠缠，他认为一种关于荣誉的传统"从欧洲中部和亚洲"传到了南方白人世界，形成了一种特别的文化——重视英勇、家庭和父权。④ 只有到了南北战争，以及随后的世俗化和工业化进

---

① Maureen Flynn, "Blasphemy and the Play of Anger in Sixteenth-Century Spain," *Past and Present*, no. 149（November 1995）: 29–56; Flynn, "Taming Anger's Daughters: New Treatment for Emotional Problems in Renaissance Spain," *Renaissance Quarterly* 51（Autumn 1998）: 864–886, quote on 868.

② Bertram Wyatt-Brown, *Southern Honor: Ethics and Behavior in the Old South*（New York, 1982）: 33. 荣誉通常不包括心理学家列出的情绪，但怀亚特－布朗很恰当地把它与"感觉"联系起来（*Southern Honor*, xi）。对于情感在烘托荣誉中的作用的一些看法，参见 Lila Abu-Lughod, *Veiled Sentiments: Honor and Poetry in a Bedouin Society*（Berkeley, Calif., 1986）; 以及 William Ian Miller, *Humiliation: And Other Essays on Honor, Social Discomfort, and Violence*（Ithaca, N.Y., 1993）, esp. chap. 3.

③ 指德国浪漫主义运动——译者注。

④ 那些格外关注这种"传统"的中世纪者认为，这些传统远比怀亚特－布朗所认为的更加脆弱，在历史进程上也更加随波逐流。"传统"在新的环境下不断地被重建。参见 *Strategies of Distinction: The Construction of Ethnic Communities, 300-800*, Walter Pohl, ed. 及 Helmut Reimitz（Leiden, 1998）的论文; 以及 Patrick J. Geary, *The Myth of Nations: The Medieval Origins of Europe*（Princeton, N.J., 2002）。有关南方的传统或说"前现代"社会，参见 Wyatt-Brown, *Southern Honor*, xii-xvii, 在其中他明确地将他的工作与研究地中海文化的人类学家的工作联系起来。另一方面，怀亚特－布朗认为南方定居者有"凯尔特人"的血统（*Southern Honor*, 36）。将生活在所谓"现代"社区边缘的群体定义为"前现代"，对这种做法的批判，参见 Daniel A. Segal, "'Western Civ' and the Staging of History in American Higher Education," *AHR* 105（June 2000）: 770–805; Edward L. Ayers, *Vengeance and Justice: Crime and Punishment in the Nineteenth-Century American South*（New York, 1984）, 在第 11 页，他指出了暴力和"缺乏约束"两者关系的问题，而在第 20 页，他援引了 Lawrence Stone 的观点，认为"凶残、幼稚和古典史诗时代自控能力的缺乏"显见于英国有产阶级，并延伸到南方人身上。

程之后，荣誉的权威才被扫净。①

从美国史学转向欧洲史学，我们发现情感史植根于年鉴学派的研究路径，并以费弗尔本人为代表；尽管随着时间推移，研究方法得到改进并更加国际化了。总的来说，年鉴学派所反对的是实证主义历史学家仅针对精英的研究，他们把对象放在大众身上。但是，年鉴学派历史学家把观念和情感分离开来，并把情感融入"心态"这个脉络里。年鉴学派把大众描绘成是消极臣服于自身心态的奴隶。②年鉴学派历史学家认为人们自身的心态是受限的、不充分的，使得人们很难了解他们周围的世界。斯图尔特·克拉克（Stuart Clark）对年鉴学派的思考进行了总结："身体和精神上的不安感导致了情感创伤。在充满敌意、无法确知的环境中生存，人迷失在一个无法被准确觉知的世界里，普通人变得严重焦虑，乃至变成精神

---

① 然而，参见伯特伦·怀亚特-布朗最近对《南方的荣誉》进行的后续讨论，专著题为 *The Shaping of Southern Culture: Honor, Grace, and War, 1760s-1890s*（Chapel Hill, N.C., 2001），书中认为南北战争及其余波并没有引起突变。在南方学中，否定埃利亚斯范式的是 Altina L. Waller, *Feud: Hatfield, McCoys, and Social Change in Appalachia, 1860-1900*（Chapel Hill, 1988）。她认为，南北积怨被用来培养一种理念：阿巴拉契亚文化不及资产阶级文化，同时，将山地人统归于野蛮世界，不论这种野蛮是降级的还是光荣的。讽刺的是，这种积怨（至少部分）是由现代主义者制造的，然后被用作阿巴拉契亚文化剧烈变革的论据（233页）。Cynthia Lynn Lyerly, *Methodism and the Southern Mind, 1770-1810*（New York, 1998），认为以方法论为代表，南方亚文化具有其价值。在这里，情绪（尤指34—39页）被认为是一个更大的信仰系统的一部分。

② 关于心态（mentalités）的原始概念及其转变，参见 Burguière, "Notion de 'mentalités'," 333-348，他认为费弗尔的观点侧重于"情感与知识的互动"（344），在史学上远不如布洛赫回避知识分子的做法影响大。在过去的几年里，人们对这种区隔于大众文化的观念进行了批评，参见 Alain Boureau, "Propositions pour une histoire restreinte des mentalités," *Annales: Economies, sociétés, civilisations* 44（November-December 1989）: 1491-1509; Piroska Zombory-Nagy and Véronique Frandon, with David El Kenz and Matthias Grässlin, "Pour une histoire de la souffrance: Expressions, représentations, usages," *Médiévales* 27（Autumn 1994）: 5-14，批评费弗尔从情感到智力活动的"进步"概念；Marcel Gauchet, "L'élargissement de l'objet historique," *Le débat*, no. 103（January-February 1999）: 131-147，（在138页）呼吁重新引入"社会史总体中的高雅文化"。

病性焦虑的受害者。"①

如果说中世纪研究者认同宏大叙事（事实上他们中的很多人都认同），那通常是通过年鉴学派达成的。② 马克·布洛赫（Marc Bloch）在《封建社会》（Feudal Society）中已经展现了一幅这种社会里出现的画面："道德或社会习俗还不需要有教养的人压抑他们的悲伤和狂喜。"③ 让·德吕莫为上述美好增添了恐惧：他认为贯穿14至18世纪的强烈恐惧，其源头是大海、黑夜、陌生人、女人、巫婆、上帝、瘟疫、饥荒、土耳其人、教会分裂与战争。此外，对于德吕莫来说，还有其他的恐惧，这些恐惧直接从教

---

① Stuart Clark, "French Historians and Early Modern Popular Culture," *Past and Present*, no. 100（August 1983）: 62–99, quote at 69. 现在，许多法国历史学家否认心态史的存在并批评它，就像克拉克一样，他们强调稳定的结构和人的被动性。就新历史来说，它强调表现而不是制度，参见 *Les formes de l'expérience: Une autre histoire sociale*, Bernard Lepetit, ed.（Paris, 1995）中的文章，尤其是对旧历史介绍性的批判：Lepetit, "Histoire des pratiques, pratique de l'histoire," 9–22.

② 即使没有接受年鉴学派的观点，多数中世纪文学学者在埃利亚斯范式中也畅行无阻，因为它承认宫廷——文明进程的摇篮之内的优雅情感，从而认同了宫廷的"产物"，即通俗文学，参见 Jeannine Horowitz and Sophia Menache, *L'humour en chaire: Le rire dans l'Eglise médiévale*（Geneva, 1994），它讲述了12世纪戏仿和幽默的"诞生"；而 Charles Baladier, *Erôs au moyen âge: Amour, désir et délectation morose*（Paris, 1999）认为"迟来的爱情"——一种情感克制的理想——几乎是在游吟诗人和经院哲学中同时得到阐述的。然而，这一观点也存在挑战。参见 Bernhard Jussen, "Dolor und Memoria Trauerriten, gemalte Trauer und soziale Ordnungen im späten Mittelalter," in *Memoria als Kultur*, Otto Gerhard Oexle, ed.（Göttingen, 1995）: 207–252. 中世纪通俗文学的情感研究有着悠久的传统，尤其是在德国，例如 Karl Korn, Studien über *"Freude und Trûren" bei mittelhochdeutschen Dichtern: Beiträge zu einer Problemgeschichte*（Leipzig, 1932）. 最近，中世纪早期的拉丁文学受到了一些关注。有两个流派，一个主张早在12世纪以前的文学中已经出现成熟的情感，例如 Peter Dronke, *Medieval Latin and the Rise of European Love-Lyric*, 2 vols. 1965–1966; 2d edn.（Oxford, 1968）；另一个否认上述的可能性，参见 Peter Dinzelbacher, "Liebe im Frühmittelalter: Zur Kritik der Kontinuitätstheorie," in *Konzepte der Liebe im Mittelalter*, Wolfgang Haubrichs, ed.（Göttingen, 1990）: 12–38.

③ Marc Bloch, *Feudal Society*, L. A. Manyon, trans.（Chicago, 1961）: 73. 布洛赫之后是 Paul Rousset, "Recherches sur l'émotivité à l'époque romane," *Cahiers de civilisation médiévale* 2（January-March 1959）: 53–67. 再论布洛赫对于情感的观点，参见 Stephen D. White, "The Politics of Anger," in *Anger's Past: The Social Uses of an Emotion in the Middle Ages*, Barbara H. Rosenwein, ed.（Ithaca, N.Y., 1998）: 127–131; 以及 Jean-Claude Schmitt, "'Façons de sentir et de penser': Un tableau de la civilisation ou une histoire-problème?" in *Marc Bloch aujourd'hui: Histoire comparée et sciences sociales*, Hartmut Atsma and André Burguière, eds.（Paris, 1990）: 407–418.

会的教导中创造出来。它们代表的不是蒙昧头脑的激情，而是修道院情感氛围的转移和拓展。① 对人的约束本是存而不论的，直到天主教托钵会的修士将禁欲弃世的理念传递给了大众。从那以后，开始出现了"欧洲罪感心态"（European guilt mentality）。② 这并不是严格意义上的年鉴学派观点，它更像是一种为近代早期寻找情感学的尝试。它也不严格跟随埃利亚斯的脚步，因为是教会、而不是国家，才是德吕莫所认为的"文明者"，但这种观点在宏大叙事的框架里也是行得通的。

奥地利的彼得·丁泽巴赫（Peter Dinzelbacher）也提出了类似的观点。③ 他提出，中世纪晚期的教会知道可以如何唤醒"中世纪人想象的恐惧和希望"来为他们所用，尽管这肯定是真挚的。丁泽巴赫也谈到了更早一点的时期，即中世纪早期的社会，他形容那时的社会是为了战争而组织起来的，社会上的恐惧很快就因基督圣徒的到来而得到抚慰。总的来说，这是一个很艰难和非情绪化的时期。除了在修道院里，人不会吐露心声。情感史学家几乎不用考虑这个问题。随着 12 世纪的到来，人们的心境发

---

① Delumeau, *Sin and Fear*, 21. 德吕莫表明修道院之内的约束很容易适应于宏大叙事，因为修道院被认为是一个精英机构，从本质上说，它与世界是隔绝的。从这个意义上讲，对中世纪僧侣情感的大量研究并没有与宏大叙事相冲突。众多例子中的一个便是 Gerhard Schimitz, "quod rident homines, plorandum est: Der 'Unwert' des Lachens in monastisch geprägten Vorstellungen der Spätantike und des frühen Mittelalters," in *Stadtverfassung, Verfassungsstaat, Pressepolitik: Festschrift für Eberhard Naujoks*, Franz Quarthal and Wilfried Setzler, eds.（Sigmaringen, 1980）: 3-15。但最近的研究表明，僧侣，甚至是中世纪早期的僧侣，并不是孤立于俗世，事实上，他们的关系是密切的。关于参考书目，参见 Barbara H. Rosenwein, "Property Transfers and the Church, Eighth to Eleventh Centuries: An Overview," in *Les transferts patrimoniaux en Europe occidentale, VIIIe-Xe siècle*（I）; *Actes de la table ronde de Rome*, 6-8; *Mélanges de l'Ecole française de Rome, Moyen Age* 111, pt. 2（1999）: 563-575。僧侣式的情感风格似乎与同时存在的情感风格有一定的关系，尽管这还有待于确切的观察。

② Delumeau, *Sin and Fear*, 240.

③ Peter Dinzelbacher, *Angst im Mittelalter: Teufels, Todes und Gotteserfahrung; Mentalitätsgeschichte und Ikonographie*（Paderborn, 1996）。丁泽巴赫坚持认为他与德吕莫的不同在于他专注于宗教恐惧，但他们之间的这个差别相对微妙。两者之间更大的差别在于，丁泽巴赫是在图像资源的使用上而非在主题上与德吕莫不同。同一类型下的另一项研究是 Piero Camporesi, *La casa dell'eternità*（Milan, 1987），英文则是 *The Fear of Hell: Images of Damnation and Salvation in Early Modern Europe*, Lucinda Byatt, trans.（University Park, Pa., 1991）。

生了变化。外部威胁的结束和社会生活中全新的复杂性导致了"文明进程"的到来和超我的形成。① 人们对内在的自我产生了温柔的感情和新的尝试探索；同时，"令人惊讶的是，情感生活的阴暗面清晰地进入人们的意识，仇恨和焦虑被越来越多地投射到尘世的魔鬼（异教徒和犹太人）和超自然的魔鬼（恶魔）身上！"②

德吕莫和丁泽巴赫的长处在于他们惊人的信息来源广度、他们可怕而醒目的意象之奇妙，以及他们对暴力和恐怖主题非凡的并置。但是，他们直接从可怕的根源跳到真正的恐惧，这种做法是正确的吗？③ 12 世纪时，圣伯纳德（St. Bernard）谈到了雕塑怪物带来的娱乐和乐趣；20 世纪时，卡罗尔·克洛弗（Carol Clover）指出了杀人狂电影的观众受到的多重影响。④ 德吕莫和丁泽巴赫明确地告诉我们，情感历史学家需要关注接受理论及其变体，即需要考虑到意义的本土语境。⑤

---

① Dinzelbacher, *Angst*, 94, 引用了埃利亚斯的观点并表示认同。

② Dinzelbacher, *Angst*, 93. 关于这些方面的更多内容，特别是在中世纪盛期时爱的迸发的事迹，参见 Peter Dinzelbacher, "Gefühl und Gesellschaft im Mittelalter: Vorschläge zu einer emotionsgeschichtlichen Darstellung des hochmittelalterlichen Umbruchs," in *Höfische Literatur, Hofgesellschaft, höfische Lebensformen um 1200*, Gert Kaiser and Jan-Dirk Müller, eds.（Düsseldorf, 1986）: 213–241. 同样，关于中世纪早期缺乏"真爱"的观点，参见 Dinzelbacher, "Liebe im Frühmittelalter"。

③ 在书中尖锐地提出同样问题的，见 *Fear in Early Modern Society*, William G. Naphy and Penny Roberts, eds.（Manchester, 1997），他把天灾——比如低地国家的洪水和法国的大火——作为恐惧的直接来源，而不去怀疑天灾唤起的不同情感的存在（有些人不动感情地处理灾害，类似于克服障碍一样）。*Fear and Its Representations in the Middle Ages and Renaissance*, Anne Scott and Cynthia Kosso, eds.（Turnhout, 2002），这本书是在本文付印时出现的。

④ Bernard, *Apologia* 12.29, in *Sancti Bernardi Opera*, Vol.3: *Tractatus et opuscula*, Jean Leclercq and H. M. Rochais, eds.（Rome, 1963）: 106; Carol J. Clover, *Men, Women and Chain Saws: Gender in the Modern Horror Film*（Princeton, N.J., 1992）。

⑤ 关于接受理论的概述，其中也包括对"读者反应"批评中一些重要工作的评估，参见 Robert C. Holub, *Reception Theory: A Critical Introduction*（London, 1984）。批判中的经典之作是 Hans Robert Jauss, *Aesthetic Experience and Literary Hermeneutics*, Michael Shaw, trans.（Minneapolis, 1982），在 153–160 页，Jauss 讨论了审美经验中包含的情感反应的范围。Lorraine Daston and Katherine Park, *Wonders and the Order of Nature*（New York, 1998）: 1150–1750, 表明有时恐怖会导致惊奇和欲望，而不是恐惧。

C. 史蒂芬·耶格（C. Stephen Jaeger），一位美国的中世纪研究者。并不属于年鉴学派的他，代表着一种支持宏大叙事的不同类型。在不质疑文明进程这个概念的情况下，耶格想把埃利亚斯的年表往前推。在《礼貌的起源：文明化的趋势和宫廷理想的形成，939 年—1210 年》(*The Origins of Courtliness: Civilizing Trends and the Formation of Courtly Ideals, 939-1210*) 中，他认为文明化的进程始于 10 世纪德国奥托家族的国王们，而非 12 世纪的领主们。文明应从"教育制度及其课程"中发展而来，它是由那些"渴望文明开化"的人在社会条件需要之前就建立起来的。① 在耶格的《圣洁的爱情》(*Ennobling Love*) 中，这种约束变得更早了：在加洛林王朝时期，看似描写同性恋的诗歌实际上表达了一种滥俗的精神友谊。②《圣洁的爱情》，表面上仍然在埃利亚斯程式的框架内，但把这个框架延伸到了临界点。如果文明化进程不与现代性和国家形成联系在一起，即便情感表达在 9 世纪时已经受到限制，宏大叙事在本质上对于它的追随者来说也还是站不住脚的。

宏大叙事有着明确的理论基础。宏大叙事在阐释情感上是一种重要的模型，它在赫伊津哈、费弗尔、布洛赫和埃利亚斯写作的时代非常盛行，到了我们今天对情感的理解上也同样适用，这体现在我们的语言和流行的

---

① C. Stephen Jaeger, *The Origins of Courtliness: Civilizing Trends and the Formation of Courtly Ideas*, 939-1210（Philadelphia, 1985）: 8-9. 耶格并不是唯一一个推进这一过程（甚至还改变了时间节点）的人，参见 Paul Hyams, "What Did Henry III of England Think in Bed and in French About Kingship and Anger?" in Rosenwein, *Anger's Past*, chap. 5; Lester K. Little, "Anger in Monastic Curses," in *Anger's Past*, chap. 1; and Dilwyn Knox, "Disciplina: The Monastic and Clerical Origins of European Civility," in *Renaissance Society and Culture: Essays in Honor of Eugene F. Rice Jr.*, John Monfasani and Ronald G. Musto, eds.（New York, 1991）: 107-135。

② C. Stephen Jaeger, *Ennobling Love: In Search of a Lost Sensibility*（Philadelphia, 1999）. 在书中，耶格明确地将 12 世纪的宫廷称为文明的摇篮：在第 151 页，他把"宫廷爱情文学的情感"作为"一种见证；此时社会力量尝试着塑造社会形态，把粗线条的战时社会转变成文明社会"。不过，耶格认为，加洛林宫廷中的情欲表达，已经具有了高度控制的、程式化的和不情色的意义。这个观点实际上推迟了宏大叙事的开始时间：因为在加洛林王朝，宫廷里的贵族在训练为战士的同时，也是歌颂贞洁之爱的诗人。

情感观念上。这就是情感的液压原理:情感就像人体内遍布的液体,起伏着、泛着泡、渴望被释放出来。事实上,这种思考模式很大程度上源于中世纪时对待幽默的医学观念。① 但它在达尔文和弗洛伊德写作的时代里,也贴合了当时时兴的能量守恒理论。达尔文和他那个时代的其他科学家一样,假设有一种"神经力量"会在"强烈的感觉中"被解放出来,情感也是神经力量的一种。弗洛伊德谈到,冲动可能会被转移、压抑或升华,但除非给它宣泄的出口,否则它永远不会停止推进。② 这种液压原理的观点,与我们感受到的情感和我们语言中的情感表达相吻合:"他掀桌子了""我无法克服悲

图 6.2 《愤怒的自杀》(12 世纪)。有一种与中世纪修道院关系密切的传统观念,将情感与邪恶等同起来,并将它诠释成失去控制的模样。这些想法被延续到情感的液压原理中。在法国维孜莱的圣玛德兰(Sainte-Madeleine)的这尊罗马式雕塑中,愤怒被人格化为一头恶魔,有着火焰般的头发,嘴巴大张,舌头外吐,在如此疯狂的状态下她(愤怒,拉丁语中的 ira,被性别化地界定为阴性)自杀了。(承蒙 Foto Marburg 图片档案馆和纽约 Art Resource 档案馆惠允使用)

---

① 总结来说,参见 Nancy G. Siraisi, *Medieval and Early Renaissance Medicine: An Introduction to Knowledge and Practice*(Chicago, 1990):104–106;关于中世纪视角的研究,参见 Raymond Klibansky, Erwin Panofsky, and Fritz Saxl, *Saturn and Melancholy: Studies in the History of Natural Philosophy, Religion, and Art*(London, 1964):pt. 1。

② Charles Darwin, *The Expression of the Emotions in Man and Animals*, Paul Ekman, ed.(1872; 3d edn., New York, 1998):74; Sigmund Freud, "Resistance and Repression," in *The Complete Introductory Lectures on Psychoanalysis*, James Strachey, ed. and trans.(New York, 1966):esp. 294–302。

伤""他化悲愤为动力"。① 在这种论述下，当我们的压力越来越大时，必须要以某种方式安定下来。无论是在学院里还是在民间，这个理论认为情感是普遍存在的。如果从液压原理的角度来看待一段历史的话，它就会采用"二进制"的视角，即在社会、超我或个人意志约束的影响下，情感要么是"开"，要么是"关"。宏大叙事的背后就是液压原理观点，核实了它在约束的进程里找到的转折点的正确性。

然而，液压原理学说已经站不住脚了。在20世纪60年代，在科学界的大多数领域，它被两种新的异见理论取而代之。② 在认知科学看来，情感是感知和评价过程的一部分，而不是力量的努力释放。认知心理学家否认情绪是非理性的，他们认为情绪是由对"是祸还是福"的判断所导致的；也就是说，关于某个事物是有利的还是有害的、快乐的还是痛苦的，这是与每个人的感知情况相关的。③ 简单说来，忽略不同理论家的不同侧重点后，情感过程始于判断或"评价"；然后是情感信号（心跳加速，汗水增加）的出现，其中一些信号是能够被意识到的并可以名状的，而有一些则不是；最后是"行为准备"：一个人将会逃跑、攻击、僵住、尝试，或者做一些新的事情。尽管大多数认知心理学家认为，所有人类都有某些"基

---

① 语言学家的研究在这里起着决定性的作用，参见 George Lakoff and Zoltan Kövecses, "The Cognitive Model of Anger Inherent in American English," in *Cultural Models in Language and Thought*, Dorothy Holland and Naomi Quinn, eds.（Cambridge, 1987）; George Lakoff, *Women, Fire, and Dangerous Things: What Categories Reveal About the Mind*（Chicago, 1987）, Case Study 1。

② 为了方便地调查新旧情感理论，参见 Randolph R. Cornelius, *The Science of Emotion: Research and Tradition in the Psychology of Emotions*（Upper Saddle River, N.J., 1996）。

③ 这项开创性的工作的完成，见 Magda B. Arnold, *Emotion and Personality*, 2 vols.（New York, 1960）; 有关现有理论的简短陈述，参见 *The Nature of Emotion: Fundamental Questions*, Paul Ekman and Richard J. Davidson, eds.（New York, 1994）,其中的第5个问题："在认知层面，产生情感最低程度的前提条件是什么？"事实上，在西方哲学中，认知情感理论有着悠久的传统，它从亚里士多德开始，参见 Stephen R. Leighton, "Aristotle and the Emotions," in *Essays on Aristotle's "Rhetoric,"* Amélie Oksenberg Rorty, ed. Berkeley,（Calif., 1996）: 206-237, 然后（与液压原理一起）发展于17世纪（参见 James, *Passion and Action*, esp. 196-207）, 另见 Richard Sorabji, *Emotion and Peace of Mind: From Stoic Agitation to Christian Temptation*（Oxford, 2000）, 讨论了斯多葛主义的观点；另有 Martha C. Nussbaum, *Upheavals of Thought: The Intelligence of Emotions*（Cambridge, 2001）, 提出了一种认为情感具有认知本能的"新斯多葛主义"。

本"情绪，比如恐惧和愤怒几乎人人都有；但很明显，即使在类似的境况下，针对于"是福是祸"的关联物，不同个体也会产生不同看法与大相径庭的情绪。① 人人皆有在身心两方上感知情感的能力，但情感的激发、感受和表达方式却取决于文化规范和个人倾向。

在 20 世纪 70 年代，上述情感学说与另一种反对液压原理的学说——社会建构主义相结合。② 在这个学说看来，情感和情感表现都是由它们所处的社会建构出来的。对"激进"的社会建构主义者来说，"基本"情感是完全不存在的；对"温和"的社会建构主义者（占绝大多数）来说，社会是会偏袒、形塑、鼓励和压抑各种情绪表达的。情感是建立在语言、文化、期望和道德看法之上的，这意味着每种文化都有自己的情感和行为规则；所以，每种文化都会在施加一定约束的同时鼓励一定的表现。在这种并非液压原理的情感观中，不存在"无拘无束"的情感表达：因为情绪并不是需要释放出来的，而是由每种社会、每种文化、每个团体创造出来的。与认知主义者不同的是，社会建构主义者不太关心（有些人甚至否认）情绪产生的内在机制。但尽管在这一点上认知主义者和建构主义者相互冲突，两者都指向了情感史的一条路径：它并不将"约束"作为一个变量，

---

① 有关基本情感，参见 Ekman and Davidson, *Nature of Emotion*, 其中的第 1 个问题："是否存在基本情感？"关于杏仁体和其他大脑"情感"部位的研究在本文中不做讨论。参见 Joseph LeDoux, *The Emotional Brain: The Mysterious Underpinnings of Emotional Life*（New York, 1966）；Antonio R. Damasio, *Descartes' Error: Emotion, Reason, and the Human Brain*（New York, 1994）；以及 Damasio, *The Feeling of What Happens: Body and Emotion in the Making of Consciousness*（New York, 1999）。虽然这些研究表明，大脑对刺激的反应是无意识的，但这并不挑战认知理论的基础，因为大脑的反应就意味着觉知和评价。见 Damasio, *Feeling of What Happens*, 49："情感是一个相当好的指标，它能很好地反映环境对我们的健康有多大帮助，或至少，对我们的头脑有多大帮助。"

② 相关的概述，参见 Rom Harré, ed., *The Social Construction of Emotions*（Oxford, 1986）。尽管最近有一些对它的攻击，例见 Ian Hacking, *The Social Construction of What?*（Cambridge, Mass., 1999），但社会建构主义者的观点仍然是社会科学的主要理论方法。参见近来一次将它与进化心理学（看似对立的）调和起来的尝试：Ron Mallon and Stephen P. Stich, "The Odd Couple: The Compatibility of Social Construction and Evolutionary Psychology," *Philosophy of Science* 67（March 2000）: 133-154。

图 6.3 《艾伯福音》中描绘的圣马太（816 年—835 年）。尽管中世纪早期的艺术家依赖于古代晚期和拜占庭式的模板，但他们也在尝试新的情感表达方式。在这张加洛林王朝时期的手稿中，圣马太俯身注视着他的工作，他睁大着眼睛、提起双眉、长袍呈现之字线条。寒冬的景象里，金色绘成的线条起伏奔涌，与布道者的狂热相呼应。就"行为准备"来说，没有比这幅图像更好的诠释了。（图片出自 Bibliothèque Municipale, Epernay, MS 1, fol. 18v, 承蒙 Foto Marburg 图像档案馆和纽约 Art Resource 档案馆惠允使用）

而是着眼于两个互补的问题：人们（有意识和无意识地）认为什么导致了他们的祸福，以及文化为表达和描述他们的感情提供了怎样的可能性。

一些历史学家已然对这些理论范式的转变了然于心。与社会建构主义进行争论的同时，威廉·雷迪更重要的贡献是引入了"情绪唤醒式"（emotives）这一术语，用来描述情绪被规训和形塑的过程；这不仅是由社会及其期望形成的，也是个人自身在寻求表达那些无法表达的东西，即表达他们的"所感"（feel）。① 尽管雷迪没有这样说，但他的"情绪唤醒式"是被包括在情感学之内的：这里，情感学只为他者设置标准，即建议指南中所说的"你"；而情绪唤醒式是为你、我、他（参与情感互动的所有人）设定了标准。② 因此，雷迪对描述情感的词汇非常

---

① Reddy, *Navigation of Feeling*; Reddy, "Against Constructionism,"; Reddy, "Emotional Liberty: Politics and History in the Anthropology of Emotions," *Cultural Anthropology* 14（May 1999）: 256–288; Reddy, "Sentimentalism and Its Erasure: The Role of Emotions in the Era of the French Revolution," *Journal of Modern History* 72（March 2000）: 109–152.

② Reddy, *Navigation of Feeling*, 103, 他谈及了"情感话语对情感的强大影响"。

关注，因为只有当人们明确表达他们的感受时，他们才能"知道"自己感受到了什么，然后反思新知并获得更多的感受。① 在雷迪笔下，思想史对情感史至关重要，而非与之对立。② 此外，雷迪着迷刻板印象式的史料，其他历史学家可能会拒绝或质疑这些材料，认为它们是"不真诚的"。而在雷迪看来，真诚本身就是被文化形塑的。他认为"官方"的情感表达是有效的；即使不精确，却塑造了个体表达。③

---

① William M. Reddy, *The Invisible Code: Honor and Sentiment in Postrevolutionary France, 1814-1848*（Berkeley, Calif., 1997），书中对一种精英文化进行了探索：在这种文化里，"荣誉"（honor）一词被性别化为男性并被认为是有理性的，与此同时，将其与"多愁善感"（sentimentality）进行对比，而"多愁善感"则与女性和无理的状态相关联。对于男性来说，这种"情感结构"的后果是尽可能地抑制自己的情感，这会"造成日常生活的平淡、乏味和寂寞"（第112页）。在 *Against Constractionism* 一文中，雷迪讨论了一个19世纪法式优雅的案例，人们（不论男女）都用一种精巧的方式来表达情感，即使是当事人也很难领会其意图。在 *Sentimentalism and Its Erasure* 一文中，雷迪认为，启蒙时期到来后，表达情感被理解为表现天生的德行时，情感才得到发展；而在法国大革命之后，"趣味逐渐变成公共行为的指导纲领"（第145页），"多愁善感"又成为了女性化的概念。这一主题延续到了 *Navigation of Feeling* 一文中，雷迪讨论了18世纪乐观主义的有害后果，他认为，这导致了1794年的恐怖统治；然后在一种应激性的反应下，到了19世纪，这种乐观主义被全新的、更加悲观的情绪机制所取代。看上去，雷迪的方法应该有助于打破宏大叙事。但实际上，它并没有起到预期的效果。原因有二：第一，雷迪重视激情超过了重视其时代背景，18世纪本就是一个富有情绪词汇的年代；第二，雷迪对情感机制的重视致使他发展出了"情感自由"（emotional liberty）理论，这种理论推崇的情感管理，欢迎"充分的自我品格的展现"（第331页），超过了其他性格。在这个思路里，中世纪不受到欢迎。（比较117-118页上，雷迪关于殖民地革命前，圣伊莎贝尔城的"暴力"文化的讨论）的确，雷迪明确地采纳了埃利亚斯对西方"文明"进程的观点（第324页）。

② 在雷迪看来，"感伤主义和它的消除"在事实上是一种高层理论，它指引着每一个层次的情感表达。参见 Michael Heyd, *Be Sober and Reasonable: The Critique of Enthusiasm in the Seventeenth and Early Eighteenth Centuries*（Leiden, 1995），书中认为，从宗教现象到个人情感，对于"热情"的批判帮助改变了它的原意。关于情感的"用途"，一种稍显不同的态度可参见 Julie K. Ellison, *Cato's Tears and the Making of Anglo-American Emotion*（Chicago, 1999），它展示了在美国，情感如何成为一种政治制度，并被用来重启平等与不平等问题的谈判。

③ 对于雷迪来说，所有的情感都是"工具性的"。但即使不能完全认同他，仍然可以认识到，即使是看似最私人的日记，也只能提供给我们主人公情感生活的模糊印象。我们并不能确切地知道（通常日记作者也无法确定）日记中表达的感情是俗套的、理想化的、操纵性的还是真实地感受到的。这正是精神科专家和人类学家与活生生的人交谈时所面临的问题。从事超越宏大叙事的情感史研究，需要仔细关注语言、社会和政治背景；不过无论如何，这些都是历史学方法论中的一部分。

像雷迪一样认真对待新范式的中世纪研究者们展现了对语言表达的兴趣，但比起前者，他们更关注姿态问题。中世纪情感词汇的储备是不可忽视的，但它仍不能同诸如18世纪法国人所用的语料库相比。① 然而，情感姿态却在许多中世纪的史料上都有呈现，如年表、诗歌、凭证和法律文件上。英美法律史学家创造了一条重要的中世纪情感研究路线，他们认真审视史料中例如"圣怒"（royal wrath）和"爱之日"（love days）（在此期间人们不经法庭进行调解）的表现。② 这一种历史编纂学为情感学提供的帮助是，表明不仅在创设法律和政治体系中情感会发挥作用，甚至还会操纵和（有时）绕过这些体系。

从另一个方向来看这些史料，比如从团体的仪式和机构来看，德国的中世纪研究者格尔德·阿尔瑟夫（Gerd Althoff）完全改变了赫伊津哈笔下稚气、直接、毫无羞耻的中世纪情感图景。对于阿尔瑟夫来说，中世纪的激烈和直接是一种纯粹的政治，或者更确切地说，是权力被表达、理解和操纵的媒介。情感是用来传递信息的。在某些特定情境下的某些人群中，某些情绪在某些时间是适当的。情感的使用（或说"表现"）可以告诉敌人和平的可能性，能够提醒朋友持久友情的可能性。③ 强烈的情感暗示着

---

① 关于中世纪中期情感词汇的范围，参见 White, "Politics of Anger," 132-135。

② 这些研究的先导是 J. E. A. Jolliffe, *Angevin Kingship*（London, 1955），他显然不需要认知理论家向他揭示：情绪可能是强硬政治策略的一部分。在这一研究传统下，新近的研究有 Fredric L. Cheyette, "Suum cuique tribuere," *French Historical Studies* 6（Spring 1970）: 287-99; Michael Clanchy, "Law and Love in the Middle Ages," *Disputes and Settlements: Law and Human Relations in the West*, John Bossy, ed.（Cambridge 1983）; White, "Politics of Anger,"; Richard E. Barton, "'Zealous Anger' and the Renegotiation of Aristocratic Relationships in Eleventh- and Twelfth-Century France," in Rosenwein, *Anger's Past*, chap. 7; Robert Bartlett, "*Mortal Enmities*": *The Legal Aspect of Hostility in the Middle Ages*（Aberystwyth, 1998）; Daniel Lord Smail, "Hatred as a Social Institution in Late-Medieval Society," *Speculum* 76（January 2001）: 90-126; Paul Hyams, *Rancor and Reconciliation in Medieval England*（Ithaca, N.Y., forthcoming）。将这种英美史学的研究传统进行挖掘、应用和扩大的，见 Claude Gauvard, "*De grace especial*": *Crime, état etsociété en France à la fin du Moyen Age*, 2 vols.（Paris, 1991）。

③ 在这一点上，阿尔瑟夫比达尔文主义者显示出了更少的社会建构主义倾向，在达尔文主义者看来，某些面部表情是世界通行的情感表征。这个"普遍化"理论的最新成果，参见 Paul Ekman, "Expression and the Nature of Emotion," in *Approaches to Emotion*, Klaus R. Scherer and Paul Ekman, eds.（Hillsdale, N.J., 1984）: chap. 15 中的结论部分。

第 6 章 忧心历史里的情感问题   147

图 6.4 《大卫的生活》即景，出自《温切斯特圣经》的一页（约 1180 年）。在左上角，扫罗王和他的军队为迎击非利士人而"列阵"；这时，年轻的大卫则用弹弓向敌人的卫士——巨人歌利亚投石，歌利亚的形象大得超出了画框 [1 Kings（1 Sam.）17:21, 17:49]。右上角的下一个场景中，在非利士人逃窜时，大卫夺过歌利亚的剑割下了他的头颅（17:51）。在画的中层的左边，大卫在弹竖琴，而扫罗对大卫名声在外感到愤怒，他手里拿着长矛想刺向大卫却不得（18:9-10, 19:9-10）。在图像中层的右边，撒母耳在教友们簇拥下给大卫傅油（16:30）。最下面一层的场景讲述了大卫哀悼逆子押沙龙的故事。在图画的左边，押沙龙被树卡住，约押用长矛刺入了他的身体 [2 Kings（2 Sam.）18:9, 18:14]。在图画的最右边，大卫正在哭泣 [2 Kings（2 Sam.）18:33, 19:1]。不像约翰·赫伊津哈在他的中世纪编年史中用"兴奋"来描绘中世纪的情感生活，大多数的中世纪艺术，正如这个例子所显示的，在情感表达上是非常克制的。扫罗的愤怒表现在他头部不自然的倾斜上；至于大卫的哀悼姿态，通过用斗篷遮挡眼睛来表示悲伤，这在古典时期已经采用了。（承蒙纽约 Pierpont Morgan 图书馆惠允使用）

坚定的决心：一个人越想要坚持某件事，（用阿尔瑟夫的话来说）"他公开展现的反应和情感越强烈"。① 在阿尔瑟夫看来，情绪具有社会功能，并遵循社会规则。

这些在编纂中世纪历史时提出的倡议，是对单一的"稚气的中世纪"观点的改进。他们认为中世纪的情感值得研究，不要轻视它们，并要认识到它们形成时的局限。② 但不管是出自皇权还是出自法律，两者都是与权力问题密切相关的。然而，如果情绪是我们（真实、连续）的日常生活中判断祸福的一部分，那么它们一定像高阶政治一样，也是亲密的家庭组织的一部分。总的来说，情感是我们管理社会生活的工具之一。

---

① Gerd Althoff, "Empörung, Tränen, Zerknirschung: 'Emotionen' in der öffentlichen Kommunikation des Mittelalters," *Frühmittelalterliche Studien* 30（1996）: 60–79, quote at 67. 也可参见 Althoff, "Ira Regis: Prolegomena to a History of Royal Anger," in Rosenwein, *Anger's Past*, chap. 5; Althoff, "Demonstration und Inszenierung: Spielregeln der Kommunikation in mittelalterlicher Öffentlichkeit," *Frühmittelalterliche Studien* 27（1993）: 27–50。不同于 Althoff，Ruth Schmidt Wiegand, "Gebärdensprache im mittelalterlichen Recht," *Frühmittelalterliche Studien* 16（1982）: 363–379, 认为（第 365 页）在自发的姿态，比如笑和哭，和平日的姿态之间存在区隔。关于姿态和情感，也可参见 Moshe Barasch, *Gestures of Despair in Medieval and Early Renaissance Art*（New York, 1976）; Barasch, *Giotto and the Language of Gesture*（Cambridge, 1987）; Jean-Claude Schmitt, *La raison des gestes dans l'Occident médiéval*（Paris, 1990）; Martin J. Schubert, *Zur Theorie des Gebarens im Mittelalter: Analyse von nichtsprachlicher Äußerung in mittelhochdeutscher Epik*; Rolandslied, *Eneasroman, Tristan*（Cologne, 1991）。

② 威廉·伊恩·米勒（William Ian Miller）可以称得上是一位中世纪研究家。米勒通过诗歌来理解冰岛人的情感，他告诉我们萨迦中那些暴力的、看似冲动的冰岛人，与专制宫廷的朝臣们一样，都已然进行了情绪管理。参见他的 *Bloodtaking and Peacemaking: Feud, Law, and Society in Saga Iceland*（Chicago, 1990）; Miller, *Humiliation*; Miller, *The Anatomy of Disgust*（Cambridge, Mass., 1998）。与骑士文学里的暴戾骑士形象相对，与上文持相似论据的是 Richard W. Kaeuper, "Chivalry and the 'Civilizing Process'," in *Violence in Medieval Society*, Kaeuper, ed.（Woodbridge, Suffolk, 2000）: 21–35。文章在两个方面挑战了埃利亚斯范式，"礼貌"（good manners）兴起的时间点和它在王宫内的起源。Daniela Romagnoli 对行为的记载进行讨论，他将这种记载的起源追溯到 6 世纪，在 12 世纪和 13 世纪时，这类记载大量出现并呈现出多样的形式，这种现象不仅出现在宫廷内，也出现在修道院和城市里。Romagnoli 认为，所有的群体都必须有"对生存来说不可或缺的"规则，但"礼貌"的历史是不连续的和非线性发展的。参见 Romagnoli, "La courtoisie dans la ville: Un modèle complexe," in *La ville et la cour: Des bonnes et des mauvaises manières*, Romagnoli, ed.（Paris, 1995）: chap. 1, quote at 73。

基于上述事实，我提出一种历史学的方法来研究情感，这种方法参考了新的非液压原理理论来解释情绪；它不仅关注权力和政治，还能帮助认识情感生活的复杂性。人们在我称之为"情感社群"(emotional communities) 的里面生活，它与社会群体（家庭、居民区、议会、行会、修道院、教区教堂的成员）几乎相同，但研究人员探索上述群体的目的是发现感觉的体系：这些群体（以及其中的个人）如何定义和评估有效还是有害、他们对他人情感的评价、他们能够发现的人与人之间情动纽带的本质，以及他们表达期望、鼓励、容忍和谴责等情感的方式。①

我进一步提出，人们不断地从一个群体转移到另一个群体之中，比如从酒馆到法庭，在这个过程中调整他们在情感上的表现方式和对祸福的判断（比如有更多还是更少的可能性成功）以适应这些不同的环境。正如林达尔·罗珀所言，"互斥的文化（也可能）出现在同一个人身上"。② 这里需说明两点：不仅每个社会都以不同的方式唤起、形塑、约束和表达情感，即使是在同一个社会里面，也有相互矛盾的价值观和模式，更不用说那些反常的个体了。约翰·鲍尔温（John Baldwin）就注意到了中世纪关

---

① 尽管这听起来可能类似于布莱恩·斯托克（Brian Stock）的"文本社群"[*The Implications of Literacy: Written Language and Models of Interpretation in the Eleventh and Twelfth Centuries* (Princeton, N.J., 1983)]，但"情感社群"这个术语的含义应是更加广阔的。几乎是从定义出发（因为情感通常具有社会和交际的作用），"情感社群"一定是与人利害相关的社会群体的某种表现。在这个问题上进行阐释的 *Emotion in Organizations*, Stephen Fineman, ed.（London, 1993）展现了一类案例：即使是一个工厂，也具有不同的"情感区域"，来激发和管理各种情感。亦可参见 Keith Oatley, *Best Laid Schemes: The Psychology of Emotions*（Cambridge, 1992），在这本书里，情感被认为是人们生活中的关键因素，（尤其是）在人们从一个角色过渡到另一个角色时。Oatley 在对情感的阐释里引入了"半透膜"（semipermeable membrane）这一概念（第356页），认为它把人们的心灵与亲身参与的"外在世界"进行了区隔。与雷迪的"情感庇护所"（emotional refuge）概念不同（定义请参见 *Navigation of Feeling*, 128-129），情感社群的概念并不需要一套由寻求排解的人建立的情感规范。

② Roper, *Oedipus and the Devil*, 119.

于性的话语中的多重声音。① 我建议在情感和表达上，我们要认清找到相似种类并聚合的可能性。

这里我举一个简单的例子来解释中世纪的情感社群。我们对 6 世纪时法兰西王国的认识，主要是来自图尔主教格列高利，他有一套始终如一的情感期许。他为他的代表作《法兰克人史》辩护，因为（他认为）"国王的狂怒"必须被后人所知。② 但事实上，他最情绪化的篇章是关于男人、女人和孩子在危急时刻相互交谈的故事。例如，他告诉我们，当一位名为 Injuriosus 的年轻贵族新婚时，他的新娘整夜都在哭泣。格列高利想象着他们的枕边谈话：年轻的新郎大喊："求求你告诉我是什么让你这样伤心？"新娘转向他，回答说："如果我一生中每天都在哭泣的话，就会有足够的泪水来洗尽我心中无尽的悲伤吗？因为我决心为了基督保持我身体的纯洁，不能被男人玷污。"他们俩一直聊到了凌晨，妻子的眼泪和抱怨终于"感动"了她的丈夫，让他们俩发誓并尽力实现一个贞洁的婚姻生活。③ 问题的关键并非上述时刻是否"真实发生"，而是格列高利想象了一个夫妻之间充满泪水和情感转变的场景。（即使激情不是人们在当下所期待的，那也不能否定它们的重要性。）

类似地，格列高利用充满感情的语言讲述了他自己童年时的生病经历。格列高利写道，他的叔叔亲切地拜访了那个生病的男孩。他的母亲说："我亲爱的儿子，这将是我悲伤的一天，因为你发烧了。"格列高利得

---

① John W. Baldwin, *The Language of Sex: Five Voices From Northern France Around 1200* (Chicago, 1994). 很有可能，即使在同一种文化和同一经历下，人们仍会表现出不同的看法，参见 Renato Rosaldo, *Culture and Truth: The Remaking of Social Analysis*, 2d edn. (Boston, 1993) : 20-21, 文化被描述为"异质化过程"的发生地，而非"自成一体"。

② Gregory of Tours, *Histories*, Bruno Krusch and Wilhelm Levison, eds., *Monumenta Germaniae Historica, Scriptores Rerum Merovingicarum* (hereafter, *MGH SRM*) 1, pt. 1 (Hanover, 1951) (hereafter, Gregory, *Histories*), 1: "regum furor."

③ Gregory, *Histories*, 1.47, 30-31. 有关贞洁婚姻的阐述，参见 Dyan Elliott, *Spiritual Marriage: Sexual Abstinence in Medieval Wedlock* (Princeton, N.J., 1993)。格列高利所描绘的场景似乎是工作里的"情感唤醒式"这一话题的范例。

意地回应他的母亲，从这回答中已然出现潜在的虔诚，但同时也是关切地说道："我请您不要悲伤，还请把我送到圣伊利迪乌斯主教的坟墓里。因为我相信他的美德会为您带来幸福，为我带来健康。"①

在格列高利看来，当一个正常的、"富有同情心"的家庭崩溃时，生气和狂怒，而非爱和幸福才是最终结局。格列高利讲述了西格里克王子的继母的故事。她喜欢身着西格里克亲生母亲的衣服。男孩"非常怨恨"并训斥了她；反过来，她也"被男孩的训斥激怒了"。②

由此看来，家庭显然是一个充满各种情感的地方，当格列高利（在他的想象和表现中）从国内关系转到世界政治时，他的情感期许仍没有发生变化。在格列高利眼里，法兰克人的内战就是家庭矛盾。这就解释了他书写"国王的愤怒"的理由，尽管（仍然）完全有可能使用强权政治的语言来描述法兰克的皇家战争。③ 对于格列高利来说，两个潜在的独立情感社群——家庭生活和战场是融合在一起的。

但是在12世纪的法国，"感召的眼泪"（gift of tears）这一现象是在特定圈子，如在意大利的隐士群体中、在法国的费康、在西多会的修道院里发展起来的；然而，在同一时刻，这一现象在其他的一些地方则被完全否定，尤其是在克吕尼修道院和圣维克多大教堂的教堂学校里。④ 所以说，上述两者就是不同的情感社群。类似地，在中世纪晚期，分娩的妇女可以

---

① Gregory, *Liber Vitae Patrum*, 2.2, Bruno Krusch, ed., *MGH SRM* 1, pt. 2（1885; rpt. edn., Hanover, 1969）: 220.

② Gregory, *Histories*, 3.5, 100–101.

③ 参见 Guy Halsall, "Violence and Society in the Early Medieval West: An Introductory Survey," in *Violence and Society in the Early Medieval West*, Halsall, ed.（London, 1998）: 1–45.

④ Piroska Nagy, *Le don des larmes au MoyenAge*（Paris, 2000）: pts. 3 and 4. 对于宗教教义的研究，例如"感召的眼泪"是否可以纳入情感史的范畴？还是它必须被归入"思想史"中？正如雷迪表明的，把两者分开的做法错误的。实际上，有一派人类学认为"叙事、对话、表演、诗歌和歌曲并非仅是文化分析的文本，而是具有深远影响的社会实践。"参见 *Language and the Politics of Emotion*, Catherine A. Lutz and Lila Abu-Lughod, eds.（Cambridge, 1990）: vii。如果歌曲也能被纳入研究的范畴，那关于眼泪的论文为何不可？无论其来由，对情感的展现和讨论都应是史学这座磨坊里的谷物，因为所有的文本都是社会产物，能够反映某些规范，并且可能对某些群体产生了影响。

因痛苦而尖叫。但是在同一时期，当被描述为圣人的理想女性在忍受疾病的痛苦或折磨时，不仅没有抱怨，甚至会感激，以此作为她们与基督经历了相同痛苦的证明。①

在14世纪，牧师手册里面声称：仇恨是灵魂的癫疾。② 但是在14世纪马赛的居民区中间，人人都知道仇恨是一种可以由家人和朋友来维系和滋养，或者割让和放弃的权利。在马赛居民所代表的情感社群中，仇恨是一种优良且必要的荣誉，是结盟的宣传，甚至是杀人犯被扭送进法庭时的"辩词"。但在此期间，统治马赛的安茹王朝的官员们并没有承认这种仇恨；他们实际上采用了牧师手册的观点，他们没有将暴力行为置于本地的背景下看待，并谴责它的荒谬。权势者群体代表了一个与马赛本土群体截然不同的情感社群。然而，这些官员从一个群体穿梭到另一个群体，他们在本国参与了仇恨文化的进程；而在为他们的安茹王朝领袖编纂记录时，则轻视了同样的文化。

总而言之，中世纪出现过许多情感社群。有些群体认同夸张的表达方式，③ 有些群体看重某些特定的姿态或体征，④ 有些群体以性别化的角度来看待情感。有些情感社群与相近的群体有重合（或者被生活在其中的人认为是重叠的），有些群体里产生了大相径庭的，甚至有时对立的情感结构。最后，当然有必要将这些发现组织成一个连贯的叙述。这个叙述方式不是基于（自我）控制的进步，而是基于群体的相互交流和转换：这些群体持有不同的价值观和思想，实践多样化的社交方式，并对不同的情绪和

---

① Esther Cohen, "The Animated Pain of the Body," *AHR* 105（February 2000）: 61-62. 拉丁语的 dolor, 类似于英语 "pain"，可以指生理和心理上的痛苦。

② 关于下文，参见 Smail, "Hatred as a Social Institution"。

③ 针对赫伊津哈考据的编年史资料，这无疑是一种饶有成效的阐释。作为一种有用的方法，参见 White, "Politics of Anger"。

④ 关于姿态，参见上面的第74条。关于情感的体征，参见关于冰岛人情感的讨论 Miller, *Humiliation*, chap. 3 和 Carolyne Larrington, "The Psychology of Emotion and Study of the Medieval Period," *Early Medieval Europe* 10（2001）: 251-256。

表达方式青眼有加。

在情感研究领域占据主导地位的宏大叙事是站不住脚的：它是基于一种有关情感及其伴随物的错误理论而来的，但有缺陷的是其进化式的自我克制的理念。抛弃液压原理这个视角并不意味着一种新方法必然取而代之：存在大量的问题需要考虑，还有很多行之有效的理论模型具备攻击力，这里面还没有哪一种方法能够适用于所有的时期和各种证据，从而横扫整个领域。新的讲述方式将会在各个历史时期内识别出不同的情感类型、情感社群、情感发泄渠道和情感的抑制方式，并将思考它们是如何以及为何随着时间改变的。

一旦我们开始了这种叙述（有些已经开始了），我们就可以不再忧心历史里的情感，并开始享受它们。

张春田、丁怡君／译　周睿琪／校

第 7 章 早期现代情感与稀缺经济 [1][2]

丹尼尔·M. 格罗斯

我们是从哪里得到的想法，认为情感是有点过剩的，是某种根植于我们天性中的渴望表达的东西？在某种程度上，我认为笛卡尔在《论灵魂的激情》(The Passions of the Soul，1649 年)中提出了还原论的情感心理生理学方法，该方法既可以启发浪漫的表现主义，也可以启发后来的心理学。事实上，这篇文章的一个目的就是简单地回顾一下，我们不仅仅是自然地表达在杏仁体或任何地方产生的情感，而且我们首先被苏格兰启蒙运动的哲学家们称为"社会激情"(social passions)的东西构成了一个表达的主体。但是，与像弗朗西斯·哈奇森(Francis Hutcheson)[3]和亚当·斯密[4]这样大体上乐观的哲学家相反，他们将社会激情固定在所有人都平等享有的道

---

[1] 本文译自 Daniel M. Gross, "Early Modern Emotions and the Economy of Scarcity," *Philosophy and Rhetoric* 34, no. 4（2001）：308-321。感谢作者授予中文版版权。

丹尼尔·M. 格罗斯，现为美国加州大学尔湾分校人文学院教授，研究兴趣包括修辞学的历史与理论、海德格尔与修辞、情感研究、中世纪人文研究等。著有 *The Secret History of Emotion: From Aristotle's Rhetoric to Modern Brain Science*（The University of Chicago Press, 2006）; *Uncomfortable Situations: Emotion Between Science and the Humanities*（Chicago University Press, 2017）等。本文组合亚里士多德的修辞学和霍布斯的理论，勾勒出一种政治经济学的框架，从而回应笛卡尔倾向于还原论的情感研究，解决其中未解答的政治问题。——编者注

[2] 我要感谢盖蒂艺术与人文历史研究所 1998 年—1999 年的研究员，以及 1999 年加州大学洛杉矶分校人文联盟"激情政治"（The Politics of Passion）主题会议的与会者，感谢他们对本文早期版本的有益评论。

[3] Francis Hutcheson, *An Essay on the Nature and Conduct of the Passions and Affections*（London: J. Darby and T. Brown, 1728）.

[4] Adam Smith, *The Theory of Moral Sentiments*（Amherst, New York: Prometheus, 2000）.

德观念上，我认为情感的构成力量来自他们的不平等分配。在接下来的内容中，我主要运用亚里士多德的修辞学和霍布斯的论述勾勒出一个"政治经济学"，其中激情（1）被构成为权力的差异，（2）并且不是由它们的过剩而是由它们的匮乏所制约。尽管我们可能会拒绝亚里士多德和霍布斯所得出的政治结论，但他们对情感的分析使我们能够解决在笛卡尔范式中被中和的重要政治问题。

笛卡尔

如果你很高兴得知阿兹特克文化将激情置于肝脏中，那么这至少与笛卡尔相得益彰："灵魂激情的最终和最接近的原因无非是精神驱使人们情绪激动，这种煽动发生在大脑中部的小腺"，即松果体。笛卡尔在 1649 年为波希米亚的伊丽莎白公主写的关于激情的论文中提出了这样的观点。现在，将其与亚里士多德的修辞学进行比较，例如，愤怒被定义为"由于对自己或接近自己的人毫无理由的显而易见的轻视而导致的报复的欲望，并伴随着痛苦"[1]。对于亚里士多德来说，愤怒可能伴随着身体上的苦恼，就像在深红色脸颊上沸腾的血液一样，但是它的近因是头部中间的小腺体。愤怒是一种深深的社会激情，是由不公正的轻视所激起的，它预设了一个公共舞台，在这个舞台上，社会地位总是受制于表演上的不恰当。

事实上，我们可以通过简单地询问激情是什么，来了解现代欧洲早期的人性修辞。当我们这样做时，我们不仅发现他们的描述不一致，而且还发现被描述为激情的东西似乎是不可通约的。激情是存在于灵魂中的有形的"事物"，还是内心倾向或思想信念？激情是个人表达的问题，还是一个人所表现的本质上的社会性问题？激情是来自我们的内部，还是我们所

---

[1] Aristotle, *On Rhetoric: A Theory of Civic Discourse*, ed. and trans. George A. Kennedy（New York: Oxford University Press, 1991）: 1378a, 31–33. 在下文中简写为 *OR*。

感知到的事物？激情可以被测量和操纵吗？激情的原因受到控制，还是激情因其本性而逃避控制？激情是神圣的、恶性的，还是人类的？我们能否根据其起源状况来区分它们？激情是美德的有利条件，还是敌人的有利条件？激情是必不可少的还是可任意处理的？激情的数量是多少？激情是做什么的？笛卡尔被关于这些问题的无休止的争论激怒了，他抱怨道：

> 我们从祖先那里领受到的科学的缺陷性，没有什么比他们在激情上的书写更清楚不过的了。因为尽管这个问题一直是许多研究的对象，尽管这似乎并不是最困难的一个，但由于每个人都有自己内心的激情经验，所以没有必要从其他地方借用别人的观察，以发现其本性。①

笛卡尔用这一初步的评论将人性呈现为其典型的现代形式：它是一种存在于身体中的东西，受制于描述科学的自明性。笛卡尔认为，我们所知道的一切最好是通过反省建立起来的，我们的感受也是如此。每个人都有"内在"的激情体验，因此没有必要从其他地方借用自己的观察来发现激情的本质。但归根结底，对笛卡尔来说，内省并不是以自传的叙述形式来赋予我们的情感以意义。它不像霍布斯的名言"Nosce te ipsum（拉丁文，即诺西·泰普苏姆，译者注），读你的自我"，这是联邦所要求的人的本性彻底突变的前奏②，也不是精神分析内省的原始形式。相反，这是一个字

---

① René Descartes, *The Philosophical Works of Descartes*, trans. E. Haldane and G. R. T. Ross (Dover: Dover Publications, 1955)：331. 在下文中简写为 *PWD*。欲知更多关于笛卡尔和激情的评论，请参见 Jeffrey Barnouw, "Passions as 'Confused' Perception or Thought in Descartes, Malebranche, and Hutcheson," *Journal of the History of Ideas* 53, no.3（1992）：397–424; Nancy S. Struever, "Rhetoric and Medicine in Descartes's *Passions de l'âme*: The Issue of Intervention," in *Renaissance——Rhetorik / Renaissance Rhetoric*, ed. Heinrich F. Plett（Berlin: Walter de Gruyter, 1993）; Susan James, *Passion and Action: The Emotions in Seventeenth-Century Philosophy*（Oxford: Clarendon, 1997）.

② Thomas Hobbes, *Leviathan*, ed. Richard Tuck（Cambridge: Cambridge University Press, 1991）：10. 在下文中简写为 *L*。

面上的"看里面"的身体。因此,为了更好地理解和控制那些不幸被训练成恶习的激情,我们必须了解人体力学。

笛卡尔认为,要做到这一点,首先要确定人类的活动是否独立于那些受灵魂动力驱动的激情。某些身体动作,甚至不会被我们的知识所影响,比如我们会因为有被手指戳到的威胁而眨眼睛,即使我们知道这是一个好朋友的手指,也还是会眨眼睛。在这种情况下,我们大脑的机器是没用的,因为"我们身体的机器是如此的成形,以至于这只手指向我们眼睛的动作,在我们的大脑中激起了另一个动作,这个动作将动物的灵魂导入肌肉,导致眼睑关闭"(*PWD*, 338)。笛卡尔《论灵魂的激情》第二条至第十六条进一步解释独立于灵魂的身体力学:它的热和运动;它的活力和死亡;血液循环、肌肉、神经的作用,心脏和动物的灵魂;在身体和大脑之间运输动物精神的"小管子"或连接物。

如果身体力学对反射起作用,激情就是笛卡尔式的迟钝。不同于源自内心的行为,比如口渴和饥饿,灵魂的激情为学习、记忆和判断提供了空间。例如,如果我们看到有动物靠近我们:

> 如果这个体形是非常奇怪和可怕的,也就是说,如果它与以前对身体有害的事物有着密切的关系,那么它会激发灵魂中的恐惧激情,然后是勇气激情,或者根据身体的特殊气质或灵魂的力量,激发恐惧和惊愕的激情……因为在某些人身上用这种使灵魂从腺体上形成的图像中反射出来的方式处理大脑。从那里开始,一部分在用来转动背部和处理腿部以供飞行的神经中,另一部分在增加或减少心脏孔的神经中占据位置。(*PWD*, 348)

因此,激情被定义为"我们与之特别相关的灵魂的感知、感觉或情感,它们是由灵魂的某些运动引起、维持和强化的"(*PWD*, 344)。因为激情是由血液和灵魂的运动产生的,所以它们也伴随着清晰的符号,其中最显著的是眼睛和脸的动作、颜色的变化、颤抖、倦怠、昏厥、笑声、眼泪、呻吟和叹息（*PWD*，381）。

我们可能会问，在斯宾诺莎的理论中，是否有一个自由的领域插入人类活动的因果链中（*PWD*，366）？笛卡尔如何解释人们在面对类似的身体威胁时，为什么对同样的情况做出不同的反应，有的惊愕，有的勇敢？表面上，笛卡尔确实为神圣的思想和堕落的思想习惯都腾出了空间。但社会差异对行为变异的解释最终没有因果效应。仅仅是身体上的差异就可以解释为什么相同的原因可以激发不同人的不同激情："一个可怕的物体对腺体造成的印象，以及对某些人造成恐惧的印象，可能会激发其他人的勇气和信心；这是因为每个人的大脑并不是以同样的方式构成的。"（*PWD*，349）即使在分析一种直觉上看起来是社会性的激情时，比如爱，笛卡尔也把被爱的人和物放在意向性的世界里，而不是把注意力集中在爱的一致体验上："也没有必要像我们可能爱上的各种各样的物体那样区分出各种各样的爱；例如，尽管一个野心勃勃的男人对荣耀的激情、一个吝啬鬼对金钱的激情、一个酒鬼对酒的激情、一个残暴的人对他想侵犯的女人的激情、一个荣誉的人对他的朋友或情妇的激情与一个好父亲对他的孩子的激情可能大不相同，但只要他们参与了爱，它们就是相似的。"（*PWD*，367）

但是，在一个既包含神圣原则又包含人性弱点的世界中，严格的机械决定论（mechanical determinism）是站不住脚的。在某些时候，我们必须对自己的行为负责，而不能简单地责怪上帝或邪恶的恶魔。因此笛卡尔似乎不得不提出一个补救过度激情的办法，那就是利用人的意志和判断是非的能力："在这种情况下，我们总是可以做的以及我认为我在这里可以提出的对付过度激情的最普遍、最简便的方法，就是当我们感到热血膨胀的时候，我们应该警惕这一事实，并回想一下，在想象力面前，所有呈现出来的事物都会欺骗灵魂。"（*PWD*，426）实际上，这是一个微弱的补救措施，因为一元论者斯宾诺莎很快指出，这让人想起斯多葛学派的塞涅卡

(Seneca)的敦促,即我们要以道德上的"戒律"来对抗愤怒[①]。它是一种将原本独立的思想和身体的整个交易定位在一小块叫作松果体的物质中的补救方法,这种补救方法需要二级良心去追逐一级情感。

正如我们可以从斯宾诺莎的非热情反应中推测的那样[②],笛卡尔的激情补救理论收到了同时代人以及后来的激情理论家的冷淡反应。然而,笛卡尔激情心理生理学的总体结构却承载着巨大的重量。确实,笛卡尔描绘的画面看上去似乎仍然是熟悉的。尽管笛卡尔用词不当,又有机械论上的错误,但把笛卡尔的模型译成后现代的术语,相对来说是没有问题的。因此,我们将从内分泌学的角度来讨论,而不是动物精神的水力学;我们将在杏仁体和下丘脑中寻找它们,而不是将激情定位在松果体。笛卡尔对知觉和神经反应的解释似乎大体上是正确的,他将情感重新从心脏转移到心灵的策略也是正确的。事实上,我们可以在《论灵魂的激情》中分离出两个原则,这两个原则塑造了我们至今认为理所当然的"人性"。

首先,不同于亚里士多德式的由层次分明、相互依存的植物、动物和人的功能组成的灵魂,笛卡尔把一个不可分割的灵魂与心灵联系在一起。灵魂曾经是精神或身体无法还原的复杂实体,现在它的功能可以双重分配。但是,当这样重新分配其功能时,灵魂完全失去了作为科学探究对象的意义。当我们想要识别和分析人性的基本要素,也就是说,当我们想要追踪笛卡尔著名的时钟隐喻,找出"使我们跳动"(makes us tick)的因素时,我们要么转向思想(如果我们是哲学家),要么转向大脑(如果我们是经验主义心理学家)。"灵魂"被贬谪到了宗教话语,在这里,这个术语仍然在起作用。诸如菲利普·梅兰希顿(Philipp Melanchthon)[③]之类的亚里士多德神学家所假定的物质层次被丢下了,灵魂被限制在人类那非物质

---

① Seneca, "On Anger," in *Moral Essays* (Cambridge: Harvard University Press, 1985): 168-169.

② Baruch Spinoza, *Spinoza: Selections*, ed. John Wild (New York: Charles Scribner's Sons, 1958).

③ Philipp Melanchthon, "Liber de anima," in *Corpus reformatorum Philippi Melanthonis opera quae supersunt omni*, vol. 13, ed. C. B. Bretschneider and H. E. Bindseil (Halle: C. A. Schwetschke. 1846).

的、不朽的和神圣的那一部分。其次，正如笛卡尔所见，激情是我们所表达的"内在"的东西；它们是将感知与行动联系起来的精神倾向。因此，当我们想分析激情时，我们称之为"情感"或"感觉"，并阅读它们的生理信号。归根结底，自省是多余的。我们可以通过观察个体的行为来诊断情绪，并将情绪视为身体的不平衡。正是以这种方式，人类科学的实验方面以现代形式出现，模仿了自然科学。事实上，正如伊恩·哈金①在《泰晤士报》文学增刊上评论约瑟夫·勒杜的《情感大脑》(*The Emotional Brain*)时所说，"研究情感的科学正处于良好状态。"

亚里士多德

亚里士多德的伦理学和修辞学激情论对 17 世纪及以后的政治思想的影响，在我们与自然科学的后现代浪漫史中被忽视了。尽管英国人托马斯·霍布斯可能是这群人中最著名的，但是一种可以被理解为广泛意义上的亚里士多德主义激情理论，涉及了从 16 世纪晚期意大利自然哲学家贝纳迪诺·泰莱西奥（Bernardino Telesio）② 到马林·库罗·德·拉·尚布尔（Marin Cureau de La Chambre）③ 和希皮奥尼·恰拉蒙蒂（Scipione Chiaramonti，他在讨论灵魂时，引用了拉·尚布尔和亚里士多德的修辞学）④；

---

① Ian Hacking, "By What Link Are the Organs Excited?" *Times Literary Supplement*, July 17, 1998, 11–12.

② Bernardinus Telesius [Bernardino Telesio], *De rerum natura iuxta propria principia libri IX*, (Hildesheim: Georg Olms, 1971). 泰莱西奥以亚里士多德式的典型方式处理激情：激情是根据它们所产生的对立的美德和恶习来确定的（这是亚里士多德修辞学中的一个论述），然后，亚里士多德从《尼各马可伦理学》第一卷到第二卷的关键性转变被详细引用，亚里士多德在这一段中认为：美德，无论是智力上的还是道德上的，都是一种良好习惯（道德观）的问题。

③ Marin Cureau de La Chambre, *Le systeme de l'âme* (Paris: Jacques d'Allin, 1665).

④ Scipione Chiaramonti [Scipio Claramontius], *De coniectandis cuiusque moribus et atitantibus animi affectibus libri decem; Opus novi argumenti et incomparabile, cura H. Conringii recensitum* (Helmstedt: J. Müller, 1665).

从中世纪赫尔姆斯特（Helmstedt）的路德派亚里士多德主义者，例如赫尔曼·康林[Hermann Conring，他编辑了恰拉蒙蒂的《心灵的激情》(*Passions of the Soul*)]①到多才多艺的史学家丹尼尔·格奥尔格·莫尔霍夫（Daniel Georg Morhof，他引用恰拉蒙蒂和亚里士多德对"博学的对话"文学的评论）②；从默默无闻的法兰克福市长和大学教授阿诺德·韦森菲尔德（Arnold Wesenfeld）③到早期启蒙运动的著名学生和哲学家威廉·莱布尼茨（Wilhelm Leibniz）④等众多学者。这些作者所分享的，除了一个松散的学术家谱外，是对亚里士多德学派的合作动力学的迷恋，而不是笛卡尔学派的模型。无论是赞扬还是指责，"非理性"灵魂都被所有人视为人类动力的源泉，所有人（除了莱布尼茨）都试图设计出一门科学，将非理性力量制度化，以实现共同利益。在控制激情方面，亚里士多德是权威。激情的道德哲学来源于《尼各马可伦理学》，而激情的实用主义现象学则来源于亚里士多德的《修辞学》。

在《修辞学》中，亚里士多德首先解释了在激情情况下我们评价世界的能力："情感可以通过人们不同的经历，使人们对同一事物产生不同的判断，并且会伴随着痛苦和快乐产生，例如，愤怒、怜悯、恐惧，以及

---

① Hermann Conring, *Dissertatio politica de morbis ac mutationibus rerumpublicarum* (Helmstedt: H. Müller, 1640).

② "博学的对话"（De conversatione erudita）、"博学的说教"（Homiletices eruditae）。莫尔霍夫认为，公民审慎需要关注道德观念和情感，他推荐的作者包括亚里士多德（《修辞学》第二卷）、希皮奥尼·恰拉蒙蒂和卡米卢·巴尔德斯（Camillus Baldus）、《亚里士多德生理学》(*Physionomica Aristotelis*)、《人的倾向》(*De propensionis homium*)，见 Daniel Georg Morhof, *Polyhistor literarius philosophicus*, rev. and ed. (Lubeck: Böckmann, 1714) : 151。在他坚实的修辞学史上，莫尔霍夫强调劝说的病理学和劝说的修辞学，以非宗教的方式赞扬耶稣会作家，包括卡辛（Caussin），见 Morhof, *Polyhistor literarius philosophicus*, 941。

③ 阿诺德·韦森菲尔德是法兰克福大学的逻辑学、伦理学和形而上学教授。他的著作包括《定义的自然》(*Dissertatio de natura definitionis*)；《动植物》(*Georgica animae et vitae*)；《激情的动物》(*Passiones animi*)；《道德的洗礼》(*Versuch einer Verbesserung der Moral unter den Christen*)。

④ Wilhelm Gottfried Leibniz, *Leibniz: Political Writings*, ed. and trans. Patrick Riley (Cambridge: Cambridge University Press, 1972).

其他类似或者相反的东西。"例如,恐惧是"对潜在痛苦的一种反应,它使人们倾向于深思熟虑"(OR, 1383a, 7-9)。政治家可能会问:"我们怎么才能摆脱这种局面呢?"亚里士多德接着解释说,激情是基本的社会现象,最好通过问三个问题来处理:"例如,在谈到愤怒时,人们愤怒时的心理状态是什么?他们通常对谁生气?以及出于什么样的原因?"(OR, 1378a, 20-28)我们可以通过观察亚里士多德对羞耻的敏锐处理的一部分来很好地理解激情的社会构成。

> 既然羞耻是对名誉丧失的一种想象(幻想),而且是为了名誉本身,而不是为了结果,并且既然没有人在乎名声(理论上),只在乎那些对他有看法的人,那么一个人必然会对那些他重视的人感到羞耻。他考虑那些仰慕他的人,那些他仰慕的人,那些他希望被仰慕的人,那些他渴望得到地位的人,以及那些他不轻视意见的人。现在,人们想要被人崇拜,崇拜那些拥有美好事物的人,或者那些恰好拥有其非常需要的东西的人,比如爱人;但他们渴望成为和他们一样的人,他们认为有见识的人是讲真话的,他们的长辈和受过教育的人就是这样的人。他们对在这些人眼前做事情更觉羞耻。因此,俗语说:"羞耻在眼前。"(OR, 1384a, 22-36)

我们可能会产生这样的幻觉:激情可以被最好地理解为个体的心理生理上的痛苦,从而得到安息——亚里士多德所描述的羞耻感是不可还原的社会性的。此外,对亚里士多德《修辞学》第二卷的回顾表明,社会差异甚至决定了安东尼奥·达马西奥等情绪神经生物学家所称的"初级情绪"(primary emotions)①,如恐惧和快乐,就像决定羞耻等"次级情绪"

---

① Antonio Damasio, *The Feeling of What Happens: Body and Emotion in the Making of Consciousness* (San Diego: Harcourt, 1999).

(secondary emotions)一样。对亚里士多德来说,用这种方式区分由社会决定的情绪和不由社会决定的情绪是站不住脚的。

当然,一个感到羞耻的人可能会脸红,但如果把对羞耻的分析局限在它的物理表现上,就像笛卡尔所做的那样,说得委婉一点,有点单薄。根据亚里士多德的理论,羞耻的原因与一个人在任何特定社会环境中的地位直接相关,也与他或她所处的地位有关。羞耻是一种复杂的现象,有一系列微妙的产生条件:没有名誉可以失去(陌生人之间的失礼),名誉的丧失不能被承认(一个人不知道错误),名誉的丧失仅仅是想象出来的(没有人看到它的绊脚石),或者它的损失没有任何影响(在社会独立的自卑者中),这样是不会产生羞耻的。相反,在社会制度最密集的地方存在着羞耻:在一个人的声誉真正重要的地方,在其他人的意见得到重视的地方,在社会地位有效的地方,在可以给予信贷和欠下债务的地方,荣誉可以获得或丧失的地方,亲密关系脆弱的地方,社会声望可以根据一个人对真相的了解程度来衡量:例如,通过正规教育、经证实的可信度等等。

因此,我们在社会差异最极端的地方可以清晰地看到,激情是如何不公平地分配、交换和垄断的。例如,奴隶不会激起主人任何友善、信任甚至怜悯的感情,因为根据亚里士多德的观点,怜悯是针对那些与其地位平等的遭受冤屈的人。平等的,而不是劣等的,代表了一个人可能会无端遭受同样的痛苦。因此,亚里士多德在讨论羞耻的时候并没有直接提到奴隶,因为在没有地位的人面前做一些不光彩的事不会有直接的后果。尽管如此,亚里士多德警告说,与奴隶的关系可能是羞耻的来源,因为永远不知道奴隶是否会揭露主人不光彩的事情。因此,奴隶是激情的媒介或储存库,而不是起源或终结。

当然,在亚里士多德看来,政治家不会只关心激情的"病人",例如女人、孩子或奴隶。相反,政治家的工作是通过阐述体现有益激情的社会制度来解决那些有能力进行政治代理的人,比如导演好的愤怒、冷静、自信、模仿以及演讲中激发的羞耻感,例如,在一种政治情景中设想的行动的可耻后果会产生一种威慑的作用。在这方面，亚里士多德提供了一个有益的例子。在占领了萨莫斯岛之后，雅典人就向那里派遣定居者违反了377 年/376 年第二次雅典联盟的意图，展开了辩论。希迪亚斯要求那些参与土地分配辩论的人"想象（所有）希腊人围成一个圈站在他们周围，实际上看到了，而不仅仅是后来听到了他们可能投票的内容"（OR，1384b，32–35）。在这种情况下，政治家援引良心法庭的形象来唤起那些声誉可能受到威胁的人的羞耻感，这有助于议会做出符合法律的决定。这些社会机构越稳定，公民对社区的投入越大，政客们需要的修辞资本就越多。最后，我们从亚里士多德关于羞耻的讨论中得知，修辞资本的形式是一种双面的情感/语言货币，它的价值是社会环境的一种功能。

霍布斯

"恐惧使人们倾向于深思熟虑。"这是亚里士多德对哲学主张的简洁表述，其影响更为深远：理性是建立在激情之上的。但是，作为残酷的英国内战的见证者和权力的老朋友——托马斯·霍布斯，根据亚里士多德这一立场的含义，得出其实际结论，最终以利维坦的形式在该基础上建立了一门广阔的政治学。霍布斯以亚里士多德的经典方式，写了以下这些"人的"：

> 对于同一件事，人的头脑中会交替地出现欲望、厌恶、希望和恐惧；做或不做某些事情所带来的不同的好处和坏处也会相继地出现在我们的脑海中；因此，有时我们渴望它，有时又厌恶它；有时充满希望，有时又充满绝望而害怕去尝试；欲望、厌恶、希望和恐惧一直伴随着我们完成它或者直到我们意识到其不可能，我们称其之为深思熟虑。（L，44）

但是，霍布斯所描述的情景并不是我们所熟悉的被吸引、排斥、鼓励或威胁的情景，然后由于我们不舒服的情绪状态而试着寻求帮助。相反，这种我们称之为"深思熟虑"的理性活动，正是由"欲望、厌恶、希望和恐惧的全部总和"构成的，得出了一个合乎逻辑的结论。也就是说，理性总是由一个社会情境所驱动，而激情是必不可少的。事实上，霍布斯认为，没有激情也就是没有"智慧"。因为一个没有激情的人"就像一个对什么事情都漠不关心的人，虽然他可能是一个好人，甚至从来不犯任何错误；但他不可能有伟大的幻想，也不可能有伟大的判断力"（L，53）。

对待幸福的态度上，霍布斯直截了当地抨击了可以消除激情的斯多葛哲学，相反，他更喜欢亚里士多德物理学的框架（在一定程度上被伽利略和哈维的新科学运动所修正）："一个人时不时地想要得到某些东西而能被满足，就是人们所谓的幸福；我指的是生活中的幸福。因为我们生活中，心灵没有永恒的宁静；生命本身就是一种运动，永远不能没有欲望，也不能没有恐惧，就像不能没有理智一样。"（L，46）事实上，霍布斯是断然否定语言可以从情感中脱离并提炼成纯理性形式的概念（正如塞缪尔·普芬多夫后来所想象的那样①）。对霍布斯而言，道德哲学所要求的，不是在一种流明的自然主义的朦胧光辉下辨别绝对的道德要求，而是一个构成社会差异的项目。霍布斯认为道德哲学"只不过是一门在人类社会中，关于善与恶的科学"。霍布斯还认为："善与恶其实就是指我们的欲望和厌恶，而它们在不同的脾气、习俗和人的观念中是不同的。"（L，110）

霍布斯认为激情是以政治目的为前提的，它们绝不是生物学上的给予。嫉妒这种情绪并非源自生物体内部，例如嫉妒稀缺资源，而是在政治和历史上处于竞争地位的各种因素形成的。事实上，每个成员都享有平等地位的霍布斯联邦是完全没有激情的。而且，正如霍布斯在他对政治的每

---

① Samuel Pufendorf, *On the Duty of Man and Citizen According to Natural Law*, ed. James Tully, trans. Michael Silverthorne（Cambridge: Cambridge University Press, 1991）.

一次论述中所强调的那样，从《法律要义》①到《贝希摩斯》②，正是社会最纯粹形式的差异，或者说是自负，指出了公民社会起源时人类特有的脆弱性。

人在身体和智力上"天生平等"的观点被我们的第一人称视角悲剧性地扭曲了，因为正如霍布斯在《利维坦》中巧妙地描写的那样，人不可避免地"看到自己的才智就在眼前，而其他的人则在远处"（L，86-87）。既然在任何情况下，感官知觉都是"除了最初的幻想之外别无他物"，脱离了事物本身（L，14），那么人在低级的视觉和高级的社会关系中，天生就容易犯知觉上的错误。事实上，霍布斯称社会关系的根本扭曲为"虚荣"，在最终产生文明社会的过程中，"虚荣"甚至先于爱与恐惧的激情。但是，正如我们在霍布斯对浪漫主义的谴责中所看到的，自负是最危险的，因为雄辩和社会想象力是最发达的，这在堂吉诃德的"英勇的疯狂"中表现得更为突出③。这就是一个例子，根据霍布斯的观点，在充满煽动性的漫长议会中，傲慢的长老会牧师们嫉妒主教的权威，他们使用激烈的言辞和对《圣经》的宽松解释来煽动他们在议会中较为温和的同僚们公开造反④。

既然从定义上说，没有足够的荣耀可以传播，虚荣就被植入了社会的结构中。苏格兰启蒙运动的哲学家，如哈奇森和斯密，认为社会激情建立在人人平等的道德意识上。而霍布斯的观点与他们相反，他顺着亚里士多德的思路，描绘了一种情感匮乏的经济，一种零和游戏，一个社会主体的情感财富必然以另一个社会主体的牺牲为代价⑤。在霍布斯看来，使这一

---

① Thomas Hobbes, *The Elements of Law Natural and Politic*, ed. F. Tönnies (London: Frank Cass, 1969).

② Thomas Hobbes, *Behemoth: The History of the Causes of the Civil Wars of England, and of the Counsels and Artifices by Which They Were Carried on from the Year 1640 to the Year 1660*, ed. William Molesworth (New York: B. Franklin, 1963).

③ Thomas Hobbes, *De corpore politico* (England: Thoemmes Press, 1994): 58.

④ Thomas Hobbes, *Behemoth*, 30, 36, 66, 136.

⑤ Thomas Hobbes, *De cive* (The English Version), ed. Howard Warrender (Oxford: Clarendon Press, 1983): 44.

人类的悲剧雪上加霜的是，人类天生就提供了扭曲社会关系的"高倍眼镜"（multiplying glasses），并且人类天生缺乏纠正这些关系的"前瞻性眼镜（prospective glasses）"：即道德和公民科学。霍布斯在《利维坦》中明确地将其视为他的任务，即提供非自然科学，以纠正社会的激情，来适应公民服从（L，129）。对霍布斯来说，激情总是会被不公平地分配，但至少道德和公民科学可以帮助我们管理不平等是如何为了和平而被调动起来的。

尽管霍布斯曾向约翰·奥布里（John Aubrey）抱怨亚里士多德是有史以来最糟糕的政治学和伦理学老师，但他承认亚里士多德关于动物和修辞的论述是"罕见的"[1]。事实上，这确实是非常罕见的，以至于霍布斯在他职业生涯的早期就花时间将亚里士多德的《修辞学》摘要翻译给他年轻的学生德文郡第三伯爵。毫无疑问，霍布斯认为学者亚里士多德是有害的，但是，正如列奥·施特劳斯几十年前令人信服地论证的那样[2]，人文主义的亚里士多德，尤其是《修辞学》第二卷中的亚里士多德，对霍布斯成熟的政治理论产生了深远而持久的影响，尽管学术上声称《利维坦》本质上是伽利略和笛卡尔应用于人类的自然科学。事实上，亚里士多德对人类情感和人类制度的微妙介入，使他的修辞学理论吸引了各种各样的一些要么不知道、要么不相信笛卡尔的新心理生理学的早期现代政治理论家。这包括笛卡尔充满敌意的通信人霍布斯，这个人物经常被曲解为天生的国家政体科学家和竞争性个人主义的预言家，至少从麦克弗森（MacPherson）以来是这样的[3]。

尽管霍布斯确实将自然状态描述为"每个人反对每个人"的可怕战争（L，88），他的激情理论表明，他不仅仅是一个喜欢机械解

---

[1] John Aubrey, "Brief Lives," in *Chiefly of Contemporaries, Set Down by John Aubrey, Between the Years 1669 and 1696*, ed. Andrew Clark (Oxford: Clarendon, 1898): 357.

[2] Leo Strauss, *The Political Philosophy of Hobbes: Its Basis and Genesis*, trans. Elsa M. Sinclair (Chicago: University of Chicago Press, 1952).

[3] C. B. MacPherson, *The Political Theory of Possessive Individualism: Hobbes to Locke* (Oxford: Clarendon, 1962).

释的原自由主义者，更准确地说，霍布斯是一个典型的社群主义者（protocomuunitarian），因为他所关心的是使人倾向于战争的社会激情，比如愤怒、贪婪、嫉妒、报复、自负、沮丧、鲁莽和残忍，还有那些同样能使人趋向和平的社会激情，如焦虑、希望、仁慈、宽宏大量、仁慈、钦佩、怜悯和羞耻（L，第六章）。对霍布斯来说，关键不在于以克己的方式来消除激情，因为这带来的不是一个倾向于良好判断的理性主体，而是一个冷漠的笨蛋。更确切地说，我们的目标是要像亚里士多德那样，如何更好地阐明政治制度，以体现更温和的激情。

按照亚里士多德的观点，激情不必像盖伦①或塞内加那样被视为令人遗憾的精神错误。激情也不需要分门别类地对待，无论是简单的修辞手册，还是专门为面部表情分类的专著[比如勒·布伦②和19世纪面相学之父拉瓦特尔（Lauater）的著作]。激情也不需要像浪漫主义者后来所主张的那样，被理解为一种内在状态的外在表现。相反，在霍布斯的想法中，悲怆可能以一种复杂的方式与理性和道德——社会话语和灵魂习惯——联系在一起。激情在特定的社会背景和适当的叙述中才能正确地表达，或者更有效地发挥作用。对于包括霍布斯在内的一群重要的早期现代政治理论家来说，他们的任务是将亚里士多德关于激情的修辞理论更严格地应用于政治主体，将性情的新相对性纳入分析，并认为是人性本身的延伸。

然而，正如亚里士多德对主仆关系的处理和霍布斯对虚荣的分析所显示的，激情在哪里被投入和在哪里被拒绝，都是很重要的。激情的积极作用取决于一种以精心培养的冷漠为特征的匮乏经济。③也就是说，它最

---

① Galen, *On the Passions and Errors of the Soul*, trans. Paul W. Harkins（Columbus: Ohio State University Press, 1963）.

② Charles Le Brun, *A Method to Learn to Design the Passions*（Los Angeles: The Augustan Reprint Society, 1980）.

③ 政治上的冷漠在英国内战期间非常普遍，霍布斯和他的同代人都对此非常关注。除了寻找斯多葛的传统、静谧主义（quietism）和正在兴起的反对宗教热情的运动外，那些渴望政治解决的人，如果明智地将热情从公共领域撤出，可能会援引《罗马书》13.1中著名的（转下页）

终不仅决定了哪种激情被分配给谁，也决定了激情是如何被储存和垄断的，决定了激情的系统性否认是如何帮助产生某种政治主题的。当我们考虑17世纪中叶英国甚至今天的文化中激情的政治经济时，我们应该既能理解那些培养冷漠以消除公众痛苦的人，也能理解那些被排斥在诸如骄傲、愤怒和怜悯等情感之外而被边缘化的人。事实上，在我们这样一次又一次面临政治冷漠和零和多元主义的幽灵挑战时代，托马斯·霍布斯充满激情的悲观主义似乎特别具有启发意义。

李娟、张春田 / 译　张春田 / 校

（接上页）《圣保罗禁令》，由加尔文所赞同："让每个人都服从政府当局。因为没有权柄不是出于神的。凡有权柄的都是神所立定的。"比如，昆廷·斯金纳（Quentin Skinner）就认为，这种态度的世俗版本反映在保王派诗人对田园隐居的天真乐趣的痴迷上（想想 Waller, Cowley, Walton 和 Vaughan 这些人物吧。[皆为英国内战时期历史人物。译者注]）。见 Quentin Skinner, *Reason and Rhetoric in the Philosophy of Hobbes*（Cambridge: Cambridge University Press, 1996）。按照斯金纳的论证，田园生活理想与英国内战时期政治的牵连，正是因为其田园牧羊人的德性，即其私人激情被精心地排演在阶级和公众生活之外。见 Quentin Skinner, "Conquest and Consent: Thomas Hobbes and the Engagement Controversy," in *The Interregnum: The Quest for Settlement 1646–1660*, ed. G. E. Aylmer （London: Archon, 1972）: 79–98。

第8章　神经、精神与纤维：关于情感的起源①

乔治·S. 卢梭

十年的研究汇集于此，但准确来说，正是米歇尔·福柯和托马斯·库恩（Thomas Kuhn）的巨大能量启发了这篇文章。1973年时，我已经阅读了上述两位哲学家的著作，并进行了深入的思考。那时库恩的思想已在美国得到了一定程度的讨论；而对福柯来说，一直要到几年后，当他的一些著作被译为英文时，他才在美国的思想领域产生爆炸式的影响。我被福柯尼采式的哲学思想深深吸引，尤其是那些以巧妙的、修辞化的手法，被他应用于漫长的18世纪哲学领域的思想，或是被他轻描淡写地称为"古典时代"（l'age classique）的思想。通过艰苦的工作，我一直焦虑于尝试理解他所描绘的情感，尤其是情感在疯癫状态下的错乱形式究竟导向何处。"情感"这个词本身就提供了线索。但我无法相信从神经到情感的路径能够如此直接和线性，所以想着有没有其他的路径。在文学批评家诺思洛普·弗

---

① 本文译自 George S. Rousseau, "Nerves, Spirits and Fibres: Toward the Origins of Sensibility (1975)," in *Nervous Acts: Essays on Literature, Culture and Sensibility* (New York: Palgrave Macmillan, 2004), 157–184. 感谢作者授予中文版版权。

乔治·S. 卢梭，曾担任英国牛津大学人文学院儿童史研究中心联席主任、阿伯丁大学英文系主任，执教于加州大学洛杉矶分校与哈佛大学，其研究集中于启蒙运动与医学、科学、性别研究之间的关联和互动。著有 *Perilous Enlightenment: Pre- And Post-Modern Discourses: Sexual, Historical* (Manchester University Press, 1991) 等，与 Clare Brant 合著 *Fame and Fortune: Sir John Hill and London Life in the 1750s* (Palgrave Macmillan, 2017)。本文从福柯和库恩不同的研究路径着眼，依照时间线索，根据17世纪起对情感进行的文字记载和理论拓展，挖掘情感的起源，并将情感研究的过程与成果迁移到范式与学术史研究上。——编者注

莱（Northrop Frye）想要定义"情感时代"（Age of Sensibility）的背景下，正如我所问的："情感是什么，它又从何而来？"

尽管福柯和库恩采取了不同的方式，但他们都粗略地启示我们：由于社会经济的发展本身存在缺陷，所以必然在思想领域中带来革命；因此，在如库恩所称的知识的基本范式或单位中，在如福柯为架构抽象思维的第一性而创造出来的全新术语"知识型"（episteme）中，也需要出现同步的转变。福柯的知识型和库恩的范式两者的内在逻辑，为像我这样的 20 世纪 70 年代中期的人带来了希望：他们试图理解泛欧情感运动（Pan-European Sensibility Movement）是什么，以及它为什么特别在苏格兰（当然也在欧洲）产生了那么多杰出的文学和哲学。因此，对应用于身体层面的牛顿学说革命（Newtonian revolution）这一假说进行验证应是合理的，因为它引起了人类对自身的不同思考。从历史上看，荷兰的医生赫尔曼·布尔哈夫（Hermann Boerhaave）和他的学生最初将牛顿学说应用于身体层面。他教授过许多一流的医生，并对苏格兰启蒙运动产生了很大影响。在 1974 年到 1975 年，能把上述话题联系到一起是一项艰巨的任务。

不同文学阵营都渴望回答弗莱的情感时代起源这一问题，这也是这篇文章面临的一项挑战。从时间顺序上来看，起源的时间点可能在 1780 年、1750 年或 1730 年左右。正如文章阐释的，我将上述起源的时间推得更早。一个原因是，在"s 开头的词语"中发现的词汇学线索：感觉（sense）、敏感性（sensitivity）、感性（sensible）、情感（sensibility）以及许多以"sen-"为词根、与感觉有关的词汇。大约在 1800 年到 1820 年间，透过革命性的浪漫主义，情感时代的时间线索也被进一步了解。如果美国文学评论家哈罗德·布鲁姆（Harold Bloom）在他当时发表的有关"影响的焦虑"（the anxiety of influence）的系列书目中的观点是正确的，那么浪漫主义就可以说是对早期情感的一种回应：基本上是出于人类对自我意识的改变，以及对这一转变进行描述的新的表达方式，产生了一种全新的后牛顿学说（post-Newtonian），或者更准确地说——反对牛顿范式的不信任美学（anti-Newtonian aesthetics of disbelief）。所以，情感的起源也好，起源之后的结果也好，在那时都尚存争议。

但情感并非当代的标志：如弗莱、福柯、库恩和他们的同行所说的。正如我将在下文中说明的，情感是17世纪时由不同类型的思想家发现的，这些思想家通常是教会思想家，但也有哲学和医学方面的。他们把自己称为生活在神经敏感时代（an epoch of nerves）的情感生物。在这里，相关文献的讨论先到乔治·切恩（George Cheyne）为止。因此，我们不能认为"情感"只是一个贴在旧时代的现代标签。此外，在牛顿去世后，阿尔布雷希特·冯·哈勒（Albrecht von Haller）于1727年改变了生理学的进程，他认为人类是通过"应激性和情感"的限度从而得以维系的，这一点差不多是从达尔文主义的意义上来说的。在这个背景下，哈勒即是库恩描述下的逻辑范式的建构者。我问自己：如何将哈勒置于从托马斯·威利斯（Thomas Willis）到卡伦（Cullen）的脉络中？我也好奇他提出的应激性和情感是否代表了某种开始或结束？哈勒受教于何处？他当时读了什么？他的知识来源是什么？他最基本的信念是什么？所有的问题都追溯到了莱顿的布尔哈夫，以及布尔哈夫之前，也就是托马斯·威利斯——因为了解布尔哈夫的阅读情况也是很有必要的。在威利斯革命性的"大脑理论"中，我找到了神经思想的暂时性的落脚点——它可以结合各种思路而成为一种神经情感的伦理，这种伦理将会在启蒙运动的高潮时期蓬勃发展。在20世纪60年代以前，威利斯这个名字仅见于神经生理学年鉴之中。在1975年以后的现在，他逐渐为历史学家和不同背景的人文主义者所熟知。而到了21世纪初的今天，没有一门讨论情感发展的大学课程可以忽略他的名字。情感在科学上的起源在哪里？学生普遍给出的答案是"在威利斯的大脑理论那里"。

我的文章详细描述了威利斯以及他的学生约翰·洛克（John Locke）的生涯和影响；但如果没有中间人的普及，威利斯的想法不可能被传播开来并风靡一时。这个中间人就是乔治·切恩，他在诸如《英国病》（The

English Malady）这样的流行作品中推断并描述了威利斯的神经解剖学。这本书很好地适应了当时普通读者的需求，所以它实际上是具有范式意义的（在库恩的意义上）。然而，人们在 1970 年到 1975 年间几乎对切恩一无所知：没有人会思考或书写关于他的任何事情，你甚至找不到他最畅销的《英国病》的现代再版。当人们后来回忆起 20 世纪 80 年代和 90 年代发展起来的"切恩学"（the Cheynean industry）时，会认为之前是一个令人费解的状态。

各种各样的思路开始变得清晰：不仅可以从哈勒到布尔哈夫，从莱顿到爱丁堡，而且可以从切恩通向小说家塞缪尔·理查逊（Samuel Richardson）——他持续不断的书信联系跨越了很多边界，从医学界到小说界，从现实到虚构。接着再（不甚精确也难以预料地）通过理查逊导向了小说兴起的大潮，然后从维多利亚小说通向了现代有关意识的神经科学。一个关于"神经情感"（nervous sensibility）的库恩式的范式开始表明：人类真实地感受到"神经敏感"（nervous）的那一刻，就是情感的发端。这点非常重要，因为它预示了情感人类（sensitive mankind）的诞生，他们以一种前所未有的方式感知着周遭环境和情感景观（emotional landscape）。

毕竟，身体通过神经生理学的机能告知了我们关于情感的真相。然后，柯勒律治（Coleridge）和华兹华斯（Wordsworth）这代人为了解决内含于神经情感中的哲学问题，将这些观点继续讨论下去，并不加剖析地理解他们所认为的"神经话语"（nervous words）。具备启蒙机械论思想的一代人投进了浪漫主义反叛的海洋，与其基本的牛顿原理对抗，某种程度上也预示了现代神经科学将自身区隔于 19 世纪晚期的科学实证主义的方式。对我而言，1975 年是一条重要的分水岭。因为现代神经科学家会认为：有关意识层面的神经生理学本身并不充分，并不能描述意识发生的整体过程。情感时代的智慧也一样：它在文学和哲学层面，通过改变威利斯和洛克在作品里表达的意识类型，反过来验证两人的思想。唉！可怜的弄臣约里克（Yorick）还是说出了真相——1760 年的读者，在认识动物情绪方面，还比认识自己的情绪懂得多。

在出版后的 5 年里，这篇文章被频繁引用。其实，它在 20 世纪 90 年代就开始盛行了。我的一个学生发现，2000 年以来，这篇文章的参考引用量已经超过了 100 次。

神经、精神和纤维：关于情感起源的定义（1975）

在过去的 10 年里，我们都经常听到库恩的"范式"，他在《科学革命的结构》（*The Structure of Scientific Revolutions*）中对"范式"的定义，本身就已经成为一个经典：

> 亚里士多德的《物理学》、托勒密的《天文学大成》、牛顿的《自然哲学的数学原理》和《光学》、富兰克林的《电学》、拉瓦锡的《化学》和莱尔的《地质学》——这些著作和许多其他的著作，都在一段时期内为后继的几代实践者们暗暗规定了一个研究领域的合理问题和方法。这些著作之所以能起到这样的作用，就在于它们共同地具有两个基本的特征。它们的成就空前地吸引了一批坚定的拥护者，使他们脱离科学活动的其他竞争模式。同时，这些成就又足以无限制地为重新组成的一批实践者留下有待解决的种种问题。
>
> 凡是共有这两个特征的成就，我此后便称之为"范式"，这是一个与"常规科学"（normal science）密切相关的术语。①

在过去的 10 年里，我们听闻许多科学界人士对库恩的定义有所不满。他们认为，借由前所未有的、开放式的理论所造成的人类能量的转

---

① Thomas S. Kuhn, *The Structure of Scientific Revolutions*（Chicago, 1962）: 10.

向，不足以描述科学革命的起源。① 尽管如此，库恩的范式还是有其价值的；撇开其他不谈，库恩的这一定义还是代表并描述了他自己的成就。除了范式以外，在过去的 10 年中，没有其他概念能让思想家们从自己的追求中转向；在晚近的历史和科学哲学中，也没有其他概念能够如此开放，以致各种背景的研究者都对它仔细研究，甚至加以模仿：就像米歇尔·福柯在初版于 1966 年的《词与物》②（Les Mots et les Choses）中提出的"知识型"理论一样。甚至现在，即便处于贬低著名理论的危险中，我们也可以说：库恩的"范式"适用于书本，他的范式概念是通过观察科学教材呈现"常规科学"的路径而构想出来的。③

这样一个理论对我们这些 18 世纪的研究者有什么用呢？我们或许可以为扩展库恩的范式名单添加一些作品，例如洛克的《人类理解论》（An Essay Concerning Human Understanding），这显然是一部"开放式"的作品，它作为科学教材并以此改变人类。但是，我们会加上休谟的《人性论》（Treatise of Human Nature）或亚当·斯密的《道德情操论》（The Theory of Moral Sentiments）吗？这完全取决于我们理解的水平和我们对库恩定义的理解程度。正如我们所看到的，理论的应用已经出现了问题；但是出于对

---

① 库恩范式的批评理论极多，无法精简到数本参考书目。其中最好的一个回应并不直接攻击库恩，而是代替他的"范式"，提出了一个与之不同但仍有联系的"知识型"理论；参见 Michel Foucault, Les Mots et es Choses（Paris, 1966）; English version, The Order of Things: An Archaeology of the Human Sciences（New York, 1970）。虽然我强烈反对福柯针对 1600 年至 1800 年的欧洲科学史提出的简略事实，但他研究思想史的方式极大地影响了我，即在可见的表面下进行诠释，正如罗伯特·莫顿（Robert Merton）所说的那样"每个时代都有一种依赖于某组假设的科学体系，它通常是隐形的，鲜为当时的科学家所质疑。"参见 The Sociology of Science, ed. B. Barber and W. Hirsch（New York, 1962）: 41。

② 我曾试图在 "Whose Enlightenment? Not Man's: The Case of Michel Foucault," Eighteenth-Century Studies, VI（1973）: 238-256 这篇文章里展示库恩和福柯的一些差异。我尚未发现任何证据证明福柯阅读或听说过库恩教授的"范式"理论。

③ 参见 Kuhn, Scientific Revolutions, 10。"在这篇文章中，'常规科学'是指基于一个或多个过去的科学成果而形成的研究，而那些科学成果则是特定的科学群体一度承认的，并能为其进一步的实践提供基础的。"

库恩的公平，我们应该记住：这些史无前例的作品展示了开放的理论和大幅度的思想转向，而库恩为它们保留了范式这一术语。因此，可能出现的（我说"可能"是因为它还没有出现）情况是，除伦理学家外，洛克的《人类理解论》还改变了各种各样的人，并很快就建立起了一门指向理解"新科学"的科学教材。同样，他也建立了人类科学——我作为宽松休谟主义者的看法——虽然或许不能与休谟和斯密的论著相提并论。撇开这些不谈，我们可以证明，处在怀疑论的阴影之下，这些后来作品的实验性远不及洛克的著作；而且，拿休谟来说，他所提出的观点太过于精确，以至于无法使后来的实践者在开放式的怀疑之中思考。同时，拿斯密来说，他的思想概括了其他所有人的理论，使它们以新的形式对所有人开放，但并非自己提出一种全新的、开放的理论。我们也可以举出类似的例子，像狄德罗、卢梭和其他的一些启蒙哲学家的著作，在拉美特利（La Mettrie）、勒凯特（Le Cat）、马拉（Marat）身上也存在类似的情况。在范式问题上，如果我可以冒昧地扩展库恩的最初的术语，卢梭式"我感故我在"（je sens, donc je suis）的教条就应是革命的终点，而非革命的起点。

就这样，洛克被留待讨论，这个情况可能会让人惊讶或恐惧，也可能会被认为是倒退的乃至愚蠢的。但是，如果我们接受库恩的理论（尽管有难度，但在1973年，它仍是当时能找到的最好的理论），遵循这一理论进行逻辑推理并得到结论，就会发现在关于人类"新科学"的教材中，只有洛克的文章满足库恩的两个特殊条件。这本身就不是非同寻常的吗？但它之所以非同寻常，并非因为洛克的著作是一部17世纪的作品（出版于1690年），以及除了牛顿、富兰克林和拉瓦锡的作品外，18世纪再也没有其他科学著作有资格被提及；而是因为洛克的《人类理解论》，最先开始讨论一门尚未发展的科学（就像其他人在物理学、天文学、光学、化学等科学上的开创工作一样），即人类科学。在这里，库恩关于富兰克林和电学的理论同样具有指导意义："只有通过富兰克林和他直接继承者们的工作，才有（电学）理论的出现，这些理论可以解释诸如相同设施产生了几乎相同效果这类事，因此可以并的确为后来的'电气科学家'的研究提供了共同的范式。"① 换句话说，在洛克发表他的《人类理解论》时，人类新科学的理论已经进化到了足够先进和开放的地步，并至少影响了三代后继的道德科学家：曼德维尔（Mandeville）、沙夫茨伯里（Shaftesbury）、哈奇森、休谟、亚当·斯密、拉美特利，启蒙思想家和其他几十个人物。任凭喜好，你可以把这门科学叫作：社会科学、道德科学，或者如彼得·盖伊（Peter Gay）对它的称呼——"人类科学"，② 并赋予它任何你喜欢的标签：一场危机，一场革命，一个过渡时期。但一个清楚的事实是：如果没有洛克和他的直接继任者，这个理论就不可能发展。

那么，洛克的《人类理解论》究竟关心什么，又认同什么呢？是这种范式性的处理方式吗？当然，是洛克将自然科学的重要方面应用到伦理和政治领域，在过去对不同科学类型的解释过程中，都没有产生这样的结果。洛克将伦理学和生理学结合，这与他自己是医生这一事实无甚关联。1690年时，想要将不相关的领域融合起来的医生可能有上百个，但他们都没有建立起可靠的联系。在这些融合主义者中，只有一种思想使他转向，那就是尽管扑朔迷离的道理尚不明确，但要抓住一个领域，即伦理学——因为那是急需理论降临的地方，需要将不同的研究领域进行彻底地整合。像雷（Ray）和德勒姆（Derham）这样的物理学家兼神学家，几乎每年都将物理学整合到宗教研究中去。他们的努力并没有引起知识上的革新，其影响力与牛顿相比差异显而易见：如果存在一个《原理》和《光学》都无法涵盖的东西，那就是物理神学。牛顿以其开放式的理论，在超过一个世纪的时间里，借由替换旧教材而应用他的理论，使人们的思维得以改变；

---

① 库恩的原话（参见 Scientific Revolutions, 15）是这样的："只是通过富兰克林和他的直接继任者的工作，才出现了一种理论，能够同等简便地说明所有这些极相近的效应，并且确实为后一代的'电科学家'们的研究提供了一个共同的范式。"

② 参见 Peter Gay, The Enlightenment: An Interpretation, Vol. II: The Science of Freedom（New York, 1969）: 167–215。

并且在其著作的深处,保持了科学和宗教的分离。我们都了解他提出论断的影响:他无法告诉别人"为什么是重力?只能告诉别人重力是什么"。① 范式的成就不在于作为一个有效的动因起到了整合作用。在洛克所处的情况下,它恰好是那样运作的,但这只能部分归因于王政复辟(Restoration)后科学研究的快速进步,另一部分要缘于洛克自己不朽的才思,这体现在他意识到了不同领域(即伦理学和生理学)在表面状态之下的整合,会导致开放性的结果,这正如库恩后来所说的那样。换句话说,洛克依靠直觉,围绕"感情"(sensation)的概念和定义,推理出了知识的整体论证,这一点正是笛卡尔没有做到的。

现在我对把洛克的《人类理解论》单独立为范式本身并没有什么特别的兴趣,只是我们想要思考"感情",以及接着产生的对"感情"和"感伤"(sentiment)的崇拜问题,这正是18世纪中叶的一种现象。我们所说的"情感运动"(sensibility movement),始于18世纪40年代的理查逊,一直要到"浪漫主义"诞生后才黯然失色。在此,我诚挚地希望暂时停止对唯名论的信仰;目前我对语义标签不感兴趣,我感兴趣的是与情感有关的范式和范式著作。我相信每个人都知道诺思洛普·弗莱将理查逊和华兹华斯之间的英国文学称为"情感时代"的产物,② 那些仍存疑窦的人可能很快会因罗伯特·布里森登(Robert Brissenden)的研究《苦难中的美德:从理查逊到萨德的情感小说研究》(*Virtue in Distress: Studies in the Novel of Sentiment from Richardson to Sade*)而信服。然而,在洛克的《人类理解论》和理查逊的《帕梅拉》(*Pamela*)两部作品之间,隔着1690年到1740年间半个世纪的鸿沟,这是两代人思想分离的时代。如果我们遵循库恩的论点和我接下来的推理过程,那么弗莱所说的"情感时代"难道不应在50

---

① 参见 Alexander Koyré, *Newtonian Studies* (Cambridge, MA, 1965): 63–67, 以及 *From the Closed World to the Infinite Universe* (Baltimore, 1957): 131–134。用以分析和讨论牛顿的解释。

② 参见 Northrop Frye, "Towards Defining an Age of Sensibility," *English Literary History*, XXIII (June 1956): 144–152。

年前就出现了吗？我们现在认定它是 18 世纪中后期的现象，是否在宣扬历史的谬误？

并不见得。因为这样的推理过程错误地假设了虚构文学（imaginative literature，这里我指诗歌、小说、戏剧）会立即受到科学的影响。我们知道这在 18 世纪是不成立的，因为在牛顿学说和"呼唤缪斯降临"（demand the muse）之间，至少过了一代的时间，甚至还更久。这样看来，我们将虚构文学和思辨科学（speculative science）混为一谈相当危险，这对 18 世纪研究的未来也同样重要。

因此，我首先提出的是，18 世纪时，研究"人类科学"的思维革命的起源，要归功于约翰·洛克。其次，且也是很重要的一点是：情感，而不仅仅是感伤主义，[①] 正是这场革命的核心和基石。它两个准确的原因是由库恩对范式的定义及在随后的革命中给出的。这是前所未有的，也是开放式的。但是，情感不是一个 18 世纪中叶的现象，当然也不会在那时的哲学或自然科学中体现；它是一个 17 世纪晚期的发展过程，出自书本产生的超强范式的影响（我再次采用库恩的语言），比如托马斯·威利斯的《大脑病理学》（*Pathology of the Brain*）；[②] 也出自另一本前所未有的综合性著作——洛克的《人类理解论》。18 世纪中期的哈勒、罗伯特·维特（Robert

---

① 尽管它们在许多方面都有明显的联系，但我并不认为二者是相同的。从历史上来看，一般而言，**情感**（sensibility）都是二者中适用较广的概念，它几乎触及生活的各个方面；**感伤主义**（sentimentalism）是后来出现的，尤其到了小说和诗歌这样的虚构文学出现后，它是二者中宗教意味更浓的、更有道德意义的、更具文学性的概念，也是二者中贵族气息较少的，也更容易从模糊的原始基础上改进和变化。不管在何种情况下，两者之间的区别都是灰色的，而不是非黑即白的。一些语文学的探索已经开始对这些标签进行深入研究了：参见 E. Erametsa, *A Study of the Word "Sentimental"*（Helsinki, 1951）; R. F. Brissenden, "'Sentiment': Some Uses of the Word in the Writings of David Hume," in *Studies in the Eighteenth Century: Papers Presented at the David Nicol Smith Memorial Seminar Canberra 1966*, ed. R. F. Brissenden（Canberra, 1968）: 89-106。

② 参见 *Pathologiae Cerebri*（1667），由 S. Pordage 译为 *An Essay of the Pathology of the Brain*（1681）；威利斯的其他两部重要作品是 *Cerebri Anatome*（1664）和 *De Anima Brutorum*（1672），后者也是由 Pordage 在 1683 年翻译的，题为 *Two Discourses Concerning the Soul of Brutes Which is That of the Vital and Sensitive Soul of Man*。

Whytt)以及其他一些加入争论的研究者的神经学论文,并不是范式作品,它们不会像范式作品那样,在人类研究或是文学的情感运动上,引起一场科学方法的革命。这些既不是能为《克拉丽莎》(*Clarissa Harlowe*)、《感伤旅行》(*A Sentimental Journey*)和《朱斯蒂娜》(*Justine*)铺路的作品,也不是在乔治·切恩医生之前发表的论文。乔治·切恩是《英国病》的国家发言人,曾和理查逊交流密切。在诠释的过程中,我深入库恩的诠释层次,认为情感革命在 17 世纪的后四分之一时发生。情感革命让像理查逊和斯特恩(Sterne)这样富有想象力的作家用半个世纪去"赶上";更重要的是,它使得像切恩、哈勒和维特这样的科学思想家花了几乎同等时间来理解这段时间里发生的事情。

这些发现不该让我们吃惊。大约在 50 年前,R. S. 克莱恩(R. S. Crane)就已经发出了警告:如果想了解情感的起源,"我们就必须看向一个比沙夫茨伯里的写作更早的时期。"① 现在我认为把情感革命当作一种 18 世纪中后期的现象是不妥当的。将情感革命起源追溯到沙夫茨伯里,甚至到洛克,就是沉溺于纯粹的神秘主义、没有健全的历史哲学的表现。我意识到我应该为我在《这漫长的疾病,我的生命》(*This Long Disease My Life*)引

---

① R. S. Crane, "Suggestions Toward a Genealogy of 'the Man of Feeling'," in *The Idea of the Humanities*, 2 vols. (Chicago, 1967): I 188–213, 该作品最初发表于 *ELH*, I (1934): 205–230。克莱恩的确切用语是(I 190):"如果我们想要对 18 世纪时情感崇拜的思想起源和传播情况加以理解,我认为必须关注一个比沙夫茨伯里的写作早得多的时期,必须考虑一批人的宣传效果,因为他们塑造普通英国人思想的几率,比最高贵的神学家还高得多。"克莱恩对 "earlier than……wrote" 这一年谱的直觉是合理的,但他的理由是不成立的。他坚称情感"在 18 世纪不是一种可以从古代或文艺复兴传统中充分挖掘出来的哲学,它是世界上的新事物———一种教义,或者更确切地说,是教义的集合体。它在 1750 年前的一百年间就不被认同,如果它在当时通过各种伦理或宗教思想的代表,被展现在人们面前的话"(I 189–190)。可以肯定的是,仁慈和有关行善的观念是在 1750 年、1660 年乃至 1600 年之前发展的,这是因为:它们源于《圣经》和中世纪经文中表达的思想。因为没有科学的解释,所以解释自觉意识人格的理论**没有**发展起来。作为一个隐含自觉意识和自我意识的术语,情感的运用更为狭隘,这与克莱恩的术语有着不同的历史。尽管这与克莱恩的用法并非毫不相干,但就这个意义而言,许多 18 世纪的作家都使用了这一术语,例如布里森登和艾拉梅萨(Erametsa)就都在他们语文学的论文中有所展示。

起的一些误会承担部分责任，但我希望我不会像克莱恩先生或弗莱先生那样成为罪魁祸首，因为他们喜欢重复维多利亚时代或爱德华时代的教师熟悉的内容，并且用吝啬的慰藉来粉饰这一点，认为在格雷（Gray）和浪漫主义之间的英国文学，其影响"并非完全单调乏味"。①

我现在必须证明，至少在科学思想中，自我意识的情感革命并不是一个 18 世纪的产物；换句话说，除非有人能在库恩的层面上进行诠释，否则就会留下一个最大的未解难题。而且，对于 18 世纪的研究者来说，在库恩的范式层面进行诠释是最低要求，不是最高标准。如果能做到这点并细心观察，那么就能由此得出一个重要结果：所有"社会科学诞生于 18 世纪"的命题形式都会出于错误的原因论而被驳回。既然它们在那时已经达到高潮，那么它们肯定不是在那时诞生的。18 世纪中叶的法国人对人类的社会科学进行着诸多讨论，而社会科学也要到那时才对日常生活的方方面面产生影响，但是如果我们接受了像维特根斯坦（Wittgenstein）、波普尔（Popper）、库恩、福柯、列维－斯特劳斯（Lévi-Strauss）和其他晚近学者的分析思想要求的解释的严密性，那么认为是 18 世纪中叶"诞生"了社会科学这一说法就是荒谬的。那么，情感的"范式"是什么？由这些范式导致的一连串革命又是什么呢？粗略地说，它们是一套生理学的文本，例如威利斯的《大脑解剖学》（*Anatomy of the Brain*）和《大脑病理学》，这些文章发表于王政复辟后，拥有充分的"开放性"。它不仅仅对其他解剖学家和生理学家造成影响，也使不同学科的科学研究者进行转向。这并不意味着这些文本的生理维度是范式的关键方面。它并非如此：从埃及和

---

① 弗莱在"Towards Defining An Age of Sensibility"中写道："我不关心术语，只关心对英国文学的一个有趣时期的鉴赏。而对我来说，首要更新的观念就是，鉴赏似乎就是对事物本身是什么获得清晰的认识。"弗莱的结论是："当代诗歌仍然深深地关注着情感时代的问题和技巧，尽管后者与我们时代的相似性本身并不是一个优点，但是用全新的眼光重新审视它是合乎逻辑的、理由充分的。"但是情感是什么？它又从何而来？弗莱并没有给出这个术语的定义。事实上，他只是用它指代一个时间段——大约 1740 年到 1800 年之间，或者说是从蒲柏之死到《抒情歌谣集》的序言为止。

希腊时代起，就出现了生理学教科书；而直到公元2世纪时，盖伦（Galen）才出版了范式性的生理学著作《论自然力》（*On the Natural Faculties*）。①尽管如此，1660年之后，由于统治者和大学对科学研究的支持，生理学教科书的数量增加了。在为这些著作进行命名之前，必须注意这些书都试图（不管作者是否意识到）回应笛卡尔学说，尤其关注心/身问题。这就是说（这里我再次遵循库恩哲学理论的路线），科学史，就像思想史一样，最好作为一个连续体来理解，在其中范式作品会使"实践者群体"进行周期性地转向。② 直到我们发现哪些是范式，哪些是对它的回应，我们才能理解思想革命的意义：情感作为一种自我意识而兴起，这正是革命历程和历史连续体的完美例证。

在王政复辟之前，笛卡尔的《论灵魂的激情》是一部范式作品，尤其是在解剖学上，它让所有的自然科学家转向，引导他们去研究生理学。但由于种种政治原因（其中一个是政治上的无主时期），最终走向失败。下一个范式作品是托马斯·威利斯在17世纪60年代和70年代发表的关于大脑的作品，它们几乎在17世纪80年代早期就被立刻翻译了。尽管在19世纪之前有其他的范式文本（例如布尔哈夫、维特、哈勒、卡伦的作品），但它们并不能和威利斯的作品等量齐观。像之前的笛卡尔一样，威利斯的

---

① 参见1916年由Loeb翻译、由A. J. Brock编辑的版本。盖伦对医学史的巨大影响本身就是一个论题，尤其是其学说采用的方式，这使他的一些（并非全部）生理学说在17世纪和18世纪期间保持几乎完好无损的状态。对我的论点产生启发的有以下几篇文章：R. B. Onians, *The Origins of European Thought About The Body,* 2nd edn (Cambridge, 1954); E.Voeglin, *Anamnesis* (Munich, 1966); K. E. Rothschuh, *Physiologie: Der Wandel ihrer Konzepte* (Munich, 1968); Peter H. Niebyl, "Galen, Van Helmont, and Blood Letting," in *Science, Medicine and Society,* ed. Allen G. Debus, 2 vols (New York, 1972): II 13–23; *The History and Philosophy of Knowledge of the Brain and Its Functions: An Anglo-American Symposium* (Oxford, 1958; rev. ed. 1972).

F. Solsmen 对流行于柏拉图时期的生理学理论的研究，至少经由证明盖伦式的概念已经足够"开放"而催生兴趣，并使之显现；但针对它们是否足够多的研究者转向，从而成为库恩意义上的"范式"这一点，我无法给出答案。参见 F. Solsmen, "Tissues and the Soul," *Philosophical Review,* LIX (1950): 435–468。

② 在一部范式著作之后，库恩对科学共同体的措辞进行了转变。

天才之处不在于他理论的科学真实性,而在于他转变他人的能力。当然,这一理论本身是史无前例的:威利斯是第一个坚定地认为灵魂位于大脑中(而非其他地方)的科学家。在1660年之前,针对这个革命性理论,也有过一些粗略的言论,但尚不明晰、注目与平实。① 从因果关系来看,正是威利斯这一理论的出现,激发了一次关于人的本质的思想革命,而这也大大增强了反斯多葛学派和反清教派的教条,预示了宗教自由派的到来,这在克莱恩关于人类感受的谱系研究中就有提到。17世纪晚期,合格的解剖学家都知道,从形态学上讲,大脑所设定的任务由神经执行。但并非每个生理学家或解剖学家都了解(如果他知道的话他便会认同):灵魂就位于大脑中。如果不了解这个,就无法解释王政复辟之后(不是之前),人们对神经研究表现出的强烈兴趣,乃至因此预备将情感作为一种心灵的感性状态。

有趣的是,威利斯是洛克在牛津时的导师,但也仅限于此。当时,洛克在威利斯足下,热情地将他(洛克)认为以后可能会用到的全部内容记到笔记本上。可以说,威利斯在洛克的成长期里对他产生了深远的影响,这是不证自明的事实。然而,如果说威利斯的大脑理论"改变"了洛克,从而促使他写了《人类理解论》,那无疑是一个谎言。在复述威利斯对洛克的影响时,我的本意不是把洛克想象力发展中的其他影响因素(例如宗教、政治)减到最小,而是在已知洛克教育背景的前提下,质疑洛克《人类理解论》的深意是否难以理解。

如果我们继续这条有关解剖学和生理学革命的研究路径,就可以清楚地看到,为什么神经和它们的附属品——神经纤维和动物情绪——一直不

---

① 参见 *The History and Philosophy of Knowledge of the Brain and Its Functions: An Anglo-American Symposium*(Oxford, 1958; rev. edn. 1972),尤其是第三届会议的三篇论文:Walter Pagel, "Medieval and Renaissance Contributions to Knowledge of the Brain and Its Functions," 95-114; Walther Riese, "Descartes's Ideas of Brain Function," 115-134; W. P. D. Wightman, "Wars of Ideas in Neurological Science——from Willis to Bichat and from Locke to Condillac," 135-148。

被看作是知识的基础，乃至人类行为的基础，而直到确定灵魂的位置限于（或静止于）大脑这一点被提出。仅就这个器官而言，大脑依赖于神经来实现其所有功能。一旦灵魂限于大脑，科学家就可以精确地讨论神经是如何实现其自主和不自主的意图的。科学史显示他们的确这样做了：在王政复辟到19世纪的转向之间，在生理学的主题里面，没有比神经的精密运作、复杂形态、组织结构和解剖功能更为重要的主题了。诚然，这种集体的科学努力，离不开之前哈维在17世纪20年代血液循环中的发现，这在另一部范式作品《心血运动论》（*De Motu Cordis*）中有所论述。但如果离开了威利斯革命性的大脑理论，这个局面也不可能实现。

在世的最著名的生理学史学家埃德温·克拉克（Edwin Clarke），已经生动地记录下了这些科学史上公认的抽象概念。在一篇题为《17世纪和18世纪的空心神经学说》（"The Doctrine of the Hollow Nerve in the Seventeenth and Eighteenth Centuries"）的重要文章中，克拉克总结说：①"17和18世纪时，尽管对空心或多孔神经的推测和观察逐渐增加、形成热潮，但事实上，能超过盖伦的假设的还是微乎其微。"② 为什么那时会出现这种局面？这又在情感史中起到了什么作用？如果如威利斯和他的同道在17世纪60年代所认为的那样——灵魂位于大脑内，那么能产生感官印象与知识的器官，就唯独神经而已；更重要的是，神经必须是空心的管道而非实心的纤维，才能保证大脑特有的分泌物——动物性情绪可以自由地

---

① 参见 *Medicine, Science, and Culture*, ed. L. G. Stevenson and R. P. Multhauf（Baltimore, 1968）：135。

② Clarke, *Medicine, Science, and Culture*, 135. 克拉克准确地指出了两个例外："在18世纪有两份学术研究，其结果都很容易获取，他们超前地指出了神经确实存在。1717年，列文虎克观察到了单个的有髓神经纤维并将它画图说明，他把纤维的中心（轴柱或轴突）看作是中空的……在这基础上，更重要的研究是丰塔纳（Fontana）于1779年提出的第二个发现……这就是现在所谓的有髓神经纤维的轴突。但丰塔纳的工作似乎没有什么迅速的影响，这可能是因为18世纪时大多数微观研究对此产生了怀疑。"我自己对神经和动物情绪的研究证实了克拉克的发现：我还没有找到可以使列文虎克和丰塔纳的发现得到承认、理解或消化的证据。鉴于列文虎克本人并未意识到他所观察到的是什么，这一发展途径并不令人惊讶。

流经神经、到达身体的重要器官。这些解剖学家们深层的和无意识的假设认为，神经是空心管道这一点是应该存续的。但在威利斯关于大脑的范式作品之后，克拉克笔下描述的"推测的热潮"（welter of speculation）现象同样值得注意。一旦理解了威利斯的范式，生理学当时的背景就自然显现出来了，我们就可以开始理解为什么在17世纪末，机械论者（mechanists）和活力论者（vitalists）之间的论战加剧了。

与活力论者或反泛灵论者（animist opponents）不同的是，机械论者是二元论者。作为笛卡尔的追随者，他们认同笛卡尔对所有身体机能的机械论解释；在灵魂问题上，他们也和笛卡尔一样，认为除身体的活动以外，其他部位都不会以机械的方式运作。当被活力论者问及灵魂是如何运作的时候，这些机械论者都会回答说这个问题并不重要，无论是笛卡尔和牛顿时代的机械主义者，还是一个多世纪以后拉美特利和哈勒时代的机械主义者。他们所认为的原因是：灵魂内部和灵魂本身并没有什么能量——实际上身体的一切都取决于它的机械运动。身体就是一个构造良好的机器，它的基本运作的触发并不取决于灵魂的自主意志。在威利斯将灵魂的位置定在大脑、小脑及附近的神经网络之后，机械论者急切地着手证明，所有的神经实际上都是空心的管道，大脑分泌出的奇妙液体是通过它而流淌出来的，尽管他们并未成功证明这一点。但除非机械论者能证明神经是多孔的、腔体状的结构，否则他们必须放弃身心二元论的基本假设。

但正是这种证明神经是多孔腔体的尝试，在18世纪时为泛灵论者斯塔尔（Stahl）和他的追随者们提供了莫大的动力。作为不同程度的一元论者，斯塔尔主义者们——斯塔尔、维特、卡伦（仅列举了最有名的几位），从未接受过笛卡尔的身心二元论，虽然这些人从最开始就不同于他的理论。相反，他们更倾向于认同一种有活力的、运作中的灵魂，它在全身的机械活动已被最大化。换句话说，灵魂的活动是不可预测的、不理性的、不机械的，而身体的每一个部分，都在化学意义或物理意义上受到灵魂的控制，也会被非机械的、无意识的现象所影响。我们很难不注意到，笛卡尔式机械论者和斯塔尔式泛灵论者之间的争论，是如何被威利斯"灵魂位于大脑内"的限定所取代的。在 1680 年以后，二元论者（如机械论者）与一元论者（如泛灵论者）都只能通过证明"神经是实心的"这一点来驳斥威利斯的理论，不然就得同意他的观点。因为如果神经确实是实心纤维而非多孔的空心管道，就无法解释大脑对身体其余部分的控制——至少在 18 世纪中期，在电被发现之前还不存在已有的证据。也就是说，除了经验知识或说后天知识之外，再没有其他原因能够解释大脑的控制力了。但是 18 世纪的研究者，甚至连布尔哈夫都不能证明神经是实心的；也就是说，没有人可以通过微观下的具体证据来推翻威利斯的理论。剩下的唯一选择就是悬置对这一条件的证明，毕竟一旦证明，就会反过来证实了威利斯的空心神经理论，而这正是 150 年间产生了一波"推测的热潮"的原因。

如果我们止步于此，我们就让"神经控制人类意识"这一论断的线索、结果和它在欧洲扩散开来的方式随风消逝了。我们也忽视了"感觉"的基本概念，毕竟整场争论从一开始就是围绕这个概念进行的。

如果威利斯没有通过关于大脑自主性的惊人理论出现在科学领域，对神经的研究就永远不会占据主导地位。因为直到 17 世纪 60 年代，解剖学才充分发展成一个严格意义上的学科，尤其是关于身体循环、组织和淋巴系统方面的研究。从而才能了解到神经受控于大脑，反之，大脑也在很大程度上被神经所控制，没有了它们，大脑就无法运作；而这一点已经被维萨里（Vesalius）、海尔蒙特（Helmont）和他们的同代人清楚地证明过了。在这种前提下，生理学家和其他科学家才能继续讨论如何证明神经是空心的，讨论神经纤维的精确形态（尚未有人从显微镜下看到）和动物性情绪的化学组成。但在当时，哲学家和解剖学家研究的首选对象是心、胃、肠等器官，而非大脑。

如果我们继续沿着这条思路，威利斯在范式上的飞跃，就是在一系列平衡了观测事实和绝妙假设的实验和文献中，认识到了灵魂之于大脑的位置；这在超过一个世纪的时间里，改变了困惑的科学家们，直到布尔哈夫、哈勒、维特、卡伦、布朗和诺瓦利斯的时代——即18世纪末。① 除非这一复杂飞跃的成果被完全理解，否则我们永远无法懂得克莱恩笔下"情感崇拜"（cults of sensibility）的思想起源，为何能如此清楚地进入18世纪中期的文化氛围中。通过威利斯对科学家群体的改变，一种人类解剖学上的新假设出现了，而那些形形色色的科学家中包括机械论者、活力论者和泛灵论者。这种未言明的假设，在库恩的意义上，很难说是一种"范式"，但仍然可以说是一种关于人类神经系统本质的全新假设。从纯粹的解剖学来看，这只是通往综合生理学的一小步，却是通往感官感知、后天习得和观点联想的一大步。在这段时期内，洛克是威利斯最好的学生，他采用了这些步骤，或许并没有在他的《人类理解论》中得到体现，却体现在论文的成型期，以及他转而影响的道德思想家学派里——沙夫茨伯里、哈奇森、休谟、亚当·斯密和其他许多人将洛克出色的整合发挥到了最大可能。总的来说，他们通过感官感知理论（sensory perception）和紧随其后的对感知生理学（physiology of perception）的理解，开发出了各个方面人类研究的科学方法。今天，我们仍然是那场革命的继承者。看看我们现在在人类研究上使用的科学方法：心理学、社会学、人类学、心理史学、心

---

① 参见 Clarke, *Medicine, Science, and Culture*, 123-141。他在文章中展示了研究，并一劳永逸地解决了这个问题。他对生理学的科学模型的陈述（124）是发人深省的，并将"情感"的兴起看作是科学关注点的一个重要主题："一般来说，在积累动物或人体知识的过程中，发展的惯常顺序是：首先确定其形态学，然后再研究其生理学。这对于像心脏这样的结构来说是可行的，但是到了神经的情况中，由于神经组织和器官更为复杂，因此知识的进展也更为复杂。在17世纪和18世纪期间，主流的推断过程需要关注形式和功能两个方面。这可能是真实的情况：古人可能已经接受了神经通过物质传递的想法，但也必须要假设存在孔洞或空隙率（a hollowness or porosity）来保证这个想法成为可能。因此，结构是由功能的需要决定的。"但是，威利斯范式的成果在科学上掀起了一场革命，这在克拉克的意义上，他让人们首先探究神经的生理学。直到自主和非自主运动的位置被限制在大脑、小脑和周围的神经网络的范围内，才可以推断克拉克的"形式"（即形态学）必然是不稳定的和不可控的。

理语言学等等。①

如果我们理解了威利斯和洛克发动的这场革命（威利斯的理论若无洛克的传播就不会产生那么大的影响力），那么现在终于可以谈到情感了。因为我只粗略概述了轮廓和一些基本点，所以我们仍然需要讲述整个故

---

① 这尤其体现在 Pathologiae Cerebri（London, 1667）和 De Anima Brutorum（Oxford, 1672）两部作品中。几乎每一个现代的生理史学家都会用钦佩与惊叹的语气提到威利斯，例如 Sir Michael Foster, Lectures on the History of Physiology During the Sixteenth, Seventeenth and Eighteenth Centuries（Cambridge, 1901; rep. with an intro. by C. D. O'Malley, New York, 1970）: 269。"虽然正如我们所见，马尔皮吉（Malpighi）对神经系统的组织学十分关注，但我们却很少在他的作品中找到关于其功能的叙述……在这个世纪，也许只有一个人以其对大脑的结构和功能进行的工作而闻名于世，他的名字就是托马斯·威利斯。"在有关威利斯的传记作品中，最透彻的传记作者即是 Dr. Hansruedi Isler（Thomas Willis, 1965; trans. 1968, x-xi），他认为威利斯在神经生理学上的成就，构成了第一个讨论大脑精神性机能和植物性机能局限的有用理论，并最先解释了作为能量过程的神经活动。他对神经行为的新理念带领他发现了"反射行为"这一概念和术语，而他的局限理论则带动了中枢神经系统的实验生理学的发展。为了完成他对神经系统的解释，威利斯介绍了诸多神经和精神疾病：他从1667年到1672年出版的三本书包括了《古希腊时代以来最完整的神经精神病学记录》（The Most Complete Text of Neuropsychiatry Since Greek Antiquity）。多数后代的阐释都受到他的思想直接或间接的影响。John R. Fulton 无疑是20世纪最杰出的神经生理学历史学家，他认为"Willis, Whytt, Magendie, Hitzig, Ferrier, and Sherrington"（Physiology of the Nervous System, New York, 1949, 177）这六个人就是现代神经病学的基石。Fulton 在认识到维特的一些重要发现的同时，也认为与威利斯革命性的大脑局限理论相比，他的发现并不重要："在出版于1664年的著名作品 Cerebri anatome 中，牛津的神经病学家托马斯·威利斯告诉我们：大脑支配自主运动，小脑支配非自主运动。威利斯曾注意到，在活体动物中，当小脑被控制时，心脏就会停止；如果小脑被切除，动物就会死亡。小脑支配非自主行为的想法是很有启发性的……直到1809年，这一领域才有了进一步的发展……"（Physiology of the Nervous System, 506）。另一个为威利斯写传记的作家 Kenneth Dewhurst 也强调了威利斯在现代科学发展中的革命性地位：参见 Thomas Willis as a Physician（University of California: Los Angeles, 1964）。在其他两部重要作品中，他证明了威利斯对洛克产生的深远影响：即 John Locke Physician and Philosopher: A Medical Biography（London: The Wellcome Institute for the History of Medicine, 1963）和 "An Oxford Medical Quartet-Sydenham, Willis, Locke, and Lower," British Medical Journal, II（1963）: 857–880; R. K. French, Robert Whytt, The Soul, and Medicine（London, 1969）: 134。书中准确地指出"到了本世纪末，心理机能位于脑部结构中这一观点发生了变化，许多人开始同意 Steno 的观点，认为威利斯推测过度，因此更倾向于认为灵魂应是位于脑部物质之中。"Steno 的 Dissertation on the Anatomy of the Brain（1669）和 Ridley 的 The Anatomy of the Brain（1695）提出类似的观点。但是**所有**回应威利斯的书，只是证明了他的"范式"的改变能力——如库恩所说，他们只是"后继的实践者"。

事的发展历程。尽管如此，之前的概述还是说明了17世纪和18世纪欧洲思想史的一些重要事实：首先，直到解剖学的生理学问题被部分解决后，才能出现或者会出现足够好的知觉理论，而并非要先解决最深奥的问题（它们那时还没有被解答）；但通过赋予解答以足够的权威性，可以让人们认真地研究理论问题——即生理学。第二，正如18世纪时繁荣的诸多学派——如荷兰解剖学派（Dutch anatomy）、道德哲学、英国经验哲学派（English empirical philosophy），乃至法国的伦理学思考［尤其是当莱斯特·克洛克（Lester Crocker）就这一主题在他的书中进行了雄辩地呈现］需要一种科学的研究方法。而人类研究中的科学方法，则是需要将发达的生理科学作为先决条件，你可以称之为科学解剖或神经系统的形态学，它无疑是全新的方法。作为常规科学的边缘，关于它的推测已经存在了几个世纪；但要到17世纪末，它的成型才被认可。某种程度上，研究人类的新科学才开始进入实践。在这个层面上进一步解读，解剖学思维中的"革命"就不是一个18世纪的产物，而是17世纪末的现象。机械论、泛灵论和活力论是对过去激进思想的回应，其本身并非激进的新思想。上述三种论点的形成都依赖于生理学的制式化，而制式化本身也已进行了多重努力。可以说：在17世纪末之前，这三种哲学观点都没有被激烈地讨论过。虽然不能说威利斯和他的同代人[1]通过教学、研究和再学习让生理学研究变成显学，但他和他的学生约翰·洛克的文章，却直接促成了我们现在说的人类科学研究内部的"革命"。三种论点的研究者们是否能让上述结果成

---

[1] 虽然大量证据表明，洛克的《人类理解论》受威利斯影响（参见：Isler, *Thomas Willis*, 176-181，这本书里 Isler 对洛克引述威利斯的段落源头进行了追溯），但威利斯对后代生理学家的影响却鲜为人知。若重现维特和哈勒对威利斯理论中自主运动和非自主运动的清晰了解，以及重现对威利斯"肋间"神经理论的回应、反驳和分歧，就要陷于科学史的简单性：我们可以着手证明蒲柏听说过弥尔顿·伽利略（Milton Galileo）（参见 R. F. French, *Robert Whytt*, 32ff）。活力论者和泛灵论者的反应同样显示了他们对威利斯大脑理论各个方面的清晰认识（即使不是被明确指出的），参见 H. Driesch, "G. E. Stahl," in *The History and Theory of Vitalism*, trans. C. K. Ogden（London, 1914）: 30-36; G. Canguilhem, *La Formation du Concept de Reflexe*（Paris, 1955）; L. J. Rather, "Stahl's Psychological Physiology," *Bulletin of the History of Medicine*, XXXV（1961）: 37-49。

为可能，取决于他的理论在因果关系上的说明。

之前模糊的各种联系，现在变得可以被理解。在生理学上，通过理解"感觉"是如何处于革命核心的位置，我们可以看到它又如何孕育了人类科学。我们也可以理解：为什么神学体系，即使是其中的异见者，都或多或少建立在解剖学意义的灵魂理论上，而且最终他们被用来解释"感觉"这个现象。但我们能知道得更多。对于过去被认为相距甚远的范畴，我们现在都能有所理解：如忧郁的崇拜、疑心病、切恩提出的"英国病"、理查逊的情感小说、晚近提出并完善的"情感发达的人"（man of feeling）概念、斯特恩在这一主题上的变体、18世纪的连贯性、真正的迷恋、心身（灵肉）关联，以及后来首字母为 R 的浪漫主义。我们可以理解为什么唐纳伦夫人（Mrs. Donnellan），一位既非科学家也非饱学之士的女性，可以用直觉（直截了当的因果关系），将理查逊堪忧的身体情况和他作为作家所具备的极致的情感直接联系起来：

……不幸的是，那些善于书写细腻精微的人，自身也会这样思考；那些能够书写痛苦忧虑的人，自身也能这样感受。之所以能传达出微妙的东西，正是因为心灵和身体如此一致，甚至能相互影响。一个人如果常常能够发觉心灵的柔软与温柔，那他一定也具备了这样的性格。在汤姆·琼斯的舅舅发现真相后，汤姆在极乐之下喝醉，乃至做出各种各样的坏事——所以我敢说菲尔丁一定是一个坚定而强壮的人。①

正如伊恩·瓦特（Ian Watt）所说，没有人"试图疗愈理查逊持续的病态"；② 却在最深层和无意识的层面上明确暗示他：从 17 世纪晚期开始，心态上的革命已经开始了。唐纳伦夫人话语中的隐性前提是由威利斯、洛

---

① *The Correspondence of Samuel Richardson*, ed. Anna L. Barbauld, 4 vols.,（London, 1804）: IV 30.
② Ian Watt, *The Rise of The Novel*（Berkeley, 1957）: 184.

克和其他研究者确定的。这里以三段论的形式粗略描述,即:(1)灵魂位于大脑;(2)大脑通过神经来完成全部工作;(3)一个人的神经越是"细腻"和"纤弱",从形态学上说,情感和想象的能力就越强;(4)文雅之人和时尚人士天生就有更多"细腻的"解剖结构,他们神经系统的基调和质地就比低层次的人更"纤弱";(5)神经的敏感性越强,就越能写出细腻的文字。即便努力地深究这一系列未经证实的假设,它们也不会变得更加清晰。它们——也就是这些假设——隐藏着一个神话,而这个神话仅部分建立于生理学研究之上;毫无疑问,神话的流行,植根于不同出身的人群间固化的区隔之中。但这些假设仍然形成了几代人深层思想的一部分,而且由于时间的流逝也很难再现。对于像唐纳伦夫人这样的同代人,理查逊象征着时代的佼佼者,一个真正具备细腻、纤弱情感的人。同代的其他女性也明白他为何能写得如此细腻,哪怕我们现在并不了解。

我们现在可以懂得:情感小说——尤其在 18 世纪 40 年代时,在理查逊的影响下发展起来的情感小说,深层原因并不归于哈勒和维特之间著名的神经学争论,也并非理查逊先前从乔治·切恩医生那里了解的知识(理查逊和乔治·切恩私交甚笃,也从他那里学到了很多生僻的身体结构知识)。它也不归因于哈奇森的《论激情与感情的本性与表现》(*Passions and Affections*)、《论美与德性观念的根源》(*Ideas of Beauty and Virtue*)或沙夫茨伯里的《人、风俗、意见与时代之特征》(*Characteristics of Men, Manners, Opinions, Times*)。哈勒和维特之间的争论直到 1751 年才爆发,[①]而这是在《克拉丽莎》出版 4 年后发生的事情。即使这场争论在理查逊撰写《克拉丽莎》之前爆发,即使理查逊确实知晓哈勒和维特论战的逐条细节,即使理查逊自己在《克拉丽莎》的前言中或他处透露:他对于情感和科学、感伤和心灵的知识来自对论战的细读,但这最多能证明它们起了象征性的影响作用。

[①] 对于这场争论的最详尽的调查,可参见 R. K. French, "The Controversy with Haller: Sense and Sensibility," in *Robert Whytt*, 63–76。

但就像 20 世纪 60 年代早期的库恩一样，我们并不是仅在表面和线性层面上、或是一对一直接影响的层面上进行解读。结果就是，对我们来说，我们既不必去关注理查逊是否读过哈勒和维特或其中一人的作品，也不用关注他是否在之前还读过布尔哈夫、切恩、哈奇森或是沙夫茨伯里的作品。只有理查逊的追随者才需要紧密关注他的阅读情况。对我们来说，最重要的是要知道谁能理解作品的深层涵义，即其本意，是谁最先让情感崇拜成为可能——无论是在小说中还是虚构文学中的他处。我们要知道的是一个简单的事实（太过简单以至于我们从未费心注意），那就是直到关于大脑的知识革命出现，才出现了第一部情感小说，之后才发现了情感的臣仆——神经。即便斯特恩、斯摩莱特（Smollet），乃至以《理智与情感》（*Sense and Sensibility*）闻名的简·奥斯汀（Jane Austen）能因为最先描写情感的愉悦，而在时间上领先理查逊的话，也并不会对我们产生实质的或是可感的差异。唐纳伦夫人已经告诉我们，理查逊为什么能在这一类作品中表现得如此出色，要是斯特恩、斯摩莱特或奥斯汀身体抱恙，或者霍加斯（Hogarth）、雷诺兹（Reynolds）、布莱克亦如是，她也能说出相同的理由。她对绘画或音乐中精湛技艺的解释，与她为理查逊所做的解释不同；她的解释是说得通的，因为就像 18 世纪书信中的许多类似段落一样，她的理由都是在没有任何预谋且完全诚恳的情况下表露出的。她没有经过精心推理，因为她的想法就是时代的想法。在绝对意义上，她的个人意见是否正确一点都不重要：每个时代都有权相信它所期待的东西，有权创造它所期待的知识革命；不管后代人如何抗议，一代又一代的人都会继续矫饰自己创造的神话，即使后人并不喜欢。这是我们的任务（我希望这生硬的道德要求能被原谅）——既不伪造过去的观念，也不强调或相信非其本意的东西。但对思想史学家来说，一个更重大的任务是：坚决抵制将高度复杂的内容简化成既不尊重事实、又不讨论或回答"宏大"问题的简单回应。举一个事例：除文学学者外，英国作家花了三四十年时间掌握的大脑/神经革命的知识，在普通读者看来并不比理查逊时代的故事引人入胜。晚近的本世纪作家们已经花了够长的时间（若非再久一些），在先见的层面上，理解达尔文、爱因斯坦、弗洛伊德、海森堡（Heissenberg）和其他人的范式性作品。书写情感的作者［理查逊、斯特恩、麦肯齐（MacKenzie）、萨德（Sade）］和思想革命本身（威利斯和他在牛津和伦敦的同事）之间的时间间距，必须保证这场学术革命能够引起研究科学／文学关系的专家的关注。也因此，医学史学家主要关注的对象，是医学研究被1680年以来大脑／神经革命影响的方式。

我们也可以理解，为什么当我们在该研究的深层进行诠释时，几乎不需要阐明特定思想家对书写情感的作家的影响。那将是不恰当的。假设生理学的感知理论是解释各种感觉（尤其是各种各样简单和复杂的激情）的必要条件，这个理论对我们来说就毫无意义；或者如果我们在科学作品中找到了一个重要段落或一个完美类比，并发现它对情感作家产生了影响，那这也没什么值得庆祝的。我们一定得承认说出下面这番话的科学家是满嘴胡话的："感觉只不过是身体的冲动、运动或行动，或轻或重地压迫着神经、皮肤或身体其他部位的末梢和侧面，这……将运动传递到大脑的意识本能处去。"[1]这对我们来说是无关紧要的，对于那些能理解情感真实起源的人来说更是如此，如果这篇文章（往前推）的作者是哈勒、维特、哈特利（Hartley）、拉美特利、休谟、切恩、威廉·亨特（William Hunter）、尼古拉斯·罗宾逊（Nicholas Robinson）、伊弗雷姆·钱伯斯（Ephraim Chambers）、布尔哈夫、哈奇森、沙夫茨伯里，或其他一些人。只是碰巧切恩写下了这句话，而实际上这些人中的任何一个都有可能写出这句话。这句话只有在威利斯、洛克和其同道的著作发表之前才有机会出现。[2]我一

---

[1] 这篇文章可见于 George Cheyne, M. D., *The English Malady* 2 vols.（London, 1733）: I 71。就神经、精神和纤维的研究而言，没有人比切恩更重要。

[2] 人们可以通过翻阅17世纪50年代的科学著作来检验这个假设，特别是霍布斯和一些早期剑桥柏拉图主义者的作品；1664年正是威利斯的著作 *Cerebri Anatome* 出版的日期，而在这之前，大脑从未以这种方式被看待。

直以来的论点就是它不会出现得更早——在革命性的大脑理论提出之前，我们不可能预料到所有的感觉都仅是神经的运动。

更重要的是，我们现在可以开始理解为什么所有的疾病（不仅仅是歇斯底里和疑心病），最终都被归为"神经敏感"；而这些疾病在一段时间之后，由时尚人士内化为优雅和纤弱的可见标志——从而作为区分低等阶级、中等阶层与上层社会的有形证明。虽然迟缓但也确实变得更清楚的是：理查逊、斯特恩、狄德罗、卢梭、麦肯齐甚至萨德都是两代思想家们的后裔。他们趋向于"内化"（internalized）（这是关键词）研究人类的新科学，这种科学引导着人们的思想，从眼睛和脸到神经和大脑，从看起来怎么样到感觉到什么，从感觉到什么到知道了什么。"内化"意味着：人不再满足于将自己单单理解为行为里的行为者和思考上的思考者。他（即人类）希望准确地理解自己的感情是如何塑造自己的知识的，这是他第一次无法将二者分开。就像萨德在自己的人物朱斯蒂娜（Justine）中所做的一样，理查逊通过内转和内化解剖学、感情、行动和知识之间的关系，从而参透自己的虚构人物克拉丽莎。不管是显明的还是隐含的、身体的还是心灵的，如果没有相关的类比，内化都是不可能的。但是，如果我们继续认为这种类比可能诞生于18世纪中叶，那就是在篡改历史；事实上，在18世纪的第一个十年，即沙夫茨伯里作品的草创期里，这种类比已经相当成熟了。① 斯摩莱特对他最后和最伟大的主人公马特·布兰布尔（Matt Bramble）进行的语词分析，仅仅在无意识的假设层面上进行，这可能是给从理查逊到萨德侯爵的所有作家的铭文："我认为他的好奇心部分来自身体的痛苦，部分来自心灵情感的天生多余。"② 到1766年，哥尔斯

---

① 像这样的名单可能会引起对笛福和菲尔丁的疑问："他们没有和理查逊接触到相同的想法吗？""他们的神经没那么敏感吗？"是的，正如菲尔丁也受到了同样的影响，每个人都受到了，但是唐纳伦夫人的时代会认为菲尔丁的本土生理学比理查逊的生理学要简陋得多。当然，事实会更加缜密一些。但她的回答虽然粗枝，却是恰切的。这反映在约翰逊说菲尔丁是一个"贫瘠的流氓"（barren rascal）这一评价中。

② Tobias Smollett, *Humphry Clinker*（London, 1771）, J. Melford to Sir Watkin Phillips, 18 April.

密（Goldsmith）在《威克菲尔德的牧师》(*The Vicar of Wakefield*)中对威廉·桑希尔（William Thornhill）爵士的描述（这也许是他最真诚的仁慈角色），身/心类比已然陈旧，作者的描述仍选择基于这种类比："医生指导我们了解紊乱：那会让整个身体都极其敏感，以致最轻微的触碰都会产生痛感；他人受到的苦难让这位绅士也感同身受。不管是真实的还是虚构的轻微痛苦，都很快能触动到他，他的灵魂因他人的苦痛而苦苦挣扎。"① 没有先行的神经疾病理论，身/心类比就不可能在感伤文学中成为惯例，这个理论并不归因于伯顿（Burton）、培根、笛卡尔，以及其他研究忧郁的解剖学家，它很大程度归功于威利斯、布尔哈夫和切恩。它就像蒲柏和艾迪生长期思考的无限宇宙一般，不得不再次封闭，而这回却融入了人类内在的神经宇宙中。

但是，我们渐渐开始理解那最令人迷惑的现代谜团——浪漫主义，为何反过来成为情感崇拜传统的后继者。这个解释从此超越了迄今为止最好的定义——来自哈罗德·布鲁姆的定义。因为如果接受了他那极有说服力的想法，那就只能够在传统母题——"追寻"（the quest）被内化的那一刻，才能在文学上讨论浪漫主义，② 接着就要试着理解为何内化这一复杂过程需要神经学的传统遗留。如果以这种方式理解的话，浪漫主义在任何时候都可能发生这一观点就并不准确。首先，以范式性作品为代表、讨论人类神经的知识革命必须发生，然后在情感崇拜、宗教、社会、道德、文学、时尚方面的革命必须一一出场。同时，关于人类的理论越来越内化，像斯威夫特（Swift）那样、假装人类仅是一种思考的生物的观点变得无足轻重。虚构文学的作者现在可以回到"追寻"这个久远的母题，像规劝科学家内化哲学理论那样，轻易、自然地将它内化。

---

① Goldsmith, *The Vicar of Wakefield,* ed. Arthur Friedman, 5 vols（Oxford, 1966）: IV 29.

② 这是哈罗德·布鲁姆在 *The Visionary Company: A Reading of English Romantic Poetry*（New York, 1961）中提出的理论。布鲁姆从诺思洛普·弗莱那里得到启示，并把他的第一章标题定为"The Heritage of Sensibility"。

1975 年的后记

我在 1970 年完成了这篇文章，距今大约五年，但文章中的观点已经在我脑海里盘旋了许久。当我现在重读它的时候，在德里达的意义上，我设想将其解构，尽管这篇文章在哲学、科学史和医学史、形而上学和文学的融合最令我困扰，但也最让我满意。

这篇文章本身并不是上述范畴内的一类，而是包罗万象；通过研究截然不同的知识领域，在思考 17 世纪末的"神经敏感的人"（nervous man）问题上，文章有意识地寻找一种新的思考方式。即便作为文艺复兴到现代时期最重要的大脑科学家，一位文学批评的专业读者也不一定能认出威利斯的名字。此外，即使作为科学史或哲学史的学者，一位历史学家对理查逊、斯威夫特及其同代作家的虚构作品，可能也并不如他所认为的那样熟悉，尤其当他打算费心破译这篇文章的时候。可如果读者想要追寻文章的源头的话，具备上述所有领域的基本知识是必需的视野。在库恩的意义上，就是读者要去追寻洛克《人类理解论》中出现的新的范式、找到它真正的起源以及影响、探索它对各类研究者（科学主义的和人文主义的）的转变、探究让他们放弃自己的作品而吸收洛克思想的方式。

1680 年左右，学习过程还没有像现在这样被划分进不同"学科"，所以这一假设性的论点，并不会作为对我进行回护或攻击的集合而成立；跨学科研究更接近绝对真理这个荒谬观念也无法成立。因为"真相"往往很简单，并不需要复杂的仪器来解释。我将"神经敏感的人"作为神经、精神和纤维的创造物，接着我对这种全新意识的简要调查盖过了原有的担忧，并再次表明了现代世界（至少从 1600 年开始）中科学的强大。因为如果上述材料中出现了任何的公理，那么事实显然就会是：因为洛克的《人类理解论》中结合了新的感知理论，所以他不可能在没有科学模型（即威利斯关于大脑的新理论）的情况下构思或写作这篇论文。其他一切都成立在这一论点上。要想反驳它，至少要把"神经敏感的人"的核心先挖出来，或先减少科学在其中的分量。但我还没意识到这一点已经被证伪了，我也还没有发现对洛克人类理解论的深入研究或对洛克知觉理论起源的讨论。如果是洛克的《人类理解论》及其思想帮助威利斯的才华跃至全新的大脑理论，那么一切都将变得不同："神经敏感的人"可能仍然会出现，但是由于受到反面的影响，18世纪和19世纪（甚至可能更晚）中理智世界的其余部分将会上下颠倒、内外翻转。

或者，如果洛克可以"设想"出威利斯的大脑理论，乃至可以"设想"出一种新的感知理论，能够使他形成一个原创的概念（而非次级的联想），那么对于洛克的范式作品来说，一个现成的科学模型就不再必要。但洛克并没有"设想"到威利斯的理论；在1690年之前，也没有任何诗性的哲理化过程能把威利斯在知识上的中心地位抹去。虽然洛克本人受过医学训练并且当过一段时间医生，但我还是不能相信他能"设想"出威利斯的大脑理论。比起他，我还略可相信笛卡尔在没有听闻过哈维的血液循环前可以"设想"出循环理论，或者弥尔顿·伽利略在1638年去阿卡蒂看到伽利略望远镜之前能够"设想"出望远镜。彼得·梅达沃（Peter Medawar）在《艺术可溶性》（*The Art of the Soluble*）中给予我们一条线索：科学家、哲学家和诗人都依赖于性情和天赋进行生动的想象，但哲学家和诗人很少能设想或偶遇伟大的科学理论，因为科学到后来需要在证据的支撑下、在专业实验室的操作下方可继续运作。我不会对每一个案例都进行概括；但只要有人关注"神经敏感的人"的起源，他们都确信无疑：科学（威利斯）刺激了哲学（洛克），从而进化出一种新的构造，并最终将在文学（理查逊）中引发一场革命，反之则不成立。在这篇文章中，我不能再继续展示"神经敏感的人"的新理论又如何引导了更多成果——在拜伦和瓦莱里的时代，它如何假定了神话的比重，以及它又如何在20世纪支配着关于人类的其他概念。此刻，当我假定十有七八的新理论是这样发展出来，即通过科学改变哲学和文学、反之不然的时候，我也展示了自己的倾向。我清楚地认识到它的反面——文学让科学发生了根本性变化——在欧洲文明中偶有出现，但确实不像常态那样多见。

　　这种过分自信的宣言，特别是作为思想史方法论的基础而提出的宣言，不可能受到文学评论者的欢迎，他们的前辈——西德尼（Sidney）、德莱顿（Dryden）、蒲柏、约翰逊、华兹华斯、阿诺德、T. S. 艾略特（T. S. Eliot）——都曾宣称诗人比科学家更优越，因为诗人在观照"真相"和普遍性的层面上更高明，在"文化"内部形成活跃、真诚的心灵这一点上也更卓越。我们会联想到华兹华斯和柯勒律治《抒情歌谣集》（*Lyrical Ballads*）的序言里，关于"科学之人"（Man of Science）和"诗歌之人"（Man of Poetry）的著名段落。但是，像许多其他批评家一样，显然华兹华斯此处思考的是诗人的科学家之间的区别，而不是像我在这篇文章中所说的那样，是科学家和哲学家之间的区别。常常，文学是三者里面反应最慢的，就像是大浪后的一串涟漪。甚至像马修·阿诺德这样的文学批评家也在怀疑，未来的科学将会是一个强大的敌人，或至少也是一股强大的力量。然而，很少有人推断科学是通过影响哲学和心理学来改变人类的自我意识的。阿诺德和其他同道大多认为文学"抓住"了一些东西，但科学创造了"东西"本身，这似乎显得有点粗糙。

　　这一切都会引起争论，所以不能被认为是一种恰当的解构。它还没有确切地告诉我们"从威利斯到洛克"是如何实现的，没有在细读过两人的相关文集后阐释前者是如何影响后者的。它没有严格地对整个事件进行说明，也没有提供足够的事实作为证据。具体地说，它也没有证明克莱恩那篇论文的核心，论文的论点相当鲜明：

> 可以肯定的是，仁慈和有关"行善"的观念本可在 1750 年、1660 年或 1640 年之前发展，因为这些观念在《圣经》和中世纪到文艺复兴时期的基督教伦理教育中随处可见。但是一种解释自我意识人格的理论不可能在早先（早期，也就是说早于王政复辟）就出现，因为那个时候还没有适用于它的科学模型。

诚然，一个恰当的评论会证明，抽象概念需要特定的背景——例如，在爱因斯坦和其他相对论科学家改变了能量的认识之后，能量概念有了新的扩展①——在科学模型为其铺平道路之前，抽象概念无法发展。但是任何正确的解构都会考虑其他各种可能性：它会思考不因科学模型而出现的抽象观念的本质，会质问为何某些观念（"神经敏感的人"）需要先验的科学模型，而其他的观念（爱、友谊、自由——尽管也是抽象观念，却没那么与科学相关）不需要，也当然会找寻"神经敏感的人"在王政复辟之前存在过的证据。

限于篇幅，不再赘述，但研究肯定是在严谨的方法论下进行的，并有希望能成为某种有效性的证明。没有本次研究，"情感"就永远不会被理解为语言学或历史隐喻之外的东西。当然，我们也不清楚，或说非常怀疑，为何情感能在恰切的时刻以其特有的方式发展出来。

张珍、张春田 / 译　周睿琪 / 校

---

① 能量（energy）作为一个有着自己的历史和生命的理念，需要从伯克和戈德温的时代，到弗洛伊德和乔伊斯的时间脉络中去观察。伯克从希腊思想中接受了传统的能量流的观念，在它无从属地出现的情况下，他感受到了威胁。因而在《法国大革命反思录》(*Reflections on the French Revolution*)中，伯克认为在能量被抑制的情况下可能让人更舒适。戈德温的政治理念和宗教信仰与伯克是不同的，但他也认同传统的能量观，即认为能量是一种绝对的力量。但与伯克不同的是，他认为这是"所有特质中最实用的"。(William Godwin, *Caleb Williams*, Everyman Library Edition, 254) 传统的观念虽然奇异且富于想象，却还是坚持到了 20 世纪初期，直到爱因斯坦的相对论摧毁了旧有的、有缺陷的能量概念。因为我还没有研究过这一背景下的"能量"观，所以我无法确定关于能量的全新科学模型（库恩意义上的范式），是否又产生了另一种与"神经敏感的人"这一并驾齐驱的新意识。

第 9 章　风，梦，剧场：情境的谱系[①]

林凌瀚

不知所起的情

"因情成梦，因梦成戏。"[②] 剧作家汤显祖（1550 年—1616 年）如是说。其改编自文言短篇的《牡丹亭》（1598 年）界定了 16、17 世纪之交对情的崇拜，所起的作用无出其右。剧中杜丽娘梦见素未谋面的情人后有感而亡，又因不灭的痴情死而复生。时至今日，汤剧以其歌颂情超生死的力量而驰名于世。不过，作者本人在展示戏剧的起源时指出，情感和梦不只是这部戏的主旨或母题，在最深刻的意义上更是其根源。戏剧可一直追溯至人类情感所在的心灵最深处，而梦则作为中间阶段的内在"舞台"，让无形的情感在心中视像化，为剧场表演提供了原型。

对于我们理解中国文学史和情感史，这一戏剧起源有着紧密相扣的双重含义。就文学史而言，现代学者认为戏剧源自处于中国文化核心的抒情

[①] 本文译自 Ling Hon Lam, "Winds, Dreams, Theater: A Genealogy of Emotion-Realms," in *The Spatiality of Emotion in Early Modern China: From Dreamscapes to Theatricality*（New York: Columbia University Press, 2018）: 19–52。感谢作者授予中文版权。

林凌瀚（Ling Hon Lam），现为美国加州大学伯克利分校东亚语言与文化系副教授，研究兴趣包括中国古代戏剧与小说、女性书写、性别研究、情感研究、19 与 20 世纪的媒体文化和批判理论等。本文以《牡丹亭》为案例，考察了从情、到梦、到剧场与情境的书写谱系，重新思考其中诸多术语、隐喻和文化传统与现代性关系的背景与意义。——编者注

[②] "因情成梦，因梦成戏。"汤显祖，《复甘义麓》，载徐朔方校注，《汤显祖全集》（北京：北京古籍出版社，1999），2:1464。

传统——据称这传统基于表达人的情感内在（emotive interior）而非模仿外部动作。①

现代论者老爱引用这位晚明曲家据说为自己的言情剧所作的辩护，不惜与其师理学家罗汝芳（1515年—1588年）分庭抗礼："师讲性，某讲情。"② 我们对情感及其历史展开的理解影响了我们欣赏中国戏曲的方式，反之亦然；二者均以把内在持续外化作为大前提。

但这一起源亦可从不同角度看待。汤显祖在《牡丹亭》题词中写道："情，不知所起，一往而深。生者可以死，死者可以生。"③ 剧作家并未假设情感是梦和戏剧的内在来源，而是一开始就将情之所在置于疑问中。这里的"不知"是否仅指某些尚待明确的来自物质现实的刺激物，如此一来情感反应仍算作某种内在于我们的事物？或者更为激进，指的是某种外在性（exteriority），无法简化为物质（既然丽娘的梦无关任何欲望对象）或者为幻想（否则我们无从再谈什么"不知所起"）？如果不再假设情感是内在的，我们该如何理解从情到梦到剧场的谱系，而其中每个术语的意义都得彻底重新考量呢？

恼人天气

在潘之恒（1556年—1622年）对《牡丹亭》某次演出的思考中也能

---

① Shih-Hsiang Chen, "The Shih-ching: Its Generic Significance in Chinese Literary History and Poetics," in *Studies in Chinese Literary Genres*, ed. Cyril Birch（Berkeley: University of California Press, 1974）: 8–41; Earl Miner, *Comparative Poetics: An Intercultural Essay on Theories of Literature*（Princeton: Princeton University Press, 1990）: 20–31, 56–60.

② 这段引文从未见于汤显祖的全集，1620年之后才以讹传讹广为流布。见程芸：《汤显祖与晚明戏曲的嬗变》（北京：中华书局，2006）: 52–53。

③ "情不知所起，一往而深。生者可以死，死者可以生。"汤显祖：《作者题词》，见徐朔方、杨笑梅注，《牡丹亭》（北京：人民文学出版社，1997）: 1。下文引用本书时，以加括号的页码表示。叶长海提出要注意汤显祖题词中情之难解，但叶氏自己旋又将情解释为"主观情思"。见《汤学刍议》（上海：上海人民出版社，2016）: 100–101。

找到同样的复杂性:"能痴者而后能情,能情者而后能写其情。"① 初看之下,潘像在说即使演戏也包含了基于个人情感体验的"真我"表达。② 如此解读不得不假设情是本质地发端于自我并因此担保自我的真实。然而如潘所述,情的轨迹("情之所之")出乎未可端倪之境而非自身之中:"夫情之所之,不知其所始,不知其所终,不知其所离,不知其所合。在若有若无,若远若近,若存若亡之间,其斯为情之所必至,而不知其所以然。"③ 情似近而远,杳无涯际——这奥义复杂化了关于情感系于心、动于中、发自内的经典看法。

这复杂性与其说跟经典的情感观念决裂,不如说是突显出情在古文献里所涉及的开阔得多的视野。早在《诗大序》里,情无涯际的本质已经透过"风"的意象被点染出来。后世一般会征引"在心为志,发言为诗,情动于中而形于言"这句名言来说明情的内在性(诗歌因而被视为内心的表白)。可是《诗大序》在提到"情动于中"之前,实际上标举了比悸动之心还要优先的东西——此即包裹六合,鼓荡万物,构成四周氛围的"风"("风以动之")。④ 职是之故,情是个鼓动的场域,其中连续的运动令诸般事物彼此同步,心不过是中继站中的一个。风的话语可追溯至"公元前4世纪对身体的发现",身体首次被看作由"一系列越加精炼"、来自外界的"气、精、神等生命能量所组成",修身计划因此包含在"动态宇宙的总体愿景"之中。⑤ 但从反面来说,这套宇宙秩序意味着身体本身从来不

---

① 潘之恒,《情痴:观演〈牡丹亭还魂记〉》,载汪效倚编,《潘之恒曲话》(北京:中国戏曲出版社,1988):72–73。

② 参见 Grant Guangren Shen, *Elite Theatre in Ming China, 1368–1644* (London: Routledge, 2005):106。

③ 《潘之恒曲话》,72。

④ 《毛诗正义》,269;《诗大序》,38。关于风作为古老的情感转喻,见 Paolo Santangelo, *Sentimental Education in Chinese History: An Interdisciplinary Textual Research on Ming and Qing Sources* (Leiden: Brill, 2003):147–148。

⑤ Mark Edward Lewis, *The Construction of Space in Early China* (Albany: State University of New York Press, 2006):20–21。

第 9 章　风，梦，剧场：情境的谱系　　203

是自足的实体，而是总暴露在同样的能量之下而受到危害。风充塞每个角落，渗透一切门槛，从公元前 2 世纪起就逐渐被视为疾患（在医学话语中）或忧郁（在多愁善感的抒情诗中）的病媒。① 看似自我闭合的身体其实千疮百孔，任随气流穿过而弥散；同样，愁郁并非内在心态，而是一种上下覆载、让人涵泳其中的情绪或氛围。风的"场所"（topos）揭示出情感是一个空间结构或者场域，② 换言之就是一种"情境"（emotion-realm）；③ 名为"风"的情境，其空间结构是围绕着"涵容"（embedment）这一维度而组织起来的。④ 简单说来，是人类主体涵容于情绪之中，而不是倒过来。更准确地说，主体并不先于或独立于涵容存在；相反，借用本·安德森（Ben Anderson）对"情感氛围"（affective atmosphere）的讨论，涵容之风体现出"场域的空间性"，它"发生在主体形构的远处、周遭和旁边"

---

① Shigehisa Kuriyana,"The Imagination of Winds and the Development of the Chinese Conception of the Body," in *Body, Subject, and Power in China*, ed. Angela Zito and Tani E. Barlow（Chicago: University of Chicago Press, 1994）: 23–41; 小川环树，《风と云——感伤文学の起源》，见《小川环树著作集》（东京：筑摩书房，1997），1:235–258; 郑毓瑜，《从病体到个体："体气"与早期抒情说》，见杨儒宾、祝平次编，《儒学的气论与功夫论》（台北：台湾大学出版社，2005）: 41–59。

② Topos 一般翻译为"传统主题"，不过本书作者故意取其希腊字面义（"位置""场所"），以突显这里关注的空间性问题，类似于 topos 在 topology（位相几何学）和 topography（地形测绘学）的用法。——译者注

③ 本书绪论提出："情境"一词，出于王昌龄《诗格》，相对于"物境"和"意境"而言，被形容为"张于意而处于身"，故始终落入一种与外界对立的内在性。宋代以来"情景交融"之说欲救此弊，却讽刺地先得承认内外的分隔再言交融。相反，这里经过重新诠释的"情境"是个整体概念，意思不是把情具现的境界、染上情愫的境地或者情和境的结合，而是情本身就是一个空间结构，是我们所处之境。"情境"与同类的"情况""情形""情势"，都是处境的意思。据此，本书凡提到情的地方，其实都指"情境"，而不是情之外再加个附带之物。由于"情境"不是精神境界或者心理状态，而是让我们存身于世的空间结构，是外在而非内在，故此本书又提出"情感外在性"和"情感空间性"的相关命题，以明确"情境"的性格。——译者注

④ 结束全书的第五章提出：构成情境的三维度不是固定测度的长宽高，而是三种让人受(感)动（moved）的不同运作，分别指"涵容"以及下文将会介绍的"遣送"和"面峙"。任何情境都有此三种维度，但不同历史文化语境下的情境会侧重不同的维度，而维度之间的相互关系以及情境整个空间结构也因此相应地改变，产生各有特色的情感空间性历史模式。其中表者便是"风"以至稍后提到的"梦境"和"剧场性"这三种模式，它们之间的分歧和互动构成了本章所谓"情境的谱系"。——译者注

(occurring beyond, around, and alongside the formation of subjectivity)。① 正是这种"发生在……远处、周遭和旁边"构成了风的"涵容"维度。

"涵容"的维度保持了情感外在性的原生体验，这种体验仍能在日常生活中亲切感受到，但常被误认为外在的因果关系。我们需要把情感的外在性和两种版本的外源决定论（exogenous determinism）区分开来。第一种版本援用"外物"刺激情感反应的传统观念，这种反应又可进一步从上古"感应"宇宙观的角度理解。根据中国诗学的说法——有学者这么提倡——诗歌作为情感反馈是不由自主的、油然而生的；外在刺激支配下的诗歌创作据说回避了人类主体的刻意思考。② 然而，在断定情感是对外部世界的反应时，此观点不期然采用一套联系内外的沟通模式，这模式依然假设了主体的内在性（interiority）从一开始便与世界分离开来。从这个角度看，《诗大序》在人类心灵与其环境之间画下了边界，不过是服从了"既定的内外范式"。在据称是对世界的"完美感应"中，情感表达仍将仅仅是个心理学主题而已。③

第二种须与情感外在性区别开来的外源决定论版本，也是比较晚近的一个版本，主张情感的体验、表达、归类和传播，无不有赖于社会和文化过程。对于西方惯常把情感简单看成是非理性生物现象的做法，这样的社

---

① Ben Anderson, "Affective Atmospheres," *Emotion, Space and Society* 2, no. 2 (December 2009): 77, 80.

② 关于古代诗学和"气类感应这一宇宙观"，参见龚鹏程，《从＜吕氏春秋＞到＜文心雕龙＞——自然气感与抒情自我》，载陈国球、王德威主编，《抒情之现代性："抒情传统"论述与中国文学研究》（北京：三联书店，2014）：592–621。关于学者们如何从《诗大序》解读出油然而生或者不由自主的抒情表现，以及这种解读产生何种问题，见 Martin Svensson, "A Second Look at the Great Preface on the Way to a New Understanding of Han Dynasty Poetics," *CLEAR* 21 (December 1999): 1–33。

③ 见 Owen, *Readings in Chinese Literary Thought*, 39。郑毓瑜批评心理学模式时将感应完全重新阐释为"被包围在整个大气状态里的同步动荡"，以此形容上面所述的风的场所。然而，尽管大气弥漫，她仍认为共振是"以身体为核心"。参见《文本风景：自我与空间的相互定义》（台北：麦田出版社，2005）：326。我们从心理学逃到生理学时，结果遇见了一个物化版本的情感内在。身体因此并不提供批判内在性的根据，而是内在性更吊诡的体现而已。见第五章，第二节。

会文化阐释无疑起到针砭之效。① 吊诡的是，这种方法打破感觉/思维的二元对立的同时，却常以认知心理学之名提高了内在性的显赫地位。情感体验现在被看作"反复学会的认知习惯"，是通过集中注意力和带有"强烈目标相关性"的训练在社会环境中获得的。② 认知研究打开了从历史角度考察情感之路，③ 但它将内化（interiorization）优先认定为情感的本质结构。考虑到情感让我们得以完成既定目标，那么只有一步之遥即可声称：关于我们的感受，我们（即使并不自觉地）做出自己的决定和判断；④ 情感因此成为自我主权的终极断言。⑤

相比之下，"情感外在性"——我指的是一种空间结构，它允许我们在世上存身、彼此相处，日常共处一室时感觉到空中的气氛，或者街上碰面便一起大谈天气等等，即是例证——所提供的方法绕过外在和内在之间的因果关系的议题，就此避免了内在性的再领域化（reterritorization）。中国上古风的场所以特定的历史方式阐明了这点。涵容之风所穿破（traverse）

---

① Catherine A. Lutz, *Unnatural Emotions: Everyday Sentiments on a Micronesian Atoll and Their Challenge to Western Theory*（Chicago: University of Chicago Press, 1988）.

② William M. Reddy, *The Navigation of Feeling: A Framework for the History of Emotions*（Cambridge: Cambridge University Press, 2001）: 21–31.

③ 关于将社会—历史方法应用于明清文本的情感语言、显示出情感的"认知元素"（cognitive elements）随着不同文化背景而变化，参见 Santangelo, *Sentimental Education in Chinese History*, 17–18, 50–69。

④ Robert C. Solomon, *The Passions: Emotions and the Meaning of Life*（Indianapolis: Hackett, 1993）: 208. 对所罗门的决断主义（determinism）的批判，见 Daniel M. Gross, *The Secret History of Emotion: From Aristotle's Rhetoric to Modern Brain Science*（Chicago: University of Chicago Press, 2006）: 3 n. 3.

⑤ 因此按照橡川马丁（Martin Svensson）的诊断，问题并非汉学家太认可不由自主的即时表现，而忽视了《诗大序》本身倾向于理性克制和精明狡黠。此两种相反趋向其实纠缠不清，这早已众所周知。用史嘉柏（David Schaberg）的话说，汉朝诗学认为诗歌表达出"情感强度"（emotional intensity），然而却经得过"加密通信"（coded communication）。参见 Schaberg, "Song and Historical Imagination in Early China," *Harvard Journal of Asiatic Studies* 59, no. 2（December 1999）: 328–339. 真正的问题在于，无论选择哪一头，是强调情感还是理性，或者更准确一点，无论是选择把这二元分立加以物化（如同橡川马丁的做法）还是将之破解（正如近来研究情感的认知学方法所示），情感主体——无论是被动的接收方还是主动的思想者——其内在性依然原封不动地保留下去。

的不仅是个人和社会，还有表达因果关系所需的所有类别分类（来源和终点，目的和结果，输入和反馈，载体和内容）。① 汉朝训诂学中，风同时是（1）由风引发的诗歌（《诗经》里其中一种诗歌类型即名为风），（2）诗歌借以流播的口头传诵（通"讽"），（3）诗歌带来的政治劝诫（讽刺）和习俗转变（风教或风化）的实用功能，以及（4）诗歌启迪及转化的世道（风俗）。② 这种名为风的宇宙力量让输入和反馈形成短路，渗透自身的媒介和效应，因此它并未扮演外在的"起因"，而是让这样的因果关系变得次要。

风的场所亘古以来犹自突显，构成理解早期现代中国情感的一个基本层面。用冯梦龙（1574 年—1646 年）《情史》里的话来说：

> 情主动而无形，忽焉感人而不自知。有风之象，故其化为风。风者，周旋不舍之物，情之属也。③

《情史》编于《牡丹亭》之后约 30 年，④ 冯梦龙当时明显想着这出戏。他提出情感不是在人之内发现的一种心理状态，而是无远弗届的宇宙能量场，而人于其中发现自己；只有在这个宇宙论观点中才能理解人在情感中的死亡和复生："人，生死于情者也；情，不生死于人者也。人生而情能

---

① Traverse 意指一种双重阅读策略，既覆盖整个逻各斯中心论（logocentrism）二分对立概念性的空间，又同时在其内部开辟出外在性的可能以进行颠覆。见 Simon Critchley, *The Ethics of Deconstruction: Derrida and Levinas*, 2nd ed.（Edinburgh: Edinburgh University Press, 1999）: 26。——译者注

② Steven Van Zoeren, *Poetry and Personality: Reading, Exegesis, and Hermeneutics in Traditional China*（Stanford: Stanford University Press, 1991）: 100–102; Ben Anderson, *Encountering Affect: Capacities, Apparatuses, Conditions*（New York: Routledge, 2012）: 149–160.

③ 冯梦龙编，《情史》，载《冯梦龙全集》（南京：江苏古籍出版社，1993），7: 11.376。

④ 据金源熙推测，《情史》成书上限为崇祯元年（1628），下限是崇祯十年（1637）。见其《情史故事源流考述》（南京：凤凰出版社，2011）: 25–29。

死之，人死而情又能生之。"①

将情理解为宇宙能量场有助于解释《牡丹亭》中，《诗经·国风》里的一首诗何以让丽娘感触至深（"为诗章，讲动情肠"）到了害病的程度。她的状况被比作感染自"后花园"的"尴尬病"，或者是恶灵缠身，如其母哀叹的："怕腰身触污了柳精灵。"同理，家塾师陈最良建议拿同一本《诗经》去治她的病（"毛诗病用毛诗去医"），虽然是半开玩笑，却机巧地化用了此一上古的观念：有力的话语即是风，能直接对身体施以物理性的撞击，不论好坏。感物之风的病理学甚至延续到丽娘死后。令其死亡的那些强有力的宇宙能量又将她变为鬼魂。用16世纪医学术语说，这是情受阴气主宰而致郁，纠结不散所致。因此戏中丽娘的幽灵上下台时总伴以一阵冷风。而最终让她返生的是阳性的能量，这令人捧腹的是用一条"壮男子的裤裆"收集得来，由裤主陈最良慷慨捐赠，用在复活的仪式上。②

汤显祖的《宜黄县戏神清源师庙记》正是对这宇宙力量的颂词。戏剧的威力在此迹近神化，据称能唤起"凤凰鸟兽以至巴渝夷鬼"；施之于人身，则失去的机能也可当场恢复，甚至疫症全消："瞽者欲玩，聋者欲听，哑者欲叹，跛者欲起。无情者可使有情，无声者可使有声……家有此道，疫疠不作。"③戏剧以无孔不入之情疯魔观众——这其实是套病理学模式。在风的支配下，人得以成立、看待为病人（patient）。职是之故，涵容之风里的主体形构堪称"病忍性"（patiency）。④

---

① 《情史》，10.361。

② 见 Judith T. Zeitlin, *The Phantom Heroine: Ghosts and Gender in Seventeenth-Century Chinese Literature*（Honolulu: University of Hawaii Press, 2007）: 13–42。另参见 Andrew Schonebaum, *Novel Medicine: Healing, Literature, and Popular Knowledge in Early Modern China*（Seattle: University of Washington Press, 2016）。

③ 《汤显祖全集》，2:1188。

④ 英文里"病人"和"有耐性"都叫 patient，意味着痾瘵在抱的人不得不含辛茹苦。本书原文 patiency 自铸伟辞，兼指病人身份和忍耐承受的素质。中文翻译作病忍性，一方面是跟"病人"和 patiency 谐音，另一方面也遥指孟子"动心忍性"的著名议论。——译者注

醒来入梦

不过，《牡丹亭》里，风的涵容只是构成情境的其中一个维度，难以穷尽汤显祖时代中国戏剧或观众体验的本质。《诗大序》和《牡丹亭》相隔几近两千年，我把它们相提并论，旨在强调风作为情感空间性的上古体系历久常新，但与此同时，情境随时间还是发生着微妙的改变。风厚薄不齐而漫衍，渗透一切边界，充斥每个角落，①让主体生成其中，并使其体验总是现有（present）的、临即（immediate）的。可是在风以外还存在另一场所，强调层叠界划多于漫衍、交替错综多于临即、转瞬即逝多于现有——简而言之，是遣送（deliverance）的维度盖过了涵容的维度。这就界定了我名为"梦境"（dreamscape）的场所。

汤显祖在本剧题词中赞美丽娘（而非她的情人柳梦梅）才是情的化身，全因她连见面都不用就一梦而亡。②丽娘对已梦耽溺致死，看似是个昭然若揭的自恋例子。但是，我们在强调女性欲望、主体性和能动作用时，可能太快就假设了梦只是内在的精神状态，于是丽娘对梦的痴迷不过强调了她所代表的情感内向性而已。然而，正如心不是情感的来源，而是空气运动的一部分，传统中国话语中的梦也并不充当笛卡尔式的内心剧场；相反，它将我们传送到世界之中（outside in the world）。③《楚辞》里的流亡诗人屈原（约公元前 340 年—前 278 年）频繁入梦，如 2 世纪的注释者王

---

① 由于空气流动不均，风虽无边际却并非无差别，汉朝话语曾以此解释各地风俗差异。大一统意识形态规定"六合同风"，同时也承认"百里不同风，千里不同俗"。王吉上疏宣帝（公元前 74 年—前 49 年在位）时同时提出了这两种互相竞争的说法。参见班固，《汉书·宣帝纪》（北京：中华书局，1962），10:72.3063。另参见 Lewis, *The Construction of Space in Early China*, 189–244。

② 汤显祖，《作者题词》，1。

③ 这里暗指的是语出海德格尔《存在与时间》所言的 "being outside in the world"（Seienden draußen in der Welt），对瓦解内在性颇为相关。本书第五章第一节详细讨论了如何从情感空间性的角度对海德格尔哲学转化补苴，相得益彰。——译者注

逸解释的："精神梦游，还故乡也。"① 到 10 世纪宋人编纂唐传奇时，游的母题遂成为说梦的次文类，列在"梦游"的标目下。② 由于做梦是漫游于世而非内潜于心，于是有了（通常是对夫妇）"两相通梦"的故事。③ 这两种空间特征——做梦作为遣赴的过程以及梦境作为梦者们同赴的共享空间——让杜丽娘和柳梦梅在梦中相会成为可能。仿佛为了让人明白这一共享空间的首要性，汤显祖的竞争对手、剧作家沈璟（1553 年—1610 年）所作的《牡丹亭》改编本即重新命名为《同梦记》。④

也许有人问：俗语有云"日有所思，夜有所梦"，那么丽娘和梦梅进入彼此梦中，不就说明他俩怀着求偶的隐秘欲望吗？但对古人来说，做梦并非遁入最私密的幻想深处，在梦中实现愿望；相反，做梦的人被思想所指向的地方驱役，给遣送到别处。因此，古人解梦，用意不在于分析无意识的欲望，而在于占卜未来——是对魂游天外时收集到的神谕进行解码。正如 10 世纪晚期引述的《解梦书》说："梦者，像也，精气动也。魂魄离身，神来往也……魂出游，身独在，心所思念忘身也。受天神戒，还告人也。"⑤

不过，如果占卜顾名思义是前瞻性的，通过寻绎梦中信息的真义以推算未来，早期道家的庄子却主张回头看，着眼的不是梦的内容而是它的空间结构，后者构成的存在论状态（ontological condition）把解梦这门子生

---

① 见洪兴祖注，《楚辞补注》（北京：中华书局，2001）。另参见廖藤叶，《中国梦戏研究》（台北：学思出版社，2000）：20–24。

② 李昉等编，《太平广记》（北京：中华书局，1961），6: 2241–2252。

③ 白行简，《三梦记》，载袁闾琨、薛洪绩纂，《唐宋传奇总集：唐五代》（郑州：河南人民出版社，2001），1:198。"同梦"的佛教含义表明了与神性及他人重合的自我所富有渗透性。见 Serinity Young, *Dreaming Lotus: Buddhist Dream Narratives, Imagery, and Practice*（Boston: Wisdom, 1999）: 87–94。

④ 沈改本仅存两个唱段。见《沈璟集》（徐朔方辑校）（上海：上海古籍出版社，1991）: 819–820。

⑤ 引自李昉等编，《太平御览》（北京：中华书局，1960）。当中书名题为《梦书》，应即引用书目中《解梦书》的简写（1:11）。

意从根本上否定。他的《齐物论》说：

> 梦饮酒者，旦而哭泣；梦哭泣者，旦而田猎。方其梦也，不知其梦也。梦之中又占其梦焉，觉而后知其梦也，且有大觉而后知此其大梦也。①

我们自以为站在足以澄清梦义的立场，根据的理由是我们已经清醒过来，却不自知是在另一重梦里占梦而已。梦之外不存在任何立场或者根据地可作为阿基米德支点，因为只有在回顾中——即必须有待被遣送到"清醒的"现实之后——方会后知后觉到自己才刚还在做梦；随着进一步遣送，这所谓现实又会为时已晚地再次被揭发为另一层梦。梦境的场所呈现为无数界分层叠的存在境地，梦者不断被遣送而穿过其中。尽管风或者"精气动"在传统上一直被用来解释梦的物质成因，梦境的场所却代表着一组与风截然不同的情感空间构造和问题性（problematics）。② 悲伤和喜悦在此不再是未经过滤而让人身被危殆地渗透的饱和能量场，而是被再领域化为真实和虚幻的无尽分层，使梦者陷入幻灭与再度着迷的重复循环中。情感的不同场所也牵涉到时间导向上的差异：尽管涵容之风使病人的身体及其知觉都现有在场，但梦境的构成方式中，梦者在不断被向前遣送的同时，唯一能预期的却是回顾性认识——即每次醒来后才认识到自己早被抛入的背景是多么深不可测。这背景不辍后撤，永远够不到底，意味着被无数重面纱障蔽的过去，每次只能揭开一层，却无法彻底看透和把握。

---

① 《齐物论》，载郭庆藩注，《庄子集释》（北京：中华书局，1961），1: 104–105。

② 问题性和问题不同。后者只是"知性上的纠葛"，前者却是更深一层地关乎让问题得以呈现并引起关怀的可知性视野（horizon of intelligibility）本身，这视野是思想成为可能并让它反思自身的条件。参见 Michael Warner, *Publics and Counterpublics*（New York: Zone Books, 2002）: 154-155。——译者注

公元前 4 世纪的庄子陷身于正在形成的梦境，当中剩下一个无法解决的"吊诡"：不管多少次，觉醒旋即坍塌为梦，终极的现实无限期地延宕下去，直至"万世之后而一遇大圣，知其解者，是旦暮遇之也"。① 在"大觉"莅临把现实与幻觉清楚区别开来之前，庄子唯一可以肯定的东西（如《齐物论》结尾所揭示的）只有"化"———一个起初与风有关的概念，但现在挪用来形容梦境中发生之事。② 在回避解答"不知庄周之梦为蝴蝶？蝴蝶之梦为庄周欤"这整个疑难时，庄子能够而且需要了解的是：不管哪边才是梦里、梦外，谁又梦到变成谁，从一个梦传送到另一个梦的过程中，必然发生的就是"物化"。③

但是真正解决这吊诡的办法（庄子称之为"帝之悬解"）比预期早来得多，不必等那万世之后的大圣了，因为公元 4 世纪，大乘佛教的中观派已将影响深遥的"二谛"或"中道"教义引入中国，提倡将幻象、知觉和梦当作"善巧方便"，即达到正法的权宜手段。梦至此不再是对觉醒的障碍，而是被赋予了积极意义，成了"暂时的"真谛，没有它的话，空谛光靠自身是无从达致的。④ 事物的"化"让庄子绕开了未解决的梦之吊诡，8 世纪佛教口传演出则将"化"强化为"变"，往往包含"创生召唤的法力"或"奇迹的异变"等场面，作为向普通人传教的有力方式。⑤

---

① 《齐物论》，105。

② 《庄子》中"风化"一词用来形容物种的无性繁殖（《天运》，载《庄子集释》，2:532）。

③ 《齐物论》，112。

④ 相关精辟分析见 Qiancheng Li, *Fictions of Enlightenment: Journey to the West, Tower of Myriad Mirrors, and Dream of the Red Chamber*（Honolulu: University of Hawaii Press, 2004）: 35–43。另见 Jacqueline I. Stone, "'Not Mere Written Words': Perspectives on the Language of the Lotus Sūtra in Medieval Japan," in *Discourse and Ideology in Medieval Japanese Buddhism*, ed. Richard K. Payne and Taigen Dan Leighton（New York: Routledge, 2006）: 165–166。

⑤ Victor Mair, *T'ang Transformation Texts: A Study of the Buddhist Contribution to the Rise of Vernacular Fiction and Drama in China*（Cambridge, MA: Council on East Asian Studies, Harvard University, 1989）: 45, 48–49。在藏语中变化、法术、幻觉和梦等一连串的辞藻词源上同条共贯，见 *T'ang Transformation Texts*, 69–70。

有赖佛教和道教的交叉孕育，梦境在中古时期得以发扬光大。它的其中一个变体呈现为"玄览"观念，时常跟梦相提并论，与空间性息息相关。① 玄览独特的历史轨迹和实践进一步突出了层叠外在性这个问题。在汉朝时，玄览意味对遥远异域的地形图绘（topographic mapping）；然从4世纪仙家葛洪（284年—363年）与佛僧慧远（334年—416年）的著作中开始，"玄览"转变为对于心中神性的内省。但这看似"往内"的转向应从汪悦进（Eugene Wang）所论的中古佛绘中视觉的双重性做进一步阐明，这双重性表现为"外在性/内在性双重模式"（dual exteriority/interiority mode）。一方面，壁画中央"利用错觉构成的壁龛"，例如镜子或门廊之类的画图转喻，暗示通往心中佛性的内在密室；另一方面，画面其余部分在视觉上同壁龛判然有别，展现出遥远景观的鸟瞰。② 不连贯的视景"既投射出彼方宇宙的外在性，又肯定了心的内在性"，为使之整合，王悦进对敦煌石窟场景做了颇具启发的解读：

> 居中利用错觉构成的壁龛吸引着目光，而我们很快发觉，内在密室不只是一个"室"；它实则开启了遥远的景观。正在说法的佛祖背后，是一幅宇宙景象：四周环绕着海洋和铁围山，蘑菇状的须弥山高耸入云……密室向外翻转；深度反弹回来，重又伸张成表面；内在性变为外在性。镜像空间无情切入地形图，却将自身转化为又一轮地形图绘。③

玄览表面上"往内的"转向因此应想成是"向外翻转"的；玄览类似于《庄

---

① Eugene Y. Wang, "Oneiric Horizons and Dissolving Bodies: Buddhist Cave Shrine as Mirror Hall," *Art History* 27, no. 4（September 2004）: 494–521.

② Eugene Y. Wang, *Shaping the Lotus Sutra: Buddhist Visual Culture in Medieval China*（Seattle: University of Washington Press, 2005）: 238–316.

③ Wang, *Shaping the Lotus Sutra*, 296, 310.

第9章 风，梦，剧场：情境的谱系　　213

图 9.1　向外遣送：敦煌莫高窟第 217 窟佛教壁画，8 世纪初。（图片来源：Eugene Wang, *Shaping the Lotus Sutra*）

子》《楚辞》以及《牡丹亭》里的梦，将我们遣送到"彼方宇宙"去。但是，把这样的视景叫作"外在性 / 内在性双重模式"有可能模糊了一件事：外在性并非内在性的对称替换物。外在性所指的不是我们凝视下的客体所在位置，而是容许我们存在于彼方并与他者待在一起的空间性，这才是整个玄览体验的基础。这也是为什么每当专注于"心理图像"或将镜像空间看作通往隐秘内在的入口，我们总是被再度抛到遥远的景观中去。严格说来，视景的内在 / 外在模式中没有双重性；更准确地说，分裂发生在地形或梦境的层叠中，凝视的每一次"往内"转向都变成"又一轮地形图绘"。我们习惯上说的内在性"深度"是这种特定的外在性模式中界划和层叠的独特结构的结果。

16 世纪末和 17 世纪初，禅宗进而认为梦并不比现实虚假，而现实并不比梦真实。① 紫柏真可大师（1543年—1603年，字达观）把梦看作渐进的过程，预示着突然开悟，他称之为"梦悟"，这是无法跳过或匆匆完成的中间步骤。"愈梦而愈觉，一旦梦缘爆断，觉影亦空。"② 汤显祖同真可大师的交往和唱酬留下了详尽的记载，③ 因此《牡丹亭》的题词采用类似修辞，颠倒了庄子的吊诡，这绝非偶然："梦中之情，何必非真？天下岂少梦中之人耶？"1598年的《牡丹亭》犹自把这场情梦抬高到超越一切的终极层次，然而遣送的运作无时或息——拜此所赐，所有的梦成为一连串的中继站，推动无止境地进一步开悟——不可避免地引向汤显祖晚期的宗教剧《南柯梦记》和《邯郸梦记》。这两部戏中，前一部将主人公遣送至"情尽"；后一部则竟其事以"烧余情樗栎"。④ 因此，所谓"临川四梦"（包括1590年的言情喜剧《紫钗记》），从它们整体展开的轨迹来看，仿佛是依循着真可的教义来规划的。

汤显祖晚期剧作属于名为"度脱剧"（deliverance play）的次文类。这次文类从元朝（1271年—1368年）开始繁荣发展，⑤ 特征是主人公由佛道高人诱入一系列梦魇般的"恶境头"，⑥ 醒来发觉人生不过短梦一场。

---

① 廖肇亨，《中边·诗禅·梦戏：明末清初佛教文化论述的呈现与开展》（台北：允晨文化，2008）：435–466。

② 紫柏真可，《法语》，载《紫柏大师全集》（上海：上海古籍出版社，2013）：153。

③ 郑培凯，《汤显祖与晚明文化》（台北：允晨文化，1995）：357–444。

④ 钱南扬注，《南柯梦记》（北京：人民文学出版社，1981）：166–172；李晓、金文京注，《邯郸梦记》（上海：上海古籍出版社，2004）：228。另参见华玮，《世间只有情难诉：试论汤显祖的情观与他剧作的关系》，《大陆杂志》，第86卷第6期（1993年6月）：32–40。

⑤ 此类戏剧体裁的讨论见 David Hawkes, "Quanzhen Plays and Quanzhen Masters," *Bulletin de l'École française d'Extrême-Orient 69* (1981): 153–170; Wilt L. Idema, *The Dramatic Oeuvre of Chu Yu-tun (1379–1439)* (Leiden: E. J. Brill, 1985): 63–93; 李惠绵，《论析元代佛教度脱剧——以佛教"度"与"解脱"概念为诠释观点》，《佛学研究中心学报》6（2001）：271–316; Li, *Fictions of Enlightenment*, 43–46。

⑥ 马致远，《马丹阳三度任风子》，载王季思主编，《全元戏曲》（北京：人民文学出版社，1999），2: 43；李寿卿，《月明和尚度柳翠》，载《全元戏曲》，2:451；无名氏，《汉钟离度脱蓝采和》，载《全元戏曲》，7:120, 122。此种手段亦称"小境头"，有些场合只是神奇的魔法表演，不一定是噩梦。见《瘸李岳诗酒玩江亭》，载《全元戏曲》，7:11。

戏中有时通过法术将奇异世界召唤至主人公眼前，而没有通过梦，但不难看出，无论法术召唤还是梦境，都有一位灵媒介入，发动传送，让人进出虚幻世界。① 恶境头作为戏剧手段效力宏大，已跨越文类边界，流通到公案剧和才子佳人戏里去。关汉卿的《包待制三勘蝴蝶梦》里，梦的母题与其说是关于包青天梦到蝴蝶，不如说是关于将已定罪之人遣送到公堂上、往监牢中，终而出生天去。尽管一开场包青天做了个预言性的梦，应当促使他复核案件时宽大处理才是，然而包大人令人费解地维持原判并把已定罪的三兄弟遣送死牢。饶是如此，才产生莫大的戏剧效果，强化了三人之母王氏的情绪；如元杂剧所规定，她是唯一在台上高歌的角色，透过她的歌声转达有屈难伸者沸腾的冤情。当包大人下令开释两个大儿子却留下最小的那个（她唯一的亲生子）在牢里，她唱道："若要再相逢一面，则除是梦儿中咱子母团圆。"② 包青天最终遣送他们进入的正是这种梦：他把这对母子折腾得死去活来之后，临完场时才跑出来宣布其实早就有圣旨对他们全家封赐头衔。光从伦理和法律的观点，是无法完全合理解释情节上这许多曲折别扭，因为这些峰回路转跟剧情合理与否毫无相关，它们代表的其实是遣送／度脱本身的运作；由此观之，包青天占据了和道教神仙相同的位置，同样干着打发有潜质成为弟子的人进出地狱的勾当。

这套遣送的转喻还可以改头换面，出现在爱情喜剧中，例如13世纪晚期的王实甫《西厢记》美人崔莺莺被说成是观音菩萨显灵，把神魂颠倒的张生遣送至迥然不同的境地，他不得不提醒自己："这的是兜率宫，休猜做了离恨天。"但到莺莺离去后，他倒不再排拒，接受了那变异了的境地不放："争奈玉人不见，将一座梵王宫疑是武陵源。"③ 女神和凡夫俗子

---

① 井上泰山，《神仙道化剧における何仙姑の影》，载《中国近世戏曲小说论集》（大阪：关西大学出版部，2004）：183–184。

② 蓝立蓂主编，《汇校详注关汉卿集》（北京：中华书局，2006），1:273。另参见李惠绵，《戏曲新视野》（台北：国家出版社，2008）：89–138。

③ 王季思注，《西厢记》（上海古籍出版社，1978）：7,9。

间的关系在第一本最后一折中却颠倒过来,张生假意借用莺莺亡父的法事来祭奠自己的双亲,其实只为再睹芳容。象征意义上,这宛如他在用仪式的法力反过来把神女召唤并遣送回人间;须臾曲终人散,他只能黯然看着女子再次从他的视野退出。第四本的最后,遣送母题到达顶点,成为中国文学最令人难忘的做梦场面之一:莺莺被遣送到羁旅途中的张生跟前;后者旋即南柯梦醒,落入凄凉孤寂的境况(谣传这方是整部戏"原本的"结局)。

在体裁和主题关联之外,梦境更具现于早期中国戏剧形式本身。早在天宝年间(742年—756年),戏剧演出——以临时性和虚拟性为特征——就成了人生如梦的况喻。例如木偶戏被比作转瞬即逝的梦:"须臾弄罢寂无事,还似人生一梦中。"① 这种类比延续至11世纪和12世纪的演出,通常着眼于俗世功名如过眼云烟,让演员装扮伪官来加以点明。② 玄览、梦和戏剧演出三者的簇合在中古时期的佛教转经和道教仪式的步态中清晰可见。转经者以身体动作象征性地划出世外的畛域并进入其间,"如入梦寐一样"冥视诸天神佛。③ 作为仪式表演的傩戏则从古代萨满舞蹈演化而来,到宋代(960年—1279年)发展为戏剧形式,编舞上采用了道教特有的"禹步"。④ 从这些例子可以看出戏剧表演和梦游之间的关联。在终极的层次上,梦境甚至带来宋元剧场建筑的转型,影响了演出场地本身的空

---

① 梁煌,《咏木老人诗》。亦有认为本诗为唐玄宗所作,题目另名为《傀儡吟》。见彭定求等编,《全唐诗》(北京:中华书局,1960),3:2116, 1:42。

② 王安石,《相国寺启同天节道场行香院观戏者》,见《临川先生文集》(北京:中华书局,1959):156;洪迈,《容斋随笔》(上海:上海古籍出版社,1978),1:179。

③ 关于天台大师智顗(538–597)所授佛教转经细节及其与5世纪早期道教灵宝派"踏空"(其中包含禹步)的密切关系,见 Wang, *Shaping the Lotus Sutra*, 381–383。

④ Jo Riley, *Chinese Theatre and the Actor in Performance* (Cambridge: Cambridge University Press, 1997):105–110. 1909年出土的山西仪规手册《扇鼓神谱》帮助人们重构了此种可追溯至元末明初的编排设计的一个变种:走八卦。见有泽晶子,《中国伝统演剧样式の研究》(东京:研文出版,2006):296–300。

间结构。①

从六朝至唐代，梦境的繁衍仰赖佛道发展的蓬勃，这蓬勃本身即象征着汉帝国崩溃后儒家僵硬的规范及实践逐渐松弛。然而在早期中国戏剧中找到新形式的宋元时期的梦境，则进一步和农村经济的变化捆缚在一起。一方面，都市浮华的幻景——如孕育了商业性和宗教性演出的北宋国都汴梁，当世最堂皇的大都会，却于1227年颓然落入女真之手——在人们记忆中残留成为倏忽若梦的地标。②另一方面，正如田仲一成提醒我们，为早期戏剧崛起铺垫的更根本的嬗变并非发生在那座灿烂夺目的大都会中心，而是在村镇。正是在宋朝，较大的村镇所举行的节庆场合和宗教仪式促进了商贸活动，在这环境中发展出更为繁复的戏剧表演，取缔了先前偏远乡间小群落祈求丰收的诸般杂戏。③伊懋可（Mark Elvin）提出："中国中古时代经济革命可能发生于900年到1200年之间"，特征是"帝国各处空地、乡镇和都市中出现愈来愈多非正式的市集。这与早前城墙之内由官家掌控的市集体系崩溃互为因果……这些非正式的、通常是周期性的市集日益成为农民生活的焦点，而标准的市集区域似乎是次文化变体的最低单位"。④因此，梦境的倏忽既用以传达对国都覆亡大历史的记忆，可同时是一个世俗得多的现实：即地方上无数临时凑合的小市集，随着时令的节

---

① 见 *The Spatiality of Emotion in Early Modern China: From Dreamscapes to Theatricality* 的第三章，第五、六节。

② Stephen H. West, "An Interpretation of a Dream: The Sources, Evaluation, and Influence of the Dongjing meng Hua lu," *T'oung Pao* 71（1985）: 63–108. 现代城市的某些地方，如地铁站，作为中转空间依然提供了对于转瞬即逝可相比较的体验。加拿大蒙特利尔的莱昂内尔·格鲁站（Lionel Groulx Station）便是个有趣的例子，表演者把它作为"转瞬即逝的舞台"。参见 Amanda Boetzkes, "The Ephemeral Stage at Lionel Groulx Station," in *Circulation and the City: Essays on Urban Culture,* ed. Alexandra Boutros and Will Straw（Montreal & Kingston: McGill-Queen's University Press, 2010）: 138–154。

③ 田仲一成，《中国演剧史》（东京：东京大学出版会，1998）: 36–40。

④ Mark Elvin, "Chinese Cities since the Sung Dynasty," in *Towns in Societies: Essays in Economic History and Historical Sociology,* ed. Philip Abrams and E. A. Wrigley（Cambridge: Cambridge University Press, 1978）: 79–80。

奏迭相起灭。

面对书页

在佛道深远的影响下，梦境在中古文学里得以蓬勃展开，并体现为宋元至明中叶的剧场。和风的情况一样，梦境作为另一历史悠久的场所，即使到了早期现代依然徘徊不去。表面看来，汤显祖的"临川四梦"重新表述了人生—梦—戏的传统类比，再一次张罗调度真／幻和迷／醒的典型梦境术语。于此《牡丹亭》不只是无尽遣送轨迹里的其中一部"中继"戏而已；作为一场把故事里的情侣（这点跟唐传奇一样）以至演戏者、观戏者遣送到一块的"同梦"，它实际上占据了中心的地位。

然而恰是在此关节点上，这部戏困扰了更为敏锐的读者，挫折了他们的预期，促使自号"情史氏"的冯梦龙在1623年后的某段时间将汤剧大肆修改，易名为《风流梦》。在《总评》中，冯氏抱怨的第一桩事便是丽娘的梦和梦梅的在时间上大相径庭，不曾连缀成"同梦"：

> 两梦不约而符，所以为奇，原来生出场，便道破因梦改名，至三、四折后旦始入梦［在《惊梦》中］，二梦悬截，索然无味。今以改名紧随旦梦之后，方见情缘之感。合梦一折，全部结穴于此。①

冯梦龙在《风流梦》第一出的眉批中再次批评汤显祖的安排："原稿此折便说出梦来，似与旦梦截然为二。"② 冯梦龙让梦梅对梦的忆述紧接着丽娘入梦的场景，并且删汰掉梦梅原初述说中所有与"惊梦"场景扞格不入

---

① 冯梦龙，《墨憨斋重订三会亲风流梦传奇》，载《冯梦龙全集》，12:1049。
② 《墨憨斋重订三会亲风流梦传奇》，1054。其他值得注意的讨论参见 Catherine Swatek, *Peony Pavilion Onstage: Four Centuries in the Career of a Chinese Drama*（Ann Arbor: Center for Chinese Studies at the University of Michigan, 2002）:56。

的细节①，从而试图让我们安心：这对情人确实经历了同一个梦。但问题不在于存在复数不同的梦——毕竟这两口子依然可以曾经一同梦过他们所有的梦，正如花神向我们解释他将梦梅遣送至丽娘的梦里，看起来暗示了这一点。②问题在于丽娘和梦梅都没有进入对方梦中的丝毫记忆。冯梦龙在改编中强调"结穴"，换言之就是汇聚点，让主人公终于意识到他们曾在共享的一个梦里相遇，可这巧妙的设计不仅仅是从原剧里遗漏了，而是与汤显祖原本的构思彻底抵触。

这个既是共享又突兀支离的破裂梦境，是否重新落入"梦表白个人的内在"这个观念，把我们引回到熟悉的结论：梦梅和丽娘各自痴迷于自己的内心幻想，他们的梦中情人不过是自己欲望的投影呢？尽管冯梦龙妄图将《牡丹亭》塞进中古时代的同梦格局，但他在《情史》中无意间透露了梦境实际上如何在16、17世纪之交蜕变为一种新的情感空间结构：

> 梦者，魂之游也。魄不灵而魂灵，故形不灵而梦灵。事所未有，梦能造之；意所未设，梦能开之。其不验，梦也；其验，则非梦也。梦而梦，幻乃真矣；梦而非梦，真乃愈幻矣。人不能知我之梦，而我自知之；我不能自见其魂，而人或见之。我自觉其梦，而自不能解，魂不可见也。人见我之魂，而魂不自觉，亦犹之乎梦而已矣。生或可离，死或可招，他人之体或可附，魂之于身，犹客寓乎。③

---

① 梦梅所梦女子承诺过他婚姻和出仕的前景，这些却从未出现在丽娘梦中。反过来，丽娘在梦里与年轻书生在牡丹亭做爱，然而交欢及其独特的地点完全从梦梅的叙述中漏掉："梅花树下，立着个美人，不长不短，如送如迎。"梦梅梦中颇为突出的梅树也没有见诸丽娘的梦；她再去花园时才见到这棵树并即刻决定要葬在树下。

② 虽然剧中从未明言，但能推断丽娘也以类似方式传送至开幕不久所提的梦梅梦中。在此意义上，尽管他们在两处分开的场合做了两个不同的梦，也通过进入彼此梦中而分享了梦。

③ 《情史》，9.312。

在"神游"和"真/幻"这些老生常谈的背后,冯梦龙精心结撰出一套局外人的新语言,以探讨梦的体验。梦即神游,不再是因为灵魂作为意识的所在离开了不省人事的身体,如传统占梦书描述的那样;更根本的原因在于灵魂自身的结构,它从中破开,分裂为轻清升逸之魂和沉浊滞留之魄。一旦把梦的来源重置于灵魂的部分,梦的怀疑论也跟着换了依据:梦无法为人理解,不是如庄子所认为的是由于现实的地基持续坍塌为梦,而是因为分裂的灵魂削弱了自我意识本身。冯梦龙看到的不再是那个懂得通风报信将神意带回人间的游灵,而是与人疏远隔阂的离魂,像不听话的孩子闲荡回家不爱被问在哪和如何过的夜("魂不可问")。梦中游历的半边灵魂跟我断绝通信,这使我成了自己梦的局外人。我所占据的"局外人"位置,与"他人"面对我的梦时所占据的相反位置相映成趣。这两种位置如镜子般对应:尽管我是我的梦的局外人,无法看见我那开溜了的魂——而魂亦不能看见或感知自己,因为它在梦游("魂不自觉,亦犹之乎梦也")——他人却有机会看见我的魂("人或见之"),如果与它偶然碰上的话。之前那个关于被遣送穿越无尽层叠的现实和幻觉境地的问题性被一个早期现代的问题性所取缔,后者是关乎尝试从外在的立场——也就是观客(spectator)的位置——观以知梦。[①]

从梦者到观客的位移标志着梦境微妙转化为剧场性(theatricality),此即16、17世纪之交新出现的情感空间性模式。拜老一套"戏—梦"类比所赐,这一历史性转折常被施以障眼法,掩饰成亘古不易的连续性,然而变化之迹仍能从汤显祖同时代人谢肇淛(1567年—1624年)的字里行间窥见出来:

[①] 魂和魄的区分自上古已然。参 Yu Ying-shih,"'Oh Soul, Come Back!': A Study in the Changing Conceptions of the Soul and Afterlife in Pre-Buddhist China," *Harvard Journal of Asiatic Studies* 47, no. 2(December 1987):363-395。但冯梦龙对古老陈言注入了面对自身灵魂的观客位置。

> 戏与梦同，离合悲欢，非真情也；富贵贫贱，非真境也。人世转眼，亦犹是也，而愚人得吉梦则喜，得凶梦则忧，遇苦楚之戏则愀然变容，遇荣盛之戏则欢然嬉笑，总之，不脱处世见解耳。近来文人好以史传合之杂剧而辨其谬讹，此正是痴人前说梦也。①

骤眼看，谢肇淛不过重申梦境层叠这套耳熟能详的结构，输送中的梦者不断穿越梦层，交替体验着激情和萧索；因此，"人世转眼"只是场梦。梦／戏／世界这三重类比，三言两语（"戏与梦同""人世转眼，亦犹是也"），便理所当然地确立。谁知个中戏与梦的结合方式早已发生重大转移。它们的汇聚点不再取决于主人公像梦者般体验转瞬即逝的激情状态，或者像演员般跨过一道门槛进入戏剧的如梦境界。而是取决于梦者和观客之间新的类比："而愚人得吉梦则喜，得凶梦则忧，遇苦楚之戏则愀然变容，遇荣盛之戏则欢然嬉笑。"当此之际，梦者不再在层层梦境里面或者之间体验激情，而是被重置成处于梦的前面的一名观客。"痴人前不可说梦"这句老话于是获得了崭新的含义。那位我们在其面前不便谈梦以防他信以为真的"痴人"，② 实际上为"梦者—观客"标记了作为范式的位置。重点不再是痴人太傻，无法理解何谓虚幻，因而倍加贬为被剥夺权利的局外人，不容听取他人的梦；正好相反，是局内人——梦者本人——现在被离奇地甩在一边，成了作为自己的梦的旁观者，他没有当下临即地体验这场梦，而是试图从远处将其回收。

《牡丹亭》里同梦耐人寻味地遭到割裂，这一点现在可从剧场性冒起的语境中加以理解。借用冯梦龙的措辞，剧中两相通梦的方式变得支离破碎，正是因为面对着自己的梦，无论丽娘还是梦梅都沦为局外人；与此同

---

① 谢肇淛，《五杂组》，1616 版，卷 15，重印于《续修四库全书》，第 1130 册（上海：上海古籍出版社，1995）：657。

② 这个成语最早来自释惠洪（1071–1128），见《日本五山版冷斋夜话》，载张博达编，《稀见本宋人诗话四种》（南京：江苏古籍出版社，2002）：83。

时，他们也旁观着对方的游魂。《牡丹亭·惊梦》一出中做爱的实际上是他们异化的半边灵魂而非其本人，本人也就不得不成为自己魂梦的观客。比起梦梅，这一点对丽娘而言尤为痛切，用潘之恒的话说，"一以梦为真，一以生为真。"① 也就是说，男方在意的无非是梦中承诺过他的俗世成就——娇妻厚禄——而非梦本身。唯独丽娘，醒后一心追逐遗留在逝去之梦的一切，不惜把自己置于观客的立场上。如此一来，实际代表《牡丹亭》的场面并不是最常作为折子戏上演而为人熟知、其实源自文言短篇《杜丽娘记》的《惊梦》②，而是真正原创的《寻梦》。③

令《寻梦》别有特色的是梦后之人（postdreamer）试图将事物置于梦的面前的奇异做法：

> 咳，寻来寻去，都不见了。牡丹亭，芍药阑，怎生这般凄凉冷落，杳无人迹？好不伤心也！
>
> 【玉交枝】（泪介）是这等荒凉地面，没多半亭台靠边，好是咱眯目冥色眼寻难见。明放着白日青天，猛教人抓不到魂梦前。霎时间有如活现，打方旋再得俄延，呀，是这答儿压黄金钏匾。要再见那书生呵，
>
> 【月上海棠】怎赚骗，依稀想象人儿见。那来时荏苒，去也迁延。非远，那雨迹云踪才一转，敢依花傍柳还重现。昨日今朝，眼下心前，阳台一座登时变。

---

① 《潘之恒曲话》，73。
② 载胡文焕编，《稗家粹编》（北京：中华书局，2010）：109–114。另参见向志柱，《牡丹亭蓝本问题考辨》，《文艺研究》3（2007）：72–78。
③ 明清时期，《寻梦》和《惊梦》一样经常被收入选集。见杨振良，《牡丹亭研究》（台北：台湾学生书局，1992）：205。20世纪之前，诸多以演唱《寻梦》而成名的女优和男旦亦有详细记录。见李斗，《扬州画舫录》（济南：山东友谊出版社，2001）：5.151, 9.239；珠泉居士，《续板桥杂记》卷2，载王文濡编，《香艳丛书》（北京：中国书店，1991），9:315；焦循，《剧说》，载中国戏曲研究院编，《中国古典戏曲论著集成》（北京：中国戏剧出版社，1959），8:6.197。

欲求对象眼看着却无法触及（如本段末尾所言）——这一主题可上溯至《诗经》，下逮中古和帝国晚期一直都很流行。① 不过，让杜丽娘成为16世纪末剧坛偶像的是她在本段较早时发出的奇怪的悲叹。她不只是想要让事物置于眼前，也并非真的希望"抓到梦中之物"，尽管白芝（Cyril Birch）的权威英译（"grasp what happened in the dream"）会让人这样觉得。② 她大可以尝试返回梦中或试将其变为现实；相反，丽娘哀叹的是白日青天"猛教人抓不到魂梦前"。如果穿过上古和中古梦境的遣送将任何出路都变为梦的另一层内部而已，并因此一再重复地将情感对折成真与伪无穷的交叉折叠，那么，丽娘试图在梦前（而非在梦里、梦外或穿越其间）和情梦的体验待在一起，暗示了一种修改过的空间形态学。这个"前"可视为梦层罅隙间的涯岸，让否则会无休止地进行下去的遣送稍做停驻（不论多短暂），实质是梦后之人（梦的观客）立足

---

① 苏轼1078年所作的词预示了《惊梦》和《寻梦》的序列："紞如三鼓，铮然一叶，黯黯梦云惊断。夜茫茫，重寻无处，觉来小园行遍"。苏轼，《永遇乐》，载邹同庆编，《苏轼词编年校注》（北京：中华书局，2002），1:247。

② Tang Xianzu, *The Peony Pavilion*, trans. Cyril Birch, rev. ed.（Bloomington: Indiana University Press, 2002）: 60. 其他译本也类似地将重心转移到梦里："I still fail to recapture things in dreams"（我仍未能把梦里的东西再次抓住）或者 "I cannot revive the scene in my dream"（我无法让我梦里之景复现）。 见 Tang Xianzu, *The Peony Pavilion*, trans. Zhang Guangqian（张光前）(Beijing: Foreign Languages Press, 2001): 88; *Dream in Peony Pavilion*, trans. Xu Yuanchong and Frank M. Xu（许渊冲、许明）(Beijing: China International Press, 2012): 67。同样的情况也出现在 Tian Yuan Tan and Paolo Santangelo（陈靝沅、史华罗），*Passion, Romance, and Qing: The World of Emotions and States of Mind in Peony Pavilion*（Leiden: Brill, 2014）："Yet suddenly one can't grasp the soul that once appeared in my dream"（可是蓦然间抓不到曾在我梦里出现的魂灵）(1:514)。此处将"魂"作为动词"抓"的宾语，而另一位译者则认为"梦"才是宾语，并将这句话泛泛意译成 "I fail to see the dreamland sight"（我无法见到梦界之景）；见汪榕培译，《牡丹亭：英汉对照》（上海：上海外语教育出版社，2000），1:165。可是"魂梦前"整体是一处地点，并非丽娘的动作的直接对象。尽管大家意见不尽相同，我还是站在白之、许氏父子和张光前的一方，认为这句话的宾语——也就是丽娘认为难以找回的东西——是隐含的，没有明说。

之地。① 她乍看来正立于梦外，但更准确地说，"外"已经变为新近划出的空间——"前"，这个"前"同时与里侧毗邻、再接上但又与之决裂开来。在这更深的意义上，"前"面不是外面，而是介面（interface）；万一与这中介着梦里梦外的平面（mediating surface）脱离的话，观客位置本身便有等于无。在这平面的两侧上，梦的里与外被摊平、粘合又同时隔开。这一连串"在前""毗邻""再接上"和"决裂开来"之间，整合出一种截然不同于涵容和遣送的维度，在此我称之为"面峙"（faceoff）。正是围绕面峙的维度，情感空间性被重组、编排，梦境遂转而成剧场性。

在此"面峙"维度中，情感既非与涵容之风同步的运动流，亦非总在不辍后撤而无法及时和完全披露的背景；而是位于前方、有待认同的东西。正是这个维度将剧场性和风、梦境等其他模式区别开来。相关的主体形构便是有异于"病忍性"和"梦中身"（dreamerhood）的"观客席"（spectatorship）。② 观客席与其说是情感内在的现场，不如说是中介平面本身，强调了与远处的情感之间同时存在着无法消除的距离和想象中的再联结。观客席因此透过介面观念把媒介以及中介认同（mediated identification）突显出来。

丽娘在观客位置上与梦的中介认同解释了——但不可简化为——她与自身的自恋关系。《牡丹亭·写真》一出对此发挥得淋漓尽致：她畏缩于镜中的憔悴容颜（"俺往日艳冶轻盈，奈何一瘦至此"）（69），起而用画笔使之改观（"情知画到中间好，再有似生成别样娇"）（70）。她既没有追忆过去的美貌，也没有模仿镜中人影，而是用笔触和言语行为

---

① 有人或会以曲调的韵脚格式来解释汤显祖奇特的用词（"前"），对此我只想引马塞尔·普鲁斯特（Marcel Proust）所言："在押韵的暴政下被迫找到其最优美诗句的好诗人们"（les bons poètes que la tyrannie de la rime force à trouver leurs plus grandes beautés）。见 *A la recherche du temps perdu, Tome 1: Du côté de Chez Swann*（Paris: Éd. de la Nouvelle Revue Française, 1919）: 28。

② "梦中身"，语出苏轼《行香子》（清夜无尘），亦见《牡丹亭·冥誓》。——译者注

(speech act),在丝绢上并隐喻地在脸上编造出她所期望的理想形象。① 假若认为这形象只是自恋的投射,是与她现实中的容貌绝缘的臆想,那只会再次唤起内在性的幽灵。相反,这一形象的制造共感地依赖的是媒体间的互动——镜子、画布和脸——其中观客的身体属于媒介环境不可分割的一部分。②

在此语境中,观客席不只是牵涉被动的受众,更是汇集了通过各种形象的生产、传播和交流所实现的人们跟自身和跟他人之间的中介关系。不相融通的梦中出现了不同版本的丽娘,彼此冲突,预示了其他互不协调的形象征兆性地增殖。梦梅未能将梦中女郎、画像以及后来的亡灵等联系起来,每次都误认成别的身份。已有论者注意到,形象的散裂杜绝了任何单一身份的可能性;③ 不过这里我想进一步指出,身份危机本身应被视为梦境变形为剧场性的效果之一。某种意义上,游荡的半边灵魂是从人身上剥落的一片形似之物,而梦境修改过后,它的共享者不再是梦者他们自己,而是其离异的各种形象。罗曼史开始于一个形象邂逅另一个,而所谓的情人们倒成了观客,他们的相互联系须中介于化身(avatars)、拟像(simulacra)的团契。打个现代的比方,就像"脸书"(Facebook)上我们结交、成为"朋

---

① 整个场景中,在自画像里杜撰完美形象和在自己脸上化妆,这两种作业都建立在"画"这同一动作的暧昧含义上,特意让二者混淆不分。见 Carlos Rojas, *The Naked Gaze: Reflections on Chinese Modernity* (Cambridge, MA: Harvard University Asia Center, 2008): 36–38. 对罗鹏(Carlos Rojas)来说,前现代时期处于镜像性的视觉体系(scopic regime of specularity)下,其特点是形成了"观看者及其自身形象之间镜面反射的封闭回路",而摄影年代所预示的现代观客席体系(regime of spectatorship)则以"外部凝视的插入"为前提。不过他承认,"镜像性代表对自身直接而未经中介的感知,这一理想状态可以说是从未存在过的,除了作为后摄影时代的回顾性投影,甚至《牡丹亭》里杜丽娘"镜中的自我欣赏从一开始就覆盖后来由柳梦梅所体现的那种外部视野",也就是说"对于自身的形象,她必须先将自己置于想象的观客空间里"(4–5, 26, 36)。我认为这表明视觉体系从镜像性到观客席的真正"过渡"发生于16世纪末剧场性的冒现。

② Weihong Bao, *Fiery Cinema: The Emergence of an Affective Medium in China, 1915–1945* (Minneapolis: University of Minnesota Press, 2015): 10–13.

③ Tina Lu, *Persons, Roles, and Minds: Identity in Peony Pavilion and Peach Blossom Fan* (Stanford: Stanford University Press, 2001): 34–35, 38–39, 67.

友",可是在这控制论的梦境中,什么也没有相遇,除了那些把我们的"脸"上架的照片、视频和帖子。

回到早期现代的中国,拟像的世界早已在印刷书页上形成。戏中所呈现的既支离又共享的梦,在《牡丹亭》赖以流传的社会环境中越加显明:这环境即扩大的阅读公众,其中女性的存在感非常强烈,这可见诸当时女读者对汤剧活跃的回应,善感的她们有好些深受打动到传闻殒命,又或将自己写下的有关评论付梓而激起更多热情的反响。当中最著名的冯小青(1595年—1612年)未必真有其人(她的名字是"风情"的谐音拆字,寓言色彩过浓),然其幻想的属性与这部戏其周遭阅读产业所推动的离异形象贩运大潮正好是沆瀣一气。① 另一个恰当的例子是《吴吴山三妇合评牡丹亭》,最初是吴人(生于1647年)早逝的未过门妻子陈同(死于1665年)起头评论,第二任和第三任夫人谈则(死于1674年)和钱宜(生于1671年)接踵完成。这三位点评家从未谋面;是她们殷殷投入的曲文把三妇绾合起来。1694年合评本出版,把她们虚拟的神交大会开放给更广大的读者群。书中征兆性地刊出一幅"杜丽娘"肖像,钱宜称是根据她梦中所见——其实不过是又一个拟像,是从1676年版《西厢记》所载的崔莺莺像仿冒而来的。②

《牡丹亭》在中国戏曲重印次数上仅次于《西厢记》,同时是传统戏台上最受喜爱的演出剧目之一。然而这两项殊誉却互相冲突,打从汤显祖那时开始,人们就在抱怨这部戏宜读不宜演,臧懋循(1560年—1620年)报道说:"临川汤义仍为《牡丹亭》四记,论者曰:'此案头之书,非筵上

---

① Ellen Widmer, "Xiaoqing's Literary Legacy and the Place of the Woman Writer," *Late Imperial China* 13, no. 1 (June 1992): 111–155.

② 《吴吴山三妇合评新镌绣像玉茗堂牡丹亭》,载北京大学图书馆编,《不登大雅文库珍本戏曲丛刊》(北京:学苑出版社,2003),6:23。另参见 Judith T. Zeitlin, "Shared Dreams: The Story of the *Three Wives Commentary on The Peony Pavilion*," *Harvard Journal of Asiatic Studies* 54 (1994): 127–179.

之曲也'。"① 把《牡丹亭》改编到"宜演"为止的尝试始于之前提到的沈璟的《同梦记》和臧懋循 1616 年的《还魂记》。怨言每多集中在本剧不悦耳上头。对沈璟和臧懋循来说，汤显祖填的词拗逆当时逐渐称霸的昆曲格律，尽管学者们目前仍在争论汤显祖是否有意以昆曲风格写作，音律上对他的抨击又是否公正。② 可是另有一类攻击，针对着汤显祖的曲文本身，也因此更难开脱：他异常精致的为文对观众的耳朵而言太过复杂。清初剧作家李渔便如此评论：

> 予谓二折虽佳……然听歌《牡丹亭》者，百人之中有一二人解出此意否？……若云作此原有深心，则恐索解人不易得矣。索解人既不易得，又何必奏之歌筵，俾雅人俗子同闻而共见乎？③

反讽的是在昆曲爱好者圈子里，汤显祖的原文逐渐获得以音律为基础的辩护。钮少雅《格正还魂记词调》和叶堂《牡丹亭全谱》采用"集曲"的方法纠正了汤显祖所用曲调，借此不用改动他的曲词。④ 即使折子戏的演出在清代越来越受到职业演员的影响，汤显祖别具一格的语言却继续令观众着迷。折子戏肆意改编的多是宾白科介的部分，但相对保留了原有唱段。⑤ 如此一来，观众便须调整耳朵，适应艰深的唱词。关于《牡丹亭》"没法听"，李渔或许没说错，但从它的接受史来看，这并未阻止人们搬演和歌唱原剧。毛先舒（1620 年—1688 年）在一封给李渔的信里指出："后人爱

---

① 臧懋循此处引用汤显祖友人帅机（1537–1595）之言，后者实际是在评论汤的另一剧作《紫箫记》。参见徐扶明，《牡丹亭研究资料考释》（上海：上海古籍出版社，1987）：114。

② 蔡孟珍，《重读经典牡丹亭》（台北：台湾商务印书馆，2015）：1–134。

③ 江巨荣、卢寿荣注，《闲情偶记》（上海：上海古籍出版社，2000）：34。

④ 见俞为民，《明清传奇考论》（台北：华正书局，1993）：138–143。

⑤ 见 Swatek, *Peony Pavilion Onstage*, 150–152; Ling Hon Lam, "The Matriarch's Private Ear: Performance, Reading, Censorship and the Fabrication of Interiority in The Story of the Stone." *Harvard Journal of Asiatic Studies* 65, no. 2（December 2005）: 387n. 79。

临川原本文字之妙，遂不用臧本，而必以原文入歌。"①

《牡丹亭》的艰深文本更宜于刊本见，而非从台下听，与其说折磨了观众的耳朵，不如说将倾听本身颠倒为阅读。与汤显祖有交往的张大复（1554年—1630年）最早表达了这种联觉的体验："予于歌无所入，但征声耳。然听《还魂传》，唯恐其义之不晰。"②张大复并未轻易认定这部听不懂的戏不合时宜，而是把它当作对耳朵的引人入胜的挑战，让耳朵担当通常留给眼睛做的那种细读。这一挑战对张大复而言也许尤其有吸引力，他在汤显祖完成《牡丹亭》前五年的1593年就失明了。③张大复将这种以耳代目的联觉称之为"耳受"④，这里证明了一个重要的问题：如果说《牡丹亭》作为支离的梦境体现于印刷书页的平面，让离异的形象在上面被制造、传播和交换的话，那么这平面并未如论者所云，将阅读和演出、眼和耳二元对立起来；相反，通过印刷和演出之间的介面，新的感觉中枢（sensorium）由此而生，带来前所未有的联觉经验。剧场性的现场因此不在剧场，而在书页和舞台的交叉点上，而新生的剧场性体系中的第一位观客是位用耳朵阅读的盲人。⑤

---

① 毛先舒，《与李笠翁论歌书》，载《韵白》（康熙本），重印于《四库全书存目丛书》（济南：齐鲁书社，1997），经部，217:454。

② 张大复，《梅花草堂笔谈》，清代重印版，国会图书馆微缩胶卷，卷6《歌》，26b–27a。

③ 在一封给张大复的信中，汤显祖将他比作失明史家左丘明，赞扬张大复"听咏彻明"，因而将视觉能力（"明"）转移到张大复的听觉上。见《与张大复》，载《汤显祖全集》，2:1520。张对自己失明的时间非常明确：癸巳年五月初六（1593年6月4日），他刚坐下来准备参加昆山的科举考试，突然失去视觉。见《梅花草堂笔谈》，卷5，《病目》，16b–17b。

④ 见《题耳受录》，载《梅花草堂集》，崇祯版，重印于《续修四库全书》，1380:557。

⑤ 古柏（Paize Keulemans）讨论了清代读者如何默读小说却仍体验了"想象中的"声音，从而"投射出社群感"，"程度之深，[口头性和文本性]之间泯然无别……读者得以兼收并蓄"，见 Paize Keulemans, *Sound Rising from the Paper: Nineteenth-Century Martial Arts Fiction and the Chinese Acoustic Imagination*（Cambridge, MA: Harvard East Asia Center, 2014）: 9, 268–269。我那位失明的观客补充了这一敏锐的评论，他倾听如同阅读，却朝向不太一样的方向：在交互中介的影响下，声音的性质也得历史化，且不一定富有社群性。我在第二章将会讨论17世纪小说《西游补》中的谣言、传闻和一整系列口头表演，其作用中断了与他人甚至与自身的同情的认同——这是剧场性的一个基本征象。

第 9 章　风，梦，剧场：情境的谱系

正如谢肇淛禁不住援引久远的梦语言来表达新冒起的剧场性的观客体验，剧场性作为互媒体性（intermediality）往往被描述成梦境，尽管梦者与梦的关系转变就在字里行间。1621 年，闵光瑜重刻汤显祖《邯郸梦记》，他在引言写道：

> 刻是传者，地在晟溪里，其室曰隆恩堂。主人梦迷生曰：若《邯郸》、若《南柯》，托仙、托佛，等世界于一梦……虽然，临川说梦，梦也。余赘之绘像、批评、音释，可谓梦中寻梦，迷之甚矣！①

《邯郸梦记》本于 8 世纪传奇小说名篇《枕中记》，讲述落第书生通过一场浮华梦而得度脱、皈依仙道。有见及此，闵光瑜会在各个层次——从他对此剧的寓意解读到对自己作为梦者的反思——援用梦的修辞，可谓毫不意外。此处真正让我们感兴趣的是他如何从板印的角度重新缔结梦境。和剧中不由自主坠入、穿过梦层的主角不同，闵光瑜发现自己困在作为一场大梦的刊刻和刊本穷其一切编辑手段意图恢复的剧作家汤临川之梦两者之间无法消除的罅隙中。② 闵光瑜并没有做庄子所言的那种梦中梦（"梦之中又占其梦焉"）。闵的原话——"梦中寻梦"——指的是颇为不同的空间性模式，让人想起汤显祖的《牡丹亭·寻梦》。杜丽娘追寻逝去的梦，最终不是尝试返回梦中，而是试图把事物"抓到魂梦前"。类似地，闵光瑜的用词"梦中寻梦"并不指二手的梦，即对失去的来源（戏剧）次一级的复制（印刷）；它表明的正是剧场性的结构本身。

剧场性出现于 16 世纪末开始的剧场和印刷的交互中介（intermediation）。进一步来说，剧场性不仅是现在一般所称的"多媒体"的例子，更

---

① 闵光瑜，《邯郸梦记小引》，见汤显祖，《邯郸梦记》，1621 年本，重印于《古本戏曲丛刊初集》（上海：商务印书馆，1954）：1a–2b。

② 闵光瑜，《凡例》，载《邯郸梦记》，1a–1b。

是一种以前所未有的程度突出了媒介和交互中介等课题的空间性模式，[①]和更老的空间性模式形成对比，后者中，中介往往被遮蔽或回避。渗透一切边界的风实际上短路了源头和尽头、手段和效果、载体和内容。各媒体——言语、音乐、舞蹈——的差异被澎湃的风力夷平，力量从一种媒体溢出到另一种，并不引起对个别媒体特异性的关注。[②] 相比之下，梦境里遣送的实现有赖于媒介（《楚辞》里的巫媒、神庙剧场中的音乐、《南柯梦记》里的道教神仙、《牡丹亭》里的花神）；每个梦就其自身而言并无实质，但中介了我们尚待遣送进入的另一层现实；然而，通过掩眼法或大乘佛法的吊诡，梦替代了真实，将注意力集中到自身的不透明度和绚烂光彩之上。在这三重意义上，梦境可谓开启了媒介问题本身的空间性模式。不过，梦境摆荡于梦与现实之间时，最终抹去了其间的差别，变为消失中的媒介。正如道家和佛教媒介总是自我伪装，不破坏梦中呼唤起的虚拟现实。梦本身不仅在最初被当作真实，最终也被充实，在典型的"二谛"教义的运转中不逊于真实。当媒介跟自己中介的内容混为一谈时，中介遂被再度短路。

这个刚提出就被梦境过早取消的媒介问题，剧场性却对之执着不放。梦前（front of the dream）——观客便是在这个位置尝试将事物（包括本应是她自身情感的感受）置于她的前面——是梦里梦外的介面，它再接上无法抓住的事物，同时强调了无法消除的鸿沟。如果剧场和印刷之间的交互中介在历史上产生出从梦境到梦前的改变，那么反过来说，梦前作为介面构造了不同媒介、感官之间的联结与分离，正式让媒介和交互中介的议题

[①] 换句话说，技术决定论不足以解释剧场性；毕竟，印刷——如果不是它和戏剧之间难解难分的互动——远远早过 16 世纪便在中国出现。见 Lucille Chia and Hilde De Weerdt, ed., *Knowledge and Text Production in an Age of Print: China 900–1400*（Leiden: Brill, 2011）。

[②] "情动于中而形于言；言之不足，故嗟叹之；嗟叹之不足，故永歌之；永歌之不足，不知手之舞之、足之蹈之也。"参见 Owen, "The 'Great Preface,'" in *Readings in Chinese Literary Thought*, 41。

得以出现。①

全球性与时代舛错

剧场性作为互媒体的研究方法背离了将此术语理解为戏剧本质的一般做法。那种理解将剧场性与一切戏剧形式、社会仪式、文化演出或象征性行为挂钩，因而冒着忽略历史特殊性的风险。剧场性和表演性（performativity）如影随形，已让论者关注到我们习以为常的社会范畴是如何通过身体实践（corporeal praxis）才得以维持，然而这一点却是放诸四海皆准，并未突出剧场性的历史性。② 另一边厢，以历史为主导的英国和欧洲研究学者指出，要到18、19世纪，剧场性才从剧院扩散到书籍文化、政治哲学、性别关系、抒情诗和小说里去。③ 可是此说法仍将剧场性定位为某种有待播散、超越历史的本质。只有到了近期，欧洲16世纪剧场和

---

① 现代语境中对中国戏曲的交互中介问题的批判性讨论，参见 Weihong Bao, "The Politics of Remediation: Mise-en-scène and the Subjunctive Body in Chinese Opera Film," *Opera Quarterly* 6, no. 2 (Fall 2010): 256–290. 这里我尝试探究剧场性本身的历史性，以期将媒介和交互中介的问题加以历史化。这种尝试应跟戏剧和互媒体性的讨论区分开，后者矛盾性地让戏剧回到中心位置，将其作为本质上的"超媒体"，单枪匹马构成了"互媒体的舞台"。见 Chiel Kattenbelt, "Theatre as the Art of the Performer and the Stage of Intermediality," in *Intermediality in Theatre and Performance*, ed. Freda Chapple and Chiel Kattenbelt (New York: Rodopi, 2006): 29–39.

② "考虑到审美上占支配地位的戏剧形式种类繁多却又共享着某些基本的结构特征，'剧场性'应被看成是——继而被应用为——如下的一个概念：这概念关系到几乎任何类型的社会沟通性的和被建构（'戏剧化了'）的运动和态度，这些运动和态度由一个或多个躯体所做出，并且/又或者由它们的视听'复制品'或其再现形式（例如面具或通过科技客体化的形象）所表现出来。它们有潜力成为语义丰富的实践——象征性行为，多数情况下也确已实现此潜力。"见 Joachim Fiebach, "Theatricality: From Oral Tradition to Televised 'Realities'," *SubStance*, 31, no. 2–3 (November 2002): 19–20.

③ David Marshall, *The Figure of Theatricality: Shaftesbury, Defoe, and Adam Smith and George Eliot* (New York: Columbia University Press, 1986); Adela Pinch, *Strange Fits of Passion: Epistemologies of Emotion: Hume to Austen* (Stanford: Stanford University Press, 1996); Judith Pascoe, *Romantic Theatricality: Gender, Poetry, and Spectatorship* (Ithaca: Cornell University Press, 1997).

中世纪戏剧的断裂才在威廉·埃金顿的著作里得到探讨。书中将剧场性历史化，把它定义为现代性典型的存在的空间模态（spatial mode of being for modernity），相对于中世纪基督教关于"真实临在"（Real Presence）的观念。但埃金顿依然将剧场性看成是"戏剧本质"的问题，并视戏剧为"基本媒体"之一——"就像各适其适的印刷、电影或者数码影像"①——因而没有将剧场性看作突出了媒介问题本身的交互中介。另外，他将"真实临在"同世界各地非剧场性质的古代社会广泛联系起来，未能解答在非欧洲语境中如何阐释剧场性这一问题。

为了回答这个问题，我将剧场性置于情境的谱系中。作为早期现代中国的情感新空间模式，剧场性出现于上古和中古时期风和梦境的场所之后。当梦境围绕"面峙"的维度被重新组织而让梦者变为观者时，剧场性便应运而生。类似转变也可在西方语境中探索，例如青年笛卡尔记述1619年梦见一阵旋风让他身侧疼痛，后来有次自己还在梦里的时候便对该梦进行解释。② 如果庄子认为梦外不存在立脚点，因此一切梦的解析都不可能，笛卡尔则以"观客"的身份找到这样的外在立脚点，③ 对梦予以客体化，并开启了理性知识的新科学。④ 在笛卡尔的觉醒中被强烈感知的线性发展，在中国这边则会由于新旧杂陈的倾向而变得含混不清。如此并置的时代舛错时常模糊了剧场性的历史特殊性，从而导致误认。⑤ 中国语境

---

① William Egginton, *How the World Became a Stage: Presence, Theatricality, and the Question of Modernity* (Albany: State University of New York Press, 2003): 75; "Affective Disorder," *diacritics* 40, no. 3 (Winter 2012–2013): 36.

② René Descartes, "Preliminaries," in *The Philosophical Writings of Descartes*, trans. John Cottingham, Robert Stoothoff, and Dugald Murdoch(Cambridge: Cambridge University Press, 1985), 1:2.

③ Andrien Bailler, *La Vie de M. Des-Cartes* (Genève: Slatkine Reprint, 2010), 1:80–86.

④ Jean-Luc Marion, "Does Thought Dream? The Three Dreams, or, the Awakening of a Philosopher," in *Cartesian Questions: Method and Metaphysics* (Chicago: University of Chicago Press, 1999): 6–9.

⑤ 作为一个例外，中谷肇（Hajime Nakatani）告诫我们不要将剧场性的概念误用于中古时期中国的凝视现象。见 "The Empire of Fame: Writing and the Voice in Early Medieval China," *positions* 14, no. 3 (Winter 2006): 538–539。

里,误认循两个方向发生:剧场性往往被投射到它并不存在的地方,或被施以有违于它的术语来加以解释。前一种情况,我们将情感空间性的其他历史体系误读为剧场性;后一种情况,剧场性反过来被当成了那些体系。偶尔这两种错误还会同时发生,例如有论者声称在13世纪元曲《感天动地窦娥冤》里辨识出剧场性的存在,又把剧场性理解为人类感情之力,其"能量'感天动地'",宛如该剧的中文标题所示。① 当剧场性在有关稍后时期(晚明到清)的研究里被提及时,往往被吸收到如下的问题中:人是否汲汲于人生如戏的幻象,抑或能加以超越——这一中古主题对16和17世纪话语有着持久的影响。② 这两种对剧场性的叙述——前者让人想起风的空间结构,后者让人想起梦境——孤立来看都言之成理,饶有见地。然而,除非我们厘清每个历史阶段独特的空间性模式,否则无法分别抓住早期中国剧场(成熟于12世纪)和剧场性(作为16世纪末现象)之间的区别。只有追溯观客作为剧场性独特标志的历史性出现,我们才能从情感空间性的角度理解从宋元时期到晚明至清时期对"剧场"看法的转变。

然而,这类在中国语境下对剧场性的错认,我们不应该全盘否定,而应视之为帝国晚期中国剧场性历史轨迹的指南。我们需要解释为何剧场性不约而同地于16世纪出现在中国和欧洲,更需要问是否存在着被全球历史所隐没的歧出。已有论者强调过,从新世界向欧洲和东亚的全球性银的流动——其中一半到了中国——带来了以广泛的商业化趋势为特征的世界体系和全球文化的发端。③ 在此语境中,"观客"作为剧场性的基本范畴

---

① Haiping Yan, "Theatricality in Classical Chinese Drama," in *Theatricality*, 67.

② 见 *The Spatiality of Emotion in Early Modern China: From Dreamscapes to Theatricality*,第三章第五节。

③ Richard von Glahn, "Myth and Reality of China's Seventeenth-Century Monetary Crisis," *Journal of Economic History* 56, no. 2(1996): 429–454. 另见 Ning Ma, *The Age of Silver: The Rise of the Novel East and West*(Oxford: Oxford University Press, 2017)。另外,剧场性流通全球,不只往来欧洲和中国,还穿梭中国和日本之间,参见 *The Spatiality of Emotion in Early Modern China: From Dreamscapes to Theatricality*,第四章。

被分解出来,它所标志的断裂不仅发生在观看者和展示物之间,还发生在个人同他者之间,终而在情感主体及其自身情感之间,突显了由商品形式带来的普遍疏离感。事后看来,难免会令人觉得剧场性为虎作伥,促成了资本主义和民族国家体系在上个千禧年结束前取得的全球霸权。但我对中国剧场性的叙述追溯了情感空间性不同历史模式彼此互动的轨迹,强调事物"根源"处充满了时代舛错的暧昧不明,让现代性作为目的论的结果出现松动,只有事后孔明才会把结果看成必然。本书结尾时我们会看到,即使是早期现代的欧洲,看似跟"真实临在"决裂而迎来剧场性,实际上也不能摆脱时代舛错和误认等类似问题,这些问题正好深植在"剧场性"这个充满歧义的术语中。①

近来的研究反驳了中国大陆史学传播的"资本主义萌芽"的目的论观点,显示晚明(1550年—1644年)时期的商品化走了一条不同于欧洲资本主义的路径,导致了"市场经济有赖于〔地方上各个基层经济体系(infra-economies)〕的预加工"以"获取盈余并再分配"的不均衡复合体(composite),这些基层经济体系在其当地范围内自给自足,以物易物:

> 多数村民在各个基层经济体系中生产和消费,他们的部分产品和消费品通过市场经济流出和引进……但还未达到足以使市场经济取得统治地位并最终瓦解基层经济的程度。从一定程度上来说,江南地区情况就不同了:从事纺织业的家庭生产和消费的分离,将他们从各自的基层经济体系中分离出来。当一个湖州作家困惑于"湖丝遍天下,而湖之民终身不被一缕者有之"这个晚明时常被提到的吊诡现象时,便向我们揭示了这种分离。

晚明中国并没有产生资本主义,这并不是说中国在产生资本主

---

① 见 *The Spatiality of Emotion in Early Modern China: From Dreamscapes to Theatricality*,第五章第三节。

义上"失败"了；而是说，它创造了其他的东西：一个广泛的市场经济。它利用国家交通通信网络，打开了与地方经济的联系，在一定区域内将农村和城市的劳动力组织到一个连续的生产过程中来，却没有破坏作为基本市场单位的农村家庭。①

16 世纪末到 17 世纪初的中国，剧场性表达了一种情感的空间性，其中，在商品的支配下，人们疏离于对他人及自身的感受，正如有人开始疑惑为何自己几乎从不穿着自己纺织的丝绸。这种异化的体验是第二次商业革命的结果，这次革命的特点是：把全国各地的城镇联结起来的跨地区商业网络变得"常规化"，不再像从前那样临时凑合。② 不过，就如市场经济的普遍网络虽从本地基层经济体系中浮现，但并未让后者瓦解，这种新的空间性模式也和较古老的风及梦境的场所共存。

瞄准内在

因此，《牡丹亭》占据着关键的位置，不是因为它为情感的内在带来胜利，而是因为它成了各种空间性模式的沉淀，这一点让我们重新认识到

---

① Timothy Brook, *The Confusions of Pleasure: Commerce and Culture in Ming China*（Berkeley: University of California Press, 1998）: 200–201.

除若干修正外，译文参考了方骏、王秀丽、罗天佑译，《纵乐的困惑：明代的商业与文化》（桂林：广西师范大学出版社，2016）: 226–227。——译者注

② Elvin, "Chinese Cities since the Sung Dynasty," 86; William T. Rowe, "Approaches to Modern Chinese Social History," in *Reliving the Past: The Worlds of Social History*, ed. Olivier Zunz（Chapel Hill: University of North Carolina Press, 1985）: 272–273. 宋懋澄（1569 年—1620 年）1612 年的文言短篇故事《珠衫》捕捉了跨地区商业网络所加剧的异化体验。经过改写收入了冯梦龙《情史》，冯氏另外把故事改写成白话小说，题为《蒋兴哥重会珍珠衫》，放在 1620 年话本小说集《古今小说》的开端。文言故事及其白话改编讲述了两个行商由于越轨行为，实际上交换了妻子。他们绘制出吕立亭（Tina Lu）所称的"交换的地理"，当中的货品、人物甚至业报都在全国广大幅员里运转。参见 Lu, *Accidental Incest, Filial Cannibalism and Other Peculiar Encounters in Late Imperial Chinese Literature*（Cambridge, MA: Harvard University Asia Center, 2008）: 22–54。

汤显祖关于戏剧起源的解释，也就是本章开头引用过的："因情成梦，因梦成戏。"汤显祖的这句话太经常被简化为艺术心理学起源的说法，现在可把它看成一个对应表格，当中勾勒出情境的谱系：风、梦境和剧场性，各代表一种不同的空间性的模式。与其时代舛错地假设内在性的首要性，我们需要询问情感的空间性如何同时捏造并穿破那个有关内在的虚构（fiction of the interior）。内在性不对称于外在性，前者有赖一种特定的空间性模式——即剧场性。剧场性的空间结构使梦后者疏离于自身情感，却也产生出相反的幻觉，让她以为遁入了内在自我之中。① 这种内化效果可归因于由印刷带来的无声阅读和私密倾听。② 万一没有抓住构成这些媒体实践之基础的情感空间性和外在性的全貌，就很容易将内在这个不完整的现象错认成一种自我满足、代表人类本质的内在性。

拜"内在"这观念的神秘化力量所赐，《牡丹亭·寻梦》中难解的那句"猛教人抓不到魂梦前"一再被误读误演。2004年青春版《牡丹亭》搬演这一幕时，青年演员沈丰英显得深思而自我专注：双手举到胸口，低头垂目，凝视掌心，似乎正在追寻某种内在于心的东西。她慢慢转身，直至背对着观众，飘然行至舞台后方。根据 DVD 的英文字幕——"How can I recapture what appeared in dream?"（怎能再抓回梦中所见）——这位丽娘并未靠近梦前，而是试图深深沉湎梦中（见图 9.2 和 9.3）。

但在 1986 年戏曲电影版（导演方荧）中，后来负责青春版艺术指导的资深演员张继青（1939 年—2022 年）以不同的方式演出同一场景。唱

---

① 在著名的"玛德莱娜点心"时刻，普鲁斯特的角色试着"在［我心］前清出一片空间"以供追忆。此一刻与丽娘将事物置于梦前何其接近，却旋即堕入内在之中："我把没多久前尝到的第一口滋味置诸［我心］前的地方，接着感到在我里面有些东西启动起来。"*A la recherche du temps perdu*, 47.

② 正是因为异常敏锐于印刷和剧场的互媒体交接如何建构内在，使 18 世纪的《红楼梦》成为剧场性时代的代表作，尽管它依然向梦境的总体框架致敬，主人公贾宝玉本应通过其得以启蒙。见 Ling Hon Lam, "The Matriarch's Private Ear,"。

出这句曲词时,她也抬手至胸,但下巴抬起,目视前方,似乎在向外呈献或在审视跟前某些东西。转身溜过花园布景时,她一直让观客看见她的侧面。没有任何一刻她曾丝毫暗示过自己正探索内心;她前后徘徊,但从未离开前面的事物(见图9.4和图9.5)。

人们可以抗议说两位演员间的反差只是拍摄的效果造成:2004年的视频里,中景(见图9.2)引人注意到丽娘下垂的双眼和细微的面部表情,而1986年的戏曲电影有个远景镜头显示演员整体面向前方,摄影机还有细微摆动,也许有助于让演员的正面更容易被看见。但不用说,这正是关键:丽娘的梦前如今已体现为银幕的形式,透过戏剧和电影的交互中介,赋予剧场性以新的生命。不管是内在性的捏造还是对梦前的坚持,无非是银幕作为介面中介于戏曲表演和电影之间所产生的效果,演出风格和拍摄手法在这里已经不可分割。

图9.2和图9.3　内在的诱惑:2004年青春版《牡丹亭》舞台制作。

图9.4和图9.5　留连梦前:张继青和1986年电影《牡丹亭》。(中国电影档案馆提供)

我们是怎么从过去抵达这一点的？剧场性的历史为何倾向于蒙蔽自己的面貌，尤其在中国的语境中？在何种意义上这种蒙蔽本身对情境的谱系至为重要？这都是我们在后面的章节中试图回答的问题。

汪蘅／译　林凌瀚／校

第四部分

情感与现代性

第 10 章 捍卫人文学：以查尔斯·达尔文之《人和动物的情感表达》（1872 年）为例[①]

丹尼尔·M. 格罗斯

（存目）

[①] Daniel M. Gross, "Defending the Humanities with Charles Darwin's the Expression of the Emotions in Man and Animals（1872）," *Critical Inquiry* 37, no. 1（2010）: 34-59.

丹尼尔·M. 格罗斯，现为美国加州大学尔湾分校人文学院教授，研究兴趣包括修辞学的历史与理论、海德格尔与修辞、情感研究、中世纪人文研究等。著有 *The Secret History of Emotion: From Aristotle's Rhetoric to Modern Brain Science*（The University of Chicago Press, 2006）；*Uncomfortable Situations: Emotion Between Science and the Humanities*（Chicago University Press, 2017）等。本文将深入人心地对情感的修辞化、文学性理解，溯源至对达尔文《人和动物的情感表达》的误读过程，并利用认知科学和感觉理论，重新理解情感的科学性。——编者注

第11章　批评的共情：弗农·李的美学及细读的起源[①]

本杰明·摩根

维多利亚时代的人们用身体阅读。当然，他们经常大声读出来，不过身体阅读也有更微妙的方式。阿瑟·西蒙斯（Arthur Symons）曾回忆起自己用手抚触瓦尔特·佩特（Walter Pater）的《文艺复兴历史研究》（*Studies in the History of the Renaissance*，1873年）那带棱纹的书页。[②]斯蒂芬·阿拉塔（Stephen Arata）认为：最能欣赏威廉·莫里斯（William Morris）的诗作的，是那些一边工作一边阅读的手艺人。[③]奇情小说对神经的作用则众所周知。有一种理路认为它的作用原理类似某种现代技术，能带来与火车旅行的喧嚣和速度一样多的物理冲击。这也并非仅仅是我们的理论——维多利亚时代的人们清楚地知道他们的阅读实践有赖于某种身体结构。尼古拉斯·达姆斯（Nicholas Dames）已经发现维多利亚时代小说的批评家

[①] 本文译自 Benjamin Morgan, "Critical Empathy: Vernon Lee's Aesthetics and the Origins of Close Reading," *Victorian Studies* 55, no. 1（2012）：31-56。感谢作者授予中文版版权。

本杰明·摩根，现为美国芝加哥大学英语语言与文学系副教授，研究兴趣包括19世纪心灵意识与情感研究、唯美主义与颓废派研究、推理与科幻小说研究等。著有 *The Outward Mind: Materialist Aesthetics in Victorian Science and Literature*（University of Chicago Press, 2017）等。本文围绕弗农·李的生理共情理论展开，该理论根据语言对身体经验的协调能力进行分析，在此基础上肯定了共情式细读方法的合理性，认为它是在传统细读方法外的另一有效阅读方式。——编者注

[②] Arthur Symons, "Walter Pater," in *Figures of Several Centuries*（London: Constable, 1917）：322.

[③] Stephen Arata, "On Not Paying Attention," *Victorian Studies* 46, no.2（2004）：193-205.

们对文体的"情感力学"(affective mechanics)① 相当熟悉。而且，那个世纪中最臭名昭著的一些诗歌——不论是来自痉挛派还是唯美派——之所以臭名昭著，正因为它们对读者身体的不当刺激。②

然而，到了 20 世纪早期，文学批评不再过多注意文学中的动觉因素，似乎将它视为美学的一个不光彩的对立面。最为著名的一个例子是：美国文学批评家威廉·K. 维姆萨特（William K. Wimsatt）和门罗·比尔兹利（Monroe Beardsley）在《情感谬见》一文中将意义与感受隔离开来，并将"起鸡皮疙瘩的体验""脊柱的震颤"③ 和"眼泪、刺痛或其他生理症状"（"TAF"，47）等读者情绪归入病理范畴。他们这篇文章的题词是一位德国音乐理论家的评论："那还不如以醉酒的方式来研究酒的性质呢。"（"TAF"，31）这句话也许最能体现他们将意义与读者的身体隔离开来的激进努力。在阅读文学时过分激动就好比在品酒时喝个大醉，而负责任的读者应该能将自己的感受放在一边，冷静地体会作品中的讽刺与意象。维姆萨特和比尔兹利的文章是对一种去个人化批评实践的激烈表达。这种实践起源于 I. A. 理查兹（I. A. Richards）在 20 世纪 20 年代的美学理论，并在新批评主义教育的成功中得以流传开来。

为何具身化的阅读变得如此令人厌弃？要回答这个问题，我认为我们需要对共情展开思考。共情美学经历过的转变与英美文学批评界发生过的转变是相似的，也是相关的。"共情"这个术语最初被用来指一种对某对象产生的无意识生理反应。这种反应涉及的要么是自我在对象中的投射，要么是对对象的物理模拟。然而，如众多历史学家所见，"共情"一词在

---

① Nicholas Dames, *The Physiology of the Novel: Reading, Neural Science, and the Form of Victorian Fiction*（New York: Oxford University Press, 2007）: 56.

② 关于此类具身化的阅读形式，可参阅 Arthur Symons, "Walter Pater," 1917; Stephen Arata, "On Not Paying Attention," 2004; Nicholas Daly, *Literature, Technology, and Modernity, 1860–2000*（New York: Cambridge University Press, 2004）: 34–55。以及 Dames, *The Physiology of the Novel*, 25–70。

③ William K. Wimsatt and Monroe C. Beardsley, "The Affective Fallacy," *The Sewanee Review* 57, no.1（1949）: 43. 在下文中简写为"TAF"。

20世纪上半叶失去了其身体含义,转而被用来表示一种心理过程,而这种心理过程与在18、19世纪会被人们称为"同情"的那种反应相似。① 在过去20年中,人文科学和社会科学中再次出现了对共情的兴趣,而人们仍将这一概念理解为与同情紧密相关:同情与共情描述的是个体何以能够分享并理解另一个体的感受。② 因此,人们普遍认为文学与共情之间的联系的重要性在哲学上就体现于伦理,在心理学上就体现于利他主义。在他们从美德伦理角度出发的写作中,玛莎·纳斯鲍姆和迈克尔·斯娄特(Michael Slote)③提出了一种自由人文主义版本的共情概念。这一点在纳斯鲍姆的作品中体现得尤为突出:她认为小说是培养共情的重要场所,因为它将读者放在了"强烈关注他人的苦难和厄运的人"的位置上。④ 苏珊娜·基恩(Suzanne Keen)则发现读者真实的共情方式总是出人意料,因而在其关于共情与文学的著作中对前一种看法提出了质疑。⑤ 对在道德上值得同情的人物的现实主义描述并不总是能激发出最强烈的共情反应;事

---

① 关于共情的历史及共情与同情之间的关系,参见 Carolyn Burdett, "'The Subjective Inside Us Can Turn Into the Objective Outside': Vernon Lee's Psychological Aesthetics," 19: *Interdisciplinary Studies in the Long Nineteenth Century* 12, accessed June 2, 2011, http://www.19.bbk.ac.uk; D. Rae Greiner, "Thinking of Me Thinking of You: Sympathy Versus Empathy in the Realist Novel," *Victorian Studies* 53, no.3(2011): 417–426; Gustav Jahoda, "Theodor Lipps and the Shift From 'Sympathy' to 'Empathy'," *Journal of the History of the Behavioral Sciences* 41, no.2(2005): 151–163; Samuel Moyn, "Empathy in history, Empathizing With Humanity," *History and Theory* 45, no.3(2006): 397–415; George W. Pigman, "Freud and the History of Empathy," *International Journal of Psychoanalysis* 76,(1995): 237–256。

② 心理学家 Nancy Eisenberg 指出:共情是"对另一个体的情感状态的理解……并与另一个体所感受到的情绪相似"。见 Nancy Eisenberg, "Emotion, Regulation, and Moral Development," *Annual Review of Psychology* 51,(2000): 671。同情则"与另一个体所感受到的情绪并不相同……而是由哀伤或关切等情绪构成",出处同上,672。

③ Michael A. Slote, *The Ethics of Care and Empathy*(New York: Routledge, 2007)。

④ Martha Nussbaum, *Poetic Justice: The Literary Imagination and Public Life*(Boston: Beacon, 1995): 66。

⑤ 参见 Suzanne Keen, *Empathy and the Novel*(New York: Oxford University Press, 2007): 65–99。

实上，人物并非共情心理的唯一对象。①

这种做法将文学中的共情主要当作一种与同情相联系的伦理模式来加以强调，因而未能回答一些有趣的问题。这些问题与早期那种生理共情何以能够帮助我们重新想象身体与文本之间的联系有关。在本文中，我将为一种主要关注身体经验而非伦理经验的共情阅读理论找到一些历史基础。为了做到这一点，我对一种共情进行了考察。要对这种共情做出解释，最好的办法莫过于对它的理论先驱——散文家和批评家弗农·李——所提出的例子加以利用。在《美好之物：心理美学导论》一书中，李提出了这样的观点：在观看一座山峰时，我们将其视为一个运动中的三角形来加以体验——"它在上升……它上升，而且不断上升，从不停止，直到我们不再观看它。"②李将这种上升的感觉描述为一种"共情运动"（TB, 73），表示眼球的真实上升过程与对过去的上升感的身体记忆的结合。这种运动解释了"形体所具有的神秘重要性，以及它们对我们的吸引力或排斥力。根据它们的共情性质，这些形体既是可视的，也是可听的"（TB, 74）。在对这个例子的阐释中，李强调了一个呼吸中的、正在保持平衡的肉体的内部运动与其感受到的三角形的运动——这个三角形的线条正在为了"抵达"某个点而"努力"——之间的相关性（TB, 72）。李并未否认这种反应可能与对他人的感受有关——此处的"他人"，指的是身为物质实体、像山峰一样被我们遇见的人。然而，鉴于本文的目的，我将使用"运动共情"（motional empathy）的说法，以凸显李的理论中强调形式的和形体导向反应的那些方面。这些方面也是李的关注焦点。

较之伦理关系或利他主义关系关涉情感的方式，运动共情关涉情感的方式是更为自我指涉的。在其影响深远的文章《情动的自足》中，文化理论家布莱恩·马苏米对情感与情绪进行了区别，认为情绪一词暗示了某种

---

① 参见 Suzanne Keen, "Empathetic Hardy," *Poetics Today* 32, no.2 (2011): 349–389。

② Vernon Lee, *The Beautiful: An Introduction to Psychological Aesthetics* (Cambridge: Cambridge University Press, 1913): 72. 在下文中简写为 *TB*。

经验在"社会语言学层面的意义固化",而情感则暗示一种"直接具身化的""完全自足的"反应。① 马苏米的批评者因为他假设了一个身体经验的前语义领域而感到困扰,在这一点上我也同意他们,不过他的这种区分有助于我们厘清李对共情的理论化中的不同层次。② 的确,如果觉察到"上升的"三角形的形式运动,就可能引起诸如兴奋、活力和收缩等感受,而这些感受似乎都可能是情绪。然而,在李的理解中,我们在为一座山峰感到振奋时,无须将它人格化为某种有感受的事物,甚至无须如此想象。这样一来,她的著作便主张了一种颇为奇特的共情,也就是我称之为运动共情的那一种。它的主要定位并非指向社会领域。如果我们借用马苏米的说法,那么运动共情就是尚未发生社会语言学固化的。构成这种共情的是各种自我指涉的情感(如"我感到自己充满活力"),而非那些主体间的情绪(如"我能体会到你的悲伤")。

在本文的第一部分中,我将指出李对运动共情与语言之间关系的慎重态度,将她的著作与她之前的心理美学区别开来。在第二部分中,我将指出李的共情理论在文学批评史中有着重要地位,却遭到忽视。李的共情理论是一个更广大的构想的组成部分,而这一构想的目的就在于严肃地对待范围甚广的各种具身化审美反应。作为对这一构想的贡献,李就阅读的身体感受这一主题写了一系列文章。这些文章可以与她关于绘画、雕塑和音乐的那些文章比肩而列。李的共情阅读挑战了一种我们业已接受的历史:在维多利亚时代的生理美学与后来的文学形式主义——尤其是新批评派——之间存在着断裂。简言之,李将动觉反应(kinaesthetic responses)赋予散文文体节奏,同时又预示了以新批评派为代表的系统化形式主义方法的出现。我提出这一系列主张的目的部分在于将李的文学批评语境化,

---

① Brian Massumi, "The Autonomy of Affect," in *Parables of the Virtual: Movement, Affect, Sensation* (Durham: Duke University Press, 2002): 25.

② 关于对马苏米的这种批评,参见 Ruth Leys, "The Turn to Affect: A Critique," *Critical Inquiry* 37, no. 3 (2011): 434–472.

不过我的论证中更重要的部分在于：李的生理共情理论何以能够构成一种挑战，让我们对历史和当代的细读方法进行重新审视。

共情（Einfühlung）与美学

就其起源而言，共情并非一种与文学或语言相关的经验。德语中的Einfühlung在后来被译为"共情"，但它最早是出现在哲学家罗伯特·费肖尔（Robert Vischer）的论文《论形式视觉》中。这篇文章认为人类会本能地将自我投射于他们所看见的东西。费肖尔在一个重要的段落中指出：做梦者的身体会"无意识地将其自身的身体形式——连同灵魂——投射于对象的形式。""从这一点出发，"他继续写道，"我得出了我将之命名为'共情'的概念。"① Einfühlung 并非只是一种梦中状态。我们日常生活中基本的视觉感受——例如曲线、光和互补色等带来的愉悦刺激——都可以激发它。更为复杂的 Einfühlung 具有两种形式：第一种是"外形式的"（physiognomic），与静态的物理形式有关，比如一朵带来压缩感的小花；第二种是"模仿式的"（mimicking），与运动有关，比如令观者觉得像正在伸展肢体的树枝。②

心理学家特奥多尔·利普斯（Theodor Lipps）发展了费肖尔的观念。他抛弃了其中形而上学的成分，对实在的物理模仿概念提出了挑战，并在对物体的 Einfühlung 之外提出了对他人的 Einfühlung 的可能性。与费肖尔所理解的 Einfühlung 一样，利普斯的 Einfühlung 概念也是指向视觉感知的。利普斯对共情的研究始于他对视觉幻象的兴趣；他的早期著作曾经对这样一场争论展开论述：让视觉幻象欺骗心智的，是一种认知缺陷还

---

① Robert Vischer, *On the Optical Sense of Form. Empathy, Form, and Space: Problems in German Aesthetics*, ed. and trans. Henry Francis Malgrave and Eleftherios Ikonomou（Santa Monica: Getty Center for the History of Art and the Humanities, 1994）：97. 首版1873年。

② 同上书，104-105。

是一种感知缺陷？于是，这个关于心智与视觉官能如何互动的问题在他对 Einfühlung 的描述中占据了中心位置。在其著作《美学：关于美与艺术之心理学》中，利普斯提出：当我们看到一根线条时，我们是在用自己的身体跟随它从一端移动到另一端，以此"创造"出这根线条。因此，通过对线条某种程度上的执行，我们的身体也对这根线条的存在做出了贡献。利普斯强调说，他描述的并非仅仅是心灵内部的一种思考过程（"我从反思中所知道的"），而是一种与线条归于同一的感觉（"我感到自己**身处**那线条之中，努力行动"）。"如我们所知，"利普斯写道，"这就是 Einfühlung 的含义。"① 根据利普斯的看法，当我们观看一根多立克石柱时，也会发生同样的事情；石柱会亲切地"在我们体内树立起一幅需要类似努力来创造的图像"。②

这种对努力创造出的"图像"的强调将利普斯的理论与他的对手之一卡尔·格罗斯（Karl Groos）的观点区别开来。格罗斯认为：在美学体验出现的时刻，发生的事情是对视觉形式的物理模仿〔"内在模仿"（innere Nachahmung）〕，而不仅仅是一幅运动的图像。在格罗斯看来，美的对象能够激发"运动与姿态的感觉（尤其是平衡感）、轻微的肌肉动觉，还有视觉上与呼吸上的运动"。③ 与上述观点形成对比的是：其他一些人认为 Einfühlung 根本不存在。1903 年，心理学家奥斯瓦尔德·屈尔珀（Oswald Külpe）将研究对象置于暗室中，并在暗室的墙上播放了 28 张希腊建筑和雕塑画片，每张停留时间为 3 秒。他发现没有哪根柱子——无论是多立克式的还是别的——能让观看者感到自己似乎在动。④

---

① Theodor Lipps, *Ästhetik: Psychologie des Schönen und der Kunst*, vol. 1（Hamburg: Leopold Voss, 1903）: 236-237.

② Theodor Lipps, *Raumästhetik und Geometrisch-Optische Täuschungen*（Leipzig: Johann Ambrosius Barth, 1897）: 7.

③ Karl Groos, *The Play of Man*, trans. Elizabeth L. Baldwin（New York: Appleton, 1901）: 328.

④ Oswald Külpe, "Ein Beitrag zur Experimentellen Aesthetik," *American Journal of Psychology* 14,（1903）: 231.

最终被李理论化为共情的东西还处于另一种主要语境之中，那就是始于埃德蒙·伯克（Edmund Burke）的《关于崇高与美的观念起源的哲学探究》的一种英国传统。① 这种传统将美学视为一种感知的科学。正如德国心理学理论主要关注感官知觉问题，英国这一派美学审视的也是对象中愉悦感官的性质，而非它们身上更复杂的、由人创造的意义。一种新的关于自我的生理模型在19世纪20年代和30年代发展起来。紧随这种发展，包括乔治·菲尔德（George Field）、亚历山大·贝恩（Alexander Bain）和戴维·拉姆齐·海伊（David Ramsay Hay）在内的理论家们认为：对审美愉悦的最佳理解方式就是将它理解为身体对形状、色彩和声音的反应。例如，海伊曾经对基本几何形状的比例之美展开研究，并在多部著作中声称建筑、音乐、色彩和女性之美可以用一种关于和谐的普遍数学来解释。② 与此类似，贝恩同样将美学视为关于令人愉悦的感官知觉的科学，并在其出版于19世纪中叶的心理学教材中声称曲线比角更令人愉悦，因为它们允许眼睛以更自然的方式移动，而音乐的和谐则以令人愉悦的方式刺激人的神经。③

有时被称为"美学"的这门学科有一台时间性的、定量的天平。赫伯特·斯宾塞（Herbert Spencer）和查尔斯·达尔文在19世纪50年代晚期提出的发展与进化理论让这台天平发生了偏转：从离散的感知时刻转向深远的进化论时间，从个体转向种群。在达尔文和斯宾塞之后，一个中心问题出现了：审美愉悦之中是否包含了某种种群性的效果？如果没有，那审美愉悦何以存在？如乔纳森·史密斯（Jonathan Smith）所指出，达尔文将动物对美的感知这种观念作为其《人类的由来》(*The Descent of Man*,

---

① Edmund Burke, *A Philosophical Enquiry Into the Origin of Our Ideas of the Sublime and Beautiful* (New York: Oxford University Press, 2009). 首版1757年。

② David Ramsay Hay, *The Natural Principles of Beauty, as Developed in the Human Figure* (Edinburgh: Blackwood, 1852).

③ 参见贝恩的两本著作：Alexander Bain, *The Emotions and the Will* (London: John W. Parker, 1859); Alexander Bain, *The Senses and the Intellect* (London: John W. Parker, 1855).

1871 年)中的一个重要部分。① 与达尔文类似,斯宾塞从进化论时间的角度对审美愉悦展开探索,并在其《心理学原理》②中宣称:艺术让受到压抑的能量得到释放,而在一个不那么悠闲的社会中,这种能量只能消耗在勉强维持生存上。尽管二人用以审视美学的时间之镜要宽广得多,但这一派的著作仍旧将关注点放在由能量、本能和减压阀构成的身体愉悦经济学上。科学作家格兰特·艾伦(Grant Allen)在其《生理美学》中对此类生理与进化美学理论进行了综述。③ 这本书在维多利亚时代的知识分子中颇受好评。弗农·李便是这些知识分子中的一员。她在 1880 年就已经持有这样的立场:艺术是一种"有机的物理—精神实体"。④ 艾伦的著作正好问世于心理学逐渐成长为一门稳固而独立的学科之际,成为职业心理学家们对审美经验的研究的先声。在英国第一种心理学期刊《心智》(*Mind*)较早的各期中,包括詹姆斯·萨利(James Sully)、亨利·拉特格斯·马歇尔(Henry Rutgers Marshall)和詹姆斯·H. 塔夫茨(James H. Tufts)在内的杰出思想家们曾就美的科学展开争论。到了 19 世纪末,美学已经被广泛承认为一门学科,而 Einfühlung 则是它的一个主要分支领域。

共情的语言

在 19 世纪 90 年代,李与她的爱人克莱门蒂娜·安斯特拉瑟 – 汤姆森(Clementina Anstruther Thomson)将大量时间用于在博物馆中观看希腊艺术品,以进行对艺术所激发的感受的研究——李将之称为一种"客观的"研究。⑤

---

① Jonathan Smith, *Charles Darwin and Victorian Visual Culture* (New York: Cambridge University Press, 2006):27-28.

② Herbert Spencer, *The Principles of Psychology*, vol. 2(New York: Appleton, 1873). 首版 1855 年。

③ Grant Allen, *Physiological Aesthetics* (London: H. S. King, 1877).

④ Vernon Lee, "Comparative Aesthetics," *Contemporary Review* 38 (Aug. 1880):306.

⑤ Vernon Lee, *Beauty and Ugliness* (London: John Lane, 1912):276. 此书译名为《美与丑》,在下文中简写为 *BU*。

在刚开始发展她的这种具身美学时，李还不知道格罗斯、利普斯和费肖尔等人的理论，但她并不缺乏科学判断力：众多李的研究者已经证明她借助英国的生理美学研究构建出了自己的艺术理论。①李的观点也受益于与她关系密切的瓦尔特·佩特。后者在《文艺复兴历史研究》的结尾中拒斥了形而上学，并在前言中提出了这样的问题："对我而言……这首歌或这幅画意味着什么？它到底在我身上产生了什么样的效果？……我的本质如何因它的在场而改变？如何受到它的影响？"②1897 年，李与安斯特拉瑟-汤姆森在一篇关于心理美学的文章——《美与丑》——中将这些问题向前推进了一步。这篇文章使用生理美学的语言，以一种天才的、近乎讽刺的直率对佩特的问题做出了回答。在文章中颇具代表性的一段里，安斯特拉瑟-汤姆森审视了新圣母玛利亚教堂（Santa Maria Novella）的正面，并指出："对（这座建筑）中间部分的感知……会引起一种调整；这种调整会阻止观者的胸腔在呼气时如常收缩"，从而制造出一种扩张感。③在此，艺术的在场确乎造成了佩特式的"效果"与"改变"。

然而，正如李对客观性的坚持所示，她的研究与佩特的"我"这种内省式的立场分道扬镳了。新圣母玛利亚教堂并未引起幻想的迸发，也没有打开一扇想象中通往过去的大门——众所周知，那正是《瑶公特》（*La Gioconda*）对佩特产生的效果。新圣母玛利亚教堂仅仅让观者改变了身体的平衡，呼吸得更深了。艺术效果在一具身体中引起了肌肉和肺的共鸣，而不是唤起了某种抽象的主题。在发现德国的心理学研究之后，李意识

---

① 参见 Carolyn Burdett, "'The Subjective Inside Us Can Turn Into the Objective Outside': Vernon Lee's Psychological Aesthetics," http://www.19.bbk.ac.uk; Susan Lanzoni, "Practicing Psychology in the Art gallery:Vernon Lee's Aesthetics of Empathy," *Journal of the History of the Behavioral Sciences* 45, no.4（2009）：330–354。

② Walter Pater, *The Renaissance: Studies in Art and Poetry: The 1893 Text*, ed. Donald L. Hill（Berkeley: University of California Press, 1980）：xix-xx. 首版 1873 年。

③ Clementina Anstruther Thomson and Vernon Lee, "Beauty and Ugliness," *Contemporary Review* 72（Oct. 1897）：560; *Contemporary Review* 72（Nov. 1897）。

到：能够解释她与安斯特拉瑟-汤姆森对美产生的反应的，是共情而不是唯美主义。在接下来的 15 年中，她就这一主题发表了许多文章，其中一些收录在《美与丑》这本沉闷松散得令人遗憾的书中。尽管这本书在写作风格上不乏缺陷，在英美美学界表现出对共情的广泛兴趣之时，它仍是一部引领潮流之作。

李与安斯特拉瑟-汤姆森在两个方向上发展了生理美学。我将这两个方向分别表述为"过程的"和"理论的"。这两种发展都指向语言。在过程方向，他们将共情从一种抽象的理论转变为一种涉及对感受的书写的批评实践。从半清醒的身体反应向叙事的转录是共情研究的隐性要求。在李的著作中有一点与前人的生理美学截然不同：共情更多地与书写和表达而非沉默的反应联系在一起。在理论方向，李关于共情的论证有许多都立足于语言——要么是日常话语中使用的隐喻，要么是其他共情理论家用以描述"深入体察"（feeling-into，或 Einfühlung）时刻的修辞。李的论证不仅是就哲学术语展开的表面论证，而是发自一种深刻的信念：共情现象与语言不可分离；它可以解释我们是如何使用和理解隐喻的。

在造成这次语言转向的原因中，必然性起到的作用很可能与知识分子责任感所起到的作用一样多。李并不具备成为主流生理美学家所需要的训练，而身为女性的她要想得到这种训练也并不容易。她与安斯特拉瑟-汤姆森所拥有的，是她们大量真实的艺术审视经验。李花在观看艺术作品上的时间可能比其他任何生理美学领域的作者都要多，甚至可能比佩特和约翰·罗斯金（John Ruskin）还要多——后者在欧洲游历的广泛程度也及不上李。李居住在意大利，大量时间都花在参观教堂和博物馆上。她经常在伦敦过冬，那时她就会整天泡在大英博物馆、维多利亚与阿尔伯特博物馆和国家美术馆里。在往返于英格兰和意大利之间时，她会参观卢浮宫和法国北部的那些教堂。① 她的这些游历在 19 世纪 90 年代得到安斯特拉瑟-

---

① Peter Gunn, *Vernon Lee: Violet Paget, 1856–1935*（New York: Arno, 1975）: 148.

汤姆森的陪同。在参观博物馆的同时，李还一直用日记详细记录她观看艺术品时的身体状态——身体的"震颤"、脑海中挥之不去的音乐旋律，以及自己是否感到疲劳或厌倦。李与安斯特拉瑟-汤姆森的研究以得自美术馆和博物馆的鲜活经验为基础，对美学反应数据展开系统化地搜集，以期通过归纳的方式建立起一种普遍的美学理论。李在后来将这种方法描述为一个不断追问自己的过程："'我今天是如何体察并感受我与某件艺术品之间的联系的？'日复一日，我终于发现自己已经掌握了如此之多可以用来验证和比较的内省数据，以致一个成熟的系统已经从这些数据中产生出来。"（BU, 242）她将词汇描述为"数据"，用意明显在于将不起眼的日记提升为一种合适的科学对象。然而这种做法同时——如果并非有意的话——也将运动共情转化为一种语言学现象。

为了更贴近地分析共情的这种叙事介入，我转向了安斯特拉瑟-汤姆森的第一人称陈述。她的这种陈述在《美与丑》一文中占据了大量篇幅。此外，安斯特拉瑟-汤姆森去世之后，她的大量笔记由李在《艺术与人》一书中发表。研究李的学者们注意到：安斯特拉瑟-汤姆森的身体可以被视为李的共情理论的来源之一，然而安斯特拉瑟-汤姆森的写作却通常被解读为李的理论产生的语境，而非因其自身得到解读。[1]然而，在其看似天真的文章、演说和留下的残篇中（这些作品讨论的主题既涉及艺术品修复，也涉及关于人马的神话），安斯特拉瑟-汤姆森描述了自己对艺术的反应，而其描述的方式反过来将这样一个问题理论化了：一种对艺术直接的、事先不知情的反应何以可能适用于超出个体观赏者的范围。

安斯特拉瑟-汤姆森有一篇颇具启发性的演讲——《图案对我们的作

---

[1] 参见 Diana Maltz, "Engaging 'Delicate Brains': From Working-Class Enculturation to Upper-Class Lesbian Liberation in Vernon Lee and Kit Anstruther-Thomson's Psychological Aesthetics," in *Women and British Aestheticism*, ed. Talia Schaffer and Kathy Alexis Psomiades（Charlottesville: University of Virginia Press, 1999）: 211–229; Kathy Psomiades, "'Still Burning From This Strangling Embrace': Vernon Lee on Desire and Aesthetics," in *Victorian Sexual Dissidence*, ed. Richard Dellamora（Chicago: University of Chicago Press, 1999）: 21–42。

用》。在这篇演讲中,她解释了花瓶上的二维图案通过何种精确的形式机制弥补了花瓶本身的三维形态的不完美(参见图 11.1)。安斯特拉瑟 – 汤姆森没有将图案看作视觉幻象,而是将之视为在观者身体与物理的花瓶之间挑起复杂互动的因素。换言之,花瓶上的图案不会欺骗那被视为独立于身体的心智,而是直接对身体和心智同时产生影响。审美愉悦就是这种影响在我们的意识中的残留。在描述被李定义为"共情"的现象时,安斯特拉瑟 – 汤姆森列举了那些将花瓶与她的身体联结起来的力量和运动:

> 我们身体的其他部分也会坚持向我们告知花瓶的形象。事实上,它们会在我们身体内部以某种原始的方式复现形状,让我们能感觉它几乎就是我们自己身体形状的某种真实变形,以此来帮助我们的眼睛。于是,如果在花瓶基底上添加一个上升感的图案,就会让我们觉得那是花瓶本身形状的一种极为真实的改变。这是因为这个图案会猛然将一种上升感掷入我们的身体,让我们无法不意识到它。每一种添加的图案都以这样强烈的方式被灌进我们的身体,让我们不得不相信它的证词,而非我们亲眼看到的东西。①

图 11.1 克莱门蒂娜·安斯特拉瑟 – 汤姆森,"一件希腊双耳细颈瓶(amphora)的三张略图,由 C. A.–T. 出于实验目的重绘"。②

---

① Clementina Anstruther Thomson, "What Patterns Can Do to Us," in *Art and Man: Essays & Fragments*, ed. Vernon Lee(London: John Lane, 1924):140.

② Clementina Anstruther Thomson, *Art and Man: Essays & Fragments*, ed. Vernon Lee(London: John Lane, 1924):138.

这段话比表面上看起来要更为艰深。动作与力量既是视觉形体的形式特征，也是人体的物理特征（花瓶上的"上升"图案对安斯特拉瑟-汤姆森的身体产生了上升作用）。安斯特拉瑟-汤姆森将审美经验变成这种动作与力量的结果，从而破除了主观性与客观性之间的壁垒。这种审美反应与沉思或认知基本无关，从而与唯心主义的美学形成了对比。安斯特拉瑟-汤姆森放弃了内心的意识，认为能动性并不仅限于作为观者的人。她认为艺术品比遭遇它的观者更为积极：一种给定的图案会将上升感"掷向"观者，从而让观者成为被动的接受者。

在安斯特拉瑟-汤姆森那里，语言让身体与言说者本身产生了疏离。这种疏离既是修辞意义上的，也是生理意义上的。身体会"灌输"，也会"在我们内部……复现形状"，但它同时也在"告知"和提供"证词"这样的语言学范畴内起作用。因此，身体便有了一种自己的主体性，独立于栖居于身体之内那个主体之外：她的身体的行动和言说并不与安斯特拉瑟-汤姆森的行动和思维一致。身体发生了移位，成为一种由演讲者与其听者所共享的集体所有物——"我们的身体""我们自己的身体"。通过第一人称复数代词的修辞包容性，安斯特拉瑟-汤姆森呈现了一个想象中共享的物理自我的形象。与心智不可分离的身体变成了重要的知识、意识与信息来源：这是一种不以心智/身体之二分为前提的批评实践。我们可能在一个人与一件被人格化的事物之间看到一种主体间的、由感受（feelings）与情感（sentiment）构成的情绪机体（emotional economy），然而她的演讲并不指向这种情绪机体。相反，我们在细读时很容易就会发现，这是一种客体间的、由力量与能量构成的运动机体（motional economy），有着灌输、掷入、称量和提升等种种行为。在这篇演讲以及她的其他著作中，安斯特拉瑟-汤姆森关于共情要说的话与她说出这些话的方式同等重要。她的写作风格是劝诫式的，通过语言的运用这种潜移默化的方式来实现理论化，而非使用显明的逻辑推理。这个例子解释了李与安斯特拉瑟-汤姆森在改变共情概念时所使用的一种方法：她们让演说和画廊日记这样的副文学（paraliterary）写作形式成为共情经验的关键。

第二种重要的转型与隐喻有关，也与这种方法转向联系在一起。在其1904年发表于《季度评论》（*Quarterly Review*）的一篇文章中，李指出了共情的一种"奇异特质"，即它与比喻语言的紧密联系：

> Einfühlung……沉于无数词语和表达的水底。对这些词语和表达的日常运用让我们忽视了这种奇异特质。例如，我们会说山丘起伏（roll），会说山峰高耸（rise）……我们将运动赋予那些静止的线与面；它们会运动、会延展、会流动、会弯曲、会扭结，等等。请让我用M. 苏里奥（M. Souriau）创造性地提出的那条法则来表述：只要我们置身于它们内部，它们就会做出我们本应感觉自己会做出的那些动作。因为我们身处它们内部，我们感受到自身，并将自己的经验投射到它们上面。①

在此，李接受了一种我们会以罗斯金的方式称为"共情谬见"的理论。罗斯金发现蹩脚的诗人的做法正与李所描述的做法一致：被情绪淹没的人很可能会不准确地感受到大海"爬动"，而他或她如果恰好又是一位糟糕的诗人的话，就会简单地将这种感受转化成诗行。然而，在李看来，这种描述中包含了高度的准确性。在诗中写出大海"爬行"可能是对大海的动作的拙劣描述，但这种描述对我们在看到大海时所感受到的东西来说却是精准的。普通的"词语和表达"从而令我们得以洞察共情的作用机制。根据这段陈述，这是因为比喻性的语言是自然的、生理的，而非任意的、文化的。我们也许可以据此认为：李关于比喻话语的理论在部分意义上预示了乔治·拉科夫（George Lakoff）和马克·约翰逊（Mark Johnson）提出的

---

① Vernon Lee, "Recent Aesthetics," *Quarterly Review* 199, no. 398 (1904): 433.

"隐喻概念"理论。① 与李类似，他们认为像"finishing up"这样被无意识使用的隐喻与物理上和文化上的"垂直性"② 是密不可分的。李在进行这样的推论时则将生理意义上的身体视为隐喻的源头。正如拉科夫与约翰逊通过文化中的隐喻来解码文化，李则依赖隐喻来解码人的精神生理。

李对用于描述共情的比喻的关注并不限于这一例。在将自己关于共情的文章集录于《美与丑》之后一年，李又出版了《美好之物》。剑桥大学出版社邀请各界专家向受过教育的非专业读者介绍各自的研究领域，出版了一套丛书，《美好之物》便是其中之一。这本书远较《美与丑》易读，成功地在英美美学界播下了共情概念的种子。李在这本书里自始至终都使用日常语言来解释审美体验心理学中的技术论点（例如，全书的第一章讨论的便是"'美'之为形容词"）。书中有一段文字旨在让读者对共情理论的新奇性感到适应，因为她接下来就要解释这样的观点：我们与一座山峰的三角形状产生共情的方式是与它一同上升。李在这段文字中指出语言会背叛我们与视觉环境之间原初的共情关系，然而要想避开语言其实并不容易：

> 这当然是众所周知的——读者会这样抗议——而且当然没有人会想象山峰上的土石在上升，也没有人会认为山峰在向上运动或是在变高！我们要说的只是：山峰"看"起来是在上升（the mountain looks as if it were rising）。
>
> 山峰"看"（the mountain looks）！这无疑是一个本末倒置的样板。不，我们并不能用山峰的"看"来解释山峰的"上升"，因为在整个过程中唯一发生的"看"是"我们"看山峰。如果读者再次抗议说这统统都是"比喻"而已，我会回答说：我们之所以会使用比喻，之所

---

① George Lakoff and Mark Johnson, *Metaphors We Live By* (Chicago: University of Chicago Press, 2003): 6.

② 同上，19。

以会在清楚地知道自己选择的比喻所表达的内容与客观事实正好相反时——正如这座上升的山峰所示——仍然会不时使用比喻，原因正在于共情。(TB, 61-62)

李在此解释了所谓共情在熟悉的表达中"沉于水底"的意思。① 这并非仅仅因为某些隐喻碰巧基于具身的经验，而是因为比喻的可能性本身正由我们与外在环境之间的视觉联系造成。李留意到动词"看"既可以归于山峰，也可以归于观者，于是她创造出一种语言学比喻和视觉比喻之间的复写关系。② 这种复写映射了李的理论将语言书写于视觉感知领域上的方式。山峰的三角形态是对其自身的生理化表达——表达为观者无意识的上升倾向；同时这种三角形态也是对其自身的语言学表达——表达为观者口头将施动属性赋予山峰的行为。(在安斯特拉瑟-汤姆森那只既能声言、也能灌输的花瓶上也存在着类似的词语与力量的复制现象）对李而言，这样的双重关系便是比喻性语言的根源。利普斯邀请他的读者通过观看一根线条来发现共情，李则请求她的读者思考——当我们说某样东西"看"上去如何时，我们的话到底意味着什么——并由此了解共情。

这种对语言的强调看起来只不过是一种启发式教育法。毕竟，在《美好之物》中，李的写作面对的是那些对心理学的专业语言并不熟悉的读者。她对语言的关切可能来自使用日常词汇解释艰深概念的愿望。然而，即使是在讨论共情理论最艰深晦涩的方面时，李仍然将注意力转向了单词和习语。她有一篇更具专业性的、原本为法语期刊《哲学评论》(Revue Philosophique)而写的文章。在这篇文章中，李通过质疑利普斯所使用的隐喻，对他关于人在体验共情时其自我意识会产生什么的主张提出了反对。在其著作《美学》中，利普斯几乎只是顺便提到共情中的自我意识"栖

---

① Vernon Lee, "Recent Aesthetics," 433.
② Palimpsest, 指在原文或原画上再次书写。——译者注

居于其所沉思的事物当中"(es lebt in der betrachteten Sache),意思是说自我经由向外部审美客体的灌注而"超越"个体本身[1]——此处的"超越"在字面上的意思是"被提升到(个体)之上"(hinausgehoben)。李抓住了他的这一表达,追问自我意识"栖居"于别处的图景是否意味着:

> 脱离(在某种意义上被想象为二维空间的)现实的范畴,在"艺术作品"中寻得栖居之所,以融入艺术品的生命,并脱离其自身的生命,就好像某个天主教徒在大斋节中远离世俗,在修道院生活中净化自身?这样的隐喻也许可以使用,但它并不会让我们忘记这样的事实:自我意识并非某种分离在外的实体。(BU, 59)

正如她通过对日常语言中的隐喻的检视而发现了关于 Einfühlung 的作用机制,李也通过追问利普斯使用的比喻语言,揭示出他对独立自我意识这种观念的依赖。

鉴于共情理论从一开始就受困于语言与具身感知之间的张力,也许比喻表达对李而言正是用武之地。在《论形式视觉》中,费肖尔在 Einfühlung 之外还提出了众多新名词,用以描述种种不寻常的感知模式。他创造出 Anfühlung(关注感)、Ausfühlung(外感)、Nachfühlung(反应感)、Zufühlung(即感)和 Zusammenfühlung(共同感)等说法;他还使用后缀 -empfindung[即感觉(sensation)]来制造这些术语(因此 Einempfindung 就表示"向内感觉")。这让人觉得:这样的术语增生的目的仅在于增加数量,以弥补人在对客体的具身反应中对语言的拒斥。在李看来,这种拒斥意味着共情体验通常是在无意识中通过隐喻获得的。共情是一种必须用语言学分析工具才能挖掘的经验;它排斥科学公式,转而欢

---

[1] Theodor Lipps, *Ästhetik: Psychologie des Schönen und der Kunst*, vol. 2 (Hamburg: Leopold Voss, 1903): 87.

迎隐喻的含混和第一人称叙事的偏见。

生命节奏（Vital Tempo）

如果说对李的美学的细读证明了她对共情语言的深入研究，那么她同一时期的其他写作则证明：对语言产生共情意味着什么让她感兴趣。人们通常将李的文学批评与她的美学分开来讨论。这部分是因为她的文学批评著作《对词语的操弄》的出版时间远晚于她关于共情的写作。然而，这本书中收录的大部分文章与她那些关于审美共情的文章实际上是在同一时期写作和发表的。如果我们对李的文学批评理论和她的共情理论同时展开阅读，就能意识到贯穿在李的批评构想中的一致性，也能理解她的工作是如何预示并挑战了20世纪的文学形式主义。

在开始关于视觉共情的写作之前，李已经探索过读者可能对语言模式产生何种身体反应的问题。从19世纪90年代开始，她的注意力便集中在作为一种心理媒介的文学上。在《关于作者与读者》一文中，李这样写道：一本书就是"从一个头脑传输到另一个头脑的一定数量物件，以及一种特定的传输模式"。① 文学由此被设想为一种传输方式，从而引出了一批围绕语言的认知机制产生的问题：对语言的何种使用最能精准地传达意义？拥有不同心智的读者何以从同一首诗中提取相似的含义？让这种"传输"令人愉悦的特质有哪些？

在1903年和1904年间，李在《当代评论》（*Contemporary Review*）上发表了由3个部分组成的系列文章，统称为"文学心理学研究"（Studies in Literary Psychology），对上述问题做出了回答。读者从这些文章的标题就可以看出李的关注点是文本式乃至语言学式的：《德·昆西的句法》②《兰

---

① Vernon Lee, "Of Writers and Readers," *New Review* 5（Dec. 1891）：529.

② Vernon Lee, "The Syntax of De Quincy," *Contemporary Review* 84（Nov. 1903）：713-723. 在下文中简写为"SDQ"。

多的修辞》①和《卡莱尔与现在时态》②。李在第一篇文章中使用的散文文体评价方法最初是她在匈牙利历史学家埃米尔·赖希（Emil Reich）的作品中见到的；此后20年中她还将继续发展这种方法。③这种方法所依据的逻辑如下。首先，李提出文体可以被设想为一种身体特征———一种以症候的形式揭示作者性情的"姿势或步态"。如果这种设想站得住脚，那么批评家就可以像心理学家那样对语言进行解码，以揭示作者的"无意识习惯"（"SDQ"，713）。要做到这一点，需要一种将词性加以量化的数学式批评实践。因此，李将作者使用的动词、副词和主动分词累加起来，并将累加的结果与名词及形容词的总数进行比较。

  比较的结果显示：托马斯·德·昆西（Thomas De Quincey）使用后一类词性（静态的）的次数较前一类（动态的）更多。单看这一结论的话，似乎并不能说明什么。然而，当我们让它与其他作者发生联系时，这些结果就变得有趣起来：以同样的方法对丹尼尔·笛福（Daniel Defoe）和罗伯特·路易斯·史蒂文森（Robert Louis Stevenson）的散文文体进行量化，得到了"截然相反的结果"。受到这一发现的启发，李这样写道："在我看来，我似乎找到了两类文体：一种大部分时候都在表达行动，例如笛福与史蒂文森；而在另一种文体中，可以说单纯的存在……更为优先。"（"SDQ"，713）李对德·昆西的《勒瓦娜》（*Levana*，1845年）④中的一段进行了词性量化分析，并得出结论："静态的名词和形容词占据多数"产生了"某种滞重的诘屈"和"行动的缺失"；"直到这些挤成一团的代词……过去之后，这篇文章的优雅动态似乎才开始显现"（"SDQ"，717）。

---

 ① Vernon Lee, "The Rhetoric of Landor," *Contemporary Review* 84（Dec. 1903）：856–864.
 ② Vernon Lee, "Carlyle and the Present Tense," *Contemporary Review* 85（Mar. 1904）：386–392.
 ③ David Seed, "Editor's Introduction," *The Handling of Words*, by Vernon Lee（Lewiston: Edwin Mellen, 1992）：xiii.
 ④ 德·昆西的散文诗，完整标题为《勒瓦娜与悲愁女神们》（"Levana and Our Ladies of Sorrow"），其中勒瓦娜是罗马神话中照料新生儿的女神。——译者注

以令人信服的方式，尼古拉斯·达姆斯将这种数目阅读方法的起源追溯到 19 世纪的心理物理学（psychophysics）以及维多利亚时代文学批评所使用的生理学语言：李的计算模型将散文分解为"最小的单位"，正如实验生理学家将感知视为"恰好能觉察到的差异"的累加。① 然而李的结论有可能会显得武断，除非我们能参照她的视觉共情理论来阅读她的计算式文学批评。要怎样才能合理地解释这种从量化观察（名词占据多数）到某种特定身体经验（如"滞重的诘屈"）的跳跃呢？要回答这个问题，我们可以留意李的文学理论与美学理论之间那种互构型的联系：两者都是对一种更大的身体审美反应模型的部分表达，而在李看来，这种更大的模型的作用范围涵盖所有艺术——从散文、绘画、雕塑、建筑直到音乐。太多代词会造成诘屈感，其中的作用机制正与三角形会造成上升感和乐句会带来前进感相同。

李在其 1894 年发表于《新评论》的文章《词语的技艺》中对这种联系进行了阐述——尽管方式含蓄。她并未使用"共情"这一术语，却描述了一种类似共情的现象。不过在此这种现象更多地来自文学而非视觉形态：

> 有一些词语让读者缓慢地思考、感受，甚至在某种程度上——生活；另一些词语则让读者快速地思考、感受和生活，根据情况的不同，或是快而平滑，或是快而诘屈。在此之上，还有词语的配置——词与词之间的作用与反作用的组合。这种配置或是打开种种视野，或是将它们关闭，以此让读者的头脑或是悠闲，或是匆促，或是费力忙个不停。由于我们的心智构成法则，无论一幅画、一首乐曲或是一页文章在我们头脑里造成何种运动，我们都会将这种特定的运动归因于那幅画、那首乐曲或那页文章所呈现或暗示的客体；将一个短暂的时

---

① Nicholas Dames, *The Physiology of the Novel*, 189.

刻描述得冗长或是将某个严肃的事实描述得诘屈聱牙的做法会令我们感到厌恶，而这种厌恶的原因并非无意义的造作，也不仅仅是让事物两两搭配的习惯性欲望。①

李在此描述的"心智构成法则"与最终将在《美与丑》中以"共情"之名出现的现象有着惊人的相似。正如安斯特拉瑟-汤姆森在希腊花瓶上的形式运动中发现了一种生机与活力感，李在语言的种种模式中找到了生命体验的节奏。

李的理论认为我们在无意识中从最初的共情体验那里获取隐喻，而上述将感受到的运动归于语言的做法正是这种理论的对应。与其他审美形式类似，散文文体也会产生强烈的时间效果。如果这种效果不能得到有效的分配，就会干扰读者的认知步伐。在其于1923年写给《泰晤士报》的一封信中，李将这种感受描述为一种跨艺术的"生命节奏"："在我看来，对应音乐家的旋律与和声模式和画家的线条与色彩模式的，不是（小说家）向我们讲述的事件与情感……而是词汇的模式、动词时态的协调……作者用它们来唤起我们的反应感受和想象。"② 当李对文学产生共情时，她感受到的是句法的运动。运动共情明确地排除了构成叙事的"事件与情感"。

考虑到李的文学批评中的审美性（其关注的是阅读之中感知体验那一面），也考虑她的美学中的文学性（其将视觉形态转变为语言的倾向），我们不应该将李关于文学的写作仅仅视为文学批评，而是将之视为某种主张共情本身就是一种批评模式的跨媒介构想的一部分。运动共情并不局限于视觉领域；它可以被用来解释对艺术、文学和音乐产生的多种反应。身体是一个节点。各种艺术的形式性质——无论是色彩、声音、深

---

① Vernon Lee, "The Craft of Words," *New Review* 11（Dec. 1894）: 577.
② Vernon Lee, "Vital Tempo: Art and Human Life," *The Times* 14（Nov. 1924）: 8.

度还是句法——在此交汇。早期的生理美学将复杂的艺术作品分解为线条、曲线和角，而李的做法则与之相反：她关注的是身体如何将各种形式性质统合为感受。这种统合行为就是一种批评，因为身体并非形式刺激的无声接收器；事实上，对形式的身体接受引发了表达——这种表达在无意识状态下形成隐喻，在有意识状态下便形成画廊日记或是演说。共情式批评反应的运作是跨艺术的，也是在艺术之间的，而且不会抹去艺术之间的差异。

这种生理形式主义令我们重新审视文学批评史上一次关键转变，让我在本文开篇提到的那种具身感受与剥离身体的形式主义之间的对立变得更复杂了。李的《对词语的操弄》比 I. A. 理查兹的《文学批评原理》问世早一年，而后者通常被我们视为现代文学分析的肇始。由于其对语言与形式的细致关切，李的作品有时也会被承认为《文学批评原理》的先声。如维内塔·科尔比（Vineta Colby）在其传记中所言：李的著作的一位编辑在《对词语的操弄》中发现了证据，证明李走在了"I. A. 理查兹、俄国形式主义者、米哈伊尔·巴赫金（Mikhail Bakhtin）、沃尔夫冈·伊瑟尔（Wolfgang Iser）和罗兰·巴特（Roland Barthes）"[①]等明星人物之前。我的主张没有这样雄心勃勃，但更为严格：李的共情理论之所以对理查兹这样的批评家没有吸引力，正是因为它声称要调和维多利亚时代的生理美学与被新批评派视为核心的那些理论和实践。

理查兹将《文学批评原理》设想为对李所追求的那种美学的颠覆，而非对其的发展。理查兹这本书开篇两章的标题就鲜明地传达了这种斗争式的拒斥：《批评理论之混乱》和《虚幻的审美状态》这两章——展示了各种情感美学理论，以对它们的谬误进行驳斥。李的共情理论不幸在两章中都出现了：第一次是作为一种解释艺术价值的失败努力，第二次是被当成

[①] Vineta Colby, *Vernon Lee: A Literary Biography*（Charlottesville: University of Virginia Press, 2003）: 200.

一种误入歧途的假设的例子——这种假设认为我们可以找出某种像"数学计算不同于吃樱桃"那样与日常生活截然不同的、可以被称为"审美体验"的东西。① 部分意义上,这一在日后被视为新批评派奠基性实践的姿态正始于将李的构想斥为混乱和误入歧途。

如果在理查兹的智识门徒中间追索共情的命运,我们会找到各种无视李的开创性成果的理由。维姆萨特和比尔兹利在《情感谬见》一文中拒斥了共情这一概念:"利普斯的 Einfühlung 或曰共情,以及与之相关的种种愉悦理论"("TAB",28)皆是过时的批评形式,将艺术的情绪效果与艺术本身混为一谈,因此根本算不上批评——"文学层次上的一般情感理论中……几乎没有产生真正的批评……在应用批评中,没有多少可供综感(synaesthesis)或那些构成综感的琐碎的过敏态度容身的空间。"("TAB",45)几年之后,在维姆萨特与克林斯·布鲁克斯(Cleanth Brooks)那本影响广泛的《文学批评简史》中,李起初似乎简单地被作者从介绍佩特之唯美主义的 22 章和介绍贝奈戴托·克罗齐(Benedetto Croce)之表现主义的第 23 章之间抹去了。不过她在关于理查兹的一章中得到了迟到的亮相——作为一种衬托,代表着将美视为客体的一种积极性质的谬见。根据维姆萨特和布鲁克斯的说法,李的共情理论"太过模糊,难以代表任何对寻常的享乐主义艺术表述的真正超越"。② 在其发表于 1966 年的一篇文章中,勒内·韦勒克(René Wellek)罕见地提到了李的文学批评和文体研究——"它们往往显得太过基本,却又充斥着在它们问世那个年代(19 世纪 90 年代)并不寻常的敏锐见识",不过这只是为了指出李对共情的科学式研究遭到了"取代",以及取代她的伯纳德·贝伦森(Bernard

---

① I. A. Richards, *Principles of Literary Criticism* (New York: Harcourt, 1961):14. 首版 1924 年,在下文中简写为 *PLC*。

② William K. Wimsatt and Cleanth Brooks, *Literary Criticism: A Short History* (New York: Knopf, 1964):615. 首版 1957 年。

Berenson，李的对手之一）更经得起时间考验。① 尽管我们不时会见到尝试复活李的理论的努力——比如理查德·福格尔（Richard Fogle）的《济慈与雪莱的意象》中关于"共情意象"的一章②——但李的批评构想总体而言无法抗衡这样的批判。

如果我们将李的共情当作某种无法证实的艺术感受反应，那么它被整整一代看不惯那种对诗歌的随意个人化解读——理查兹在《实用文艺批评》中便批判了这种解读方式——的批评家弃若敝屣也就不奇怪了。在李的作品发表之后的几十年中，英美文艺批评界的目标并不是培植个人的感受力，而是建立一套原则，以尽力防止诗歌意义与个人感受的混淆。面对安斯特拉瑟-汤姆森关于一只希腊花瓶如何让她的身体感到上升的演说，这些批评家无疑会将它理解为理查兹的学生在总结一首诗时所表现出的那种无能在视觉领域会产生的结果。在《实用文艺批评》中，反应的主观性正是应该被诊断为诸如"陈腐的反应"或"不当的联系"③并在教学中加以解决的问题。

然而，如果将李的共情理论解读为一种基于数据的、对审美和文学反应的陈述，我们就能发现新批评派对李的美学的拒斥是为某种文学史服务的一个策略：这种文学史希望在维多利亚时代那种基于道德-审美的评价式批评与现代的分析式、描述式的批评之间划出一道截然分明的鸿沟。在她的文学批评中，李与理查兹一样，致力于建立一种系统化的和独立的方法。事实上，这种方法隐含着一种相当高的教学性，以至于《对词语的操弄》的一位格外聪明的评论者将这种方法用在了李自己的作品上。这位评

---

① René Wellek, "Vernon Lee, Bernard Berenson, and Aesthetics," in *Discriminations: Further Concepts of Criticism* (New Haven:Yale University Press, 1970): 185.

② Richard Fogle, *The Imagery of Keats and Shelley: A Comparative Study* (Chapel Hill: University of North Carolina Press, 1949).

③ I. A. Richards, *Practical Criticism* (New York: Harcourt, 1957): 223. 首版 1929 年。

论者发现：根据她自己的标准，李"完全算不上是特别严谨的作者"①。就其最高程度而言，李的方法涉及对语言从词性角度进行量化，以系统性地解释散文问题的效果——这并不是维姆萨特和比尔兹利所谓的"琐碎的过敏态度"或是"享乐主义"（"TAB"，43）。从这个角度进行审视，我们就能发现理查兹并非在尝试解决李通过纵容极端的主观主义共情而制造出来的问题。相反，李与理查兹都是在追求一种客观的文学批评实践。只不过，理查兹版本的客观性拒绝将身体视为语言学意义的场所，而是转向头脑；李则将身体经验保留在她的阅读理论的中心。

为了进一步阐述这一主张，我要在此处分析一个例子——李的文学共情在这个例子中为我们提供了一些抵抗理查兹式批评史的工具。理查兹的《文学批评原理》的核心内容中有一长段揭示了这样一个事实：他与李之间存在一种共鸣，而这种共鸣却在他的介绍章节中被模糊掉了。他从《心理学概要》开始，途经他那张以扭曲难辨著称的关于读者反应的图解，一直说到罗伯特·勃朗宁的《潘神与月神》（"Pan and Luna"，1880年），最终以将这种心理理论应用于雕塑和音乐作结，由此为这本书中那些影响深远的主张——艺术何以发挥"微调"作用（PLC，234），"增进能力与明智"（PLC，235）并扩大"冲动系统的范围与复杂性"（PLC，237）——奠定了技术基础。在其关于心理反应机制的中间一章里，理查兹紧紧追随了李对散文文体作用机制的观察。为了对语言节奏进行生理维度的分析，理查兹选择的作者与李在1903年为其"随机分析"所选择的第一个对象是同一人——浪漫派诗人和散文家沃尔特·萨维奇·兰多（Walter Savage Landor）。②他引用了兰多，并提出了几个韵律方面的问题："在'晦昧的绿'之后（撇开意义不谈），是否有可能出现'深沉的黑暗'或'不可穿透的幽暗'呢？不谈意义的话，为何这样寥寥几个音节能在元音、重音、音长或其他

---

① "Words, Words, Words!" Rev. of *The Handling of Words* by Vernon Lee, *Spectator* 130. 4947, (Apr. 21, 1923) : 671.

② Vernon Lee, "The Rhetoric of Landor," 856.

方面产生变化，同时又不致破坏整体效果呢？"在从他这种替代性的细读方法中得出结论时，理查兹比李更加谨慎，然而他的答案同样关注着读者在散文叙事中感受到的节奏："如同对待所有这类有关感官形式及其效果的问题一样，我们只能给出一个并不完整的回答。那种由之前的内容引起的期待必须被视为某种极为复杂的神经组合态势——它降低了某些类别刺激的阈值，同时又提高了其他一些类别刺激的阈值。这种期待，以及实际出现的刺激的特性，各自都发挥了作用。"（*PLC*, 135）

"神经组合"的起伏将李在 1903 年对兰多的分析中辨识为身体效应的那种反应归于大脑。对李而言，兰多的伟大之处在于他的句法和用语不会让读者昏昏欲睡，也不会让他们头痛欲裂。这听起来可不是什么像样的赞美，然而李却是真诚的：

> 举例说，他的句子结构在音乐性和语法上都堪称惊人的杰作。看……他是如何变换名词、动词、形容词乃至形容词/分词的吧……你的头脑会为那美妙而变动不居的韵律所激发，开始轻柔却又充满生命力地活动；这种韵律决不会用某种重复来让你昏昏欲睡，也不会用另一种重复来让你头痛欲裂。①

理查兹与李都认为散文文体可以刺激身体以产生"活动"（李的说法）或带来"明智"。然而，在李看来，这种刺激与 19 世纪从海伊到艾伦的那套生理美学话语是一致的，而在理查兹的设想中，《文学批评原理》已经推翻了这套话语。"充满生命力的活动"更近似于安斯特拉瑟－汤姆森的上升身体反应和斯宾塞的进化能量，而非近似于理查兹所言的头脑对"发音言语形象"（articulatory verbal image）、"听觉言语形象"（auditory verbal image）和"关联意象"（tied imagery）的处理。（*PLC*, 116）李的文学批

---

① Vernon Lee, "The Rhetoric of Landor," 859.

评延伸了 19 世纪关于艺术令身体活动的观念，却又提出一种现代的计算分析方法来展示这种活动何以发生。

阅读感受

鉴于文学研究领域再次掀起了对其核心实践的重估，谨慎对待那些曾经被新批评派视为失败的方法在此时就格外有价值了。关于文本细读是研究文学的必经之路的观点曾经看似不可置疑，然而细读这种方法由理查兹的早年著作开启，并且可以说挺过了解构主义和新历史主义浪潮的长期统治地位，近来却受到学界的挑战。《新文学史》（*New Literary History*）和《表征》（*Representations*）的特刊最近都曾发出疑问：细读的那些共同方法和目标——揭示文本的政治责任、历史化文本的意义、绘制文本的语境网络——是否已经变得僵化了？[①] 人们已经提出了一系列富有创意的阅读方法来取代它们。那些被提议用来替代令人产生幽闭恐惧的"细"（close）字的形容词成了这些方法的标记，如"表面的"（surface）、"字面的"（literal）、"远距离的"（distant）、"认知的"（cognitive）、"非批评的"（uncritical），乃至异想天开的"伴奏的"（obbligato）。[②] 在这片杂驳的、由各种替代细读的方法组成的场域中，一些文学批评家为了超越新批评派

---

① 参见 Stephen Best and Sharon Marcus, eds. *The Way We Read Now*, Spec. issue of *Representations* 108, no. 1（2009）; Rita Felski and Herbert F. Tucker, eds. *Context*? Spec. issue of *New Literary History* 42, no. 4（2011）.

② 关于"表面"阅读，参见 Stephen Best and Sharon Marcus, "Surface Reading: An Introduction," in *The Way We Read Now*, ed. Best and Marcus, Spec. issue of *Representations* 108, no. 1（2009）: 1–21；关于"字面"阅读，参见 Emily Apter and Elaine Freedgood, "Afterword," in *The Way We Read Now*, ed. Stephen Best and Sharon Marcus, Spec. issue of *Representations* 108, no. 1（2009）: 139–146；关于"远距离"阅读，参见 Franco Moretti, "Conjectures on World Literature," *New Left Review* 1（Jan.–Feb. 2000）: 54–68；关于"认知"阅读，参见 Lisa Zunshine, *Why We Read Fiction: Theory of Mind and the Novel*（Columbus: The Ohio State University Press, 2006）；关于"非批评"阅读，参见 Michael Warner, "Uncritical Reading," in *Polemic: Critical or Uncritical*, ed. Jane Gallop（New York: Routledge, 2004）: 13–38；关于"伴奏"阅读，参见 Peter Schwenger, "The Obbligato Effect," *New Literary History* 42, no. 1（2011）: 115–128.

和后结构主义的无具身的文本，转向了读者的身体。查尔斯·阿尔蒂耶里（Charles Altieri）就曾呼吁人们更加关注"文学体验中的感官维度"；[1] 蕾切尔·阿卜娄（Rachel Ablow）在讨论"阅读感受"时则曾指出：在描述自己与文本的互动时，我们只有"数量相当有限的可用术语"。[2]

只有在了解20世纪初的批评家们如何排除了生理美学这一选项之后，我们才能明白为何我们的文学身体学（literary somatics）感受力如此贫乏。从这个意义上说，李对批评共情的阐述能为寻找细读替代选项的我们提供一些重要的东西。正如她对兰多的解读所表明的那样，李的批评共情理论问题化了那种将可靠的认知普遍性与不可靠的感知个体性对立起来的新批评式做法，同时提出了一种将阅读感受纳入解读实践的模式。这是一种二元模式，看起来似乎会让一些关于阅读的新实验发生分化。例如，与施文格尔（Schwenger）所采用的现象学方法比起来，莫雷蒂（Moretti）的"远距离"阅读就可能显得像一种冰冷的分析——前者曾如此讲述自己在阅读某些篇章时的体验：各种毫不相干的联系，以及其他。李则安然地在两边同时扎下营寨，以对抗这种二元对立。在《对词语的操弄》里的一页中，李曾幻想自己可以：

> 分析足够多的书页——比如说他写过的所有书页……从而实现一种对每个被作为比较对象的作者用过的全部词汇的平均分类。"应用于文学的统计学测试"……请允许我推荐那些急切想要成为普通评论者的年轻先生和女士采用这种研究方法。[3]

---

[1] Charles Altieri, "The Sensuous Dimension of Literary Experience: An Alternative to Materialist Theory," *New Literary History* 38, no. 1（2007）：71.

[2] Rachel Ablow, "Introduction: the Feeling of Reading," in *The Feeling of Reading*, ed. Ablow（Ann Arbor: University of Michigan Press, 2010）：9.

[3] Vernon Lee, *The Handling of Words, and Other Studies in Literary Psychology*（London: John Lane, 1923）：188-189.

早在"远距离阅读"（distant reading）这个词被发明出来之前，李就已经是一位远距离读者——她缺少的仅仅是合适的软件。然而，几页之后，李又希望批评家们利用对词语的统计分析来探索读者"如何"思考："'如何'的意思是——这种思考是轻易还是费力？是迅速还是缓慢？是平顺还是坎坷？……它也是马的步伐意义上的'如何'——步子是缓还是疾？或人的姿态和动作上的'如何'——是斜倚还是支撑？是跳跃还是跟跄？"[1] 李提出了一种带有挑战意味的图景——即假如新批评派转而拥抱身体性而非认知，同时又继续发展一种系统化的文学分析，它可能会变成什么样。

在为现代式的动觉阅读提供原点的同时，李的批评共情还突出了阅读感受、观看感受和聆听感受之间的联系。因此，李的研究工作要求我们不仅思考量化批评与身体批评之间如何兼容的问题，还要思考阅读感受何以成为众多对艺术的身体反应中的一种。阅读往往显得像是一种特别的审美体验，因为它完全依赖于在认知中对概念进行现实化。我们不可能像目睹一种颜色或听见一种声音那样，不依赖任何介质就看见一种诗歌意象；较之芭蕾舞和绘画，小说进入感知的方式并没有那么直接。李的形式共情理论拒绝这种区分，坚持认为艺术与文学共享一种影响身体的目标，因而彼此关联——并且不仅是《白衣女人》（*The Woman in White*）这种因令人激动而闻名的小说才是如此。就连《享乐主义者马里乌斯》（*Marius the Epicurean*）——李在她去世前发表的最后一篇文章中写道——也是读者可以感受到的文本，并且每个读过佩特这本小说的人在发现它传达出一种"不充分的运动感"时都不会感到惊讶。[2] 尽管维姆萨特和比尔兹利将这种身体体验视为一种副作用而排除在外的做法颇有影响，李仍让我们意

---

[1] Vernon Lee, *The Handling of Words, and Other Studies in Literary Psychology* (London: John Lane, 1923): 191.

[2] Vernon Lee, "The Handling of Words: A Page of Walter Pater," *Life and Letters* 9, no.50 (1933): 303.

识到：这些感受的重要性正如酒能醉人的重要性。新批评派的排斥姿态的对象并非一种对意义与效果的简单混淆，而是一种高度发达的理论，一种关于身体如何协调形状——如三角形、如句子、如乐句——以创造意义的理论。

杨晗/译　姜文涛/校

第12章 情感脉冲：怀特海"纯粹情感批判"①

史蒂文·沙维罗

据阿尔弗雷德·诺思·怀特海（Alfred North Whitehead）所言，"经验的基础是情感上的。"② 怀特海写道，他的哲学"渴望能构建一种纯粹情感批判（critique of pure feeling），以康德《纯粹理性批判》为哲学立场，也应该取代对于康德哲学局限的批判"。③ 接下来我想通过"纯粹情感批判"来揭示怀特海是如何开拓了一条基于情感的解释人类经验（或不仅仅只包括人类）的道路。对于怀特海来说，我们如何感觉和感觉到什么的问题比大多数哲学和批判（包括康德批判在内）关注的认识论和解释学问题更为根本。这一观点对于情感的强调反过来导致一种对于情感满溢主观性的新解释。更广泛地来说，怀特海的情感理论把审美置于哲学探究的中心，而不是本体论（海德格尔）或者伦理学（列维纳斯）。美学是怀特海称之为

---

① 本文译自 Steven Shaviro, "Pulses of Emotion: Whitehead's 'Critique of Pure Feeling,'" accessed October 9, 2020, http://www.shaviro.com/Othertexts/Pulse.pdf. 感谢作者授予中文版权。

史蒂文·沙维罗，现为美国韦恩州立大学人文科学学院英文系教授，研究兴趣包括电影、音乐录像带、科幻小说研究等。著有 *The Cinematic Body*（University of Minnesota Press, 1993）；*Without Criteria: Kant, Whitehead, Deleuze, and Aesthetics*（The MIT Press, 2009）；*Digital Music Videos*（Rutgers University Press, 2017）等。本文从怀特海的"纯粹情感批判"对康德《纯粹理性批判》的回应出发，讨论怀特海对情感的强调和对审美的关注，展现他基于情感解释人类经验的道路。——编者注

② Alfred North Whitehead, *Adventures of Ideas*（New York: The Free Press, 1933/1967）: 176. 在下文中简写为 *AI*。

③ Alfred North Whitehead, *Process and Reality*（New York: The Free Press, 1929/1978）: 113. 在下文中简写为 *PR*。

我们对世界和世界上实体**关注**的标志（*AI*，176）。①

对于怀特海来说，康德哥白尼式哲学革命的伟大成就在于它的"经验行为作为建设性功能的概念"。（*PR*，156）换句话说，怀特海确信康德是哲学建构主义的鼻祖。②康德否定了认识"自在之物"（things in themselves）的可能（甚至是其意义性），转而指出我们总是以建设性的方式参与到我们所表达或观察的事物中去。也就是说，康德否定了在我们的思想中存在外在的、独立于经验之外的现实的概念。对于我们观察到的世界或世界上

---

① 下文中我提及的"感觉"（feeling）、"情感"（emotion）和"情动"（affect）是可以相互替换的。这是依照怀特海的原文用法。尽管如此，我对于布莱恩·马苏米对情动（affect）和情感（emotion）的重要区分也予以关注。参见 Brian Massumi, *Parables for the Virtual: Movement, Affect, Sensation* (Durham: Duke University Press, 2002): 27-28 与全书多处。对于马苏米来说，情动是基本的、无意识的、非自觉的或者潜意识的、非表意的、不确定的和强烈的，而情感则是衍生出来的、有意识的、确定的和有意义的，是来自已经完成构建的主体的"内容"。我认为这一区分与怀特海也相关，但是他并没有将这些词语分别标记为术语。正如我想讨论的，怀特海的"感觉"起初在很大程度上与马苏米的"情动"不谋而合。然而怀特海接着对"高级"生物体（比如我们自己）给出了基因学的解释，而马苏米观点中的"情感"则来源于一种更为原始的感觉。

② 我对怀特海作为建构主义哲学家的理解来自伊莎贝尔·斯坦格斯关于怀特海的著作。参见 Isabelle Stengers, *Penser avec Whitehead: une libre et sauvage création de concepts* (Paris: Seuil, 2002)。对于斯坦格斯来说，哲学建构主义是属于无基础主义的：因为它拒绝接受这样一种概念，即真理早就已存在（there）于世，或存在于意识中，独立于所有经验之外，仅仅等待着被发现。与之相反，建构主义通过各种过程和实践，着眼于经验是如何产生（produce）真理的。这并不意味着没有什么是真实的或者真理仅仅只是主观的，而是真理总是体现在一个实际的过程中，并且它不能从这个过程中摆脱出来。人类主体性（human subjectivity）就是这样一个过程，但并不是唯一的。建构主义并未将人类认知置于万物的中心，因为产生真理和体现真理的过程并不一定是人的过程。对于斯坦格斯来说，如同布鲁诺·拉托（Bruno Latour）认为的那样，产生真理的实践和过程涉及动物、病毒、岩石、天气系统、中微子以及人类等"行动者"（actor）。参见 Bruno Latour, *Reassembling the Social: An Introduction to Actor Network Theory* (New York: Oxford University Press, 2005)。建构主义也不意味着就是相对主义；斯坦格斯借用德勒兹和加塔利的一句话：建构主义假设的"并非真理的相对性，相反，是相对的真理。"参见 Isabelle Stengers, *La vierge et le neutrino: les scientifiques dans la tour mente* (Paris: Les Empêcheurs de penser en ronde, 2006): 170; Gilles Deleuze and Felix Guattari, *What Is Philosophy?* trans. Hugh Tomlinson and Graham Burchell (New York: Columbia University Press, 1994): 130。建构主义坚持相对的真理，并且在这个真理的产生过程中坚持主体为非人类。建构主义最终实现了一种现实主义，与后现代主义、后康德哲学的人类中心主义以及反现实主义形成鲜明对比。

的任何事物来说，它们其实是一个与我们所观察到的任何事物的本质相互作用、干涉和改变的过程。这样，我们对于世界的主观体验本身就是这个世界（包括我们自己）形成的反身过程。对于怀特海和康德来说，"在永恒的相下"（sub specie aeternitatis），没有非主观的或超经验的认识世界的可能性。因为"整个宇宙都是在主观体验中所揭示的元素组成的"。（PR，166）作为一个建构主义者，怀特海在很大程度上也是一个康德主义者，或者说是后康德主义者和思想家，而不是他有时被认为的倒退为前康德主义者。

甚至康德饱受争议的"自在之物"概念同样也是他建构主义的结果。康德为何如此坚持"自在之物"的存在，其中的关键点是我们所无法知道和描述的，但是其中我们不得不肯定的它的不可知性和不可理解性，是客观对象存在于超越我们有限和不完整想象外的。世上已有的总是超出了我们所能表述的，我们对于世界的建构总是临时而不间断的；单单是我们的思想和行动并不能塑造整个世界；我们的心理过程或者是表现形式永远是有限的，我们总是被迫去面对自己的极限。[①] 虽然怀特海并没有直接关注极限的问题，但是他同样提醒我们任何形而上学的体系都是不完整的。他说："反过来所有哲学都会经历这样一种积淀（deposition）。"他说的也同样包括他自己的哲学。（PR，7）在此之

[①] 康德一如既往地否认黑格尔的理性行动 (intellectualizing move)，黑格尔的理性行动是要把"认识论的障碍转变为肯定的本体论条件"，这样，"我们对'物'（自身）的不完全知识就会转变为'物'本身不完全、不一致的积极特征"。参见 Slavoj Zizek, *The Parallax View*（Cambridge: The MIT Press, 2006）: 27. 对于黑格尔来说，康德没能意识到，在设定界限时，他同时也肯定了作为执行这一设定的思想或精神的力量。但是当康德提出思想的局限性时，他恰恰是在以我们认知客体的方式来坚持客体的极端外在性。因此他不再采用黑格尔自我强化和自我反思的行为。我们对于事物认知的局限性不能被假定为物体本身的特性，认知的局限性是不能被自身认知到的。在这个极端意义上划定界限时，康德开辟了一条通向认知之前和情感关系感觉的新道路（尽管基于他自己的认知偏见）。然而当黑格尔将"前认知"（pre-cognitive）和"无认知"（non-cognition）转化成消极认知或者说是对于消极的认知时，他并未给情感留下丝毫空间。因此从康德到黑格尔的关系值得更多延伸的讨论。

前，所有摄入（prehension）①都涉及一种特定挑选的过程——对于将要被摄入的"数据"的一种"客观化"和一种"抽象化"（PR, 160）的过程。有些东西总是会被遗漏或者被忽视。没有什么是在"作为建设性功能的经验"之外的；但是经验本身就是片面的（不完整和带有偏见的）。

尽管如此，怀特海批评康德——正如他批评其他16世纪到18世纪的哲学家一样——表现出了"过分的主观能动性"（PR, 15）。康德对于心灵和思维的关注太多了，他将人类和其他"高等"生物所特有的抽象概念（PR, 172）看得太过重要和富有特权。据康德所言，我们的意识通过，根据他所称的"摄入概念"或者范畴，来建构经验和积极塑造经验。"所有我们的认知都是从经验开始的，这一点是毋庸置疑的，但这并不意味着所有认知都产生于经验。"②对于康德来说，摄入范畴并不能由经验派生出来——它们只能合理地被应用于经验。在涉及"我们自发性认知"的范畴后（CPR, 106），康德实际上又重申了"我思"：笛卡尔的主体与世界分离、不为世界所限制并且暗中超越了世界，它只是在一定距离之外观看而已。虽然康德在《纯粹理性批判》中推翻了一些对于笛卡尔时代的事实主张，但他依然在灵魂上保留了那个时代伴随每一项认知行为的"统觉的先验统一"（transcendental unity of apperception）。这样，康德冒险地限制了他自己建构性发现的范围。"作为一种建构性功能的经验"是为了理性单独存在而被保留的。与此同时，那些存在本身并不容易受到这种变幻莫测的经验的影响。康德的主体既垄断了经验，又使自己能不沉浸于经验之中。

---

① Prehension 是怀特海的基础哲学术语之一。表示一个实体抓住或感受到另一个实体，或者一个实体对另一个实体的反应：无论它是否采用石头落地的形式，或者是我注视面前物体的形式。

② Immanuel Kant, *Critique of Pure Reason*, trans. Werner Pluhar（Indianapolis: Hackett, 1996）: 43-44. 在下文中简写为 *CPR*。

怀特海如同许多后康德主义学者一样，拒绝接受这种豁免或分离。①为了完善建构主义，人类或者理性主体就不能享有特权。而先验必须内在地、偶然地和历史地产生于经验。甚至是康德基本的"直观形式"（form of intuition），怀特海说，必须要"从实际的世界中派生出来作为数据基准（qua datum），因此康德对于那种术语的感觉是不纯粹的"。（PR，72）与此相同，先验统觉必须是动态的过程，而不是固定的逻辑范畴。而且他们也不能对一个已经存在的主体赋予"自发性"（spontaneity）的特质。"对于康德来说，"怀特海说道，"经验存在的过程是一个从主观性到明显客观性的过程。"但是怀特海自己的哲学"反转了这一分析并且将这一过程解释为从客体性到主体性"。（PR，156）主体来源于经验，而不是以经验为先决条件。而且，任何经验行为的"主观统一性"并不预先存在于经验之中，而是产生于它的展开过程中。②因此，怀特海将康德的"先验唯心主义"转变成了自己的"客体世界作为主观经验的建构主义"，与威廉·詹姆斯的"激进经验主义"或者是德勒兹会在后期称为"先验经验主义"（transcendental empiricism）③更为相似。

因此，怀特海对于康德批判中的关键点并不是它对于理性界限的确定或是对摄入概念的演绎，而是它对于接受性或感性条件的建构性解释。也就是说，怀特海根据"有秩序的经验是关于因果、实质、质和量的思维模

---

① 用德勒兹的话来说，后康德主义者"要求一种不仅仅决定主体的原则，而且同样是一种遗传的和能产的……从康德的角度上来说，他们还贬低了术语间存在的奇异的和谐。"参见 Gilles Deleuze, *Nietzsche and Philosophy*, trans. Hugh Tomlinson（New York: Columbia University Press, 1983）: 51–52。

② 怀特海以他称为"主观统一性范畴"（the category of subjective unity）的形式发现了这一观点。（PR, 26；PR, 223–225）更普遍地来说，所有怀特海的范畴都是康德综合先验概念的"经验-理想"（empirico-ideal）的转变。"主观统一性"的这个问题作为先验条件，怀特海是如何将它从一个必须前提转变成一个"范畴义务"（categorial obligation）（PR, 26）——或者说那些我想要称之为后假设（post-supposition）的东西——值得更广泛的讨论。

③ 记住以下前提是至关重要的：尽管对康德进行了这些批判性修正，怀特海仍然坚持"（从主观性到客观性或者说从客观性到主观性）的顺序与（康德的）一般概念相比是非物质的"，这种经验的顺序作为"建设性功能"才是真正有效的（PR, 156）。

式图式化的结果"(PR, 113),否定了康德的"先验逻辑"。但是他很大程度上接受了"先验美学",即康德对空间和时间的"阐释"。这种对"感性规则本身"(CPR, 107)的阐释,在怀特海看来是"一种本应是康德主题的扭曲片段"(PR, 113)。康德"先验美学"的伟大发现在于提出空间和时间都是一种"构想",与"牛顿'绝对'的时空理论"相对立(PR, 70-72);同样在于提出空间和时间作为一种构想的结构体是非绝对性和非概念性的。① 空间是"一种先验的直觉,而非概念",康德提醒我们(CPR, 79)。时间同样"不是一种散漫的概念,也不是所谓的普遍概念;而是一种纯粹的感性直觉"。(CPR, 86)这就是为什么时间"不过是内在感觉的形式……所有表象的先决条件"(CPR, 88),空间和时间是感性直觉的内在条件:它们代表的是我们接受对象给我们"数据"的方式,而不是提供这些数据的对象被迫遵从的逻辑范畴。因为它们仅仅是接受的形式,空间和时间对于认知是不足够的。事实上,康德认为空间和时间是"认知的来源"(CPR, 92),因为没有它们任何东西都不能被认知。但是空间和时间仍然先于认知;它们本身没有足够的力量去巩固和授权认知。

这就是康德为什么从"先验美学"到"先验逻辑"需要充分认知的原因。根据怀特海的观点,康德最大的错误在于接受了休谟的基本假设:主观感觉的完全原子论或者说是相互之间"基于数据的印象的极端分离"(PR, 113)。对于休谟来说,"经验行为的主要活动仅仅是对数据的主观招待,缺乏任何接受性的主观形式"(PR, 157)在《纯粹理性批判》中,康德的目的是避免这种立场的怀疑论后果。但是康德从不质疑以"纯粹感觉"(mere sensation)的混乱为前提;他只是试图用一种比休谟更令人满

---

① 甚至是怀特海也常常认为,康德试图通过赋予牛顿物理学和欧几里得几何学以先验基础"拯救"他们。但是我同意柄谷行人(Kojin Karatani)的观点,事实上,"恰恰是对立面更接近真实。"参见 Kojin Karatani, *Transcritique: On Kant and Marx*, trans. Sabu Kohso (Cambridge: The MIT Press, 2003): 63. 正如柄谷行人所说,康德对时空讨论背后的整个关键点以及时空的数学运算,是为了展现那些综合条件,而不是解析的逻辑必需品,因此它们需要成为更建构性的,不能简单被视为理所当然的或者是预设前提。参见 Kojin Karatani, *Transcritique*, 55-63.

意的方式来展示这种混乱是如何变成有序的,以及它的元素是如何联系在一起的。休谟只是用习惯来解释经验的基本稳定性。在康德"先验逻辑"的解释中,摄入及其范畴强有力地将一种概念上的顺序强加于另一种分离的、非连贯的意识流上。用这种方式来解决问题,康德完全依赖于"更高层次的人类运作模型"而忽略了更为"原始的经验类型"(PR,113)。他保留了正如怀特海批评的"哲学家普遍存在的超智性偏见(overintellectualist bias)"(PR,141)。

康德按照他"先验逻辑"的方法给经验排序,从而延续了一种传统——至少可以追溯至亚里士多德——吉尔伯特·西蒙东称之为形式质料说(hylomorphism)①,这就是形式和物质的二元论。形式质料说假定物质或是"可感觉到的"(sensible,仅能被感官感受到的),或是被动的、惰性的和本质上无形的,它只能有一种易摄入的组织形式,即由外界强加给它的。西蒙东认为,形式质料说因其严格的二元论而忽略了实际形成或构建过程中起作用的所有媒介物。事实上,物质从来都不是完全被动和惰性的,因为它总是包含着初始的结构。物质已经包含了能量的分布以及通过特定方向和方式塑造的潜力(如果你顺着纹理的方向刨木头,会比逆着纹理刨起来更容易②)。就其本身而言,形式从来都不是绝对的,也从不是简单地由外部施加,因为只有当它能够将自己"转化"(translate)或"转换"(transduce)成另一种材料时,它才是有效的。也就是说,形式其实是有能量的:它通过一系列的转换来传递能量,从而"渗透入"物质,在交换和交流的过程中影响或调节物质。[正如马歇尔·麦克卢汉(Marshall McLuhan)所说,媒体就是信息;与香农(Shannon)传播理论的形式质料说相反,任何信息或形式结构都不可能对传播媒介漠不关心。]

---

① Gilbert Simondon, *L'individuation à la lumière des notions de forme et d'information* (Grenoble: Million, 2005) : 45-60.

② Brian Massumi, *A User's Guide to Capitalism and Schizophrenia: Deviations from Deleuze and Guattari* (Cambridge:The MIT Press, 1992) : 10.

与"先验逻辑"形成对照,在"先验美学"中康德并未完全坚持形式质料说。他确实说过空间和时间是感知的"纯粹形式","感觉本身就是它的物质"(*CPR*,95)。但是他的讨论中也暗含另一种逻辑,一种对媒介物更为开放的逻辑。由于时间和空间不是范畴或概念,它们和它们的对象并没有通过可理解的逻辑形式联系在一起(像因果、实质、质、量那样)。它们并不是按照另一些本来就不成形和混乱的事物的原则来组织事物的。在西蒙东的术语学中,当范畴是一种严格的、总是具有识别性的模型的原则时,空间和时间就是一种灵活的媒介,总是在变化和调整。① 空间和时间具有一定的灵活性,因为他们是接受性的模式而非自发性的。康德认为感性或感受性"从客体本身的认知上保持着如同日夜一样的不相同";感性也不是认知的,而是与"物体的外观和我们被那个物体感动的方式"有关。(*CPR*,96)

　　这就是关键点,尽管"自在之物"是不可知的,或者说是无法认识的,但是它仍以一种特殊的方式影响着我们。通过传达和表达"我们被影响的方式",空间和时间在客体之间、客体和主体之间、主体和自身之间建立了内在的非认知的联系。这些情感联系是任何时间和空间中经验的内在过程。怀特海悲叹,康德"把他的先验美学设想为仅仅是对一个主观过程的描述"(*PR*,113),并且保留了"先验逻辑"的基本任务,即解释所有经验的必要条件。但是一旦我们以怀特海提出的更为激进的方法来看待"先验美学",就不会有无形的问题,也不会有脱节的、原子化的印象;因此为了使这些印象成形或者把它们结合在一起,也没有必要将以上的摄入范畴强加于人。正如怀特海所言,在这样一个感觉过程中,因果关系不需要从外部建立,因为"数据

---

① Gilbert Simondon, *L'individuation à la lumière des notions de forme et d'information*, 47. 如德勒兹所言,传统哲学假设"一种概念-客体的关系,其中概念是一种活跃的形式而客体仅仅是一种有潜力的物料。"但是对康德来说,多亏了他对空间和时间的新看法,一切都改变了:"概念-客体关系在康德的理论中真实存在,但是它同时也是我-自己关系。我-自己关系中含有调制过程,并且已经不再是模型。"参见 Gilles Deleuze, *Essays Critical and Clinical*, trans. Daniel Smith and Michael Greco(Minneapolis: University of Minnesota Press, 1997):30。

已经包含了它自己相互联系的关系"(PR, 113)。

通过这种方式摄入，康德的"先验美学"为怀特海最重要的概念提供了基础，即"主观形式"(subjective form)。在怀特海的解释中，每一次摄入都"包含三个要素：(1)摄入的'主体'，即摄入作为具体元素的真实体；(2)摄入的'数据'；(3)'主观形式'，即主体是如何摄入数据的"(PR, 23; AI, 176)。前两个因素也许代表了传统认识论中的'主体'和'客体'，尽管它们的类似之处并不十分确切。"① 但是第三个要素——如何，是真正重要的要素。怀特海说，任何给定的"数据"都是客观的，并且是完全确定的，数据本身是永远相同的。然而这种自我认知并不完全确切，虽然它在某种程度上限制了给定实体接受(摄入或感知)数据的特定方式。在"主体如何感受客体数据"中(PR, 221)，总有一些不确定的边缘留给"决定"的空间(PR, 43)。

这些边缘是为新颖性(novelty)留有余地："一种感觉的本质新颖性依附于它的主观形式。最初的数据，甚至是作为客观数据的联系，可能对其他主体的其他感觉也有所帮助。但是主观形式是瞬时的新颖性；强调的是主体如何感觉客体数据。"(PR, 232)每一种主观形式都是不同的；没有任何一个主体对给定数据的感受与其他主体的完全相同。② 这意味着，与其他事物相比，新颖性是一种方式的功能，而不是本质。对怀特

---

① 不同之处在于，摄入的过程并不是必须有意识的，事实上大多数时候是完全无意识的；而且"主体"并不预先存在与"数据"或"客体"的接触，只是在这种接触过程中产生。怀特海认为，在17和18世纪认识论中享有特权的"清晰而独特"的知觉，只是摄入的一种非常特殊的情况，而不是典型的情况；像从笛卡尔到康德的哲学家趋于做的那样，从这个案例中归纳出的结论恰恰导致了感觉主义原则和对"更高层次的人类运作模型"的高估。

② 甚至当所讨论的"主体"是同一个人或自我的连续时也是如此。我并不会像一分钟以前那样，以同样的方式感受给定的数据，如果只是因为我一分钟前经历的记忆增加了我是如何感觉的。这就是怀特海表达的，"没有两个实体来自同一个宇宙；虽然这两个宇宙之间的差别只存在于一些实际的实体中，在这个实体中却不在那个实体里。"(PR, 22-23)在十分之一秒和半秒之间以前我的宇宙与现在这一刻我的宇宙的差别，是我经历前者是一个已经被"具体客观化"的"真实实体"，并且加到了摄入后者的"数据"之中。

海来说，重要的不是事物是什么，而是他们是什么样的——或者更准确地说，它是怎么影响其他事物的，又是如何被其他事物所影响的。如果存在（being）是古典形而上学家的实体，是海德格尔的动词，那对于怀特海来说它是一个状语。"一个具体实体是如何变成（become）组成那个具体实体的东西的……它的'存在'是由'变化'（becoming）组成的。"（PR, 23）

这种对于主观形式作为一种接受方式的强调连接了怀特海和康德的"先验美学"。尽管康德赋予了认知以特权和前景，但他却被卷入了一种先于认知的运动，且这种运动是不可避免的。时间和空间，直觉的内在和外在形式，在成为摄入的条件之前是感觉的模型。这是从康德对感性的定义中衍生出来的，即"由于我们受到客体的影响而获得预设的能力（接受性）"。康德接着说，这就是"客体如何被给予我们的"（CPR, 72）。怀特海从这个构想中保留了不少东西。首先，康德坚持外在世界的绝对存在性，以及我们与之相遇时的接受性。这与怀特海自己对于"无法回避的事实"（PR, 43）和"不可否认的事实立刻限制了实际情景，并为实际情况提供了机会"（PR, 129）的坚持相似。接着，康德用实际"客体"这一术语来描述他的解释，而不是用"感觉材料"（sense，休谟的"直观感受"）这一术语。这符合怀特海对"真实体"或"实在"作为现实最终组成部分的呼吁，以及他对于 17、18 世纪经验主义"想法"的坚持总是（不顾经验主义家们精神第一论者的前提）关于"外部事物"（PR, 55），或者被"'确定'为确实存在的事物"（PR, 138）。最后，康德含蓄地承认这些客体对我们的影响，先于任何知识或任何正式的因果过程（因为康德在他摄入范畴的"推论"中仅仅解释或者说是接受因果的后期阶段）。这意味着康德像他之前的休谟一般，含蓄地（和他自己的前提相矛盾）接受了"沿袭"和影响之间关系的存在，根据怀特海称为"因果效力"的模式（PR, 168-183）将实体彼此连接起来。在所有这些方面，康德为怀特海的"情感理论"（PR, 219-235）打开了大门。

通过他对"主观形式"的分析，怀特海将感觉置于摄入之前，并且提供了一种情感而非认知的体验。即使我们像康德一样将注意力集中在"感觉材料"上，这些感觉材料的"主要特征"是"它们巨大的情感意义"（*AI*，215）。每一种感知体验都涉及一种"情感基调"（*AI*，176），这种基调先于并且同时决定和超越认知，我们并不能够第一时间感觉到在我们之前的是什么，并且做出情感化的反应。然而怀特海认为顺序恰恰相反。因为"从感官感知中提取的直接信息与动物身体功能有关"（*AI*，215），知觉首先受到身体影响。与外部世界的接触可以增强或削弱身体，刺激或抑制身体，促进或损害身体的各种机能。因此每一种知觉或摄入都会刺激身体进入"逆转或厌恶"——这已经是摄入的"主观形式"（*PR*，184）。直到后来（至少在我们这样的"高等"生物体中），"身体功能中固有的情感基调的质的品质特征被转化为空间中区域的特征"（*AI*，215），因此感觉材料可以被用来证明（或给予我们信息关于）外部世界的知识客体。我们对事物的第一反应是去感觉他们；只有在那之后，我们才能识别和认知到我们感受到的是什么。

怀特海对感觉认知的说法是对威廉·詹姆斯的情绪理论的一种提纯和延展。詹姆斯认为："我们感到伤心是因为我们哭了，我们感到生气是因为我们受到了打击，我们感到害怕是因为我们在战栗，而不是我们哭泣、受到打击或者战栗是因为我们伤心、生气或害怕，以此类推。"[①] 情绪不会导致身体状态变化；更确切地说，身体状况是第一个出现的，情绪是由之引起的。严格地说，与其说这是因果关系，不如说这是一个关于表达的论证。我们对"令人兴奋的事实"的"感知"表现为"身体状况变化"的形式；"我们对于同样变化的感觉就是情绪"（*PP*，1065）。詹姆斯的真正重点不是颠倒因果的顺序，这样（与我们通常认为的相反）身体状态是原因，而精神

---

① William James, *The Principles of Psychology*（Cambridge: Harvard University Press, 1983）: 1065-1066. 在下文中简写为 *PP*。

状态是结果。更确切地说,他以一种激进的情感—元论形式断言那些条件的一致性:"无论我有什么样的心情、情感和热情,事实上都是由那些我们通常称之为表达(expression)或者结果(consequence)的身体变化构成的。"(PP, 1068)身体和意识,或者说(身体)表现和(精神)表达是无法分离的。直觉已经是以"身体变化"的形式立即① 出现的行为了;而我接受知觉或摄入知觉"感觉材料"的方式,是通过我身体的变化或已经产生的变化。知觉或兴奋,行动或身体变化,情绪或反应,都是一样的,是同样的事件。只有在后来的反思中我们才能将它们区分开来。(就像对于怀特海来说,只有在后来的反思中通过抽象的过程,我们才能区分摄入的"主观形式"和被摄入的数据,这两者都基于摄入是一个"具体元素"的"真实体"。)

詹姆斯将情绪描述为一种特定的经验,怀特海通过将所有经验都描述为情绪,从而将这一观点激进化,并扩大其范围。情绪包括最基本的感觉;也包括并不一定是人类的无意识"经验"模型。事实上,怀特海的哲学"将'感觉'赋予整个事实世界"(PR, 177)。对于怀特海来说,"感觉"通常是与"积极摄入"相同的,都是实体相互作用和影响的方式。(PR, 220)② 感受事物意味着被该事物影响,而感受的实体被影响和改变的方式正是它感受到的内容。因此宇宙中发生的所有事在某种意义上只是感觉的一段插曲:甚至包括现代物理学发现的"所谓'真空'中的实际情况"(PR, 177)。当然虚空中的量子涨落不涉及任何像意识或感觉的过程,但是当我

---

① "立即"(immediately)在这里表示在不可分解的当下时刻。当然,詹姆斯坚持的这样一个"当下时刻"或者他更愿意称之为"似是而非的当下"永远不会是确实的瞬间,而总是具有一定的时间长度。(PP, 573—574)

② 更准确地说,怀特海区分了真正的实体感觉或相互作用的"物质性摄入"(physical prehensions),以及实体与"永恒客体"(eternal objects)感觉和相互作用的"概念性摄入"(潜力,包括品质和概念),许多摄入是这些类型的"杂交"。但是在每一个例子中,摄入就是实体感受事物的过程。

还有一种"负摄入",实体组织其他实体(或永恒客体)被感受以及相互作用。但是怀特海认为这些"可以从它们从属于积极摄入的角度得以解决"(PR, 220)。

们检查这些波动时,"我们发现了模糊定性和'向量'定义的感觉流"(*PR*,177)。总的来说,从亚原子物理学的"波长和振动"(*PR*, 163)到人类主观经历最微妙的部分,"感觉范畴存在一个等级制度"(*PR*, 166)。但是在每一个案例中,在现象被认知和分类之前,现象是被感觉的,并被理解为一种感觉模式。通过这种方式,怀特海将感觉假设为经验的一个基本条件,就像康德将时间和空间定为感性的先验条件一样。

这让我们回到了"先验美学",如果时间和空间分别是内在和外在直觉的形式,那感觉就是它们共同的生成矩阵。正是通过接受感觉的行为,我才能在时间和空间中定位到事物。换句话说,感觉是所有实体得到空间化和时间化的过程。因此怀特海同意康德说的"空间除了它自身外不代表任何财富"(*CPR*, 81),"时间也独立自存或作为客观参照物依附于事物存在的"(*CPR*, 87)。空间和时间是情感作用的基本形式;它们不能被预先假定,但是需要在经验过程中被建构。怀特海同意康德的观点:"空间是感性的主观条件,在这种条件下,我们只有外在直觉是可能的。"(*CPR*, 81)"时间只是一种主观条件,在这种条件下,我们可以产生任何直觉。"(*CPR*, 88)然而怀特海与康德观点的一个重要的不同点在于,对怀特海来说,这样的"主观条件"适用于所有实体,并不仅仅限于人类(理性的)。时间和空间不是我们强加给世界的认识论必需品,而是世界上所有生物在它们的经验中有效生产的"主观条件"。

与这一建构主张相一致的是时间和空间的条件性质,怀特海谴责他称之为"简单位置谬论"(*PR*, 137)的理论①。这一谬论在于相信"一些事情"可以被完全定位在"一个确切限定的空间内,贯穿一段确切限定的时间,可以与任何和这些事本质相关的其他空间区域以及时间段相分离"(*SMW*, 58)。但是就这样假设"个体连续时间性的场合独立性"(*PR*, 137)和空

---

① 参见 Alfred North Whitehead, *Science and the Modern World*(New York: The Free Press, 1925/1967):49ff。在下文中简写为 *SMW*。

间中"绝对地点"的相关概念（PR, 71），忽视了感觉是相关的以及"本质上是过渡"的特点（PR, 221）。感觉总是由一处指向另一处；感觉将从过去继承下来的东西传递投射给未来。通过感觉过程，空间中不同的点"由同一个世界的一致性而被联结在一起"（PR, 72）。每一个感觉过程都产生时间：既是感觉实体的"永恒消亡"又是"现在的起源与过去的'力量'是相一致的"（PR, 210）。正是这过去的"力量"，标志着时间是一种过渡，并且通过重复作用在空间点之间建立了联系。每一个"现在"的时刻强制地"继承"，也因此重复之前的内容。"'纯粹定位'（simple location）的概念"是错的，因为它不允许有任何重复的存在，也不允许任何时间本质上与另一段时间相关（PR, 137）。首先，要建立一个特定的时空位置总是要肯定重复的，从而通过在别处或在别的时间涉及其他空间的延伸和时间的其他时段来进行区分。①

因此，实体最初并不是按时间顺序排列在空间中的。相反，空间位置和时间序列本身是通过这些实体而形成的。也就是说，一个实体通过感觉其他影响和渗入它的实体来组成或创造它自己。使得其他实体在空间和时间上都不同于自己。每一个新实体的自我区分行为以及随之而来的时间和空间的区分是感觉过程中非常必要的副产品。每一次"情感脉冲"（PR, 163）既是一次空间的再创造又是即时的毁灭或"物化"（objectification）。"过去到现在的情感延续……是产生每一个时间性场合的自我创造中的基本元素……过去是如何消亡的，未来就是如何形成的"（AI, 238），只有当实体消亡——当它不再积极参与感情过程——它才会完全被"空间化"，用柏格森的话来说（PR, 209, 220），从而也彻底被"时间化"（PR,

---

① 关于将时间解释为"过渡"（transition），我大量引用了凯斯·罗宾森（Keith Robinson）关于重复产生新意或不同的想法，参见 Keith Robinson, "The New Whitehead? An Ontology of the Virtual in Whitehead's Metaphysics," in *Symposium* 10, no.1（2006）: 74-77。我也大量引用了吉尔·德勒兹；重复是不同的，是他思想的主题。然而，德勒兹的重复是对于不同的肯定的重复观，大多都是从他对尼采的永恒轮回说的分析中产生的，似乎对怀特海没什么影响。

72）①。只有当感觉过程已经完成了并且消亡，它才能被限定为一种被感受的数据，"一个有日期的确切事实"（PR, 230）②。

在这些条件下，每一种感觉都是"'向量感觉'，也就是说，感觉开始于一个超越现在的点，这个点是确切的，并且指向另一个将被决定的点"（PR, 163）。在物质世界中，正如现代（相对论和量子）物理描述的那样，"所有基础的物理量都是向量而不是标量"（PR, 177）；"标量是由向量构造导数而成的"（PR, 212）。向量优先于标量，或者说关系术语优先于原子术语，这就是说，因为时空点的相互作用力和量子的相互作用，没有一个时空点可以从整个"物理电磁场"（PR, 98）中分离出来。这种内在的连通性，不是强加在摄入范畴之上的，是物理因果关系的真实基础。相应地在怀特海的感觉理论中，"感知的原始特性是继承而来的。继承下来的是带有起源证据的感觉基调：换句话说，是向量基调"（PR, 119）。怀特海用向量语言来讨论感觉，因为他没有在物理因果关系（一个实体输出能量和运动给另一个实体的方式）和感知（一个实体感觉和对另

---

① 后一种发展是柏格森没有接受的，因为他坚持时间是内在直觉形式，并且认为时间绝对优先于空间。怀特海认为时间和空间是平行的，这一观点源自他试图用爱因斯坦相对论和时空统一体的概念来表述，而柏格森没有。虽然怀特海说他自己关于感觉的观点"有……一些与柏格森用'直觉'术语相近"（PR, 41），但是他也认为柏格森的直觉概念是不完整的，因为它看起来是从情绪和目的的主观形式中抽象而来的。（PR, 33）

② 这也同样是马苏米术语中的关键点，非个人"情感"被捕捉和容纳成个人的心理"情绪"。参见 Brian Massumi, *Parables for the Virtual*, 2002。

怀特海空间和时间理论的整个问题需要一个比我在这里给出的更长更详细的阐述，在当前背景下，我只想强调怀特海是如何像柏格森一样继承了德勒兹（1984年）称之为康德革命的"运动-时间关系的革新"，因此，时间不再是"服从于运动的……而是运动服从于时间"。参见 Gilles Deleuze, *Kant's Critical Philosophy*, trans. Hugh Tomlinson and Barbara Habberjam（Minneapolis: University of Minnesota Press, 1984）: vii。在下文中简写为 *KCP*。因此，"时间不再被定义为继承，空间也不再被定义为共存"（*KCP*, viiii）。相反，继承和共存只能被理解成时间化和空间化更基础和更具创造力的过程的效果。在康德的新概念中，"时间进入主体"作为一种影响和被影响的力量（*KCP*, ix）。这就是"先验美学"是如何为怀特海的感觉主义提供基础的。当怀特海将时间化和空间化归因于更优先的"感觉"运动，他就是在延展和激进化康德的主张，即感性直觉是非认知的，或者至少是在认知之前的。

一个实体做出反应的方式）之间做出基本区分。要说实体 A 是实体 B 结果的原因，也就是说实体 B 摄入了实体 A。据怀特海所言，甚至是机械的互动（量子论—机械）也是感觉；甚至是最"简单的物理感觉"也在瞬间既是"感知行为"也是"因果行为"（PR，236）。我们接受像颜色这样的物质材料的"情绪感觉"与亚原子粒子相互联系的方式之间本质上没有区别，只是感觉的范围更广（PR，163）。感觉是一切关系和交流的最初形式。

总而言之，感觉可以被理解为向量传递、参照物和重复。这三种测定是紧密相关的。每一种感觉都与另一种感觉相关，只是参照物是沿着向量的线路移动的。感觉作为参照物是在空间中的传送，是运动的方向和大小。这种传送在时间中也相同。在向量系统中，时间也有方向：时间的箭头总是从已经决定的事物移动到还未决定和将要决定的事物上。感觉实体被它感觉的其他实体所"制约"和"影响"（PR，236）；而这个实体又反过来变成一个条件或原因，使后续实体用它们的方式来感受。因此每一个实体"都符合从过去接收到的数据"，每一个实体也都从形状上有所筛选并且改变了这些数据，直到达到最终决定。在这样做的过程中，它在轮到自己时使它自己能被其他实体所感受，因此，它自身更是指示物（referent）"（PR，72）。实体的"物化"，一旦被完全确定就允许它的重复。这种重复是未来和过去的关键；因为每一个新的形成过程都"涉及将重复转化为新颖直觉性（novel immediacy）"（PR，137）。

感觉行为是一种相遇，即一个偶然事件，一个基于外界的事件——而不是内在、预先确定的关系。感觉会改变它遇见的一切，即使是在"顺应"的行为中。这就是为什么感觉不能简化为认知，它不是我们已经知道的东西。认知心理学和解释学模式的问题在于，它们把未知的东西简化为已知的、已经确定的东西。这些理论认为我的无知只是我自身的偶然性，无知是我所处的一种特定状态；当他们想象我寻求的客体对象本身是已经完全确定的，只要我找到它就能知道了解它。从而他们省略了"作为建构功能的经验"，并且将注意力限制在那些已经经历过或已经建构好的东西上。

他们只得到了事实的一半；他们沿着向量回到了过去，而不是未来。他们抓住了真实，但是却错过了潜力，错过了未来。他们领会了"感觉的一致性"，但忽视了感觉的偏差和新颖。他们分析自己已经感觉到、选择过和决定过的；但是错过了选择和决定最重要的过程，即感受本身。

所有这一切听起来像最纯粹的浪漫主义废话，一种以生活对抗理智、感觉对抗思想的天真的抗议，几十年的现代主义批评理论和后现代主义、解构主义教会了我们去质疑。但是我想要坚持强调的是一种对怀特海"纯粹情感批判"的严格表达，以及他对康德从先验唯心主义到先验经验主义的转化。这一转化过程是双面的。首先，怀特海重新定义了康德的"先验美学"，使得时间和空间的直觉"不是有序世界的产物，而是从世界中派生出来的"（PR，72）。第二，怀特海扩展了"先验美学"的范围，使得它同样囊括了像因果关系这样的过程，即那些康德归类为"先验逻辑"的过程。这意味着，怀特海非但没有推崇自发性的情感崇拜，也没有推崇创造性想象力的浪漫主义理论，他消除了所有康德关于自发性的概念。对于康德来说，"我们认知的自发性"或摄入，"是我们思考感性直觉对象的能力"（CPR，106-107），这与直觉本身是完全分离的东西。怀特海拒绝接受这种二元论；他把所有的经验，包括思想，都归入到了一个受影响的过程，这个过程位于康德所说的感性直觉的接受力之内。①

因此，在传统形而上学将物质与形式对立、思想与身体对立、本质与偶然对立时，不能将行动和被动接受相对立。与其说行动是被动的，不如认为行动本身就是接受性的一个维度。每一种经验、每一种感觉都是当下对过去的继承和再创造。这两种维度都包含在公共的情感作用中。"将情绪经验从表象直觉（presentational intuition）中分离出来"，康德认为这种分离是认知的必要前提，事实上是相当罕见的，因为它只是"思想的

---

① 从这个意义上来说，"感性直觉的接受力"包括不仅仅是"物质性摄入"或对于"实体的摄入"（感性数据），还包括"概念摄入"或者说对于"永恒客体的摄入"（概念和纯粹潜力），参见 Alfred North Whitehead, *Process and Reality*, 23。

高度概括"（PR，162-163）。更一般地来说，从原始的、完全的"共形感觉（conformal feelings）"到后来的或更高的"补充感觉"阶段有一个连续体。在共形感觉中，"感觉如何再现被感觉的东西"，使得"它只是将客观内容转化成主观感觉"。与之相反，补充感觉则积极包含"客观数据的主观挪用"（PR，164-165）。也就是说，补充感觉可能会改变数据，或者想要改变数据，或者不承认数据，或将给定数据与其他数据相比较（记忆的或想象的），又或者是自我本身先对数据进行反应，再共形地对数据进行反应，以此类推①。但所有这些都仍然是接受形式，仍然是感受数据的方式。我们从接受性过渡到自发性，从关系反应过渡到纯粹源头，从情绪到"清晰而直接"的认知，但事实上并没有实质性进展。甚至最复杂和最具反身性的思想模型也仍然是补充感觉的例证。因此他们继续"研究最初产生的共形感觉的本质相容性"，"这一过程显示了一种不可避免的功能延续性"（PR，165）。

如果感觉而不是认知是所有经验的基础；如果"除了主体经验之外别无他物，是纯粹的虚空"（PR，167），那么，组织和安排这种经验的唯一方式必须是内在的，来自主观感受本身。我们知道事实上经验不像休谟的怀疑论推断得那样混乱。我们的经验永远展现出其内在的秩序；事实上，它有太多的秩序了。任何兰波式的"打乱一切固有的感觉"（dérèglement de tous les sens）都不足以扰乱它。大多数传统形而上学都把经验秩序建立在"清晰而独特"的认知之上：如果不是有哲学强有力地引导，一切都会立即崩塌。然而，怀特海知道这种担心其实是毫无根据的。保护理性秩序并不是问题，真正的困难之处在于如何解释这种秩序，或者说不论我们如

---

① 否认（不承认数据）在许多补充情感形式中出现。怀特海甚至将否认置于重要的地位，认为"普遍意识知觉是否认的知觉"，正是通过否定意识才能"最终升至自由想象的巅峰"（PR，161）。就这样怀特海认识到并且承认黑格尔的否定论。然而，否定仍然是一种感觉，并且是一种罕见的感觉。对于怀特海来说，传统黑格尔主义家仅仅满足于夸张和"夸大其词"，这是所有哲学的陋习（PR，7-8），即把否定置于存在的核心地位，并且将否定逻辑看作是认知原则，而不是关注其情感根源和情绪力量。

何重组，都会在没有认知参与的情况下，继续组织和规范经验的"必要兼容性"（essential compatibility）。换句话说，怀特海关心的是我们今天称为"紧急秩序"或"自我管理"的到底是什么。在拒绝接受康德"先验逻辑"作为秩序之源时，怀特海只留下了他对于"先验美学"的修订版本。没有其他任何东西可以给纯粹感觉提供内在原则或标准。

这就意味着，怀特海秩序的内在标准只能是一个审美标准。真理和摄入在这个话题中都不够：因为感觉比认知更基础，"一个命题的趣味要比真实来得重要"（PR, 259; AI, 244）。的确，"撇开其他因素，真理关系本身似乎没有特别的重要性"。（AI, 265）。这些使真相"有趣"的"其他因素"，确切地说，是非认知的感觉。对于真理的判断——或怀特海更喜欢称它们为"命题"（propositions）或"理论"（theories）——只有当他们被感觉到并且在被感觉到一定程度时才显得重要。在断言这一点时，怀特海是很典型的詹姆斯式的实用主义者。对真理的实用主义检测是它所维持的兴趣；"理论的主要作用是引人产生感觉，因而提供即时的享受和目的"（PR, 184）。真理最终是"享受和目的"的问题，或（用怀特海常用的术语）"满足"（satisfaction），而不是为了经验主义的确认。这就是为什么"美是比真理更为广泛和基础的概念"（AI, 265）①。

怀特海将感觉与美联系在一起，而不是将感觉从属于真理，他将康德（以及更普遍出现在传统哲学中的）"美学"这一词汇的两种含义结合在一起。一方面，"先验美学"与感性形式和感觉有关；另一方面，第三

---

① 很有必要再次指出，这里指的"不是真理的相对性，而是相反的，相对的真理"（not a relativity of truth, but, on the contrary, a truth of the relative）。詹姆斯和怀特海的实用主义并不是草率的相对论，而是对真理情境性的断言。真理并不"重要"或者并未被强烈感受到，并不会因此而变得不是真理；仅仅是因为被赋予了强烈的情感或巨大的审美情趣，假的命题也不会变成真的。一个不重要的真理仅仅只是不重要。但是如果它被投入情感，那它有可能会变得重要。当一个假命题作为一个"诱饵"有效运作使得它被投入大量情感时，那么为了使这一命题成真而改变世界的结果就可能会被这种"欲望"唤醒。这就是变革和创造性进步的基础："对于现在不是而未来可以是的认识"。（PR, 32）

大批判"判断力批判"与美和崇高经验有关。虽然康德自己并未对这两种感觉的差异做出评判,但是其他思想家发现了其中的问题。正如德勒兹所言:"美学受到歪曲二元论的折磨。一方面,它把感性理论定义为可能经验的形式;另一方面,它将艺术理论定义为真实经验的反应。为了将两种意义联系在一起,普遍经验的条件就必须变成真实经验的条件。"①对于德勒兹来说,这样一种转变是通过某些现代主义艺术实践完成的;在乔伊斯《芬尼根守灵夜》和贡布罗维奇(Gombrowicz)《宇宙》等其他作品中,"真实经验的条件和艺术作品的结构得到的重聚"②。

然而,怀特海将美学的两种含义结合在一起时,并没有赋予现代主义美学实验以特权。这是因为,对于康德和怀特海来说,美学问题不仅仅涉及艺术作品的创作和接受,更涉及普遍的感性经验。康德没有注意到的"先验美学"和"判断力批判"之间的联系,是感性直觉行为和对与美相似的东西,包括接受性而非自发性感觉的判断,而这些都没有足够的概念。在这两种情况下,部分主体都有某种创造性结构行为;但是这一结构是对给定数据的反应,不能被描述为是任意强加的,或仅仅是主观的。无论是将时间和空间归于现象,还是将美归为现象客体,都不能在认知层面被证实。但是这两种分类都提出了必须被正视的普遍主张。

怀特海强调美学两种含义之间的连续性。他指出,"主观形式"的创造,作为感性直觉行为的元素,已经是一个原型艺术过程,涉及感官数据

---

① Gilles Deleuze, *The Logic of Sense*, trans. Mark Lester (New York: Columbia University Press, 1990): 260.

② 同上书,261。在其他方面,德勒兹也提出了相同的观点,只是略有不同。美学"被划分为两个不可削减的领域:只捕捉真实与可能经验之间一致性的感性理论;以及解决在真实范围中的现实的美的理论。一旦我们决定了真实经验的条件,一切不大于条件和不同于范畴的事物都会改变:美学的两个含义也会合二为一,感性的存在在艺术作品中颠覆了它自身,同时艺术作品变得真实化。参见 Gilles Deleuze, *Difference and Repetition*, trans. Paul Patton (New York: Columbia University Press, 1994): 68。这里强调的更多的是哲学建构主义如何将康德的先验可能性条件转化为现实的生成条件,而不是具体的现代主义艺术实践。

的选择、模式和强化。它本身始终存在着一种"由感官感知强加的、明确的审美态度"(*AI*, 216)。甚至是最功利的、以结果和行动为导向的感知模式，尽管保留了大部分接受性，但都涉及某种"情感基调"和某种程度的审美沉思——怀特海补充道，"因此艺术成为可能"(*AI*, 216)。在感觉的过程中，"经验的任何部分都可以是美的"，以及"在广义上美的事物的任何系统在某种程度上都是有理由存在的"(*AI*, 265)。虽然这些内在联系等着怀特海来使之明确，但是他们已经暗中存在在那儿了，在康德自己对于理智接受和审美判断的阐释中。只有康德的认知特权凌驾于情感之上才能导致德勒兹痛斥的"歪曲二元论"(wrenching duality)。

如果"经验的基础是情绪的"，那经验的顶点——怀特海喜欢称之为"满足"①——只可能是审美的。这是怀特海肆无忌惮夸张地称之为"宇宙目的论指向美的产生"(*AI*, 265)。怀特海将美定义为"在经验场合中多种因素的相互适应"；是在任何此类场合的主观形式中"对比模式"形成的"和谐"。这种"对比模式"的目的是尽可能增加经验的"感觉强度"(*AI*, 252)。这种通过对比建立的强度是怀特海美学的基本原则，应用于宇宙中所有实体。在天平的低端，即便是最基础的"情感脉冲"(比如亚原子粒子的振动)也展示出一种"原始宽度规定作为对比"(*PR*, 163)。而在天平的高端，即使是上帝也是基本的唯美主义者。"上帝对保存和创新漠不关心，"怀特海说道，"上帝在创进过程中的目的便是为了唤起感情强度"(*PR*, 105)。怀特海"创进过程"的总体原则、他的"终极范畴"作为所有存在的基础(*PR*, 21)，与维多利亚时代的道德和政治进步的概念无关，也与资本主义的无尽积累想法无关。创进过程更是一种强烈的、定性的和

---

① 怀特海将"满足"作为一个术语。他将之定义为任何实际场合和经验的"最终统一"，"结合成完全确定的事实的顶点"(*PR*, 212)。"满足"显然并不意味着经验变得令人愉悦或是顺利或是不令人沮丧的；只是经验的过程已经停止了，现在只有作为其他经验在自己的过程中摄入的"不争的事实"(stubborn fact)或"基准面"存在。在当前的语境中，关键点在于将情感邂逅转化为客观可认知的事物状态的同样的运动，同时将这种事物状态作为审美沉思的对象。

美学的"满足深度"的动力（*PR*, 93, 110）。当不相容的内容被转化为可以整合进更大的"秩序复杂性"的对比，而不是被排除（消极地摄入）时，情绪会被激化，经验会变得更丰富（*PR*, 100）。但是这一过程不是一个稳定而平凡的积极过程，怀特海也并没有将"秩序"认为是一种内在的善。"对比模式"不能安排得太有品味。创进过程会被任何静态的完美所扼杀。相反，它需要的是来自"审美毁灭的情感体验"（*AI*, 256–257）。怀特海总是提醒我们"危险的是未来"（*SMW*, 207）；他的情感美学既是这种危险的表达，也是我们应对这种危险的最佳方法。

李心怡、张春田 / 译　张春田 / 校

第13章　抒情：诺瓦利斯的感官人类学 ①

查德·维尔蒙

近期，学者们开始重新考察有关康德的哲学课题。这一课题通常被视作"建立理性与自然的桥梁，而非仅在二元对立的深渊中摸索"②的启蒙课题之代表。正如伊曼努尔·康德在其《逻辑学》中对人类学所提出的问题那样——探讨人的统一，相当对"人是什么？"提问。③这不仅是一个抽象的哲学问题。18世纪下半叶，从医学、生物学到文学、哲学，不同学科的探索汇聚于讨论建立一个以"人之全部"为研究对象的学科的可能性——由此，人类学成为一门独立的学科：一门希望能够纠正将人从自我、他者、自然相分离的现代性的学科。然而，早在1800年，德国历史政治哲学教授卡尔·海因里希·路德维希·波利茨（Karl Heinrich

---

① 本文译自 Chad Wellmon, "Lyrical Feeling: Novalis' Anthropology of the Senses," *Studies in Romanticism* 47, no. 4（2008）: 453–477。感谢作者授予中文版版权。

查德·维尔蒙，现为美国弗吉尼亚大学历史系兼德语文学教授，研究兴趣包括启蒙思想史、现代信息史、技术史、媒介与社会理论等。著有 *Becoming Human: Romantic Anthropology and the Embodiment of Freedom*（Penn State Press, 2010）；*Organizing Enlightenment: Information Overload and the Invention of the Modern Research University*（Johns Hopkins University Press, 2015）等。本文从18世纪的人类学倾向中重新思考康德的启蒙命题，以诺瓦利斯的抒情诗及其规范的感官人类学为对象，揭示了感受具有的反思性特质，弥合了感觉、反思和语言之间的分立关系。——编者注

② John H. Zammito, *Kant, Herder and the Birth of Anthropology*（Chicago: University of Chicago Press, 2002）: 350–351.

③ Immanuel Kant, *Gesammelte Schriften*, ed. Königliche-preussischen Akademie der Wissencahften, vol. 9（Berlin: Walter de Gruyter, 1910）: 25. 下文中引用此书时简写为 *K*，其后标注有卷数和页码。

Ludwig Pölitz）就在他的《大众人类学》中声称，这种新兴的人类学已进入"危机状态"。① 至少在德国，人类学的折衷主义便引发了关于"人类学"的正确界限以及学科认同的争论：莱比锡大学的医学教授恩斯特·普拉特纳（Ernst Platner）在他的《医学和世界的人类学》(Anthropologie für Äerzte und Weltweise)中，把人类学定义为"将人主要视作一种自然存在"的医学论题；然而，到了18世纪末，出现了一系列将人定义为"一种能够设立自身目的的道德存在"的人类学——例如，1794年，作为17世纪90年代耶拿最坚定的康德主义者之一的卡尔·克里斯蒂安·施密德（Carl Christian Schmid），将自己的"目的论人类学"（teleological anthropology）描述为关注研究"人类通过自由意志决定自我的能力"的问题。② 康德在他的《实用人类学》(Anthropologie in pragmatischer Hinsicht)中，同样描述了所谓的"人类学危机"——这是一个在生理人类学（以探讨人的自然属性为主题）与实用人类学（以探讨人作为自由存在能够以及应当如何实现自我为主题）之间的抉择（K 7, 122）。康德公式的形式——"力"（macht）的实在性与"应当"（soll）的规范性的对立——对18世纪左右的人类学核心关注点进行了浓缩与展望。

  虽然最近的学术研究，尤其是德国的研究，已经愈发表现出强调18

---

  ① Karl Heinrich Ludwig Pölitz, *Populäre Anthropologie oder Kunde von dem Menschen nach seinen sinnlichen und geistigen Anlagen*（Leipzig: Johann Wilhelm Kramer, 1800）: xxxvii. 更多关于18世纪德国人类学的资料，请参考 Wolfgang Riedel, "Anthropologie und Literatur in der deutschen Spätaufklärung: Skizze einer Forschungslandschaft," *Internationales Archiv für Sozialgeschichte der Literatur* 3（1994）: 93–157; 亦可参考 Jutta Heinz, *Wissen von Menschen und Erzählen von Einzelfall: Untersuchungen zum anthropologischen Roman der Spätaufklärung*（Berlin: de Gruyter, 1996）: 19–122; Odo Marquand, *Schwierigkeiten mit der Geschichtsphilosophie*（Frankfurt am Main: Suhrkamp, 1988）; Zammito, *Kant, Herder and the Birth of Anthropology*, 221–255。

  ② Carl Christian Schmid, *Einleitung. Anleitungen zur Menschenkenntni*β, by Cureau de La Chambre, trans. Carl Christian Schmid（Jena: Akademisches Buchhandlung, 1794）: xviii.

世纪人类学的倾向，①但学者们直到最近才开始考虑该时期人类学的多样性——或更准确地说，普拉特纳式的医学人类学②与世纪末出现的更规范的、更偏向于文化—哲学的人类学③之间的紧张关系。正如约恩·加伯（Jörn Garber）和海因茨·托马斯（Heinz Thomas）于其早期著作《在崇高化与建构主义之间：18世纪的人类学》中提到的那样，18世纪的人类学在"自然（physis）与规范（norm）"的两极之间徘徊。④在这一范式中，现下所流行的对于18世纪人类学的界定——即将人类学主要界定为医学讨论，是十分有限的。这是因为，对人类身体的关注愈发与对人类文化的关注交织在一起。1795年，人类学的这种交叉性质得到了明确的表达——当时，威廉·冯·洪堡（Wilhelm von Humboldt）制定了一个比较文化人类学计划，该计划采用生理学比较方法作为其模型［该比较方法是他与歌德及其兄弟亚历山大·冯·洪堡（Alexander von Humboldt）于1794年在耶拿进行的解剖学研究所得出的方法］，使得这一切更加容易被

---

① S. Jutta Heinz 和 Daniel Purdy 认为当时是一场"人类学启蒙运动"。参见 S. Jutta Heinz, "Doppelrolle: Die anthropologische Wende der Aufklarung, konstruktivistisch gewendet," *IASL ONLINE*, April 4, 2005, accessed January 9, 2006, http://iasl.uni-muenchen.de/rezensio/liste/Heinz.htm; Daniel Purdy, "Immanuel Kant and the Anthropological "Enlightenment," rev., *Eighteenth-Century Studies* 38, no. 2（2005）:329-332。

② 然而，即使是这些更为明确的生理人类学也有与道德相关的方面。内德勒（Zedler）的词典中的人类学入口将人类学定义为与"自然条件和人类状态"有关的物理学的一部分。但是要注意到，人类学亦考虑"人类的道德状况"。参见 *Universal Lexicon aller Wissenschaften und Künste*, vol. 1（Halle und Leipzig: Johann Heinrich Zedler, 1732）:522。扎米托很好地阐述了18世纪人类学的实际和道德问题。见 Zammito, *Kant, Herder and the Birth of Anthropology*, 8-9, 237。

③ 18世纪德国人类学最重要的出版物之一，Hans-Jürgen Schings, ed., *Der Ganze Mensch. Anthropologie und Literatur im 18. Jahrhundert*（Stuttgart: Metzler, 1994），将人类学主要定义为生理人类学。在这一研究范式中，人类学作为身体医学话语的痕迹表现在从政治到文学的多个社会层面上。

④ Thomas Garber, ed., *Zwischen Empirisierung und Konstruktionsleistung: Anthropologie im 18. Jahrhundert*（Tübingen: Niemeyer, 2004）:vii.

理解。①

早期德国浪漫主义者弗里德里希·冯·哈登伯格（Friedrich von Hardenberg，更广为人知的名字是诺瓦利斯）在相互交叉的规范人类学与医学人类学下，提出了第三个问题：作为自然存在的人是如何构成人的？对康德自然与理性规范的区分的这种交叉性重构强调了对于早期浪漫主义来说，人类学的根本问题——人以自己作为研究对象，所暗含的意义是什么？随着18世纪生命科学的兴起以及随后人类身体的自然化，理性人成为自然的一部分，同时是部分的自然。② 在康德批判哲学与新兴生命科学的结合点上，诺瓦利斯重新阐述了康德对人类学的二元划分，他以一种递归的方式将人类学转回至自身身上：如果自然决定了人的存在，人又将自我定义为自然存在，从而塑造自然，那么人类学如何解释这些总是自我折叠、相互形成的过程？浪漫主义又如何解释人与自然的同与不同？③ 从这个意义上说，诺瓦利斯的浪漫人类学不常关注那些往往与人类学相关的主题，如种族差异、民族差异、迁徙等，而是更多地关注于人之为人的结构性问题——这一问题将可能具有令人惊讶的伦理意义。在其《浪漫主义百科全书的笔记》（*Das Allgemeine Brouillon*）中偶尔提到的"人类（学）"[Anthropo（logie）]，④ 暗指康德的《实用人类学》（*N* 3,

---

① 参见 Wilhelm von Humboldt, *Plan einer vergleichenden Anthropologie*, in *Werke*, vol.I（Darmstadt: Wissenschaftliche Buchgesellschaft, 1960）：390。

② 关于18世纪人类学和生命科学的出现，沃尔夫冈·里德尔（Wolfgang Riedel）提到了"灵魂的剥夺"（Entmachtung der Seele）和"感性的复兴"，参见 Riedel, "Anthropologie und Literatur in der deutschen Spätaufklärung," 119。

③ Bianco Thesien, "Macroanthropos: Friedrich von Hardenberg's Literary Anthropology," in *REAL: Yearbook in English and American Literature: The Anthropological Turn in Literary Studies* 12（1996）：243-255（247）。

④ Friedrich von Hardenberg, *Novalis Schriften. Die Werke Friedrich von Hardenbergs*,Vol.3, ed. Paul Kluckhohn and Richard Samuel（Stuttgart: Kohlhamer, 1960-1988）：286, 359. 下文中引用此书时简写为 *N*，其后标注有卷数和页码。

457）和普拉特纳的《医学和世界的人类学》（N 3，356）。① 诺瓦利斯并没有明确地将"人类学"作为一门学科；相反，他暗示了一种人类学的知识形式，即既承认人的物质属性（人的身体是物质提供的），又承认人的理性属性（理性的生产潜力）。这种双重承认表明，其人类学在实用人类学的规范性预期和医学人类学的生理凝视之间摇摆不定。

人类学的这种双重属性在诺瓦利斯对感性的概念化中表现得最为明显。在这篇论文中，我思考了诺瓦利斯是如何从更宏观的现代性理论出发，发展出这些有关感觉官能、理性与身体之间的关系的问题的。他重新定义了感性，以此消除了自然与文化、自然与规范的对立。诺瓦利斯打破了传统的人类学，这是他对将感性与人打碎的现代性的伦理回应。我将以诺瓦利斯最著名的诗《夜颂》（Hymnen an die Nacht）中那些令人费解的感觉官能体验之表述开始本文。在对于叙事风格的观察中，我认为这些晦涩的表达是与现代性的碎片化效应有关的两个主要问题相联系的——一是"身心交感"（commercium mentis et corporis）或称身－心问题；二是由爱尔兰医生莫利纽克斯（Molyneux）向约翰·洛克提出的著名问题：不同感觉官能之间的关系以及它们与理性的关系。该问题被米歇尔·福柯视为"18世纪哲学希望根植于其上的神秘体验"②之一。接着，我展示了《夜颂》是如何围绕着诺瓦利斯的"注意"概念展开对于这些宏观的现代性问题的具体回应，以及其象征着从根本上交织着的感性与理性的推论与想象。

诺瓦利斯的《夜颂》通常被解读为一首渴望死亡的颂歌，它是对肉

---

① 关于这些历史关系更广泛的解释，见 Nicholas Saul, "Poëtisirung d（es） Körpers: Der Poesiebegriff Friedrich von Hardenbergs（Novalis） und die anthropologisiche Tradition," in *Novalis: Poesie und Poetik*, ed. Herbert Uerlings （Tübingen: Max Niemeyer Verlag, 2004）: 151-170；亦可参考 Ulrich Stadler, "Zur Anthropologie Friedrich Hardenbergs（Novalis）," in *Novalis und die Wissenschaften*, ed. Herbert Uerlings, vol. 2 （Tübingen: Schriften der Internationalen Novalis-Gesellschaft, 1997）: 87-105。

② Michel Foucault, *The Birth of the Clinic*, trans. A. M. Sheridan Smith （New York: Vintage, 1994）: 65。

体的否定，或说是空想（Weltflucht）①。若将此诗视作对身体的超越，则许多批评都未能解释其中的身体意象。接下来，我将把关注点放置于此诗中那些对感官体验古怪晦涩的比喻，这些比喻并不能简单地以现代、启蒙时期的感知范式来解释。第一首颂歌开篇就暗示了生命与感性之间的对等关系：

> 面对自己周围辽阔空间的一切神奇现象，哪个有活力、有感觉天赋的人不爱最赏心悦目的光——连同它的色彩、它的辐射和波动；它那柔和的无所不在，即唤醒的白昼。像生命最内在的灵魂一样呼吸它的，是永不休止的天体的恢宏世界，并且遨游在它那蓝色的潮水里。还有闪亮的、长眠的岩石，沉思的、吮吸的植物和野性的、狂热的、形形色色的动物——但是莫过于那个庄严的异乡人，有着深邃的目光、飘逸的步容和轻轻抿住的、浅吟低唱的嘴唇。②

这里与生命相提并论的感性是什么？对光的提及似乎是将光与视觉相联系，这或许会使感性降低至一种视觉能力。但实际上，这种感性有着更为广泛的语义场。那恢宏的世界，以及岩石、植物、"呼吸"着光的动物，还有，那"陌生者"，它"深邃的目光"和"轻轻抿住的、浅吟低唱的嘴唇"，在那"柔和的无所不在"中感知着光。从岩石到陌生者，它们不仅以视觉更是以触觉感知着光。当"陌生者"呼吸着光时，它吸入着光；它消耗着光；它使光进入其躯体。随着陌生者的眼睛，那些传统的视觉器官被"轻

---

① 参见 Hans-Joachim Mähl, *Die Idee des goldenen Zeitalters im Werk des Novalis. Studie zur Wesensbestimmung der frühromantischen Utopie und zu ihren ideengeschichtlichen Voraussetzungen*（Heidelberg: Winter, 1965）。Herbert Uerling 近期关于诺瓦利斯的研究是为数不多的例外之一，参见 Herbert Uerling, *Friedrich von Hardenberg, genannt Novalis: Werk und Forschung*（Stuttgart: Metzlersche Verlagsbuchhandlung, 1991）。

② 中译文参考（德）诺瓦利斯著，林克译，《诺瓦利斯作品选集》（重庆：重庆大学出版社，2012）。——译者注

轻抿住的、浅吟低唱的嘴唇”所补充，触觉经验被再度重申。光从那陌生者的躯体上经过，照在其身上。对联觉（感觉光）的描述使预期中那些原本相配对的感觉，如光 - 视觉，变得复杂起来——这种预期基于将光 - 视觉 / 知识相关联的传统启蒙式的感官范式。在这种范式中，感觉官能的分化意味着感官的阶级出现了——而视觉往往处于特权阶级。[①] 由于感官体验被融合在一起，因此那些被期以引导诗歌的对立双方：如光 - 夜、视觉 - 非视觉，被打乱了。在第一首颂歌中，光的隐喻超越了启蒙范式下光与知识的捆绑。通过记录一系列的感官体验，光标志着传统感官阶级的混乱，并暗示了一种综合的感官体验。

在第二部分中，一系列的方位词将焦点从被光所照耀的物象与陌生者身上转移至远方的夜晚。然而，那昭然若揭的距离感立刻被熟悉的称谓所削弱：“你……幽暗的夜。”对光那毋庸置疑的熟悉感与对夜所特有的带着距离的熟悉感形成了鲜明的对照——在黑夜中，感官沉溺于“无法形容”与“神秘”的体验之中，知识的对象藏匿于夜的衣袍之下。视觉及其器官再度出现于此，但其表述却是如此令人困惑：“但那些无限的眼睛，仿佛比闪耀的星辰更神奇，是黑夜在我们心中开启的。”这“无限的眼睛”，开启了通向黑夜的道路：“我们觉得受了感动，是一种朦胧的感觉，难以形容——我惊喜地窥见一张端庄的脸。”在这里，我们感知（fühlen）到那不可见不可说的主体的传递力——这是一种对视觉经验的冲击而形成的感性体验。这一冲击使得这种“感知”与此刻视觉之间的因果关系变得模糊。它并非简单地与其他感觉官能相并置，而是在不同感官发挥作用之前与它们叠加。在黑夜之中，感官以一种不同的方式发挥其作用。在《夜颂》的黑夜中，夜晚“为我送来你——温柔的爱人”。夜带来了我的心爱之人，她使抒情之我成为“人”。某种形式的感知消除了不同感觉官能之间的区

① 在启蒙的感官等级中，眼睛优于其他感官，参见 Georg Braungart, *Leibhafter Sinn: Der andere Diskurs der Modeme*（Tübingen: Max Nieymayer Verlag, 1995）: 55–99。

别，从而人类学的特殊性得以表现。第一颂歌中感知的激进化以消亡幻景而告终——这是一种至高的融合的幻景："请以亡灵之火燃尽我的肉身，好让我像空气一样与你更亲密地融合，好让新婚之夜从此永久延续。"（N 1, 133）对爱人之夜以及心爱之人的经验，在一种没有感官介入调节、没有手与唇的碰触，却彻底消除了一切内外区别的相互联系的愿景中达到了顶点。然而，这种融合为一的经验却是如幽灵一般的，或如诺瓦利斯所言，是"luftig"。"luftig"，《格林字典》（Grimm's Dictionary）中释为：描述了一种幽灵般的存在，一种在身体与灵魂、物质与精神之间徘徊不定的存在。这首诗描绘了理想中的统一性——一种如幽灵般的或是徘徊于世界之间的被消除了的区别。但是，这到底是怎样的一种感性？这种幽灵般的感知"融合"了躯体与灵魂，"融合"了那些不同形式的感官经验。什么样的感性能够解释这种几乎不可能的融合的整体经验？

为了解决这些问题，我研究了诺瓦利斯的笔记以及一些琐碎片段。在1800年的一个片段中，诺瓦利斯提到了关于"身心交感"，或称身－心问题[①]的人类学争论。在这一片段中，他将肉体和灵魂的假定对立描述为"最怪诞和最危险"的对立之一，它具有"伟大的历史作用"（N 3, 682）。不同于18世纪德国的哲学博士和蒙彼利埃大学医学院的医学哲学家，[②]诺瓦利斯既不否认也不肯定这种对立。恩斯特·普拉特纳猜想出一种能够解决这种对立的流体（nervensaft），而诺瓦利斯则重新审视了这种对立在历史与伦理上的作用。他将这种对立描述为"危险而奇怪"的对立，这并非如同科学事实那样，是真与假的对立——这两个形容词（危险、奇怪）都偏离了严格意义上的科学范畴。诺瓦利斯认为，关注身体的自然化与感性的恢复的人类学不仅具有认识论价值，也具有伦理意义。

[①] 关于18世纪人类学中这一问题的中心地位的讨论，参见 Jutta Heinz, *Wissen von Menschen und Erzählen von Einzelfall*, 55-74。

[②] 参见 Hans-Jürgen Schings, "Der Philosophische Arzt Anthropologie, Melancholie und Literatur im 18. Jahrhundert," in *Menlancholie und Aufkelanuang*（Stuttgart: Metzler, 1977）。

《费希特研究》(Fichte-Studien)一书中,在一系列以研究费希特的科学教学(Wissenschaftslehre)①为基础的札记与片段中,诺瓦利斯思考了交感②问题及其对感官范畴的影响:

> 众所周知,人将肉体与灵魂区分开来。每个知道这一区分的人都将在这两者之间建立一种互动效应(Gemeinschaft),通过这一联系它们能够相互影响。在这种交互关系(Wechselwirkung)中,两者都扮演着双重角色。要么是它们两者直接影响彼此,要么是第三个因素通过一个影响另外一个。躯体依靠感官,同时服务于与灵魂交换外部对象,就像外部对象一样,它本身也会通过感官来影响感官。(N 2, 272)

诺瓦利斯认为,当代人类学从灵魂与躯体的先验区分中推断出一种"互动效应"的关系③。虽然普拉特纳和不少18世纪人类学家都推测甚至假定了一个实际的本体论基础的身份,诺瓦利斯仍呼吁一种普遍的推论,即身-心关系表现为一种互动的功能,而不一定是身份的关系。在赋予了灵魂和身体双重作用的情况下,他认为两者之间会相互影响:身体影响灵魂,灵魂影响身体。然而,诺瓦利斯对这种"被普遍接受的"主张的评价,

---

① 关于《费希特研究》的知识历史背景及其创作历程的概述,参见 Frank, *Unendliche Annähenang*(Frankfurt am Main: Suhrkamp, 1997):785-801。

② 在诺瓦利斯《费希特研究》更广阔的语境下对于这个问题的探讨,参见 Violetta L. Waibel, "Innres, äußres Organ: Das Problem der Gemeinschaft von Seele und Körper in den Fichte-Studien Friedrich von Hardenbergs," *Athenäum* 10(2000):159-181。

③ 在这段文章中,诺瓦利斯使用了"Seele"(灵魂)而非"Geist"(精神)。对于诺瓦利斯而言,"……灵魂仅是被束缚的(精神)"[……die Seele ist nichts als gebundener, gehemmter (Geist)](N 3, 316)。在谈论个体时,诺瓦利斯更倾向于使用"Seele";而谈到普遍的关系时,则常用"Geist"。不过,在使用这些术语时,他并不是始终如一的。对于这些术语的详细情况,请参考 Barbara Senckel, *Individualität und Totalität: Aspekte zu einer Anthropologie des Novalis*(Tübingen: Niemeyer, 1983):79-84。

仍被他修辞上的被动语调所掩盖。该文本更像是基于一般意见的报告，而不是对科学立场的有力辩护。事实上，诺瓦利斯没有明确解决交感的问题，也没有找到另一种可能的模式。

继诺瓦利斯之后，灵魂和身体的互动功能通过感官成为可能——通过感官本身，"而非自我行动"："它们接受并给予它们所获得的东西——他们是交互关系的媒介"（N 2, 272）；它们是身心的"占有"（Eigenthum）（N 2, 272）。正如他在其他地方指出的那样，感官是"工具———种媒介"（N 2, 550）。感官是从属于外部目的的异名器官。作为器官或媒介，它们不仅使灵魂与身体之间的关系成为可能，而且还使这一关系成为可感的。只有作为感官的相互作用时，身体和灵魂的统一才是可辨别的。在他的笔记中，诺瓦利斯同时使用了"这种感官"（die Sinne）和"感官"（der Sinn）两种表述。在这段来自《费希特研究》的片段中，他暗示了一种统一的或单一的感官，这种感官先于感官到独立感官的多元化。因此，他提出了一个关于感性或整体感官的本质的问题。他认为，这种整体感官是"特定的、个性化的（感官）的基础"。因此，诺瓦利斯认为，视觉、味觉、声音，是"分类感官的限制与个体化"。他继而认为"感官的基础"是（单数）感官（Sinn）。然而，这种整体感官是"消极的材料"。除了消极性之外，它无法被人认识或加以区分。因此，诺瓦利斯用形式（或概念）和物质（或生理）两者来表达感知与感性。作为一个正式范畴，整体感官是"想象力的产物"，但是，作为差异化的感官，它是一种生理功能（N 2, 273）。要思考统一的感官需要绕开它形式上的多样性。诺瓦利斯写道，由于其最终的无根据性，所有感性感知都是"二手的"（N 2, 550）。由于缺乏确实的基础，感官只能参考它们自身的活动。他们没有限制的范围——他们完全是自我指涉的。

诺瓦利斯将这些"二手的"感官划归为两大类：

我们有两套感官系统，无论它们看起来有多么不同，它们都是紧密相连的。一个系统叫作肉体，一个叫作灵魂。前者依赖于外在的刺激，我们称之为自然或世界。后者最初依赖于内在刺激，我们称之为心灵或精神世界。通常，后者与前者之间是相关联的，后者受到前者影响。然而，我们可以找到前者影响后者的蛛丝马迹。我们很快就会发现，这两个系统应处于一个完美的互动关系中，每个系统都受到其世界的影响，形成一种和谐（Einklang）而非单调（Einton）的状态。简单地说，两个世界，就如这两个系统一样，应该形成自由的和谐，而不是不和谐或单调。（N 2, 546）

肉体依靠来自外部世界的刺激，而灵魂依靠来自心灵的内部刺激。这种内在和外在的感官形式让人回想起 18 世纪的两个生理学术语：应激性（Reitzbarkeit）和感性（Sensibiltat）①：诺瓦利斯将感性与来自个体内部的精神或神经刺激联系起来，将应激性与来自个体外部的身体刺激联系起来。外部感官（如视觉、触觉、味觉和嗅觉）调节外部刺激。内在感官调节内部刺激与过程。因此，它们本质上是自我反思的，因为它们提供了知觉与心理的反映过程。世界与思想、身体与灵魂是相互联系的，但并非同一的感官系统。（对于诺瓦利斯而言，世界－精神与肉体－灵魂有着类

---

① 诺瓦利斯没有采用一个特定的生理模型；相反，他借鉴了 18 世纪的各种资料。阿尔布雷希特·冯·哈勒在 1752 年的讲座引发了一场一直持续到世纪末的、关于刺激和其他生命力的辩论，他将感性与应激性区分为生物的两大主要力量。他认为，感性是一种与精神和灵魂相关的神经现象，而应激性则是身体纤维和肌肉固有的运动倾向。使诺瓦利斯特别感兴趣的是，苏格兰医生约翰·布朗（John Brown）的"兴奋性"（excitability）概念。这一概念是指精神与情感对外界刺激做出反应的过程。关于诺瓦利斯和布朗医生，可参考 John Neubauer, *Bivocal Vision: Novalis' Philosophy of Nature and Disease*（Chapel Hill: University of North Carolina Press, 1971）。关于这场生理学辩论的历史，可参考 Robert J. Richards, *The Romantic Conception of Life: Science and Philosophy in the Age of Goethe*（Chicago: University of Chicago Press, 2002）: 307-324。亦可参考 Jörg Jantzen, "Physiologische Theorien," in Friedrich Wilhelm Joseph Schelling, *Historischekritische Gesamtausgabe*, ed. Hans-Michael Baumgartner and Wilhelm Jacobs, *Ergänzungsband zu Werke Band 5 bis 9*（Stuttgart: Frommann Verlag, 1994）: 375-670。

似的关系。)诺瓦利斯写道,这两个系统"应当"处于"完美的互动关系"之中,但即使在这些规范性术语中,这种关系也并非身份关系。身体与灵魂如同小提琴的琴弦,与感官之琴弓融为一体。它们不是相同的,但仍可以进入一种几乎是无限的和谐关系当中。值得注意的是,交感问题的模态重构赋予了诺瓦利斯的感官人类学以规范性;的确,它将诺瓦利斯的讨论转移到一个历史记录上,这个记录设想了一个不同知觉的过去,并预测了一种未来的感知组织。感官将不仅仅是外在刺激,也是内在刺激的调节机制。作为历史安排,感官对未来的变革持开放态度。诺瓦利斯想象着一种未来——在这个未来中,内在和外在的感官被颠倒了,感官系统之间的界限变得模糊。未来的感官将不仅在世界到精神的过程中,更会在精神到世界的过程中发挥调节作用。这种感知的未来交织于诺瓦利斯的浪漫人类学中。

通过概述诺瓦利斯在交感问题方面的感性概念,我们现在可以更好地理解他的感官人类学对于其人类学的广泛意义。通过表明灵魂"最初"取决于精神的刺激,诺瓦利斯对身心关系与感官系统进行了时间化,从而表明外部与内部感官、应激性与感性之间的关系是发生于历史过程中的,而不仅仅是一个暂存的人类学事实(N 2, 540)。他在《浪漫主义百科全书的笔记》一书中写道:"很久以前,对立的双方发生了变化——外部与内部的刺激——感性与应激性……相互抵消,以至于随着外部刺激的增加与内部刺激的减少,以及感性的减少与应激性的增加……"(N 3, 317)诺瓦利斯对感官(以及一般意义上的感官)的时间化暗示了历史上的某个时间点,即在较长一段时间内,应激性与感性有效地中和了彼此——然而在之后的某个时间,应激性吞噬了感性。诺瓦利斯接着说,这种吞噬导致了"感官过度刺激"的感官"失调"(N 3, 318-319)。诺瓦利斯哀叹于过剩的外部刺激,这是对现代性的一种批判。与弗里德里希·施莱格尔(Friedrich Schlegel)在诗学上区分现代性与古典性的努力类似,诺瓦利斯的现代性理论将现代划分为一个外部感官支配内在感官、应激性支配感性的时代。他声称，这种不平衡导致了"不充分"的观察与对人的"内在""缺乏灵魂"的关照（N 3，574）。他对感性的时间化使根据历史如何组织感知来对其进行时代划分成为可能。现代性对感官的工具化（感官仅仅是器官或工具）只是感知的历史组织中的一个例子。因此，诺瓦利斯的课题的规范性和伦理性与他对感官的历史化联系在一起。在他的《浪漫主义百科全书的笔记》一书中，当他以虚拟语气表述这种"同时具有意义与目的"（N 2，550）的整体感官时，诺瓦利斯重申了这种规范性。这种对感性的时间化，使现代人必须通过对内在感官或感性的恢复来彻底改变感官系统的关系。

对于诺瓦利斯而言，对总感官的规范性描述，出现于对彼此隔离的感官以及现代性下身体的孤立的反对，这种历史区分本身就是感知重组的一个功能："视觉－听觉、味觉－触觉、嗅觉，这些仅仅是我们对他者的普遍感知效果中的一小部分。"（N 3，598）对于诺瓦利斯来说，将感性划分为单独的感官这种历史分化，使得某些启蒙思想的观念成为可能，即感官是被动的器官或工具。在《实用人类学》一书中，康德提到了"不可否认的感性之被动性"，它仅仅是简单地将感官数据发送给"作为立法者的理解力"（K 7，144）。相比之下，诺瓦利斯对感性的规范性解释，是将感知想象成一个积极的过程，并且他提供了一个语源学上的论据：Wahr——派生于 Wahren（保持）——Wahrnehmen（感知）——beharrlich ergreifen（坚持抓住）/Nehmen（拿）——是积极地接受（N 2，214）。诺瓦利斯在研究德语 "Wahrnehmen"（感知）的词源时，指出了一种动态的感知，这种感知会主动获取并选择它的对象。根据对"感知"一词词源学解释，他给出了一种解释，根据这个解释，感性不仅是简单地传递原始数据，而是对原始数据加以选择和分类，从而自身产生知识。感性本身赋予意义，或者至少在未来，可以通过关联与选择感官数据来赋予意义。

对于诺瓦利斯来说，现代性将感知重新划分成五种不同的、孤立的感官的外在感性，这是现代人将自己与自然相隔离的另一表现。正如马克斯·霍克海默（Max Horkheimer）和西奥多·阿多诺（Theodor Adorno）在《启蒙辩证法》（*Dialektik der Aufklärung*）中奥德修斯的寓言所表达的那样，感官的划分是劳动分工的一种功能。或者更浪漫的说法是，从自然的创造力中将知识分离开来。奥德修斯捂住了水手们的耳朵，反绑着自己的双手，好让自己逃离在海怪斯库拉和卡律布狄斯的居所航行的感官体验，并且保持对它的控制。理性组织起来的逻辑保证了启蒙之船的前行，它不仅分割了理性劳动和感性劳动，而且还分割了感性本身。一旦感性降低至肉体——也就是说，一旦成为自然，它就容易受到人的理性的影响。用霍克海默和阿多诺的话来说，人知道自己的感官，只有能操纵它们，才能区别它们。①

关于感官组织更广泛的启蒙辩论，早在1693年爱尔兰医生莫利纽克斯写给约翰·洛克的信中所提到一项思想实验中得到了表述。随后在洛克的论文《人类理解论》的第二版中，这个思想实验被普及：假设一个人生来就是盲人，他通过触摸学会了区分立方体和球体。然后，假设他之后拥有了视力，他是否能够分辨出之前仅通过触摸而认识的物体？或者说，他能认出他通过视力看见的物体吗？②在启蒙时代的欧洲，这个思想实验以各种各样的形式被重复和传播。这一实验将盲人与野蛮人等同起来，对野蛮人的教化成为启蒙教育的典型故事。虽然从莫利纽克斯的实验中得出的一些结论可能不同——不论是孔狄亚克（Condillac）的《感觉论》（*Traite des Sensations*，1754年）、狄德罗的《论盲人的书信》（*Lettre sur les aveugles*，1749年）还是伯克利的论文《走向新的视觉理论》（*Towards a New Theory of Vision*，1709年）——大多数思考都限定于一些基本的、也诚然是复杂的问题框架之中：独立的感官是如何相互关联的？是否有一种先于独立感官的分化而存在的感知形式？在散漫的想法之前，是否存在一

---

① 更多关于此的阅读，见 *Utz*, 19–24。
② John Locke, *The Correspondences of John Locke*, ed. Esmond Samuel De Beer（Oxford: Clarendon, 1981）: 651.

种感知形式？①

这些思想实验——经过对整体感官与整体知觉之可能性的推测思考②——同样突出了随感官分化而来的内部等级。众多学者已经指出，启蒙运动的基石为视觉中心主义或曰强势的视觉。③尽管如此，在此种启蒙传统中，对视觉之首要性的质疑仍然日益增长。至少在德国，约翰·哥特弗雷德·赫尔德（Johann Gottfried Herder）便提出了对强势的视觉最坚定而清晰的批判之一，尽管直到学术生涯的晚年，他才开始质疑感官之间的分化。④由于眼、手等具体的知觉器官成为讨论的对象，以知觉组织方式为中心的探讨便获得了某种借代性，如赫尔德就偏爱从手的角度发论。在他早期对触觉的颂歌中，赫尔德强调了触觉之温暖直观，以与视觉之冰冷疏远形成对照。在《批评之林》（*Viertes kritisches Wäldchen*）中，他指出"身体真实"一旦以"触觉"（sinn des Gefühls）⑤的面目呈现，便不再受强势的视觉所"阻隔与压抑"。⑥他谈到，触感的直观性令其尤为"人类学化"。这是因为目能见物之人太过依赖其视力乃至"心神分散"，拙于反省自身。在短文《感觉的意义》（*Sinn des Gefühls*）中他写道，"这些人并不观察自身，因为关注自身没有必要，他们不过是走马观花、浏览事物的外表"（*H* 2，

---

① 更多关于莫利纽克斯的问题，见 Martin Jay, *Downcast Eyes: The Denigration of Vision in Twentieth-Century French Thought*(Berkeley: University of California Press, 1993)：98-108(98)；Michael J. Morgan, *Molyneux's Question: Vision, Touch and the Philosophy of Perception* (Cambridge: Cambridge University Press, 1977)。

② 然而摘除白内障带来"从目盲状态中恢复"的现实案例所引起的兴趣与日俱增，这些推测性的思考在 18 世纪具有更加现实的特质。参见 Michael J. Morgan, *Molyneux's Question*, chapter 2。

③ 例如，可以参见 Martin Jay, *Downcast Eyes*, 83-148。

④ 与赫尔德及感官学说有关的著作数量庞大。近期对其的概述详见 Ulrike Zeuch, *Umkehr der Sinneshierarchie: Herder und die Aufwertung des Tastsinns seit der frühen Neuyeit* (Tübingen: Max Niemeyer Verlag, 2000)：1-34。

⑤ 此处我将 Gefühls 翻译为触觉，因为在赫尔德的文章中他非常明确地以感觉指称触觉。

⑥ Johann Gottfried Herder Johann, *Gottfried Herder Werke*, ed. Wolfgang Pross, vol. 2 (Darmstadt: Wissenschaftlichet Buchgesellschaft, 1987)：103-104. 下文中引用此书时简写为 *H*，其后标注卷数和页码。

244)。与之相比，专注于触觉之人，如著名的盲人莫利纽克斯，往往能返照他们自身，这是由于触摸的举动本身就是触及自我的一部分。

在一则摘自断片集的笔记中，诺瓦利斯引用了赫尔德的文章《雕塑论》(*Plastik*)及其对莫利纽克斯问题的再讨论：

> 赫尔德《雕塑论》的第7页：重见光明的盲人被要求在视觉上重新辨认其感受。他总是忘记感觉符码的含义——直到他的双目习得了像此前领会身体感觉符码一样，去领会空间形状与彩色图像的技能，并迅速加以整合，以理解身边的事物。（N 2，650）

虽然赫尔德坚持感官分化的观点，诺瓦利斯却通过征用知觉和语言之间的结构性相似，指出了感官之间的相互依存性。病愈的盲人学着将视觉对象当作从前的"身体感觉符码"，并尝试着去"理解"它们，借此辨认他的感受。感觉被指认为符码，知觉则同样地被视为是解码的过程。诺瓦利斯指出，感官往往和语言形象、符码与文本的物质性特征交织在一起。感官知觉并非被动地接受经感官传输的外部信息，相反，它间接地作用于感官材料，有如解读符码。但这并不是说感官或感受单纯是语言所引起的效果，或说知觉的一种修辞影响，诺瓦利斯这篇文章只是想确定生理过程与心理过程交织的方式。我们在颂歌中能看到，语言所凸显的不是感官的整体化而是其分离。在其短文《对白》（"Dialog"）中，某个人物扼腕于"现代性与印刷世界致命的亲缘关系"。他说道，现代性对文本无法自拔的倚重令我们终日与书本为伴，并再难领会外部事物，"我们的五感无异于消失殆尽"（*N* 3，663）。生理与心理过程的重合从总体上消解了论及感受与反思时孰先孰后的问题，并削弱了感受的视觉特性。感受往返于理智和感性之间。

正是感受的视觉特性使得对感性和知觉的历史重构变得更有可能。不与历史背景积极互动的具体官能和广义上的感官朝向未来敞开：

> 官能的强化、锻炼构成人种优化、人文进步的主要使命。我们已知，灵魂的形成与壮大是最重要的事情。我们可控的外部刺激——及应激性——取决于感性的形成、壮大，更取决于应激性与外部刺激本身既不受其波及、也不致被忽略的方式。（*N* 3，317-318）

官能的成熟导致内外两套感官系统接受能力与反应能力的无限发展，直至主被动双方如此深刻地交织到难解难分。设想知觉的整体化也就是设想主被动知觉双方毫无差别。诺瓦利斯认为，二元对立的激化反而推动分化融合进而统一——也就是说，发展个体官能的能力能促成整体化的知觉。① 尽管如此，作为一项规范性的"人文使命"，知觉的整体化超越了个别身体，并旋即过渡为人类的想象共同体，由此它成为一项依赖于人类代代相传的文化使命。这种扩大化令局限于个别身体的生理人类学黯然失色，并预言了一种规范人类学，它将为任何可能的整体知觉奠基。

诺瓦利斯重构了18世纪莫利纽克斯谜题，并要求其读者思考如下的思想实验：

> 当我们既聋且哑、失去感受能力，而灵魂却完全敞开，我们的思想连接着当下的外部世界，而我们的内在世界也同样与自身关联，无人知道我们在对比内外两种状态时能否发现微小的差异。我们将感受到我们的感官力有未逮之物，例如光线，噪音/响动等。我们唯有引起变化——这是共同想法，而且我们将力求为我们自己取得一种我们如今称为外部感官的感官。无人知道我们是否会在百般争取后很快长出眼睛、耳朵等器官，因为到那时我们的身体将令我们感到如此有力，身体就像我们现在的灵魂那样，将成为内部世界的重要构成。无

---

① 这种直到它们融合才能告一段落的激烈对立或极化是浪漫主义自然哲学的修辞手段，这在谢林（Schelling）那里尤为明显。有关这方面，参见 Jürgen Daiber, *Experimentalphzsik des Geistes—Novalis als Experimentator an Außen-und Innenwelt*（Stuttgart: Franz Steiner, 1999）。

人知道它是否仅仅是表现得毫无知觉,毕竟它组成了我们的自我形象与内在自我分化,由此身体方能看见、听见、感受,并建立起自我意识……在这样的状态下,灵魂方表现得毫无知觉,即它兴奋地将注意力吸引到自己身上并且成为压倒性的力量——这就好比当我们的灵魂被牢牢占据时,我们总是看不见、听不见、感觉不到——而我们的注意力也只会放在灵魂上,反之亦然。(N 2,547-548)

设想着内与外、灵魂与身体的倒置,诺瓦利斯指出了内在感官与外在感官之间的功能性颠倒及他们的无差别化。但是这个无差别的场景并不意味整体内在的陷落。受到"愿望"(Bestreben)驱使而"产生我们称为外部感官的感官",我们将长出灵魂所没有的器官:能看的眼睛和能听的耳朵。而受到一种"世俗化感受"的驱使,身体能产生知觉器官。诺瓦利斯区分了"感受"(Gefühl)与"感官":"我们所感受到的是我们的感官所缺乏的。""感受"在感官分化之前的层面上代表着官能或知觉一类的事物。在此,感受仍然是感官性知觉的指代,① 尽管感官与暂时性的感觉有所关联。即便没有这些个别的官能,我们也能"感受"到"光线""声音"等。在这个意义上,具体官能和感受指向的不是类型的不同,而是分化程度的高低。感觉是个别官能的指代。往返于物质化、生理化的具体官能与某种感官在分化之前普泛化的形式之间,感受发挥着调节作用,因为它标志着内与外、自我与世界的融合。诺瓦利斯在《浪漫主义百科全书笔记》中写道,"感官意味着调和知识与触觉,也意味着融合。"(N 3,250)感受总被视为或宣称为具体官能的暂时性表现,它只出现在分化后的具体官能中。去感受,也就是去看、去听、去品味、去触摸。

在这场思想实验中,身体作为(意识的)他者呈现为分离后的他者:

---

① 若要纵览感官(sense)、感觉(sensation)、感受(feeling)三个术语在18世纪时的区别,参见 Manfred Frank, *Selbstgefühl* (Frankfurt am Main: Suhrkamp, 2002):11-25。

身体以诺瓦利斯称为"内在自我分化"（die innere Selbstscheidung）的方式得以显现。身心分离借感官形象化、感觉具体化和反思而达成。整个环节的条件形式突出了官能的非永久性。在此，诺瓦利斯的整个学说都是推测性的，他设想着如何取代官能的历史特质。分化过程使得在历史－唯物框架之外区分内外状态没有可能。"感受"如何才能在官能分化之前被区分出来呢？对于诺瓦利斯而言，零度感受是不可能的，或者说，如上文所见，对历史背景保持冷漠只存在于想象当中。在他的《浪漫主义百科全书的笔记》中，诺瓦利斯称建立在无分化之上的反思为"批评"，这种方式：

> 通过研习自然与自我，自然与内在观察、实验，研习自我与外部世界，自我与外部观察、实验来返照自身……我们自然而然地通过自我陌生化（making-foreign-to-the-self）—自我嬗变（self-change）—自我观察（self-observation）来了解其他万事万物。如今我们获悉了主客体之间的真正关联——也就是存在着一个内在于我们自身的外部世界，它与我们内在建立关系的方式和外于我们的外部世界与我们身外之物建立关系的方式相同，而且这两个世界就像我们的内外在一样联系着。
>
> 如今我们以一种全新的视角理解了所谓的先验哲学、对主体的指涉、唯心主义及其范畴、事物及其表象之间的关系。证明为何有些东西仅仅属于内外自然之间，而不是非我（not-I），也即大写之你（You）。（N 3, 429）

正如费希特在《科学理论》（Wissenschaftlehre）中所作的详述，自然，或曰外部世界，并不简单地外于绝对自我（the I）之自我投射（self-projection）。诺瓦利斯认为，这个绝对自我与大写之你以同样的方式与自然建立联系。这篇文章展示了有关官能的浪漫主义人类学所包含的广泛交互性：我之作为自然的成形等同于自然作为我之成形。借由官能的调节，身体成为横贯于自然和人之间的主轴。如果外部世界内于我们,而我们身处外部世界,如果自然成为这个熟悉且可对话的大写之你,那么观察者 - 主体、对象 - 自然之间的分界线将模糊不清,内外官能之间也是同理。如果人总是而且已经成为自然本身,那么就不存在内外官能之间的绝对分离,理由是反思精神活动也就是反思自然。或者换句话说,传统上视为内在官能对象的精神活动与身体的生理活动纠缠至深,以致内外分离难以为继。如上文对身心关系的讨论所示,这不必然意味着它们是同一关系。这只是说内外的分界线是不可见或不确定的,不存在一个外部的临界点以供明确此种分离。通过强调灵魂的主动接受作用,诺瓦利斯并未令灵魂深陷世俗,而只是设想了一种不由外部刺激摆布的知觉。感官作为内 - 外、灵魂与世界之间的媒介,乃是此种场域交互的历史产物。诺瓦利斯提出批评的概念也回应了莫利纽克斯思想实验所生发出的问题。感官不先于思想,思想也不先于感官;他们是共现的。且此种共存关系下的感受形象也不能以推论的方式获得,必须反复回到具体官能的喻象和形象中寻求。一方面感受指明了形式与先验性之间的徘徊,另一方面它也明示了物质与情感的暧昧性。

诺瓦利斯在讨论注意力(Aufmerksamkeit)时着重而明确地论述了感受与思想之间的共现关系。他指出注意力是一种自由地引导、发展,或者如他所言,训练感官的技巧。在《掌故》(Anekdoten,1798 年)中,他认为人应当可以同时随心所欲地"决定"并"调配"其应激性,并由此与压倒感性的、占据支配地位的外部刺激相抗衡。他写道:

> 经由注意力,我们处在这样一个境地:这样或那样的对象或强或弱地影响我们的内在感官。注意力决定了这些器官的应激性,强化或弱化它们。它以削弱、分配或集中注意力的方式降低应激性——或者以统一、集中注意力的方式提高之。(N 2, 578)

注意力意味着能自由地调控刺激因素。在《赛斯的弟子们》(*Die Lehrlinge zu Sais*)中，一个探讨自然的观点指出了注意力独有的人类学特质：

> 人必须将他的全部注意力或者他的自我贯注于他所做的一切，如果他这么做了，很快在他的内心便奇妙地产生了思想或新的感觉。这种种思想或者感觉，似乎只是一支细细着色或嚓嚓作响的笔在轻柔动作，或者好像只是一种多变的液体在巧妙地凝敛和造型。
>
> 这些思想和知觉从人牢牢取得初印象的那一点，灵活地向各个方面散布开去，并将人的绝对自我一起带走。人如果分散他的注意力或者偶尔任其漫游，他往往可能立即中断这种游戏，因为思想与知觉似乎只是那个绝对自我通过那种多变的媒介在各个方面所引起的光线和功效，或者只是在这种媒介中的折射，抑或只是平时在这个高度凝聚的注意力海洋中扬起微波的古怪游戏。最奇怪的是，人只有在这种游戏中才真正察觉到他的独特性，他所独有的自由。① (*N* 1, 96–97)

这里注意力可与绝对自我的内在活动画等号。"无分散"的注意力令思想认知过程中的知觉成为可能。② 这是一种自我观察的形式，在这个过程中，主体密切关注着它所"整合"的知觉与思想。通过赋予内在感官对

---

① 此处参照朱雁冰所译《赛斯的弟子们》，略有改动，见刘小枫编，林克等译，《大革命与诗化小说——诺瓦利斯选集卷二》（北京：华夏出版社，2008）：19。——译者注

② Caroline Welsch 对这些段落予以重视，尽管我的解读得益于她，但她考虑的是注意力的生理学功能。参见 Caroline Welsch, "Die Physiologie der Einbildungskraft um 1800," ed. Maximilian Berngenruen and Roland Borgands, *Die Grenzen des Menschen. Anthropologie und Ästhetik um 1800* (Würzburg: Könninghausen and Neumann, 2001). 有关启蒙时期注意力的历史，参见 Jörn Steigerwald and Daniela Watzke eds., *Reiz, Imagination, Aufmerksamkeit. Erregung und Steuerung der Einbildungskraft in klassichen Zeitalter (1680-1830)* (Würzburg: Könninghausen and Neumann, 2003).

象以形式（如情感或思想），也是在思考过程对这种观察的帮助下，它目睹了绝对自我的成形。而借助其分化，它能停止、开启或中断这些过程。在注意力"游戏"中，主体能观察甚至影响到上文所言两套感官系统之间的互动：

> 外部世界变得澄澈可见，内部世界则多姿多彩且意味深长，故而人将发现自己处在两个世界之间的内在活跃状态中，享有最完满的自由并感受最令人愉悦的力量。（N1, 97）

注意力了解身－心与人－世界的交互关系，并且通过分离绝对自我与它自身来创造新的关系、新的形象，故而人获准体会他"独有的自由"：

> 他既作为观察者，也作为观察对象的能力。我们可以说，注意力是内在感官的代表形式，它甚至是人类学意义上感官的代表形式，因为它标志着感性相对于反思的易感性，也就是两套机能之间最根本的关联。能令外部刺激"在地化（localizing）进入某个器官中"，注意力降低了感性相对于反思的形式力量的脆弱程度。（N2, 578）

因此注意力确乎是可以实现诺瓦利斯对感性的规范性期待的技能：它能集中、传导刺激，并由此对抗外部刺激的支配。作为现代性标志的感官分化促成了具体官能的基本化与内在感官的终极重组：那就是他们的个别化与功能化，直至成为完全不同的器官。这也是感受的悖论：想要将感受基本化的企图反复地回落到官能在形象及其反思象喻的分化中。

感官在反思与生理感觉之间的徘徊在《夜颂》的第二首颂歌中长足发展："他们（那些愚人）感觉不到你在金色的葡萄潮里——在巴旦杏的魔油和棕色的罂粟汁里。他们不知道，是你团团浮荡于娇柔少女的酥胸，使怀腹成了天堂。"①（N 1, 133）抒情自我反顾分化后的感性，它将愚人之愚昧归因于无法分辨人之感觉媒介的多样性，而非理智的不足。在理性的光照下，他们往往糅合全部的知识与经验，故而无法领会夜色。他们是愚人，是因为他们拙于以各种感觉形式"感受"到夜色：葡萄的滋味、橄榄油的触感与罂粟的汁水、乳房诱人的触感。恋人带来的丰富多姿的感觉体验在同样丰富多姿的言语意象中找到其形式对应物。任何一种言语呼告相对于知觉的衍生都望尘莫及。第一首颂歌所总结的，对无分化之感性的渴望——然而这渴望本身也因它的光怪陆离、它漂浮的形式所复杂化——被消解了。整体化知觉，也就是恋人所催生的感受，被赋予了风格化且自反性的语言形式。对无差别的抽象概念化的渴望表现为一种诗化语言。通过在想象的现实中将感受的、感官的经验对象化，它赋予这些因品尝、抚摸而产生的感官区分以密度。说到这里，我们可以重温第一首颂歌中对光线的分离以及其形象化语言——"那光芒闪烁的、永远静止的石块，那敏感而不断吮吸汁液的植物，那包含金色汁液的葡萄"——不是要否定光线，而是要展现其张力，它内在于对无区分的渴望，对无器官、无媒介之感受的渴望。②这些感官形象并不代表某种特殊的官能——如视觉或味觉——而令人注意语言本身的媒介性。恰恰是诗歌的语言自身构成了特别的感觉体验。因此，诗歌超越了亦步亦趋地模拟感受的层面，它与感受息息相关，甚至制造着感受。在第二首颂歌中，夜色经由一系列官能得到体验，其中无一是视觉。诗歌分化了的语言侵蚀着夜色的"去时间性与去空间性"，打断了所有的知觉整体化过程。感受在形式上的统一为它自己的诗歌形象所消解。贯穿《颂歌》的内外糅合使其成为一首感觉具象化的诗。

---

① 此处参照林克译《夜颂》，见刘小枫编，林克译，《夜颂中的革命和宗教——诺瓦利斯选集一》（北京：华夏出版社，2008年）：33。——译者注

② 米歇尔·沙乌利在他短小而具启发性的文章中，提到这些短语表达的力量，见 Michel Chaouli, "Imitations of Mortality," in *A New History of German Literature*, ed. David Wellbery, et.al (Cambridge: Harvard University Press, 2004), 481–485。

一旦被反思，一旦被赋予了语言形式，无分离的夜晚"感受"分化为一串串自带语言形式的感觉体验，这种语言形式具有突出的物质性：例如，在 sinnige, saugende, pflaze 几个词中，s 和 z 的反复使用叫人注意诗学语言物质化、感觉化的特性。因此进入反思后的语言形式的无分化"感受"意味着无分化的缺席或不可能。对诺瓦利斯来说，纯粹而无区分之感受的缺席，虽经由感官记录，但常常又为语言所具象化。正如托马斯·普福（Thomas Pfau）所言，就通常意义上的抒情诗而言，感受不是"借助而是作为文本形式"①得以沟通。我们不是在"感受"其纯粹，而是品味、感受并触摸其缺席，其在语言形式中的分化。尽管夜色与一种所有形式、所有体系的感官都得以融合的理想相联系，那"清晨"的光线，即反思的光线也迟早要到来，并将这些感受转化为反思的对象。诺瓦利斯写道，这是一种似乎永无止境的"尘世的暴力"（Irdischen Gewalt）。（N 1, 133）如诗歌所示，即将出现的整体知觉往往如晨光必定到来那样，必定为语言中的知觉分化所阻断。对莫利纽克斯实验更理论化的思考，正如诺瓦利斯所充分意识到的那样，怀着诗化的念头去寻找某种实际可行的答案，以期在感官分化之前辨别出一种知觉。在他论及另一种终极统一体"存在"的《费希特研究》中，诺瓦利斯说道："反思在此变成了感觉——而感觉则成了反思，他们互相交换角色。"（N 1, 127）

第五首颂歌的最后一节在后文中显示，那"无区分"的"永恒的夜晚"也就是一首"永恒的诗"。想要辨明整体感官的努力反反复复地落空，此种递归运动总是返回到语言中的感官形象中。而这种递归运动本身就是一首"永恒的诗"。这个无割裂的时刻是诗化的——也就是说，一种"能取代任何感官的感官"（N 2, 650）催生了它：想象。作为感性最高境界的变形，诺瓦利斯写道，想象给予我们对那无区分之夜晚的去时间、去空间

---

① Thomas Pfau, *Romantic Moods: Paranoia, Trauma, and Melancholy, 1790-1840*（Baltimore: John Hopkins University Press, 2005）：65.

的感觉体验。想象是一种整体化知觉，它化为基本性的而非接受同时也进行创造的感官，其特殊性在于它能令对象超越其时间或空间的直观性："如果外部感官看似要完全遵从机械铁律摆布——那么想象则明显不为当下与线性的外部刺激所束缚。"①（N 3, 650）理由在于想象并非由外部刺激所决定，它是一种足以抗衡过剩刺激的规范性力量。它的创造性与反思性令它逃脱了理解力的桎梏。想象力拥有增加"思想应激性"的特性，并且是一种更复杂且持久的注意力。②（N 2, 574）想象力是一种"生产性"力量，不像其他感官那样受到理解力的束缚（N 2, 167），它建立的关系没有时空的边界。以上我们扼要地论及了诺瓦利斯对赫尔德《雕塑论》的概要式引证，不过也许对我们的目的而言，更重要的是从这些笔记中析出的图表，因为诺瓦利斯的图表重构了赫尔德提出的感知领域、艺术形式与审美媒介之间的组合方式。③

空间	雕塑	视觉	表面
时间	音乐	听觉	声调
力	诗歌	感觉	身体（N 2, 650）

正如尼古拉斯·索尔（Nicholas Saul）所指出的，也许在整张图表中最令人感兴趣的是诺瓦利斯对赫尔德的安排所做的两处改动。相对于赫尔德将雕塑与触觉、感受联系，绘画与视觉联系，诺瓦利斯将雕塑归类为视

---

① 诺瓦利斯对想象力的定义响应了康德在其《纯粹理性批判》中的论述："想象力是把一个对象即使当它不在场时也能在直观中表现出来的能力。"（K 3, 120）
② 诺瓦利斯甚至论及借助想象力而获得"扩展"的理解力。（N 2, 270）
③ 赫尔德的图表如下：

空间	绘画	视觉	表面
时间	音乐	听觉	声调
力	雕塑	感觉	身体

参见 Plastik, in *Johann Gottfried Herder Werke*（Frankfurt am Main: Deutscher Klassiker Verlag, 1994）: 257。

觉艺术，而将诗歌归类为感受艺术。① 如果我们将诺瓦利斯的图表视作赫尔德的对应物，诗歌则代替了雕塑成为终极艺术形式。但诺瓦利斯对赫尔德图表的改动其实远超上述讨论中对感官和感受的复杂排列。如我们所见，诺瓦利斯将诗歌与"感受"排列在一起，体现了物质感觉与普遍形式之间的暧昧性。在另一篇文章中，诺瓦利斯写道："感受的主动感官，诗歌。"诗歌与一种主动感官密不可分，而不仅仅是一种文学流派。《颂歌》实践了诺瓦利斯在《赛斯的弟子们》中所描述的"知觉的新方式"，一种能令赛斯"同时"听见、看见、尝到与思考的知觉。（N 1, 180）对赛斯来说，这种根本性的知觉打开了从前无法感知的联系："如今他发现周围的事物重新变得熟悉起来，美妙地混合着、配合着……他很快注意到万事万物之间的联系。"（N 1, 180）诺瓦利斯指出，整体知觉不单呈现为不同感官，它也是反思和感觉无可回避的混合。而想象，作为一种"能代替其他感官的感官"，诱导着混合以文本形式呈现。诺瓦利斯认为，想象力是注意力的延展运用，后者"颠倒了感官的用处"并成为"感觉的主动感官"，在这里，感觉是全部具体官能的指代。故而想象是一类递归功能，它回指其自身的举动和活动。它也是组织官能的感官。诺瓦利斯将具体官能重构为主动感官，这毫无疑问体现了他人类学观点的规范性维度。

　　康德的批判哲学再定义了知识和伦理主体，受此启发，诺瓦利斯也重新思考了伦理之人。在他的《审美教育书简》（*Lettrs on the Aesthetic Education of Man*）中，弗里德里希·席勒（Friedrich Schiller）曾希望通过审美教育培养理性与感性的方式，修正康德对人之智性存在与感性存在的区分。诺瓦利斯和席勒都设想一种人类学意义上完整之人的恢复，这种完整性从历史角度而言，被认为已为现代性所割裂。但诺瓦利斯的人类学却揭示出席勒学说中一以贯之的、独特的康德式二元对立，它最终延续了康

---

① Nicholas Saul, "Poëtisirung d（es） Körpers. Der Poesiebegriff Friedrich von Hardenbergs（Novalis）und die Anthropologische Tradition," in *Novalis—Poesie unde Poetik 3, Fachtagung der Internationalen Novalis-Gesellschaft*, ed. Herbert Uerlings（Tübingen: Niemeyer, 2004）：151-169（164-165）.

德对主动的、赋形的理性与被动的、仅作为信息渠道的感性的划分。正如我们所见，诺瓦利斯不但讨论一项常为众多 18 世纪人物所讨论的课题，其中包括席勒早年身为医学生时的成果①，即身体与灵魂、理性与感性的统一，更要讨论这些感官机能各自之间基本的易感性（susceptibility）。一项主动的感官也许对康德和席勒来说是悖论，而对诺瓦利斯的新人类学来说，它暗示了一种具象伦理，它建立在理性之于感性、感性之于理性之间本原的易感性之上。与浪漫主义对感性的夸张相比，诺瓦利斯并没有强调其中一个对于另一个的优越。理性和感性相互作用。诺瓦利斯学说的特别之处在于他的感官人类学所宣扬的惊人的规范性，一种在遭遇推论性思考之边界时有赖于想象力的规范性。

如前文所示，具体官能和整体感官与历史背景的互动是冷漠的。诺瓦利斯援引了存在的基础与费希特的绝对自我，这些基础、起源与超越性统一体均是"想象力的产物""某种自由生成之物，某种被诗意化之物，某种被创造之物"（*N* 2，273）。正如诺瓦利斯的《奥夫特尔丁根》（*Heinrich von Ofterdingen*）中那个旅行商人所言，想象力"使我们透过言语感知一个美妙的未知世界。在我们体内，远古与未来、无数的人物、神奇的地域和最奇异的事件，仿佛从深深的洞穴缓缓升起，将我们拽离熟悉的现实"。②（*N* 1，210）想象不受当前显示与直观的外部刺激所决定，它可能产生新的知觉关系，产生不受当下条件或僵硬的形式铁律所束缚的其他世界。而且，如商人所言，想象力借助语言使得另一个世界与内在体验成为可能，并由此产生共通的物质形式，人们由此可以互相联系。作为一种持续重构的关系，想象是一个动态的、不断变化的过程，往返于认知与感

---

① 例如，可以参见他的文章 "Versuch Über den Zusammenhang der tierischen Natur des Menschen mit seiner geistigen," in *Schiller Werke und Briefe*, vol.8（Frankfurt am Main: Deutscher Klassiker Verlag, 1992）: 119–163。

② 此处参照林克译《奥夫特尔丁根》，见刘小枫编，林克译，《大革命与诗化小说——诺瓦利斯选集（卷二）》（北京：华夏出版社，2008）:46。——译者注

知之间。面对理性无法将自身或道德历史化的客观失败，诺瓦利斯以审美调和这种失败，并突出地以想象力来展示一种动态的伦理，经反思后其规范性要求及时出现，并且总是朝向修订和重构敞开。对诺瓦利斯而言，规范，或说共同标准，在康德哲学意义上是引导性理念——作为一种反思判断的产物，它们并不真正表达什么，相反，它们借助"假设"①而运作。但通过将它们与想象力相捆绑，继而指出它们与虚构的相近之处，诺瓦利斯确保每个规范性要求都反思他们的非历史性。对康德而言，规范被严格地定义为理性的产物，因此是无时间性的、外在于历史条件和经验的。与之相反，诺瓦利斯将规范与想象相连，在时间之流中发挥作用。想象力产生的形式并非一成不变而是向持续的改变敞开，区别在于一种规范产生于有限性而另一种规范产生于理智的自发性。对于诺瓦利斯而言，这种形式的意义不在于它们的认识论价值而在于它们的伦理学价值——也就是说，他们在实践意义上是必须的。在《费希特研究》中他论及作为引导性理念的规范，诺瓦利斯写道："每个引导性理念都有无穷无尽的用处，其中却并不包括与实际事物建立自主的联系……因为它完全外在于现实之域。这是想象力的铁律——一个纲要性概念。"（N 2, 252）

我努力想要展示的是《夜颂》如何践行这种涉及感官之统一的、动态的规范性。这首诗并没有论及其绝对意义上的认识论真理，而是设想了一种另外的知觉组织方式，以作为对现代性的批判。这首诗通过展示这种想象的、动态的规范性强有力地宣告了抒情诗的特异之处。如黑格尔所言，抒情诗是一种诗学形式，其使命为"不是始于感觉而是凭借感觉以解放绝对精神"②。抒情诗构成了感受的反思性特质，如托马斯·普福所言，因为"它赋予充实的内在生活以语言，以便于它能有所表达。"抒情诗的形

---

① 在《判断力批判》（*Kritik der Urteilskraft*）中，康德写道，反思判断力"为自己立法，而非为自然立法"。（*K* 5, 180）

② G. W. F. Hegel, *Werke*, vol. 15（Frankfurt am Main: Suhrkamp, 1970）: 417.

式要素令感受成为一种"总是反思自身媒介特性的语言"。① 正如我们所见,诺瓦利斯的抒情诗不仅仅是有表现力的——被理解为在先于心理状态下获得语言形式,相反它证明了感觉、反思和语言之间不可避免的重合。诗歌的复杂性与高度风格化的特征值得我们注意。它要求对感觉形象进行反思,读者从而能受召唤并参与诗歌所制造的感觉与语言的混合。整个学说的规范性以抒情的方式宣告出来,赋予感觉以语言的、因而也是共通的规范形式。借助这种规范性力量,抒情诗督促或煽动其读者关心它对感受与感性的塑形,并由此体验一种不同类型的伦理性人格:一种规范性伦理,其规范性存于此前所暗示的感官中,动态且可变。抒情诗督促其读者加以注意并阅读诗歌,它准确地创造出这种变更的动态关系。读者可以修改诗歌中有关现代性如何组织感官的论述。诗歌并不直接陈述未来可能出现的器官、感官或知觉形式的种类;相反,它鼓励读者去想象它们。诺瓦利斯的抒情诗所展示的规范是普遍化的,并向着未来的可能性敞开。

赵昀鋆、韩若冰 / 译　张春田 / 校

---

① Thomas Pfau, *Romantic Moods*, 67.

第 14 章　康德及其理性情感①

查德·维尔蒙

理性及其需求

从黑格尔到罗尔斯，无论是持有轻视还是同情的态度，评论家们都倾向于将康德的道德哲学视为一种具有排外形式的对象②。从康德的观点来看，尽管他的道德致力于建立道德生活的理性依据和道德判断的逻辑形式，然而这种道德却并不被感性的欲望或情感的丧失所染指。从人类学到政治学领域的当代评论家仍然厌烦康德的道德哲学，他们视之为建立在纯粹道德上两极对立的形而上学③。现代学者附和黑格尔认为康德的道德

---

① 本文译自 Chad Wellmon, "Kant and the Feelings of Reason," *Eighteenth-Century Studies* 42, no. 4 (2009): 557–580。感谢作者授予中文版版权。
本文将康德关于哲学、医学与实践营养学的概念加诸其伦理学之上，探讨了在康德理性逻辑的道德哲学体系下，人的需求、欲望和情感如何成为可能。——编者注

② 虽然罗尔斯承认康德的"人的复杂概念"，但他最感兴趣的是通过"绝对命令程序"来确定道德判断如何符合实践理性的要求。参见 "Themes in Kant's Moral Philosophy," *John Rawls: Collected Papers*, ed. Samuel Freedman (Cambridge: Harvard University Press, 1999): 510–515。我在这里借鉴伊恩·亨特对当代康德研究者的描述。见 "The Morals of Metaphyisics: Kant's *Groundwork* as Intellectual Paideia," *Critical Inquiry* 28, no. 4 (2002): 908–929, 909–910。

③ 对康德伦理学过于拘泥于形式和抽象的否定，仍然是康德学派先驱之外的主流观点。
参见 Saba Mahmood, *Politics of Piety: The Islamic Revival and the Feminist Subject* (Princeton: Princeton University Press, 2004); William Conolley, *Why I am not a Secularist* (Minneapolis: University of Minnesota Press, 1999); Giorgio Agamben, *Homo Sacer: Sovereign Power and Bare Life*, trans. Daniel Heller-Roazen (Palo Alto: Stanford Univ. Press, 1998)。然而，正如约翰·H. 扎米托（John H. Zammito）（转下页）

哲学只是一场"空洞的形式主义"①的著名论断,并且提出,康德忽视了人类的"内脏"要素,并且"对于人性的自然需求毫无同情"②。康德的自由概念,或者说他意指的自由概念,与超越天性、使身体服从于理性的个人自制是同义的。例如,当康德在《道德形而上学的奠基》(*Grundlegung zur Metaphysik der Sitten*)一书中谈及道德律的影响时,他经常树立一个纯粹的人的形象:"人类在自己内部感受到对一切责任的强大对抗……来自他的需求和倾向的平衡。"③ 看起来,倾向与情感仅仅是将理性与累赘的身体联系起来的纽带。

海因里希·海涅(Heinrich Heine)在对康德漫画式的描绘(这一描绘变得极为著名)中,将康德的生平故事概括为"很难形容",因为他的生平"既非生活亦非故事":

> 他将自己描述为一个居住在柯尼希山一条安静小街上的、呆板的、生活规律到近乎抽象的单身汉的存在……我甚至认为,在日常工

(接上页)所指出的,"不纯粹的理性、具体化和偶然性,已成为康德研究中最令人兴奋也最令人关注的焦点"。John H. Zammito, *Kant, Herder and the Birth of Anthropology* (Chicago: University of Chicago Press, 2002): 348. 参见 Allen Wood, "Unsocial Sociability: The Anthropological Basis for Kant's Ethics," *Philosophical Topics* 19 (1991): 325–351. 因为研究强调的不仅是人类学的观点,还强调统一性、目的性和实践理性问题,参见 Susan Neiman, *The Unity of Reason* (Oxford: Oxford University Press, 1994);以及 Sarah Gibbons, *Kant's Theory of Imagination: Bridging Gaps in Judgment and Experience* (Oxford: Clarendon, 1994)。

① G. W. F. Hegel, *Sämmtliche Werke*, vol. 7 (Stuttgart: Fr. Frommens Verlag, 1928): 194. 想了解更多黑格尔的观点,参见 Allen W. Wood, *Hegel's Ethical Thought* (Cambridge: Cambridge University Press, 1990): 154–173。

② Zammito, *Herder*, 339.

③ 所有康德的引文,除了出自《纯粹理性批判》(*Kritik der reinen Vernunft*),皆参考 Akademie 版本的 *Kants Gesammelte Schriften*, ed. Königliche Preußische (later Deutsche), Akademie der Wissenschaften (Berlin: Walter de Gruyter, 1902–). 下文中引用此书时简写为 *A*,其后标注卷数和页码。翻译《实践理性批判》和《道德形而上学的奠基》时,遵循剑桥英语翻译,略有改动:Immanuel Kant, *Practical Philosophy*, trans. Mary J. Gregor, in *The Cambridge Edition of the Works of Immanuel Kant*, ed. Paul Guyer and Allen W. Wood, vol. 4 (Cambridge: Cambridge University Press, 1996): 405。

作运行方面,大教堂的时钟都不比它的城镇居民伊曼努尔·康德来得更为冷静而有条不紊。早晨起来,喝咖啡,写作,阅读,用餐,散步,每件事都有固定时间。邻居们都知道,每到下午三点半,伊曼努尔·康德就会穿着灰色紧身外套,拿着手杖出门,在林登路(这条路后来因康德被命名为"哲学家小径")上散步,雷打不动。无论冬夏,他沿街来回散步八次,每当天色阴沉或浓云将雨,人们总会看到他的仆人老兰珀腋下夹着把巨大的雨伞,满脸焦急地跟在他身后,宛如天气预报[①]。

然而,海涅认为,相比康德以枯槁、严格闻名的个人生活习惯,众多机械式模仿《纯粹理性批判》晦涩风格的后康德主义者与他的批判哲学联系更为密切。海涅提出,与后康德主义者相比,康德并不只是致力于将世界划分为本体和现象。海涅认为康德对理性的不断思考将他推向了理性的极致,他对此表示赞赏,尽管这种讽刺般的赞赏让人难分褒贬。

在海涅说过的那些"机械式模仿者"的影响下,我们也逐渐看到,康德关于理性的讨论,几乎完全是在对有限性的分析和对理性力量的限制方

---

① 原文为: Er lebte ein mechanisch geordnetes, fast abstraktes Hagestolzenleben, in einem stillen abgelegenen Gäßchen zu Königsberg...... Ich glaube nicht, daß die große Uhr der dortigen Kathedrale leidenschaftsloser und regelmäßiger ihr äußeres Tagewerk vollbrachte, wie ihr Landsmann Immanuel Kant. Aufstehn, Caffetrinken, Schreiben, Collegienlesen, Essen, Spatzierengehn, alles hatte seine bestimmte Zeit, die Nachbaren wußten ganz genau, daß die Glocke halb vier sey, wenn Immanuel Kant, in seinem grauen Leibrock, das spanische Röhrchen in der Hand, aus seiner Hausthüre trat, und nach der kleinen Lindenallee wandelte, die man seinetwegen noch jetzt den Philosophengang nennt. Achtmal spazierte er dort auf und ab, in jeder Jahrzeit, und wenn das Wetter trübe war oder die grauen Wolken einen Regen verkündigten, sah man seinen Diener, den alten Lampe, ängstlich besorgt hinter ihm drein wandeln, mit einem langen Regenschirm unter dem Arm, wie ein Bild der Vorsehung. 参见 Heinrich Heine, *Sämmtliche Werke: Historisch-kritische Gesamtausgabe der Werke*, ed. Manfred Windfuhr, vol. 8(Hamburg: Hoffmann und Kampe Verlag, 1979):1, 81。此处翻译依据 *On the History of Religion and Philosophy in Germany and Other Writings*, trans. Howard Pollack-Milgate(Cambridge: Cambridge University Press, 2007)。

面进行的①。康德一再申明，理性具有需求、欲望甚至情感。那么，对此我们该做何理解？康德在《纯粹理性批判》中说到理性的一般任务时提出，理性的动机既不源于纯粹的"获得大量知识的虚荣心"，也不源于对知识的积累，而是出于对理性"自身的需求"——一种针对理性的经验应用无法回答的问题的需求②。我们的认知能力觉察出一种比仅仅讲清楚表象更为高级的需求。（A，314；B，371）③理性具有对超越技术或工具效率的需求和兴趣④。理性的需求、兴趣、倾向以及强制性都与康德称之为"理性建筑术"的理念有关，理性将一切具体知识划分到一个假设存在的系统之下（A，832；B，860）。理性需要承担世界的可理解性以确立它在自然界中的自我定位⑤（A5，193）。康德在《何谓"在思考中定向"？》（"Was heißt sich im Denken orientieren？"）⑥中阐述了理性的这些需求。康德关注于他所称的"自我持存"（Selbsterhaltung），并区分了超感性和"空想"领域中的理性"流浪"（A 8，146，137），后者仅仅是一种"不确定的好奇心"，而前者是以主观区别为指导的，即需求情感。通过一系列概念类比，康德将这种主观的需求情感与我们感受左和右的主观区别（这种区分使我们能够在空间上定位自己）进行了比较。同样，康德认为，理性需求的主观情感在逻辑上为我们指出方向。因为"想要得到满足"，经常将我们推向经验的极限，进而走向经验的边界。在那里我们不再遇到直觉对象，而是遇到"黑夜"和"不可估量的空间"的超知觉（supersensible）。（A

---

① 我在此引用的是马克·莉拉的观点，Mark Lilla, "Kant's Theological-Political Revolution," *The Review of Metaphysics* 52, no. 2（1998）: 397–434。

② Kant, *Kritik der reinen Vernunft*, B, 21–22. 按照惯例，1787 年修订版的简写为 B，而非版本 A。

③ 同见 Kant, *Kritik der reinen Vernunft*, B, 611; *Kritik der praktischen Vernunft*, A 5, 144。其中康德提出一种源于道德律的"理性需求"（Vernunftbedürfniß）。

④ 同见 "Was heißt sich im Denken Orientieren?" A 8, 138, 139, 141, 159。

⑤ 更多关于理性的需求问题，参见 Susan Neiman, *The Unity of Reason*（Oxford: Oxford University Press, 1994）: 62–70。

⑥ 这篇文章翻译的部分改动参照 *Religion within the Bounds of Reason and Other Writings*, trans. Allen Wood and George Di Giovanni（Cambridge: Cambridge University Press, 1998）。（A

8，137）

在没有任何已知对象的情况下，理性没有客观标准，且必须以康德所称的"感觉到理性的需求"的主观区别为指导。（A 8，139）但是正如康德指出，理性无法感觉，那么它如何拥有情感呢？康德声称，理性认识到这种缺失并通过认知内驱力产生了一种需求情感，理性创造了自我需求的情感。面对这种需求和客观直觉的缺乏，康德坚持认为我们别无选择，只能试验我们试图冒险超越一切可能经验的概念，看看它是否有任何矛盾。然后，我们可以自由地将这个对象与经验对象联系起来，当然，这不会使它变得明智。这种将超感觉对象与经验对象联系在一起的行为是为我们理性的经验应用服务的。也就是说，对象不是知识的对象，而是实际应用的对象。如果理性将它作为知识的对象，我们将会只做"白日梦"而不进行思考。（A 8，137）理性需求的情感促使我们通过用原则性概念取代主观需求，以此来保护理性。因此，在思想之中给自己定位，就是趋向于理性地推理，保存理性本身并保护它远离迷信、白日梦和所有其他可能把自己强加于理性之上的退化思想形式。（A 8，145，146）

正如苏珊·梅尔德·谢尔（Susan Meld Shell）所说，对于康德而言，这种定位的最直接的应用是关于世界上事物的偶然存在的判断①。康德认为，如果没有第一个原因或聪明的创造者的假设，我们就不能解释世界面对意外情况时的目的性和秩序。为了产生对世界的判断，必须假设这些想法，它们本身没有理论价值，但可以服务于理论研究。至于理论，理性的需求是超感觉领域的"指南针"和"路标"，它通过区分"什么是可以被知道的"和"什么是有用的"来指导理性本身。理性的各种需求和利益与理性的自我持存、保留及其自身的定位相关。这种理性的自我持存对于康德来说，是一种"思考自我"（Selbstdenken）或他有时称为"教化"的东

---

① 参见 Susan Meld Shell, *The Embodiment of Reason*（Chicago: University of Chicago Press, 1996）: 197-199。

西。在文章结尾附加的一个补充脚注中，康德宣称教化必须以通过"教育"（Erziehung）个人主体为基础，个人主体开始"习惯于让年轻的头脑进行这种反思"。"独立思考"是一种特殊的教育。（A 8, 147）

1796 年，德国医生克里斯托夫·胡费兰（Christoph Hufeland，他的病人包括席勒、歌德和赫尔德）给康德写了一篇关于另一种艺术的文章，即"延长生命"的艺术。胡费兰将这篇文章收录在他的最新著作《长寿法：延寿人生的艺术》(*Makrobiotik, oder die Kunst das menschliche Leben zu verlängern*)中，在这本书里他提出了活力或生命力组织了人类的生命与健康的观点。概念基础是由胡费兰从约翰·弗里德里希·布卢门巴赫（Johann Friedrich Blumenbach）那里继承而来的生命力，可以通过外部影响被削弱、加强或维持。根据胡费兰的《长寿法》，疾病不是要被治愈，而是要通过营养学或严格的饮食和行为习惯来预防。胡费兰针对他所作的努力（正如他所说的那样，在道义上医治包括身体层面的全人类）向康德征求意见，也就是说，他希望康德能够在关于 "'道德文化'（moralische Kultur）对人类的道德与身体的完满性是否必不可少"这一问题上给出意见①。康德在回信中除了表达他对胡费兰工作的钦佩之外还写道，他打算援引《长寿法》，写出一套他自己的能够解决"心灵对其病态身体感觉的力量"问题的"营养学"理论。（A 10, 398）。

康德更为实质性的回应是他晚年的一篇论文《关于通过纯粹决议成为对病态感受的主宰力量》（"On the Power of the Mind to be Master Over its Morbid Feelings Through Sheer Resolution"），该篇论文在 1798 年 1 月发表于胡费兰的《实物药理与临床医学》(*Journal der praktischen Arzneikunde und Wundarzneikunde*)上。同年稍晚，康德将这篇论文作为《院系间的争论》(*Streit der Facultäten*)一书中的第三章发表出来。在这篇论文里，他探讨

---

① Christoph Wilhelm Hufeland, *Makrobiotik, oder die Kunst das menschliche Leben zu verlängern* (Stuttgart: Hippokrates Verlag, 1958) : 15.

了如何通过哲学方法预防疾病以及延长生命。康德和胡费兰使用营养学的希腊词源，即所谓"生活方式"或"养生术"，以此术语进行假设，认为身心关系并不是固定的，而是需要被培养与发展的。人体并非被超越，而是被整合（即使是分层次地被整合）到人类的整个系统中。康德认为，营养学的目标是在心灵和身体之间建立恰当的关系：

> 作为营养学原则的斯多葛主义，不仅仅属于实践哲学的道德原则，还属于医学上的道德原则。这是哲学的，那么只有通过自给自足的原则让人的理性力量来掌控他明智的情感，他才能决定他的生活方式①。（A 7, 100–101）

对于康德来说，围绕内外关系，理性－感觉，身体－心灵之间的规范关系，以及通过对身体的精神力量进行有组织的培养，两者组织结合成了一场微妙的人类经济活动。应当以一项原则为基础，在这种情况下，坚持和禁欲的斯多葛派原则②以及医学方法都是特定思维方式和特定生活方式的一部分。事实上，在道德界限为理性所规定的基础之上的医学甚至可以是哲学的。这种原则性的方法将确定人们的生活方式以及人们如何指导自我行为。营养学作为一种以哲学为基础的医学技术，将成为实践哲学的一部分，因为它的终极关切是促进人类的终结，而非规则的阐述。

在接下来的几节中，我将详细讨论伊恩·亨特（Ian Hunter）最近称的康德式的"知性"，以及在皮埃尔·阿多（Pierre Hadot）作为一种生活

---

① 原文为：Der Stoicism als Princip der Diätetik（sustine et abstine）gehört also nicht bloß zur praktischen Philosophie als Tugendlehre, sondern auch zu ihr als Heilkunde. Diese ist alsdann philosophisch, wenn bloß die Macht der Vernunft im Menschen, über seine sinnliche Gefühle durch einen sich selbst gegebenen Grundsatz Meister zu sein, die Lebensweise bestimmt。

② 康德在其他地方把这一原则称为"情感的节制"（moderation of affect），它命令人们"忍受并使自己习惯于忍受"。（A 9, 486）

方式的哲学概念的更广泛传统中考虑康德的道德哲学[①]。特别是，我想把康德关于哲学医学或实用营养学的概念加诸他的伦理学之中，更确切地说，是它的情感之所在。我想建议康德在他的《实践理性批判》中提供一个饮食制度，旨在防止病态的主观性或他称之为唯我主义的东西。正如我们将看到的，康德的实用营养学假设了一种他所认为的人类倾向的现代性腐败的批判。面对现代的倾向，康德勾勒出一种实用营养学，通过培养道德情感来培养道德主体——也就是说，他的实用营养学能纠正这种腐败。但是，这种道德规范与其在更大的人类经济中所处的位置的改变相比，对情感的消除作用更少。根据康德的营养学，人类看起来是两种截然不同的系统的统一体系：心灵和身体。康德的道德养生方式培养了作为道德存在的必要且不可或缺的要素的特殊情感。我们将会看到，所有的道德行为都需要感觉（feeling）。感觉并不是简单地承受外部世界的影响或表现出根本的被动。相反，感觉对于康德所说的"健康的理性"（gesunde Vernunft）是必不可少的，这是一种可以自我持存的理性。（A 8，140）而这种理性的持存与理性的复杂感受密切相关。对于康德来说，理由不仅是立法，它也需要、感觉、遭受。它不仅规范身体，而且规范自身。最后，理性的欲望、尊重的感觉以及实用营养学将向我们展示一个启蒙理性，它更多地关注自身，而非关心认识世界、将世界理论化或认知世界。有规范的理性是一种具体化的理性，是一种与特定人类和特定实践相联系的理性。对于康德而言，最重要的规范实践涉及道德情感的训练和培养及其在经济伦理中的地位。

[①] 我非常感谢伊恩·亨特根据《道德形而上学的奠基》提出的有关道德训练的观点。我将他的观点延伸到对《实践理性批判》的分析里。参见 Ian Hunter, "The Morals of Metaphyisics: Kant's *Groundwork* as Intellectual Paideia,"; Pierre Hadot, *Philosophy as a Way of Life: Spiritual Exercises from Socrates to Foucault*, trans. Michael Chase（Oxford: Oxford University Press, 1995）; Paul Rabbow, *Seelenführung: Methodik der Exercitien in der Antike*（Munich: Kösel-Verlag, 1954）。

道德激励

康德关于道德律及与其相适应的感受、尊重的讨论,不仅是理性自我关照的重要范例,也是他更广泛意义上的经济伦理中的感觉所在的重要范例①。对于康德来说,道德律无非就是纯粹实践理性的自主性,也就是所谓自由。早在《实践理性批判》中,他就声称道德律的意识是"理性的独特事实",即一种"强迫我们自身"的事实。(A 5, 31)道德律不能从先前的数据、经验的或智力的直觉中推论出来,也不能通过理性来解决,它只能以其独特的真实性得到认可。道德律自我声明,然而这种声明的起源仍是未知的。它只是我们自然构造中的一部分。康德对道德律的绝对真实性的坚持使得许多评论家受到冲击,至少让他们觉得很奇怪。黑格尔将它和它的绝对性质嘲讽为一种"冷酷的责任,我们胃中最后一块未消化的木块,一场对理性的揭露"②,而阿多诺则将它的"给定性"讽称为"致盲与无理性"。③

然而,正如迪特尔·亨里希(Dieter Henrich)所说的那样,这样的反驳往往忽略了康德所要处理的重要问题:普遍的正式律令如何具有主观效应或激励力量,以及是否存在与道德律相对应的特定主体模式?尽管康德坚持认为,"一切道德价值的本质"是道德律对于意愿的无中介决定的一种功能(A 5, 71),但是道德激励问题仍使这个问题变得非常复杂。什么

---

① 虽然关于康德道德激励的一般性研究很多,但关于道德情感和尊重的研究却大多是零散的。参见 Henry Allison, *Kant's Theory of Freedom*(Cambridge: Cambridge University Press, 1990): 120-128; Karl Ameriks, "Kant und das Problem der moralischen Motivation," in *Kants Ethik*, ed. K. Ameriks and D. Sturma(Paderborn: Menthis, 2004): 97-116; Peter Fenves, *A Peculiar Fate*(Ithaca: Cornell University Press, 1991): 221-235; A. Murray MacBeath, "Kant on Moral Feeling," *Kant-Studien* 64(1973): 283-314; William Sokoloff, "Kant and the Paradox of Respect," *American Journal of Political Science* 45, no. 4(2001): 768-779。

② Qtd. in Dieter Henrich, "The Concept of Moral Insight," trans. Manfred Kuehn, *The Unity of Reason*, eds. Dieter Henrich and Richard L. Velkley(Cambridge: Harvard University Press, 1994): 69; Dieter Henrich, *Selbstverhältnisse*(Stuttgart: Reclam, 1982): 6-56。

③ Theodor W. Adorno, *Negative Dialektik*(Frankfurt am Main: Suhrkamp, 1973): 258。

样的接受模式可以既主观有效，又不损害道德律的直接性？① 所谓的道德理念，如沙夫茨伯里和哈奇森的道德理念，预设了一种使道德判断成为可能的道德感。尽管哈奇森和康德都怀疑道德规范最终在理论上能否成为基础，但康德坚持认为，道德律不能成为感官的对象，从而回避了关于如何在主观上接受道德律的问题。（A 5, 28）道德律的客观性与有限的人的主观性在何时何处能够相交？道德律的形式在什么时候能与特定的生活形式相交？在《实践理性批判》一书里"关于纯粹实践理性的激励"这个非常困难的章节中，康德明确地解决了这些问题。在这里，康德研究了关于道德激励是什么——至少在他阅读卢梭和哈奇森② 之后，这个问题就占据了他的脑海——通过研究一个"意志决心的理由"，抑或他称之为动机的东西。阿德隆（Adelung）在他18世纪的词库中将动机定义为一个"将机器各部分设置为运动状态的弹簧"。③ 于是，驱动性弹簧就类似地将有限的人类设定为行动状态。康德的"动机"即是一切行动的主观条件。

然而，关于道德激励的讨论只有在尊重有限存在时才有意义——也就是说，道德激励问题重申了康德将道德建立在一个有限的个人身上的事实，而这个个人的理性尚未存在符合道德律的客观必要性。康德伦理学的主体是有限的个人，有限的个人的理性本质需要一种激励，一种使其能够接受道德律的动力。道德律与有限的个人之间的这种明确区分，通过假定的道德主体与神圣意志的比较来证实。我们可以想象一个行为总是出于道德律且并不将道德律视为一种必要的无限理性人，这样的人不需要按照道

---

① 阿甘本也提出了类似的问题，但他坚称和康德的道德律没有交叉点。参见 Giorgio Agamben, *Homo Sacer: Sovereign and Bare Life*, trans. Daniel Heller-Roazen（Palo Alto: Stanford University Press, 1998）: 51-54。

② 关于康德和所谓道德意义上的哲学家们，参见 Dieter Henrich, "Hutcheson und Kant," *Kant-Studien* 49（1957/58）: 49-69; Ina Goy, "Immanuel Kant über das moralische Gefühl der Achtung," *Zeitschrift für philosophische Forschung* 61, no. 3（2007）: 337-360。

③ Adelung, *Lexika*, s.v. "Triebfeder," accessed July 20, 2008, http://mdz.bib-bvb.de:80/digbib/lexika/adelung/text/。

德律行事的动机,因为这个人首先与道德律没有差别。相比之下,那些将可理解的与可感的二者区分开来的有限个人需要道德激励。道德律虽然不可思议,但不能保持绝对正式。由于康德坚持认为道德律必须立即做出判断,以使行为具有道德价值,所以这种激励只有一种可能的起源:道德律本身。对于康德来说,道德律必须同时是作出判断的客观与主观依据。为了符合康德关于真正的道德价值的标准,他所声称的"所有道德价值的本质",即道德律必须既客观地约束——普遍的和必要的——又主观地强制。(A 5,71)

为了确立真正道德价值的概念可能性,康德必须设想一种可以调和这两个要求的道德激励。正如我们所看到的,它不可能是经验的或知性的直觉,也不可能类似于卢梭的怜悯心或哈奇森及沙夫茨伯里的道德感。那么这是一种什么激励?普遍的道德律如何影响主观反应?这些问题的提出本身就是关键,因为它们暗示着一种对理性的主观需求。它们重申康德个人的主张,即正式、普遍的道德律需要一种主观的刺激来激励那些符合道德律的行为,然而,这种交叉不能完全理论化。康德写道,这是一个"不解之谜",因而他接着说:"我们不必展示道德律在何处产生了道德激励,而是……(说明)它在心灵之中起到了什么作用。"(A 5,72)知道道德律在理论上的不可能性意味着我们只能"表明"其作用。这种理论上的失败——一种在《纯粹理性批判》和《道德形而上学的奠基》中已经被承认的失败——意味着我们应该关注追求理性本身的效用。我们只能表明"理性的特殊事实"的效用,而永远不可能知道道德律的起源或纯粹的理性如何成为现实。关于道德律与其主观效应的交叉问题是索引性的,在整个《实践理性批判》中,这种关联构建了自我与道德律的关系。我们也无法认识道德律,我们只能承认它的影响以及我们必须服从它的事实。① 但是这种承认如何

---

① 在《道德形而上学的奠基》中,康德写道,我们必须"承认"(erkennen)我们受制于这种绝对命令(A 4,454)。

可能呢？对于像沙夫茨伯里和哈奇森这样的哲学家而言，这种承认基于道德感——一个旨在解决与意志本身相关的纯粹理性的善的概念的失败概念。我们用康德的道德来描述情感的瞬间，即是对这种见解持肯定态度的部分体现。尽管道德律完全独立于"明智的敦促"，但仍然存在一种激励的需求，一种因为无法推导出道德律而产生的需求。

康德的经济伦理学与情感偶然性

康德在他的《实用人类学》一书中将情感与"感性"（Sinnlichkeit）联系起来，它们与心灵的联系是"被动的"且以"接受性"（receptivity）为特征。感受会受到影响。① 相反，思想与心灵的关系是"积极的"。（A 7, 140）在《实践理性批判》中，康德写道，所有的感觉都会在它们最激烈的时刻产生影响——也就是说，感觉是短暂的刺激时刻。起初，它们产生刺激，但随后它们让心跳回到"懒散"（Mattigkeit）。（A 5, 147）尽管警惕着卢梭所言的"内在的光"（lumières intérieures）的危险，康德坚持认为，某些情感不仅在个人内部，而且在道德主体之间都是短暂的和偶然的。感知的偶然性和情感的被动性或者更广泛的倾向，根据康德的论点，即以它们为基础的经济伦理与一种单纯的机制无异："只要人类的本性保持现状，人类的行为也会变成单纯的机制，就像在木偶戏中一切都表现得很好，但在这些人物中却找不到生命。"（A 5, 147）② 如果允许我们的倾向决定我们的行为，那么我们就只是傀儡。我们受约束，因而被我们倾向不断变化和偶然的刺

---

① 康德区分了两种感官。"内在的"或主观的感官体验是一种愉悦或不悦的感受，通过这种感受，主体感到自己被"维持或抵制这种表现的状态"所左右（A 7, 153）。"外在的"或客观的感官体验是另一种感受，主体受到"物质对象"的影响。在《判断力批判》中，康德对"客观感受"和"主观感受"进行了更清晰的区分，并提出"Gefühl"只适用于后一种情况（A 5, 206）。

② 原文为：Das Verhalten der Menschen, so lange ihre Natur, wie sie jetzt ist, bliebe, würde also in einen bloßen Mechanismus verwandelt werden, wo, wie im Marionettenspiel, alles gut gestikulieren, aber in den Figuren doch kein Leben anzutreffen sein würde。

激所决定。

康德声称情感是偶然的也意味着其他东西。情感不仅仅是"自然的"或固定的，它们在社会和历史上是偶然的。康德限制了他对情感倾向和情感的批判，因为它们在"我们的时代"中显而易见，他表示他关注特定类型的倾向。"只要人性保持现状"，人类将继续服从刺激的偶然性。他的批评不仅仅是对情动和情感本身的摒弃，这是一种基于对他认为是偶然性的不信任。在他的批评的中心是他所认为的，为了对心灵产生影响，当代倾向于要求"屈服、软心肠的情感"，而不是"更合适的、干巴巴和严肃的责任"。(A 5, 157)情感和倾向的形态与类型各不相同，因此，对于康德而言，它们受到腐败的影响。正是由于它们的偶然性，情感和倾向受制于理性的刺激。感受(feelings)可以被改变，它们可以被刺激和产生。因此，康德对自我锻炼情感的要求不是对本体论或原始心理学的要求，而是对感觉(sensation)产生的技术的要求。他对情感(affection)偶然性的整个批评同时也是对它们可以被改变的承认。正如艾伦·伍德(Allen Wood)最近所说的那样，康德臭名昭著的对倾向的不信任是一种对"在一定限度内，我们的本性已经被社会所塑造"的倾向的不信任。① 而倾向本身没有任何错误或"罪恶"。只有在社会之中，它们才会变成罪恶。借用卢梭的"自恋"(amour propre)理论，康德称这种人性的社会畸形为"非社会的社会性"(ungesellige Geselligkeit)，并且在《实践理性批判》中，称其为自负和骄傲。像卢梭一样，康德将我们的社会状况归因于骄傲的发展，甚至是激进罪恶的倾向。如果人类为他的"危险"境况寻找"因果和情况"，他"可以轻易地说服自己，他们不是从自己的本性出发"，而是"从站在关系和联系中的人类"出发：

> 自然的煽动不是引起应该被恰当称为激情的东西，激情在它最

---

① Allen E. Wood, *Kantian Ethics* (Cambridge: Cambridge Univ. Press, 2008): 5. 下文中简写为 *KE*。

初好的倾向中造成如此巨大的破坏……嫉妒、对权力上瘾、贪婪以及与这些有关的恶性倾向，只要他是其他人类，就会攻击自己的本性，而这种本性对自身要求并不严格……他们会相互腐蚀彼此的道德倾向，使彼此变得邪恶。① （A6，93-94）

在此，康德在《单纯理性限度内的宗教》（Religion innerhalb der Grenzen der bloßen Vernunft）中重申了他的主张，即情感和倾向是伦理学的不充分理由，因为它们在历史上是偶然的，因而是不可预测的。在《实践理性批判》中，康德一度将生活定义为一种"根据欲望能力的规律行事"的能力。（A5，9）在这样做时，他将偶然性和生命的机制与某种形式的普遍必然性联系起来。他将生活与自由结合起来，同时将机制与他律联系起来。正如他所说，一致性（Konsequent zu sein）是哲学家的最高义务（A5，23）。这就是倾向与原则之间的明确区别：正如我们将要看到的，康德的道德情感——尊重——从理性本身中产生，因此与明智的倾向截然不同。

对于康德来说，以倾向为基础的经济伦理学不仅仅是他律的。康德对特定经济伦理学的正常化表明某些主观性的形式——与自我相关的某些方式——实际上是病态的。例如，将主观判断依据转变为客观的倾向是病态的，因为它表明了自我与道德律之间的畸形关系。（A5，74）它表明了对道德律之声的置若罔闻以及对其激励的麻木。在《实践理性批判》中，康德对"病态"（pathological）一词的使用，让"生病"（sick）一词显得黯

---

① 原文为：Wenn er sich nach den Ursachen und Umständen umsieht...... so kann er sich leicht überzeugen, daß sie ihm nicht sowohl von seiner eigenen rohen Natur...... sondern von Menschen kommen, zu denen er in Verhältniß oder Verbindung steht. Nicht durch die Anreize der ersteren werden die eigentlich so zu benennende Leidenschaften in ihm rege......Der Neid, die Herrschsucht, die Habsucht und die damit verbundenen feindseligen Neigungen bestürmen alsbald seine an sich genügsame Natur, wenn er unter Menschen ist...... es ist genug, daß sie da sind, daß sie ihn umgeben, und daß sie Menschen sind, um einander wechselseitig in ihrer moralischen Anlage zu verderben und sich einander böße zu machen。

然失色，并且意味着主观性。(A5, 79)他附带说明道，那只是主观上被影响的东西是病态的。纯粹的主观是疾病的根源和反常的经济伦理。在18世纪的《康德批判哲学词典》中，G. S. A. 梅林（G. S. A. Mellin）将依赖于感觉性（sensibility）的"病态"定义为"感性"。从希腊语中的病理学或由"疾苦"（Leiden）为词根组成的词语来看，在历史上病理学和感性一直被混为一谈，因为两者都表示接受性。从实践的角度来看，自我是由病态决定的，例如，当它允许自我被恐惧或希望决定时。梅林通过扩展病态与道德律的关系，突出了康德经济伦理学的一个特殊要素：

> 道德律对我们情感的影响是病态的，因为它唤醒了我们一种不愉快的感觉，即我们应该把感性的愿望置于道德律之下。每一个影响我们情感的因素都唤醒了我们的痛苦，我们感到一种愉快或不愉快的感觉，这是一种普遍并且是病态的痛苦。①

康德经济伦理学的讽刺之处在于，它是以一种本身就是病态的东西，即尊重感，来打断一种以病态的主观性为基础的东西。在配置病态／主观／感性时，我们可以观察到康德伦理学如何更少关注感性的消除，更多地关注保持适当的感性／理性经济——也就是说，病理学在身体中表现得不是很多，它更多表现在一种异乎寻常的思想中，即一种将道德决心从属于主观依据的思想。正如康德在《单纯理性限度内的宗教》中所说的那样，激进的罪恶不是身体或感性的腐败，而是理性本身的失败，即采用表明自我与道德律，乃至自我与自我之间的异常关系的错误原则的失败。道德体系中

---

① 原文为：So ist die Wirkung des moralischen Gesetzes auf unser Gefühl pathologisch, denn es erweckt in uns das Gefühl der Unannehmlichkeit darüber dass wir unsre sinnlichen Wünschen dem Gesetz nachsetzen sollen. Aller Einfluss auf das Gefühl erweckt ein Leiden, wir fühlen ein angenehmes oder unangenehmes Gefühl, welches etwas Leidendes ist, wie jedes Gefühl überhaupt, also pathologisch. 参见 G. S. A. Mellin, *Encyclopädisches Wörterbuch der kritischen Philosophie*, s.v. "Pathological," vol. 4（Jena und Leipzig, 1801; repr., Aalen: Scientia Verlag, 1971）: 515–516。

的一切都是为了征求、创造和灌输一种让人意识到病态唯我论的不安,然后转向一种思想与身体之间的经济伦理学或规范化关系。

作为道德情感的尊重

虽然康德的经济伦理学似乎是围绕道德律的直接性进行构造的,但他关于道德激励的章节却表明这种假设的直接性是多么复杂。康德详细解释了道德律如何通过复杂的主观效果影响其自身的认知。道德律通过制造痛苦、羞辱和最终的尊重来激励有限的人。它通过制造一种主观有效的情感综合体来构建经济伦理学,这种综合体开始于并且最初被自我感觉为断绝感性的痛苦:

> 通过道德律对所有意志决定的本质是:作为一种自由意志,因而没有理智驱动的协作;但即使拒绝所有这些,并且在可能违背道德律的情况下中断所有倾向,它也完全只由道德律所决定。到目前为止,道德律作为激励的效果只是消极的,并且就其本身而言这种激励可以被先验地认识到。所有的倾向和每一个明智的驱动都是基于情感,并且对情感的负面影响(通过其发生在倾向中的中断)就是情感本身。因此,我们可以先验地看出,道德律作为意志决定的基础,通过挫败我们所有的倾向,必须产生一种可以被称为痛苦的情感。在这里我们现在有第一个,也许是唯一的情况,在其中我们可以从先验概念中确定认知(这里是纯粹实践理性的认知)与快乐或痛苦的情感的关系。①(A 5,72–73)

---

① 原文为:Das Wesentliche aller Bestimmung des Willens durchs sittliche Gesetz ist: daß er als freier Wille, mithin nicht bloß ohne Mitwirkung sinnlicher Antriebe, sondern selbst mit Abweisung aller derselben, und mit Abbruch aller Neigungen, so fern sie jenem Gesetze zuwider sein könnten, bloß durchs Gesetz bestimmt werde. So weit ist also die Wirkung des moralischen Gesetzes als Triebfeder nur negativ,(转下页)

理性看起来似乎并非它所表现的那样：理性表现为一种情感。康德称这种情况为"隐匿真相"或"外观错误"，即自我意识中的视觉幻象。我们采取道德激励来形成一种"明智的冲动，因为它总是发生在所谓的感官幻觉中"（A 5，117）。这种超验幻觉是一种交叉。在这种交叉中，自我将超感性作为感官的对象。道德律被视为一种情感。

然而，理性产生情感，这是什么意思？一方面，康德说所有的感觉都是感官层面的，因此由自然的因果关系所决定；但另一方面，他说尊重是一种由理性所招致的情感。（A5，76）康德声称，道德情感，是非凡的且是人类认识到先验的唯一感觉，而且我们可以想到它的必要性（A 5，73）。在《道德形而上学的奠基》的一个脚注中，康德已经讨论过作为情感的尊重的特殊地位：

> 有人也许会反对说，在尊重这个词的背后，我只是以一种模糊的情感寻求庇护，而不是通过理性概念明确地解决问题。但是，虽然尊重是一种情感，但它不是通过影响力获得的；相反，它是一种通过理性概念自我锻炼而获得的情感，因此与一切可以减退为倾向或恐惧的第一种情感都截然不同。我立刻认识到对我而言作为一项律令，我以尊重的态度去认识它，这意味着纯粹意识到我的意志从属于道德律而不受我感官上其他影响的调解。通过道德律和意识到这一点意志的情感立即确定被称为尊重。因此这被视为道德律对主体的影响，而不

（接上页）und als solche kann diese Triebfeder a priori erkannt werden. Denn alle Neigung und jeder sinnliche Antrieb ist auf Gefühl gegründet, und die negative Wirkung aufs Gefühl（durch Abbruch, der den Neigungen geschieht）ist selbst Gefühl. Folglich können wir a priori einsehen, daß das moralische Gesetz als Bestimmungsgrund des Willens dadurch, daß es allen unseren Neigungen Eintrag tut, ein Gefühl bewirken müsse, welches Schmerz genannt werden kann, und hier haben wir nun den ersten, vielleicht auch einzigen Fall, da wir aus Begriffen a priori das Verhältnis eines Erkenntnisses（hier ist es einer reinen praktischen Vernunft）zum Gefühl der Lust oder Unlust bestimmen können。

是道德律的起因。①（A 4，402）

这段话强调了作为一种情感的尊重的双重性质。尊重是一种情感，但与众不同。与那些作为外在刺激产物的情感不同，尊重是自我锻炼或由理性产生的。尊重是道德律的结果。可以说，尊重是理性变得切实可行的副产品。作为道德律的结果，尊重是理性的产物，但尊重也类似于情感。正是在理性与情感的类比关系中，我们可以注意到作为一种情感的尊重的特殊性和通用地位。索科洛夫（Sokoloff）提出了同样的观点。②

虽然尊重是道德律和自我锻炼的结果，但它的作用就如同情感。就其效果而言，它类似于收费。这种关系重申了这样一个事实：对于康德来说，人"永远不能完全摆脱欲望和倾向"，但这种情感也是他经济伦理学中必不可少的元素。（A 5，84）尊重并没有为康德留有地位。为了保持道德主体的纯粹性，它必须是一种理性自我锻造的产物，但为了对有限的人产生影响，它必须起到感性的类似物的作用。它必须模仿感性的病态。虽然它模仿这种病态，但尊重本身并不是感伤或我们经历的某种悲惨遭遇。这就是康德尊重观念的特点：它是一种积极的自我情感。这是一种"接受性"，一种通过理性自我影响的被动性。道德律既不能消除也不能超越感性；它必须通过它。

G.S.A. 梅林以三种方式区分尊重和其他情感：第一，尊重的起源是先验的，而其他情感的起源是后验的；我们先验地知道，道德律的概念会提

---

① 原文为：Man könnte mich vorwerfen, als suchte ich hinter dem Worte Achtung nur Zuflucht in dunklelen Gefühle, anstatt durch einen Begriff der Vernunft in der Frage deutliche Auskunft zu geben. Allein wenn Achtung gleich ein Gefühl ist, so ist es doch kein durch Einfluß empfangenes, sondern durch einen Vernunftbegriff selbstgewirktes Gefühl und daher von allen Gefühlen der ersteren Art, die sich auf Neigung oder Furcht bringen lassen, spezifisch unterschieden. Was ich unmittelbar als Gesetz für mich erkenne, erkenne ich mit Achtung, welche bloß das Bewußtsein der Unterordnung meines Willens unter einem Gesetz, ohne Vermittelung anderer Einflüsse auf meinen Sinn, bedeutet.

② 参见 William Sokoloff, "Kant and the Paradox of Respect," 771。

供一种能够抵消所有倾向的情感。其次，所有的情感都是通过我们的倾向来调节的；倾向和其他情感的对象都是我们感官的对象，而尊重的对象是道德律，它不是我们感官的对象。第三，所有其他情感都可以被认知，而尊重道德律是"不可思议的"；我们无法理解道德律如何能够治理欲望，然而我们可以设想一个对象，例如饥饿。① 两种因素融合在一起的尊重感：道德律的不可理解性和尊重的价值。因为道德律是不可思议的，所以它只能作为尊重的对象来呈现。我们不会像其他类型的情感一样遭遇尊重。此外，尊重不仅表明或指向道德律，它承认它是值得关注的东西，值得我们从属的东西。这两个要素——尊重对象的取向和特定的承认——构成了主体与道德律的独特关系。由于情感或倾向通常被理解为与外部对象有关，因此尊重与道德律的关系是一种不同的情感，因为它是自我与自我的关系。 然而，正如彼得·芬沃思指出的那样，这是对象（道德律）与其情感（尊重）之间的必要关系。它是以理性为基础的必需品。② 因此，任何其他不依赖于这种必要关系的关系都会被打垮。对于康德而言，尊重是对道德律的一种特殊和必要的行为、一种承认的态度：

在纯粹的道德律被剥夺所有优势的无限尊重中有一些独特的东西——作为实践理性，其声音甚至使最大胆的恶人颤抖，并迫使他躲避视线，将它呈现给我们服从——一个人无法对这种纯粹的知性想法因投机理性而感觉费解的影响感到惊讶。③（A 5，80）

---

① G. S. A. Mellin, *Encyclopädisches Wörterbuch*, s.v. "Respect," vol. 1, 52–53.
② Peter Fenves, *A Peculiar Fate*, 226.
③ 原文为：Es liegt so etwas Besonderes in der grenzlosen Hochschätzung des reinen, von allem Vorteil entblößten, moralischen Gesetzes, so wie es praktische Vernunft uns zur Befolgung vorstellt, deren Stimme auch den kühnsten Frevler zittern macht, und ihn nötigt, sich vor seinem Anblicke zu verbergen: daß man sich nicht wundern darf, diesen Einfluß einer bloß intellektuellen Idee aufs Gefühl für speculative Vernunft unergründlich zu finden......

在其宏伟中，道德律会产生一种复杂的道德情感，而这种道德情感并没有提供对道德律本身的概念性洞察力；它只需要一种崇敬和尊重的态度。

作为有限的人类，我们需要道德律，通过情感去把握它表层的捷径。康德写道，理性对这种情感的影响"应该被培养"：

> 通过纯粹的理性道德律直接决定行动，这在人性中是非常崇高的事情，甚至是在意志的这种知性确定性的主观因素之中的幻想，也被认为是感性的，是参与这种崇高的特殊感官情感（一种自相矛盾的知性的情感）的结果。指出我们的个性品质并尽可能地培养理性对这种情感的影响是非常重要的。① （A5，117）

这种错觉、这种错误——作为情感的理性的呈现——是必须培养的崇高的一部分。康德认为必须培养作为情感的理性的呈现的观点，将他对道德律与尊重之间必要关系的更为根本的主张放置在了新的视野中。道德律是一个必要的尊重对象吗？培养理性对这种情感的影响意味着什么呢？这种必要的关系在什么时候成为一个由理性给出规范的关系？

尊重与经济伦理学

在康德关于经济伦理学中尊重的地位的详细讨论中，我们可以观察到这种必要性如何成了规范性力量。康德假定对道德律有三重心理反应：首先，他认为我们会抵制道德律及其对道德纯粹的要求。其次，他假设我们

---

① 原文为：Es ist etwas sehr Erhabenes in der menschlichen Natur, unmittelbar durch ein reines Vernunftgesetz zu Handlungen bestimmt zu werden, und sogar die Täuschung, das Subjektive dieser intellektuellen Bestimmbarkeit des Willens für etwas Ästhetisches und Wirkung eines besondern sinnlichen Gefühls (denn ein intellektuelles ware ein Widerspruch) zu halten. Es ist auch von großer Wichtigkeit, auf diese Eigenschaft unserer Persönlichkeit aufmerksam zu machen, und die Wirkung der Vernunft auf dieses Gefühl bestmöglichst zu kultivieren。

将经历这种痛苦的抵抗，因为道德律将打垮我们的骄傲（Eigendunkel）。最后，我们将体验到羞辱或"知性蔑视"。（A 5, 75）道德律的最初效果是消极的——它拒绝并打破所有倾向。它的中断本身就是情感，因此也是感性的。通过限制和规定感性，负面情感阻碍了倾向。康德把这种消极的情感称为"痛苦"，因为它阻止了明智的冲动并打破了它们。道德律的暴力对我们的自豪的反对——对我们自足的自豪感——将抹黑人类的"动物"一面。在打击骄傲时，道德律将打破自我与自我的特定关系。道德律所造成的痛苦会打断由倾向驱动的自我经济。它打断了人类的活力。（A 5, 23）康德称这种倾向经济为唯我论（A 5, 73），因为它是完全自我指涉的。作为情感的道德律打断了倾向的循环性，从而中断了它的自我指涉倾向。道德律的主观影响则是通过在其循环结构中插入一个间隙来改变经济伦理学。

康德确定了两种形式的唯我论，或者我们可以称之为自我关系：自爱（Eigenliebe），也被称为对自己的仁慈（Philautia），以及自负、傲慢、骄傲。虽然道德律只是限制了自爱，但它"打倒了"骄傲。道德律规定了自我与倾向之间的经济——也就是说，它规范了自我与自我的关系。它对骄傲的规定特别暴力，因为骄傲是自负的，康德将其定义为在遵守道德律之前的自尊。骄傲仅指自我。道德律通过使自我接受与自身截然不同和完全相同的东西来中断这种循环：道德律。道德律的不可理解性和绝对差异性中断了倾向的自我指涉。然而，这种经济伦理学并没有被简单地打倒。通过产生"积极的情感"，它也可以使积极的规定或自我与道德律的关系成为可能。康德坚持认为，通过贬低骄傲，道德律本身就成了"最大尊重"的对象。（A 5, 73）我们尊重那些痛苦和羞辱的东西，因为它引发了对道德律的承认，从而带来了我们可能的自由。道德律的暴力行为会产生一种尊重感。这种复杂的情感——痛苦、羞辱、尊重——对于康德来说，是道德情感。

通过这种复杂的道德情感，道德律正确地规范了经济伦理学。然而，对道德律的承认不是对道德律的认识，而是对我们腐败人性的承认。道德律迫使我们将我们的感官本质与道德律的假设纯度进行比较,这种比较强调了削弱我们骄傲的羞辱性的差距。因此,康德的基本假设和规范主张是,我们实际上会被他所宣称的我们有限的理性自我的非巧合和道德律的纯粹性所羞辱:"道德律必将羞辱每一个人,当他将他天性中的感性倾向与它(道德律)进行比较。"(A 5,74)这种屈辱的承认不仅取决于道德纯粹的标准化形象,而且取决于人性的标准化形象。道德纯粹的形象及其对有限人类的隐含反形象给康德的伦理学带来了规范性的影响,这种影响意味着不安。道德律中"什么是必不可少的"或真实地被定义为与康德所认为的人类意志的腐败相反,这种意志需要以规范的经济伦理学的形式进行理性的纠正工作。对于康德来说,正如艾伦·伍德所说,道德"基本上是对人类状况的回应",这种回应已经从自然的人类的善中分离了。康德关于道德的善的主张中嵌入的是一种基本的社会批判。(KE,5-7)对于康德而言,只有普遍的理性接触才能纠正人类的经济伦理学。然而,这种纠正是通过中断道德败坏的唯我论的明智的效用来实现的。通过改变人类的经济伦理学,这种明智的效用改变了自我与道德律的关系,从而改变了自身。戏剧性的是这种改变是通过一种模范式对比来实现的,在这种对比中,主体面对他自身的腐败并因此受到羞辱。这种自我"唤醒"的羞辱和削弱尊重道德律作为这种羞辱的媒介或缘由。因此,作为激励,道德律通过影响情感来影响主体的感性。然而,这种情感不能超越道德律。激励对情感有影响,但它本身没有任何明智的条件。(A 5,75)康德坚持认为,它在起源上并不是病态的。正如我们已经注意到的那样,康德称这种积极的情感是尊重。作为"注意"的名义形式,受道德律影响的情感是对道德律本身的一种积极的"关注"。这个词汇结合了尊重的两个要素:羞辱的负面痛苦和由此产生的积极倾向。① 尊重是"无论我们愿不愿意,我们都

---

① 更多关于尊重和羞辱的关系问题,参见 Paul Saurette, *The Kantian Imperative: Humiliation, Common Sense, Politics*(Toronto: University of Toronto Press, 2005):122。

不能拒绝向（道德）致敬的礼物"（A 5, 77）；这绝对是必要的，或者，正如我在这里建议的那样，从根本上说是规范性的。对于康德来说，尊重源于我们对道德律意志的自由服从（Unterwerfung）的意识。（A 5, 80）作为一种情感，尊重是一种意识，至少在某种程度上是认知。我们可以说，这是一种认知情感。所有病态的东西都会受到感官对象以及因此我们可以认识的某种事物影响。相反，尊重源于我们无法通过直觉或理解的范畴所知道的事物。它起源于理性的因果关系。（A 5, 80）它是一种活动的意识，而不是一种状态。

正如我们所观察到的那样，经济伦理学并没有消除情感。事实上，我们可以将道德律的影响，即倾向的减损和随之而来的尊重的产生，看作一种插入经济伦理学的情感，虽然插入的是一种非常独特的道德情感。事实上，康德暗示尊重是一种更强大的情感。① 它盖过了诸如快乐和恐惧的纯粹倾向和情感。它就像是一种二阶的情感在起作用，这种二阶情感即一种通过超越纯粹倾向来建立权威的情感。作为一种情感的尊重的特点在"敬畏"这个词的多阶内涵中尤为明显。它不仅意味着尊重，而且意味着警告和权威的必要性，如同敬畏！它传达了一种势在必行的力量。我们可以在康德自己关于道德冷漠的评论中注意到这一点，他坚持认为这不是"一种关于选择对象的情感缺失或主观的漠不关心"。相反，道德冷漠是一种状态，在这种状态下，"感官印象产生的情感会失去对道德情感的影响，这仅仅是因为对道德律的尊重比所有这些情感加起来都更强大"。（A 6, 408）② 道德冷漠是不可控的作用的缺失，而不是普遍的情感的缺失。（KE, 147）情感，在这种情况下亦即尊重，在经济伦理学中扮演着重要角色，正如康德在这里所说的，它是一种关切保持"内心的平和"的经济，而"内心的平和"是"道德生活中的健康状态"。（A 6, 409）虽然康德从来没有

---

① 亨利·阿利森在此文中提出了相似看法：Henry Allison, *Kant's Theory of Freedom*（Cambridge: Cambridge University Press, 1990）: 126。

② 我将这一见解归功于 Saurette, *The Kantian Imperative*, 96。

明确地说明这一点，但具有讽刺意味的是，这种情感使他在经济伦理学中其他地方所谓的"内在的休息"成为可能。（A 5，88）一种情感使伦理均衡成为可能。

道德的约束

对于康德来说，尊重感并不具有表现力——也就是说，它并不在已有自信的主体中预先表现什么。虽然感知代表了对象的性质，但康德写道，尊重感是"更激进和纯粹的主观关系""是我们内心的变异"。（A 5，126）尊重并不表示一种预先存在的关系；相反，它通过理性标志着主观关系对道德律的刺激和变异。尊重标志着理性对自我道德培养的最高点。尊重感不仅标志着其他事物正在影响我们，而且标志着内在与外在的交叉点。类似于理性的感觉需要，正如我们关于"什么是思想导向？"的讨论，尊重感使主体以道德律为参照。它是一个路标或指南针，通过这个路标，主体能够以道德律之下的正确或规范化的关系进行自我定位，并且作为路标，它是一种道德律的意识。（KE，36）然而，路标总是指向别的东西；它们不仅指示方向，而且表明区别。

正如我们已经注意到的那样，康德假设了我们作为一个具有感官上的倾向有限的人与作为一个能够决定自我意志的合理的存在之间的非巧合。人们可以想象一个总是依据道德律行事，且并不认为道德律是对他施压的命令的无限理性的人。只有像演员一样，将道德律视为一种负担的有限的人才会和他的感官倾向冲突，康德正是将这种有限的人当作他伦理学的起点。从人类的有限性的角度来看，康德谈到了"道德素质的水平"，这一语言暗示了道德主体可发展的——并且是我希望展示的——可训练性的方面。态度或脾性不是指行事者的属性或品质，而是指其行事的动机。不同于作为"行事者的长期属性"的美德，脾性是指行事者与某种原则的关系（KE，149）。脾性可以随好坏而改变。康德认为，由于我们感官和理性的自我之间并非巧合，有限的人必须受到规范化的经济伦理学的约束。人类需要一种经济伦理学，即"在道德上教化"他们。(KE, 85)

道德存在或绝对符合道德律从未被认为是一种现实的状况。当康德写下"对道德价值至关重要的东西"时，他写了一些对于有限的人来说似乎不可能的东西。(A 5, 71) 但康德也提到了一种"理性的原则"，它培养了一种道德行为或态度。只有处于这个原则制度的某个层面，且经过大量的训练才能使尊重感成为可能，这种情感让我们"感知"到"我们自己可理解的存在的崇高"。(A 5, 88) 康德声称某种原则制度"允许"我们认识到我们可理解的存在，似乎重新引入了他律的可能性，从而与他对道德律效用的直接性和先验性的坚持相矛盾。然而，这种崇高感的可能性取决于先前的经验：自我影响的尊重感本身不是一种感官享受。我们将这种自我情感视为失去快乐、某种生活方式的中断：

> 这种安慰不是幸福，甚至不是最轻微的部分。因为没有人希望有这样的机会，甚至不希望在这种情况下生活。但是他确然生活在其中，并且无法忍受自视毫无价值。因此，这种内在的休息对于所有可能使生活快乐的事物来说只是消极的……它是对完全不同于生活的事物的尊重的结果，与生活及其乐趣进行比较和对比毫无价值。① (A 5, 88)

尊重的自我情感建立了两种"生活"之间的比较和对比———一种是"完全不同的东西"，另一种是世俗的、有限的，是有限的人仍然生活其中的

---

① 原文为：Dieser Trost ist nicht Glückseligkeit, auch nicht der mindeste Teil derselben. Denn niemand wird sich die Gelegenheit dazu, auch vielleicht nicht einmal ein Leben in solchen Umständen wünschen. Aber er lebt, und kann es nicht erdulden, in seinen eigenen Augen des Lebens unwürdig zu sein. Diese innere Beruhigung ist also bloß negativ, in Ansehung alles dessen, was das Leben angenehm machen mag.... Sie ist die Wirkung von einer Achtung für etwas ganz anderes, als das Leben, womit in Vergleichung und Entgegensetzung das Leben vielmehr, mit aller seiner Annehmlichkeit, gar keinen Wert hat.

东西。正如上面提到的那样，这种对"完全不同的东西"的尊重是康德坚持认为必须被培养的。

在其他地方，康德认为，通过简单地给出"好人的榜样"（被视作符合道德律的人），我们对善的倾向被最好地培养了，以至于这种倾向"逐渐成为一种思维方式"。唤起这种"道德责任的崇高感"——尊重道德律——是唤醒道德倾向尤其值得称赞的方法。（A 6，50）接触道德律——或者像康德所说的"在神圣职责的指导下"——唤起对道德律的承认。这种指导引起和刺激了我们的道德责任感。原则和指导不能将我们变成一个自我终结者或使我们在本体意义上自由。这将使自由变得异名。在《判断力批判》中，康德将原则定义为文化的第二和主要元素，"从欲望的专制中解放意志"。（A 5，431）通过对感性欲望的限制，原则改变了人的内心意志，使其接受比自然本身所能提供的更高的目的；原则让人类准备好承认理性的终结。（A 5，433）为了纠正我们作为道德主体的地位的非巧合，以及我们作为具有感官倾向的、经验的、有限的存在的地位，康德规定了理性的原则。原则文化促使人将他的感官欲望保持在规范化的秩序中，以便他可以为自己设定更高的目的。文化的这一方面通过训练我们的欲望来重塑我们存在的感性部分，以便它与我们理性之间的差距闭合。

这种原则文化可以让我们在更合格、更经验的意义上为自由经验做好准备。它提供一种低于"必要"的道德价值，提供了一种对待自由的态度。（A 5，71）这种指示不能产生尊重感，但它可以产生其经验类似物。这是自由的类似或模拟。它可以为道德存在奠定基础。就像他的先验论一样，康德的伦理学基于有限的人类，而康德在整个批判经典中都承认这一点。他的伦理学论述了这个有限的人类，并要求一场革命，即在"人类的精神"中的一场革命。并且康德坚持认为，我们必须尽可能地考虑到这种"复兴"（Wiedergeburt）（A 6，47）。

如上所述，康德道德原则的实践是道德律范例的一个功能，更好的是，获得对道德律的尊重的典范。虽然道德律仍然是不可思议的，但我们可以通过另一个范例来领会其效果，其范例是"在我面前摆出道德律"：

> 在一个卑微的普通人面前，我在他身上感知到一种正直的品质，如果他的正直比我自认为他所具有的正直程度更深，无论我愿不愿意，我的灵魂都会向他鞠躬……为什么是这样？他的例子在我面前摆出道德律，当我将自己的品质与它（他的品质）进行比较时，我的骄傲就会被击垮，我看到他的标准和可能性在我面前得到了证明。① （A 5，77）

尊重总是"针对人，而永远不针对事物"。（A 5，76）道德律只能通过另一个人的榜样来体验，如果有的话。道德律超越了我们直接经验它的能力，而我们唯一的接触，无论如何调解，都是通过另一个我们尊重的模范。我们从他的特殊性中认识到道德律的普遍性。以一个人举例说明道德律就是挑出一个道德倾向的特定实例，这种态度实际上是自由的。正如亨利·阿利森（Henry Allison）所说，我们所尊重的是所有理性人中的"纯粹实践理性的自主性"。②

道德实践

在最后两节中，我注意到康德在书中提到道德态度的培养甚至是理性对情感的影响的培养。现在，我将更明确地勾勒出康德如何将这种道德模

---

① 原文为：Vor einem niedrigen, bürgerlich-gemeinen Mann, an dem ich eine Rechenschaffenheit des Charakters in einem gewissen Maße, als ich mir von mir selbst nicht bewußt bin, wahrnehme, bückt sich mein Geist, ich mag wollen oder nicht......Warum das? Sein Beispiel hält mir ein Gesetz vor, das meinen Eigendünkel niederschlägt, wenn ich es mit meinem Verhalten vergleiche, und dessen Betonung, mithin die Tunlichkeit desselben, ich durch die Tat bewiesen vor mir sehe.

② Henry Allison, *Kant's Theory of Freedom* （Cambridge: Cambridge University Press, 1990）: 126.

范化为一种道德原则，一种他将"狂野的灵魂走上道德的轨道"的原则。他认为，有限的人需要"预备指示"（vorbereitende Anleitungen）、机制（Maschinenwerk）和道德原则的主导因素，以便让他接受道德律。"只要"这些机械原则已经具备了预备效果，"纯粹的道德动机"就能使大脑有力量，让它将自己从"感官的依赖"中挣脱出来。（A 5，152）我们现在已经熟悉道德律的复杂效应和康德坚持认为它会产生的心理反应，但是我们如何看待这些似乎与道德律假定的纯粹性相矛盾的机械原则呢？这些有限技术如何与人类自主相结合？回到我们对尊重感的讨论，这些道德原则如何与尊重道德律相关？在多大程度上——如果有的话——尊重感能够被准备或训练？或者，更康德主义地说，在何种程度上主体能够被训练到接受道德律？道德情感在多大程度上能被激发或训练出来？

康德的道德计划将会训练纯粹道德倾向的精神的主观"接受性"。或者，换句话说，它将训练接受性，一种康德在道德激励一节中规范化的、针对经济伦理学的开放性。因此，康德的道德原则将为道德律提供主观条件，因为道德律本身不能被产生、被训练或以其他方式服从于这些条件。正是在这些预备实践中，道德律的普遍力量与其可能性的主观条件相交叉，或者，道德律的普遍客观力量与自我和特定生活形式的技术相交叉。康德组织他的经济伦理学，以便道德律可以"更容易"进入自我。这种组织是为了减少他认为有限的人与道德律之间的根本差距。即使我们是本体自由的，作为有限的人，我们的明智自我也必须受到训练，以便弥合这种自由与理性之间的鸿沟。康德暗示道，认识到我们是自由的这一事实的可能性，是通过接触道德律的范例而增加的，且康德并没有把接触归于偶然。我们不是被训练成自由，而是被训练成自由的模拟，是在有限的、有条件的意义上，进入自由的可能性。

在《实践理性批判》的后半部分，康德概述了一个复杂的道德准则，它将让"学生"接触道德律，最终使他更容易接受道德情感。康德将第二部分称为"纯粹实践理性方法论"。一个人追求纯粹的、实用主义的"科学知识"的不是技术。这不是形而上学。更确切地说，客观的实践理性可以被主观地实践出来——也就是说，本节所涉及的理性的原则是关于如何将纯粹实践理性的道德律提供给人类心灵。（A 5，151）从这个意义上说，我们可以把道德原则理解为一种饮食主义制度——用康德自己的文章标题来说——通过纯粹的决心，心灵的力量就能控制住它的病态情感。这一道德营养学在《实践理性批判》中得到概述和发展。

康德将这一原则称为"真正道德原则的建立和文化"的方法。（A 5，153）它是对道德律的一种特殊态度的训导和生产。作为由教师布置并由学生遵循的规定方法，它是可重复的。事实上，它的成功在于它的迭代性。只有通过重复其机制，学生才可能树立道德原则。正是在这种背景下，康德将其称为"道德教义问答"（moralischer Katechism）。（A 5，154）为了准备这种道德测试，教师搜索新旧传记，寻找道德责任的典范。然后他介绍了这些例子，以便学生可以"得心应手"。这些"模范责任"构成了整个学科的基础，但与康德关于道德律的主张不同，这些道德纯粹的模范契机并不具有未知的起源。它们是由老师收集、整理或呈现的。康德甚至进一步详细阐述了这个原则的运作。在这种道德营养学中的第一个练习旨在根据道德律习惯于判断，以使道德判断具有重复性。老师让学生——理想情况下是一个"大约十岁的男孩"——进行这些规定的练习，以使他习惯于康德所说的"道德判断"。学生必须首先学会判断某一行为（如老师从历史传记的宝库中提出的）是否符合道德律，然后学会根据道德律判断它是否（主观地）发生。然而，这种道德判断的培养只会引起人们对道德行为的兴趣。它通过"重复练习"来判断行为的道德内容。所有这一切都是为了激发人们对道德行为的关注。

这种关注，这种形式的关注，也许是与道德律产生的尊重感的经验类比。但是，由于它还没有引起人们对道德律本身的兴趣，这第一个练习是不够的。因此，康德引入了第二个练习，旨在通过"生动地呈现实例中的道德原则"来引起人们对"意志的纯粹"（Reinigkeit des Willens）的关注。

（A 5，160）这些例子刺激并吸引学生注意他的自由，以及关于他是自由的这一简单且已知的事实。康德把他关于道德激励的先验论证——痛苦、屈辱和尊重的复合体——转变为这种道德准则。通过这些例子接触到意志的纯粹最初会促成一种痛苦的感觉，然后"缓解"学生的需求压力，并将他从这些需求的"不愉快"中解放出来。这种解放使"从其他来源"获得快乐的感觉成为可能。（A 5，160）学生接受来自其他来源的感觉，也就是道德感。在此，我们可以观察到主体化的超验主义结构。然而，这个过程是由原则行为精心策划的：学生的"注意力集中在他的自由意识上"。通过"保持注意力"，他对道德情感的敏感性成为可能。通过"生动地呈现"的道德原则，学生的注意力集中于或指向他的自由意识。这些图像和文字促进了对他的自由的态度，这种态度使得责任原则更容易接近主观意志。

康德甚至还举了一个例子来说明这些道德课程是如何进行的：

> 其中一个故事讲述了一个诚实的人的故事，有人想加入诽谤一个无辜却无能为力的人的行列中（比如被英国亨利八世指控的安妮·博林）。他可以被赠予好处、很棒的礼物或高的地位；但他拒绝了他们。① （A 5，155）

康德声称，这种行为将得到学生的认可。但是，这种叙述必须继续下去。亲戚们威胁要剥夺他的继承权，有权有势的人对他威胁迫害。老师应该把故事推向高潮，那个诚实的人，现在受到了威胁，终于希望他从来没有活着看到过会带来"无法言喻的痛苦"的一天。"即使面对这样的痛苦，"老

---

① 原文为：Man erzähle die Geschichte eines redlichen Mannes, den man bewegen will, den Verleumdern einer unschuldigen, übrigens nicht vermögenden Person（wie etwa Anna Boleyn auf Anklage Heinrichs VIII. Von England）beizutreten. Man bietet Gewinne, d.i. große Geschenke oder hohen Rang an, er schlägt sie aus。

师坚持说,"这个诚实的人仍然坚定"。老师的叙事行为包括对学生反应的不断检查和测试:"这样,我们可以一步一步地引导年轻的听众从单纯的赞美变成钦佩,从钦佩变成惊奇,最后到深深的崇拜和真实的愿望,即希望他自己也能成为这样的人。"(A 5,156)这种原则会激发痛苦、羞辱、尊重,最终会产生积极的态度或性格。这些练习是一种"自我测试",通过这种方式,有限的人类开始将自己视为"卑贱的"和"可鄙的"。在这一点上,道德原则可以"嫁接"到他身上。这种测试通过将病理决定的意志,即倾向于将主观判断依据转化为原则的意志,与由道德律决定的意志的图像并列在一起,从而防止腐败倾向的"侵入"。

主观病理学

康德在他的道德营养学中把规范的经济伦理学与和道德律的可鄙关系并列,重申了上述观点,即某些主观性的形式是病态的。把主观的决定因素变成客观的决定因素的倾向表明了自我和道德律之间的畸形关系(A 5,74)。它表明了对道德律的声音的置若罔闻和对激励的麻木。在他对这些练习的描述以及之前对道德激励的讨论中,"病态"一词越来越多地包含了主观性(A 5,79)。康德附带写道,主观性影响的事物是病态的。纯粹的主观是弊病的根源和一种反常的经济伦理学。康德的经济伦理学的逻辑以及道德原则的训练都是基于利用某种东西来打破这种病态的主体性,而这个东西的作用本身就是病态的——即尊重感。在病理学/主观/感性的并列排序中,我们可以看到康德的道德原则是如何较少地关注感性的消解,而更多地关注于他在《实践理性批判》的第一部分所阐述的感性与理性的规范化经济。病理学与身体倾向关系不大,更大程度上与精神异常有关,与一种将道德决定置于主观基础之上的思想有关,因此容易倾向于唯我论。正如康德在《单纯理性限度内的宗教》中所暗示的那样,激进的罪恶不是肉体或感性的堕落,而是理性本身的失败,是错误准则的采纳。罪恶是指自我与道德律的不正常关系，从而也是自我与自我的不正常关系。对康德来说，病理学表现在身与心的边界上。康德道德营养学的所有内容都是为了寻求、创造和灌输一种不安，这种不安与有限的人类的病态的唯我论形象形成对峙。康德认为，这一形象将激发人们对道德律的尊重，从而形成一种道德态度。鉴于康德认为我们的理性和理智的自我与道德律的不可理解是非巧合的，他的道德营养学首先是要向学生证明遵守法律的"实用性"（Thunlichkeit）（A 5, 77）。道德责任的例子旨在表明，即使面对这种理性的规范，也有可能遵循道德律。变得有道德和自由都是有可能的。

在康德的道德营养学中，欲望、需求和对理性的渴望都是可训练的，而不仅仅是先验的。这种教育意识到我们有限的、感性的自我和自由之间的鸿沟，培育了对不可能的经验的无限的理性欲望，这种不可能的经验即对道德律的接触、感受和经验。道德的原则制度旨在鼓励和制造一种"健康的理性"，一种与有限的人类紧密相关的具体理性。（A 8, 142）唯我论和骄傲所致的理性病理学与健康理性的规范性形象形成对比。我们已经看到了一幅健康理性的图景：它不仅计算和合理化，而且它的欲望和需求是无限的，但又受到限制。健康理性设定其自主性，但它也调节自身的经济利益。它是理性的从属，或者是康德称之为"理性的自我持存"。（A 8, 147）正如康德所写的那样，理性"本能地不起作用，但需要试验、实践和指导，使其能够从某一水平的洞察力逐渐发展到另一个阶段"。（A 8, 19）康德的伦理学不仅仅是一个形式上的课题，它更类似于实践。理性及其情感需要原则，并因此需要一个能够清除"通往智慧之路"的道德导师。（A 5, 163）面对道德律本质上的消极性，这个年轻人还将转向何处？

李毅翔、王沛欣/译　张春田/校

第 15 章　情感自由[1]

威廉·雷迪

（存目）

---

[1] William Reddy, "Emotional Liberty," in *The Navigation of Feeling: A Framework for the History of Emotions* (Cambridge: Cambridge University Press, 2001): 112-140.

威廉·雷迪，现为美国杜克大学历史与文化人类学教授，研究范围包括工业文明发展史、比较史学、文化理论、情感史学与理论等。著有 *Money and Liberty in Modern Europe: A Critique of Historical Understanding* (Cambridge University Press, 1987); *The Invisible Code: Honor and Sentiment in Postrevolutionary France, 1815-1848* (University of California Press, 1997); *The Navigation of Feeling: A Framework for the History of Emotions* (Cambridge University Press, 2001); *The Making of Romantic Love: Longing and Sexuality in Europe, South Asia, and Japan, 900-1200 CE* (University of Chicago Press, 2012) 等。本文结合历史案例，讨论情绪唤醒式在社会生活和政治体制中的广泛影响；文章对情感的常见术语进行了辨析，提出了将政治意义纳入情感史书写的可能性。——编者注

第五部分

情感与当代问题

第 16 章　作为媒质之情动：或论"数字－面部－图像"①

马克·B. N. 汉森

（存目）

---

① Mark B. N. Hansen, "Affect as Medium: or the 'Digital-Facial-Image,'" from *Journal of Visual Culture* 2, no. 2（2003）：205—228.

本文通过对当代新媒体中脸部形象的研究，提出人类与数码脸部图像的接触，能够使电子化的信息与人类的情感语域相连接，这可以成为人机关系研究的全新范式。——编者注

第 17 章　女性主义理论与情感科学[1]

凯瑟琳·鲁兹

（存目）

---

[1] Catherine Lutz, "Feminist Theories and the Science of Emotion," in *Science and Emotion after 1945: A Transatlantic Perspective,* eds. Frank Biess and Daniel M. Gross（Chicago: The University of Chicago Press, 2014）: 342-364.

凯瑟琳·鲁兹，现为布朗大学沃森国际研究所教授，研究兴趣包括战争与社会、种族与性别、主体性与权力关系等，著有 *Unnatural Emotions: Everyday Sentiments on a Micronesian Atoll and Their Challenge to Western Theory*（University of Chicago Press, 1988）; *Language and the Politics of Emotion*, ed. with Lila Abu-Lughod（Cambridge University Press, 1990）; *Schooled: Ordinary, Extraordinary Teaching in an Age of Change*, ed. with Anne Fernandez（Teachers College Press, 2015）等。本文讨论了 20 世纪六七十年代社会运动时期的情感转向与脑科学研究的兴起，把女性主义视角和常规方法下的情感研究进行对比，认为 80 年代时，女性和少数族裔等身份进入研究领域后，情感研究有了长足的发展。——编者注

第 18 章　价值与情动[①]

安东尼·内格里

（存目）

[①] Antonio Negri, "Value and Affect," from *boundary* 2, no. 2（Summer, 1999）: 77–88.
　　安东尼·内格里，意大利马克思主义哲学家与社会学家，现为欧洲高等学院哲学、艺术与批评研究所教授，研究范围包括斯宾诺莎研究、帝国与全球化、政治哲学与理论等。著有 *The Savage Anomaly: The Power of Spinoza's Metaphysics and Politics*（University of Minnesota Press, 1991），并与迈克尔·哈特合作了多部著作，如 *Empire*（Harvard University Press, 2000）; *Multitude: War and Democracy in the Age of Empire*（Penguin Press, 2004）; *Commonwealth*（Harvard University Press, 2009）等。本文面对后现代与全球化的背景，提出情感的行动、转变与校准的能力可以形成一股扩散性与革命性的力量，为日益僵化的政治经济学与劳动价值理论注入活力。——编者注

第 19 章　祛魅的矛盾情绪①

保拉·维尔诺

　　近些年来，关于"情感状况"（emotional situation）的考察，既没有轻易地导致文学研究领域的转向，也没有引发其他严格的学术研究层面的休憩。相反，这样的方式针对的是最为紧迫与具体的事件、生产与生命形式以及顺从与冲突。它是一部对天使之声充耳不闻的俗世序曲，它专注于凭借共同感以及 20 世纪 80 年代出现的道德观进行清算。

　　然而，我使用"情感状况"这个词并不意味着一组心理习性，而是指存在与感知的模式，它们是如此的普遍，以至于与最为多样的经验境遇同义，包括劳动支配的时间以及献于所谓生活的时间。在这些普遍的表现形式之外，我们需要去理解这些存在与感知模式中的矛盾情绪，以此在其中察觉出一种"零度"（degree zero）视角或是"中性内核"（neutral kernel），它们可能一方面会导致愉快地顺从、无止境地克己以及社会同

---

① 本文译自 Paolo Virno, "The Ambivalence of Disenchantment," in *Radical Thought in Italy: A Potential Politics*, eds. Paolo Virno and Michael Hardt（Minneapolis: University of Minnesota Press, 1996）：13–36。感谢作者授予中文版版权。

保拉·维尔诺（Paolo Virno），意大利哲学家、马克思主义运动代表，现为罗马第三大学哲学、传媒与表演艺术系教授，研究范围包括政治哲学、符号学、主体性研究、传媒伦理研究等。其著作的英译本有 *A Grammar of the Multitude: For an Analysis of Contemporary Forms of Life*（Semiotext [e], 2004）、*Déjà Vu and the End of History*（Verso, 2015）；*Convention and Materialism Uniqueness Without Aura*（The MIT Press, 2021）等。本文对内在于情感状况里的矛盾情绪加以关注，研究情感在近年来的道德观念、生产过程和生活方式中的运作情况，探讨被后现代理论祛魅后的情感如何塑造出如今的机会主义、犬儒主义和恐惧情绪。——编者注

化，另一方面会引发激进改革现状的新需求。然而，回到这一根本且矛盾的内核之前，我们必须先停下来思考，近些年来随着我们所知的大型政治运动的崩溃——以极为粗糙且不适的表达方式，情感状况的真正的表现方式是什么？

这里包括的是诸个直接并存领域的概念化，它们包括生产与伦理、结构与上层结构之间的关系，劳动过程的变革与情感变革之间的关系，技术与情感调性（emotional tonality）之间的关系，物质发展与文化之间的关系。然而，通过将我们狭隘地限制在这样的二分法之中，我们不可避免地接续了"低级的"与"高级的"、肉体的与理性的、身体与灵魂之间的形而上学的分离——并且如若我们夸大标榜历史唯物主义，它将几乎与之无异。如果我们未能察觉劳动实践与生活模式之间的同一性，我们将无法理解现今生产中发生的变化，并且误解当代文化中的许多事物。

以强化控制著称的后福特主义生产过程本身彰显着自身的控制模式与祛魅的情感之间的联系。机会主义、恐惧与犬儒主义——在历史终结论的后现代宣言中回响——进入了生产，更准确地说，它们与电子技术的多功能性和灵活性交织在了一起。

置入劳动的情绪

哪些基本素质是现今的雇佣劳动者必需的呢？实证观察显示如下：习惯性的流动能力，与极为快速地转变保持同步的能力，在每个企业中的适应能力，从一组规则转换到另一组规则的灵活性，平庸与全面的语言交流的才能，信息流的控制，以及在受限的、可能的选择中找出正确方法的能力。这些素质与其说是工业化行为规则的产物，不如说是社会化的结果，它在劳动场所之外拥有自己的重心，这种社会化不时被不连续且模块化的经验、潮流、媒介的解释，以及难以解释的都市与一系列稍纵即逝的机会交织的数学组合所渗透。最近有一种解释，现今所需所供的"职业化"由在一段工作之前的长期与不稳定的时期中获得的技能构成。① 这一特定角色扮演层面的延迟在过去数十年的青年运动中是典型的，如今它已成了最为突出的职业素质。寻找工作开发了那些普遍的社会天赋以及不养成持久习惯的习惯，在劳动一旦确定之后便会像真正且合宜的"常用工具"发挥作用。

这一发展包括双重的运动。一方面，社会化的过程，即个人从世界与自身中习得经验的关系网络的编织，似乎独立于生产以及工厂与办公室的启蒙仪式（initiatory ritual）之外。另一方面，劳动组织内的连续变化也已包括了意愿、性格、情感、恶习与美德间的复合，后者在劳动场所之外的社会化中确切地成熟起来。生活永恒的变数通过"职业描述"进入了生产过程：对无间断与无目的变化的习惯，经一连串知觉休克测试的反射反应，一种对偶然事物的强烈感觉，一种不确定性的心态，穿过不同机会的十字路口的城市训练。这些素质已经被提升到了一种真正的（本真的）生产力量的高度。

正是"现代化"的理念与其所依赖的对立面的框架已经被破坏：对于新事物的鼓吹对上了早已存在的岿然不动的秩序，人工制造对上了半自然制造，急速的区分对上了固化的重复，线性的与无穷的时间的更替对上了经验的周期性。这些熔在第一次工业革命的土地上的群像已经被顽固地——或借以惯性，或借以重复性地强迫——应用在每个连续的新发展浪潮中。它的缺陷是彻底的。

当下正在进行的变化远没有使个体对立于传统社会的漫长的停滞状态，它正发生在一个早已现代化、程式化、人工化的社会文化阶段。我们也许会好奇最近难以预料的事情的爆发是如何同某一对未知事物的惯性结合起来的，以及它又是如何同一种对永动的变换的习得性反应联系起来

---

① Aris Accornero and Fabrizio Carmignani, *I paradossi della disoccupazione*（Bologna: II Mulino, 1986）.

的？最近发生的已知事物的偏移又是如何积累并干涉已与方向上的骤变断裂的集体与个人记忆？如果我们仍想要讨论社会基础的革命性破坏，我们仅能指向正发生在没有任何基础可破坏之地的破坏。

关键之处在于当今的生产革命正以其最可贵的资源，利用被现代化计划包括在其效果中的所有事物：不确定的预期、偶然的安排、脆弱的认同以及变化的价值。这一结构重组并没有根除安全的传统（再无希腊神话中的费莱蒙［Philemon］与鲍西丝［Baucis］，两者皆被野心家浮士德所占有），而是将几乎不存在的真正传统所产生的心理状态置于劳动之中。即使将最为激进的异化经验简化为专业的概述，所谓的先进技术也并未在多大程度上引发异化，或是引发消失许久的熟悉度的散布。用流行的术语来说就是：虚无主义——科技的生产力的黑暗面——已经成了基本成分之一，或可称为劳动市场中珍贵的商品。

闲谈的"办公室"

这一猛烈的根除已经被我们国家许多伟大的哲学家大量描述与诊断。然而，对于哲学家而言，这一经验在可靠的结构方面颇为贫乏，它的特点多半显现在生产实践的边缘，即对于理性化过程的怀疑性与腐蚀性的补充。

情感调性以及伦理倾向能最好地揭露基础的严重匮乏会影响行为，前者似乎在时钟敲响之后，揭示了工作日的结束。想想波德莱尔的纨绔主义（Dandyism）以及怒气，本雅明的那个通过完全人工的时空建构（也是在电影中）来改善感受能力的分心观众。再思考一番海德格尔的关于"非本真生命"的两个著名论断："闲谈"与"好奇心"。闲谈，或闲聊是不断弥散并且重复的、无根据的话语，它并不传递真实的内容，而是将自己视为真正值得注意之事。好奇心因其自身的缘故而追求新事物，即一种纯粹且不安分的寻觅，一种反应的无力，一种没有终点与目标的忧虑。根据海德格尔的观点，正是在当与周围世界实用的与操作性的联系减弱，工具以及职业目标之间的严肃关系被打破之时，这两类概念都宣称自身的合法性。

现在我们时代的显著且新奇之处正是基于这样一种事实——这些非本真生命的模式以及经验贫乏的圣伤正变成置于理性化核心的自主且积极的生产模式。无根据的话语以及新事物的追求就此轻易地获得了操作准则的地位。闲谈与好奇心已经建立了它们自己的"办公室"，而不仅仅在工作日之后运作。

生产能力在不可补救的重构之下的人文与情感景观的涵摄出现在一个模范性的潮流中，那就是机会主义。机会主义者面临一系列的可互换的可能性，尽可能地保持开放，转向最近的可能性，并且难以预测地突然从此转向彼。这种以当代许多知识分子可疑的德行为特征的行为方式有其技术的一面。机会主义者所衡量的可能性是完全非具象化的。尽管可能的事物会以这样或那样的特定伪装出现，但它仍基本是机会纯粹抽象化的结果——并非某事某物的机会，而是没有实质的机会，就像赌徒手中的赔面一样。然而，机会主义者所面临的一系列不间断的空头可能性并不局限在某一特定的情境之中。这里并没有一个可以随时封闭的插入语，以至于一个人可以凭借一系列固定的方法与目的、形式与内容转移到一个更加严肃的活动。机会主义是一场没有暂停与终点的游戏。

这种对于抽象机会的敏感构成了后泰勒主义运动的专业需求，在此之下劳动过程并非由单一目的所规定，而是由一组在任何特殊情况皆可重新定义的平等机会所规定。例如电脑是连续的、机会主义的工作营构的前提，而非达到单一目的的手段。当工作不再被认为是孤独的、沉默的"机械动作"时，机会主义往往会被视为一项不可或缺的资源，在此情况下"交际活动"遍及具体的劳动过程。

尽管这种工具凭借着充分利用自然因果性的沉默的"精明"，需要具有线性品质的人，即一种屈服于必要性的品质，然而通过计算机进行的闲谈则需要能够把握机会的人，他们等待并为每个机会做准备。

机会主义者在其中出场的抽象可能性的幻觉效应（phantasmagoria）被恐惧润色，并藏匿了犬儒主义。它包括了无穷的、否定的以及匮乏的机会和无穷的、威胁性的"机会"。对于特定危险的恐惧——如若只是虚拟的——像难以逃脱的心情一般萦绕着整个工作日。然而，这种恐惧被转化为一种操作需求，即一种特殊的常用（贸易）工具。对于周期性创新中的某个岗位的不安全感，对于失去近期获得的特权的恐惧，以及对于成为被遗弃者的焦虑转译成了灵活性、适应性，以及对重新配置自己的准备。危险出现在一个完全已知的环境之中。它放养我们、它纵容我们、它打击其他人。至于具体受限的问题（因缺乏任何形而上关切而造成），我们以智力劳动的每个步骤经历了抽取之感，抑或被放纵的欣快——成为队列中的第9个或是第11个。与黑格尔的主仆关系相比，恐惧不再是在劳动前驱使人们服从的东西，而是标志着生产过程中的内在联结本身的稳定的不稳定性的活性成分。

犬儒主义与上述稳定的不稳定性密切相关。犬儒主义将赤裸的规则置于工作时间与自由时间的全景视角之中，这些规则人为地建构着行为的决定因素，并且制造大量的机会与恐惧。位于当代犬儒主义基础地位的是一种事实，即人们通过实践规则而非事实来学习，并远早于人们经历具体事件。然而，学习规则也意味着认同它们的无根据性以及墨守成规。我们不再加入一个单一的且预先制定好的"游戏"，在这个游戏中我们有真正坚定的信念。如今我们面对的是一些不同的"游戏"，它们中的每一个都不再明显且严肃，只是它们以一种直接的自我肯定为中心——这种肯定更为直截了当且自大傲慢，更为愤世嫉俗，我们也更为频繁地完全借着短时的依附而非幻想，去运用那些我们已经察觉了其常规性与变化性的规则。

犬儒主义反映了行为方式处于操作模式层面，而非在其之下。然而，这一位置绝不像对条件的宏观掌控。相反，熟悉规则成了适应基本抽象的环境的过程。从先验条件与建构行为范式而言，犬儒主义仅仅符合指引生存的最低标准。因此，毫不意外的是，最为厚颜无耻的犬儒主义往往伴随着放纵的感伤主义（sentimentalism）。情感的重要内涵——一种排除了以上所有经验清单的形式主义与抽象主义的经验——悄悄地回归了，并且它是简化过的，未精心营构的，并且保持着天真与自大。没有什么比这些在一天的辛苦工作后跑去电影院宣泄的大众媒体技术员更为普遍的了。

时间与机遇

我们希望通过分析近些年的道德观、主要的情感以及生活方式，来渐渐明晰社会化的形成，即一种基本完成在劳动场所之外的主体性形式。它的模态（modalities）与变调（inflections）实际上整合了雇佣劳动者这一零散的集体。形成于劳动社会化之外的"恶习"与"美德"随之被置于劳动中。换言之，它们被简化为职业素质并纳入生产过程之中。然而，只有在深入创新的时候，它才会成为事实。广而言之，如此的"恶习"与"美德"在别处还不及生命形式和社会关系的偶然特性。

相比于泰勒主义与福特主义，当今的生产重组是可选的：它不均衡地发展侧面的传统生产模式。科技的影响，即使是其最为强势的一面，都是不普遍的。科技能使大量独特的生产模式保持活力，甚至能使那些陈旧的、不合时宜的生产模式复活，而非确定某一单一且强制的生产模式。悖论就在此。这一特别有活力的创新仅仅包含劳动力的某些部分，并构成了一把"保护伞"，整个劳动史在其下不断复制：大量的工人群体、专业人士的飞地、上涨的个体经营者人数以及工作纪律与个人控制的新形式。过去接连出现的生产模式如今就像是世界博览会一般被同时呈现出来。这主要是因为控制论（cybernetic）和通信层面的创新，尽管直接包括了其中一部分的活性劳动，展现了各种同时出现的劳动模式的背景条件。

所以是什么将微软的技术人员、菲亚特的汽车工人以及非法的劳动者联合在一起呢？我们需要勇气做出这样的回答：由于生产过程的形式与内容，没有任何东西将他们联合在一起。但也可以这样回答：由于社会化的形式与内容,任何东西都可以将他们联合在一起。共同之处在于他们的情感调性、意愿、心智以及期望。"生活世界"是由同质的道德观所构成的,它们在先进的行业中本身就是部分的生产力,并且它们为不同行业的雇佣者描绘出了职业形象——对那些徘徊在失业边缘的工人也是如此。简而言之,我们可以在劳动机会主义与普遍城市经验所驱使的机会主义之间找到缝合处。以此看来——即突出被生产过程所解放的社会化的单一特点——"三分之二的社会"理论(三分之二的社会是受保护与承诺的,另外三分之一则是贫困的、边缘的)似乎是容易让人误解的。满足于这种理论就意味着迫使自己相信生活不是温床,或是去进行零碎不连续地分析,并因此重绘一张斑驳的、没有任何真实阐释价值的社会地形图。

看上去不合时宜的生产活动的分离与生活方式中的重要统一,两者是近 20 年来凸显的趋势的表现形式:社会劳动的终结。将必要劳动减至生活中微不足道的一部分、一种可能性,即将雇佣劳动想象成传记中的插曲,而不是一个犯人或是持续性认同的来源——这是一次巨变,然而我们有时只是无意识的主角,而非可信的见证者。

直接的劳动支出已经成了边缘的生产要素,即"可悲的残留"(miserable residue)。用马克思自己的话,即最为极端且扭曲的马克思主义,劳动正"走向生产过程的边缘而非其主要因素"。科学、信息、常识以及社会合作将自己展现为"生产与财富的伟大基石"——它们,而非工作日,成了基础。[①] 然而,劳动时间或至少它们的赃物,仍然是社会发展与财富的最可视的衡量尺度。社会劳动的终结因此构成了一个矛盾的过程,一座激烈的悖论与不安的悖论不断上演的剧院,一次机遇与排斥的复杂交织。

工作日可能是已被接受的测量单位,但它不再是正确的。20 世纪 60

---

① Karl Marx, *Grundrisse: Foundations of the Critique of Political Economy*, trans. Martin Nicolaus (NewYork: Random House, 1973): 705.

年代的运动指出了它的不真实,以此重组并废除原状。他们表明自己的反对立场,即他们完全不赞同客观的趋势。他们维护不工作的权利。他们进行集体迁移以此远离工厂的管理体制。他们认同为老板工作是寄生的角色。尽管如此,在20世纪80年代,现状以它的不真实胜利了。在那个像是所有都太严肃的笑话中,社会劳动的终结已经以被雇佣劳动本身的社会系统所规定的形式出现:再投资所导致的失业、作为专制规则的灵活性要求、提前退休、规划由全职工作的空缺所导致的自由时间的任务、相对原始的生产行业、创新驱动的经济行业的再现,以及过时的、不再受限于工厂系统制度的个人控制方式的复兴。上述这些都树立在我们面前。

这些发展让人想起了马克思所说的共享公司(commonshare corporations),其中私有财产的超越是建立在私有财产本身的地盘上的。这里的超越同样是真实的,但它也是依靠旧的地盘实现的。我们应该即刻思索这些问题,但不应该仅将前者视为虚构的,或是将后者简化成外壳——这是极为困难的。决定性的事物不再是工作日的矛盾叠加,也不是形成一般背景的成就,它们包括现今统治实践以及最终的改革需求。总会有自由时间;这是这种超越所采取的形式,它正处于岌岌可危的状态。然而,传统左翼政党完全不具备能力竞争。左翼政党在社会劳动的持久性以及暂时的劳动特定形式的内在冲突中找到了自身的存在理由。那种社会的终结与随之而来的时间斗争的可能性宣告了左翼政党的终结。我们必定会不满意于这一终结,但也不应该有任何遗憾。

生产主义的有效消耗,或是对于劳动的集中关注,在今天流行的感知与经验模式中是非常明显的:居于某一缺乏确切指向的时空中的深远意义、对于历史进化观念的摆脱(指的是劳动模式中过去、现在与未来三者的随意的线性联系),以及与机会体系构成的事物状态的熟悉度。正如前文已提到的,我们能够在这些感知与经验模式中找到大量同质性的存在根据,它们包括拥有所谓可靠工作的工人以及最新被边缘化了的工人,电脑技术人员以及最为朝不保夕的工作者,那些处于三分之二社会中的人以及处于后三分之一的人。

然而，由于它遵循雇佣劳动的规则而发生，劳动的黄昏渐趋明显，主要表现为恐惧的情感调性以及机会主义的态度。居于不稳定的环境中的感觉逐渐汇聚成了自身对变化无能为力的认识，以及无限的不安全感。恐惧正植根于社会关系的透明性，以及在劳动的中心地位的丧失之后出现的社会角色的不确定性。能单纯指向实践的历史终极目的的缺席，极为矛盾地使其自身在机会主义者适应的狂热情绪，以及将救世的终极目的赋予每个飞逝的机会的情绪中显现。我们近些年里逐渐知晓的机会主义，根植于抽象劳动的机会逻辑的运用。机会成为我们必须毫无反抗地顺从的必然目的。生产最大化的准则被扩展到了似乎极为特别的、现今占据主导的无劳动经验之中。空闲时间以迫切性、剧烈性以及破坏性的面目出现：无物紧要，因剧烈而剧烈，毁坏自身。机会主义快速地顺从将过去想象中的工作日的挣扎转变成了普遍时效性的展演。

一般智力

祛魅的情感与其中极为特殊的犬儒主义，应该与不同的知识与生活之间的新关系产生的背景断然分离。手工与智力之间的缝隙与随之产生的抽象智力的自治已经变得有些不可逆转。从劳动中脱离出来的知识的自发增长明确了一点，那就是所有的直接经验都产生在无数技术、工艺、程序和规则等概念的抽象之后。熟知的前后顺序被逆转了。抽象知识的无根据的建构几乎与直接经验证据无关，抽象知识发生在所有知觉与操作之前；它的积累早于经验，就好比前情早于结论。

概念与知觉、知识与"生活"之间的位置颠倒，是具有决定性意义的，思维需要绕个弯子才能理解。像往常一样，为了表述得更为简明，我觉得有必要暂时离题。这一特别的离题与马克思的一个著名且有争议的文本有关：出自《政治经济学批判大纲》(*Grundrisse: Foundations of the Critique of Political Economy*）中的《机器的分离》（"Fragment on Machines"）一文。马克思在文章中写了什么？他提出了一个并不那么"马克思主义"的论题：抽象的知识——科学知识是居于首位的，但并不是仅有的知识——正是通过脱离生产实现自治之后，开始成为高于基本生产力的动力，它将整体化且重复的劳动贬至边缘且残余的位置。知识在固定资本中被具体化，被注入自动化的机械系统，并且被赋予客观的时空真实。马克思运用了高度暗示性的意象去阐释整体的抽象认知体系，后者构成了社会生产的中心，并且作为引导所有生活情境的原则协同运作。他如此描述一般智力（general intellect）："固定资本的发展显示了一般社会知识在何种程度上已经成了一种直接的生产力，以及此后社会生活过程的条件在何种程度上被置于一般智力的控制之下，并被改变得与其一致。"如今扩展这一一般智力的学说，并使其超越固定资本下知识物化的观点，是不困难的。一般智力包括了建构社会交流的认知模式。它吸收了大众文化的智力活动，不可再被简化为简单劳动，或是纯粹的时间与精力的消耗。一般智力统摄的人工语言的生产力、形式逻辑原理、信息论以及系统论、认识论范式、某部分的形而上传统、语言游戏，以及世界意象都汇聚在了一起。在当代劳动过程中出现了整个概念群，它们能将自己视为生产工具以此运作，而无需被迫采用机械形体或电脑。

马克思将一般智力的优越性与解放假说（emancipatory hypothesis）联系在一起，这一假说与马克思其他为人所熟知的学说大不相同。在《机器的分离》一文中，危机的发生不再归咎于生产模式固有的不平衡，后者实际上是基于分配给单独个体的劳动时间。这一决定性矛盾的存在需要在一对关系中去认识，一方面是直接专门利用科学的生产过程，另一方面是与劳动、产品数量一致的衡量财富的方法。根据马克思的观点，这两种趋势的分歧将会导致基于交换价值的生产的崩溃，并最终导向共产主义。

当然，事情并没有这样发生。如今极为显著的是被描述为"分离"的趋势的真正地实现，而未发生任何解放甚至是冲突性的结果。与马克思认为的共产主义的来临联系起来的具体矛盾，已经变成了现存生产模式中的稳定的部分，即使并非稳定性的部分。相比引发一场危机，"劳动与其监管的生产力之间的性质不平等"已经构成了支配形式的坚实基础。除了激进改革的需求，分离不是社会自然史的最后一章、一个经验性的事实、最近的过往以及已如是的事物。尽管如此，或确实因为如此，分离允许我们专注于现时道德观的某些方面。

由于它有效地组织了日常生产以及世界，一般智力实际上是一种抽象化，而且是一次拥有实际操作性的抽象化。此外，由于它包含了范式、代码、程序以及公理——简而言之，因为它包含了客观知识的具体化——一般智力通过典型的现代性的"真实抽象化"，或是通过平等原则的形式由来的抽象化，以最为强硬的方式凸显出来。尽管金钱，这一普遍的等价物，能将独立的存在具体化为产品、职业和主体的可公度性，一般智力相反却稳定了每种实践的分析性前提。社会知识的模式并不等同于多样的劳动活动，却将自己展现为"即时的生产力"。它们并非度量单位，但他们构成了由同质且有用的可能性所假定的不可测量性。它们并非存在于所属"个体"之外的"物种"，而是公理性的规则，它们的有效性依赖于它们所表现之物。不测算与表现任何事物，这些科技代码以及范式将自己彰显为建设性原则。

"真实抽象化"的本质变化——事实是抽象知识，而非等价交换为社会关系确立秩序——反映在当代犬儒主义者的形象上。建立在以最为严苛的等级制度以及严重的不平等为基础之上的等价原则，却保证了社会联系的可见性、可公度性以及合适交换系统。如此一来，必然会以无耻的意识形态化的、矛盾的方式，导向过度的、相互承认的前景，以及普遍可察觉的语言交流的理想。

相反，摧毁了可公度性以及平衡的一般智力，似乎正使日常生活以及它的交流形式变得不及物。尽管一般智力不可避免地决定了社会组成的条件与前提，但它却挡住了其他的可能性。它没有提供等式的测算单位。它使得所有的单一表述失败。它将政治表述的基础切分开来。当今的犬儒主义正反映了这个消极的现状,并使必要性成为美德。

在犬儒主义者所处的特殊语境中,他们认同一个占据主导的角色,后者被确定的认识论前提以及同时发生的真正等值的缺席所决定。为了防止幻灭,他放弃了任何对话与透明交流的渴望。他从开始便远离了对于实践与共享的道德价值准则的主体性基础的追寻。他打消了所有与合理的"相互承认"的可能性有关的幻想。对于等值原则的拒绝(一个与商业以及交换密切相关的原则)可被视作犬儒主义者的行为,后者往往带有对于平等追求的嫌弃。他将自我肯定寄予等级制度以及不平等分布的增加与流动,生产过程中的难以预料的知识核心似乎就意味着这一增加与流动。

当代犬儒主义既反映了也导致了一个不可逆转的结论,那就是知识与"生活"的倒置。能够即刻熟悉一套规则以及一种必要内容的精简营构,这就是犬儒主义对一般智力积极适应所采取的形式。总而言之,犬儒主义消极至极,它证明了"沟通伦理学"(ethics of communication)所担当的虚幻角色,后者尝试寻找科学社会性在透明对话上的根基。在犬儒主义灰色的灯光下,如此语言自由交换的彻底匮乏显得十分清晰。科学是社会性的,因为它预定了劳动中合作的角色,而不是因为它预设了一个平等的对话。科学是社会性的,因为每个人的活动都被写入这一形式,而不是因为它假定了合理接纳并协调每个人的主张与观点的需求。

在犬儒主义者以及机会主义者的形象中,几个突出的特征正在萎缩,它们是形而上学传统赋予的主体尊严之所在:自治、超越个人经验情境独特性的能力、自我指涉的完满,以及"意向性"。正是当这些特征在抽象知识与它的技术设备的有效力中彻底实现时,这种萎缩才真正发生。自治的、分离的、不可变的、自我指涉的,总是非常确定的环境,有能力彻底脱离顽固的"生活世界"——这就是一般智力。事实上,它实现了形而上学的主体性的复杂内涵。尤其是它实现了自我超越,并以"完全他者"的姿态,从中获得了政治与伦理张力。然而,这一技术的现实也是一次释放与抽象化过程。今日的道德观，无论以其最为可怕或是最为合适的方式出现，还是以它对于激进变革的可能需求的方式出现，皆可被置于"此时此地"。

零度

在这一点上，我们必须问我们自己，现在的情绪群（emotional constellation）是否显示了任何拒绝或冲突的迹象。换句话说，机会主义和犬儒主义有什么好处？毫无疑问，当然没有任何好处。然而，这些令人遗憾的、有时甚至令人可怕的数据间接地证明了它们所产生的基本情感状况，而这些情感状况并非唯一可能的结果。正如前面所提到的，我们必须重新考虑那些存在和感知的模式，它们位于机会主义和犬儒主义之间如中性内核般的中心位置，但是受到完全不同发展的约束。

为了避免任何模棱两可的理解和任何恶意误解的借口，我应该阐明伦理上消极行为的"中性内核"或"零度"的含义。这里不需要进行巧妙的价值重估，比如"最邪恶的东西是真正的善"，也不用对"世道常情"投以默契的眼神。相反，我们的理论挑战在于通过一种目前可能可以被表现出来的形式，来确定一种崭新的、重要的经验模态（modality of experience），然而在表现的同时却不会减少对它们的经验。

例如，机会主义的"真理"，也就是所谓的中性内核，存在于这样一个事实之中，即我们与世界的关系主要通过可能性、机遇和机会才得以展现，而不是通过线性和单一的方向。即使这种经验模态滋养着机会主义，但不一定能产生机会主义。不过，这确实包含了一般行为的必要背景条件。与机会主义截然相反的其他行为也可能会拥有由相同的可能性和稍纵即逝的机会基本构成的体验。然而，我们只能通过追踪现今如此普遍的机会主义来辨别这种激进和变革的行为。这种行为与特定的经验模态紧密相关，即使经验模态体现为一种完全不同的形式。

总之，袪魅情绪和现今行为的适应模式明确规定了情感状况，而经验模态代表了它们的零度。这就是我试图在前面几页中逐个展示的内容。必须强调的是这种情感状况的不可逆性和矛盾性。对于不可逆性而言，我们无法面对过往的条件，无法面对单一的社会联系或精神的联系，并以此作为希望恢复其他早期秩序的回应。因为我们讨论的问题并不是一个在漫长而黑暗的括号中的内容，而是一种社会思潮、一种文化及其生产方式的深刻转变，所以去询问我们在漫漫长夜中走了多远，好像期待着即将到来的黎明是一种错误。我们所能找到的每一盏灯都已经在所谓的黑暗中。我们只需要习惯我们的眼睛。对于矛盾性而言，经验模态与其当下的表现形式并不是同一事物。相反，对于这种彻底相互矛盾的发展，它是开放的。不可逆性和矛盾性两者共存。这个结论恰好与当前的理论讨论相反。在目前的理论讨论中，任何一位批评现状的人都相信他或她已经消除了它的不可逆性，并且认识到这种不可逆性的人也急于擦除它的矛盾性痕迹。

存在和感知的模式决定了普遍的情绪状况，既有它们适应的，也有它们拒绝的，那么这些模式是什么？首先，这些存在和感知的模式首先内在于社会劳动的终结之中。然而，让我们简要地回顾一下前面详细研究的主题，并将现在的关注点着重于目前最重要的主题——零度及其内在的矛盾性。一旦它不再是所有关系的中心，工作就不再提供任何持续性方向。它不再引导行为和期望，它不再引领方向，也不能再扩展一张安全网以减少或隐藏每项行动的无根据性和偶然性。换言之，与它最近的位置相反，工作不再作为一个客观的伦理框架的有力替代者。它不再取代早已被清空或解散的传统道德形式。个人的形成过程和社会化过程正在生产周期之外展开，并与每个秩序的极端脆弱性有着直接的接触。为了面对最为多样的可能性，为了拥有没有习惯的习惯，为了响应持续变化或是无终点和目标的变化，这种过程亦是一种训练。

在这些态度和倾向中，可以看到与社会劳动终结有关的情感的零度。然而，正如我们所看到的，这种"终结"是通过雇佣劳动规则进行的，因此它以具体的统治关系为背景。商品的生产从而包含并具有了非劳动的典型情绪状态的价值。发生于劳动场所之外的社会化显著性特征——对偶然性的奇特感受、对疏远的接受、直接接触蜘蛛网似的可能性——被转化为专业素养或是"工具箱"。劳动不再是道德的替代品，相反，它包含了每一重大社会思潮扩散后的结果。劳动明确地使用了我们对特定情境和确定的操作模式熟悉度的遗忘。在当代的劳动组织中，即使是"职业道德"这一不可逆转的危机也派上了用场。偶然的根本感觉简化为抽象劳动的逻辑，被商品同质而无限的时间所充斥着，从而表现为机会主义和及时性。

然而，重要的是，社会劳动的终结之中所固有的情绪状况可以呈现出完全不同的信息。这是我想明确的一点。我所说的矛盾性无法在其"良性"意义上进行详尽的审视。因为这样做会误解矛盾的实际特征。这不仅是有关揭示已经存在之物的新知性观念的问题，而是关于新的现象、不同形式的生活、不同物质和文化产物的问题。我们所能做的是广泛地定义概念词典中的术语，对其所缺的进行限制并指明机会，同时还要指出某些可能出现的事物的"位置"。不言而喻，在编译知识词典时，我们会接受话语的某种稀薄性和更高的抽象性所带来的不便。

不断扩大的非劳动领域不仅仅是一种消极的决定，它包括明确的操作标准和与以商品为基础的实践几乎完全相反的其他形式的实践。这像是一条狭长的海岸线，随着海浪的退去，其多样性和丰富性显露了出来。它是一种完满，也是一种凸性（convexity）。最重要的是，在这里可以进行消除并取代劳动力的活动。这种活动远不是对具体产品及其实现方式之间如工匠般的融洽关系进行重构，而是提供一个完整的形式，从而通过对这种活动的反复测试来对无限多种的可能性加以限制。

要如何彻底地阐明当下存在和感知模式中工作和活动之间的矛盾呢？虽然工资劳动将这种可能性理解为骤雨般的原子，它是无限且中性的，不存在突然的转向，然而我之前提及的活动则总是、也只能将可能性作为一种可能世界。这个"世界"是一个关联的系统，任何一个单一的元素从中被提取出来都会失去它正确的含义；它是一个饱和且完整的统一体，不能再增加任何东西，也不能再从中减去任何东西。它是一个划定的整体，对其他任一部分的代表来说具有先决性和必要性。"可能世界"是一种预期的关联体，是饱和的统一体，是划定的整体。这个世界是活动在一系列的可能性中不断建立而成的。

有关活动的观念和莱布尼茨认为只有在一个完整的"可能世界"中才能理解单一的可能性这一观念相呼应。"可能世界"这一莱布尼茨概念可能在阐释海德格尔所描述的"世界"和"单一的存在"（Vorhandenheit，现存性）之间的矛盾时有一定的用处。作为归属的重要背景，"世界"在认知性的客体化行为之前已经经验化了。相反，单一的存在"先于"再现主体，因而是实在或事实。在这个基础上，我们可以更好地明确工作和活动两者与机遇和机会关系的差异，当然，它们与机遇和机会的这种关系是决定性的。

抽象劳动使可能性序列成为一系列单一可能的存在，所有这些都是等价且可互换的。相反，活动使得可能性成为一个完结和有限的世界。它通过从整体联系的角度和整个背景来审视每个机会，从而减损无限多的个人机会。这种整体联系由其自身设定；它以前不曾被外部不可改变的方式进行设定。而且，这种整体联系的本身只是一种可能性。"可能世界"由非劳动决定而成了活动，它并不能在实在现实中自行解决。即使有无数的特殊机会被转化为"既成事实"，它们之间的联系，或者更确切地说，它们所处的"世界"绝不会失去其唯一可能的特权。事实本身仍然只是作为极端的偶然事件而被理解，仍然是因它们将自身的可变性作为背景，并孕育着某些选择作为依据而被接受。"可能世界"不是不确定的状态也不是潜伏状态，它不会伫候在翅膀上渴望"实现"。相反，这是一种真实的经验设定，其现实性在于它始终能将所有东西尽收眼底。就像猩红 A 字母一样（犯通奸罪的标记，译者注），它是自身潜存性和偶然性的标志。

成群撤离

我们应该再次提出这个问题——有人对现实卑躬屈膝,有人则梦想着反抗,那么刻画这两种人情感状况的存在和感知模式是什么?这个问题的一个答案在于,同抽象知识、一般智力一样,存在和感知模式在每个重要背景和操作中都起到了重要作用。我们也应该认识到这些模式的特点不仅仅在于其经验模态的形式,并且在于它们的矛盾性。

我已经广泛地研究了当代犬儒主义构成特定情态的背景条件。这个条件包括:能瞬间熟悉规则、惯例、程序;能适应基本上抽象的环境;将知识作为重要生产力;对等原则产生的危机,以及与之相应发生衰退的平等理想。现在,为了阐明内在于这种背景条件下的情感状况,我必须借助一个不起眼的"寓言",将典型价值归因于这一经验的平庸和边缘。

有一个人站在海边,但他什么也不做。他能听到海浪的声音——嘈杂而又连续,即使一段时间后不再听了(也仍然这样觉得,译者注)。那个人能知觉到(perceive),但他没有察觉到(be aware of)这一点。对海浪匀速运动的知觉不再伴随着以自我为知觉主体的知觉。这种知觉与哲学术语中的统觉(apperception),或是在知觉行为中的意识(consciousness)完全不同。那个站在海浪灰色边缘的人通过一千条细微而坚韧的线索与环境紧密相连。不过,这种状态并没有经过自我反思的"主体"进行过滤。相反,与周围环境的结合越强,"我"就越发遗忘自身。然而,这种经验与关于现代哲学名誉之事相冲突。也就是说,现代哲学认为知觉与统觉不可分割,真正的知识只是知识的知识,对某事的参照应建立在对自己的参照之上。这个人在沙滩上的经验却表明,我们属于一个物质的、可感知的世界。比起从我们所知不多的知识中渗透出来之物,这个世界更为基本和不可动摇。

知觉与统觉的这种差异是状况的显著特点,我们的状况,用马克思的话来说就是,"社会生活过程的条件本身受到一般智力的控制,并按照这种智力得到改造"。丰富的微小知觉在人为活动的环境下变得系统化。在以信息技术为主导的工作场所中，成千上万的信号能在被接收到的同时不被清楚而有意识地知觉到。以完全类似的方式，我们对媒介的接收不会引起集中，而是引起分散。我们被印象和形象挤得水泄不通，而它们从不导致"我"的出现。此外，这种无意识知觉的剩余是我们每次遭受根除的标志。我们在尝试认同流亡者和移民两者的时候会感到痛苦，这正是由于从不在自我反思意识中植根的知觉过程正在不成比例地增长。此外，这种知觉盈余建构了一种可在未知环境中占据一席之地的运作方式。但是，根除不再引起实际的流亡者和移民。相反，由于生产方式、通信技术和生活方式的不断变化，根除成为每个人都能感受到的一般状况。对于那个站在海边的人来说，"不听而听"是一个边缘现象，但是根除则对其进行了凸显。现今，最直接的经验通过这种不均衡阐明了自身。但是，我们如何设想这种经验呢？

沿着从笛卡尔到黑格尔的现代哲学抛物线，只有莱布尼茨赞扬了依赖于自我反思主体之外的经验："还有千千万万的征象，都使我们断定，任何时候在我们心中都有无数的知觉，但是我们并未察觉和反省。"① 对于莱布尼茨而言，"微知觉"（little perceptions）是精神中的不清晰层面，正是"微知觉"将每个个体与宇宙中的完整生命体相连。但这是一个例外。根据现代性中普遍存在的主体性模型，知觉植根于特定的环境之中，然而，同时、不可避免的知觉意识（统觉）是超越的源泉，是对普遍性的开放。由于知觉到自己正在知觉，我在某种意义上从外部看待自己，从我活动的特定环境之外看待自己，又或许，我从环境本身之外看待自己。

这种主导模式解释了一种往往未得到充分认识的经验主义联系：在某个地方、某个传统、某种工作、某个政党中，具有特定和明确的根源不

---

① Gottfried Wilhelm Leibniz, *New Essays on Human Understanding*, trans. and ed. Peter Remnant and Jonathan Bennet (Cambridge: Cambridge University Press, 1981) : 53.

仅不会成为超越的障碍，而且相反，它是"从外部"冷静看待自己局限的最重要的前提。让我们更仔细地研究这一令人惊讶的关系。各个超越的基本杠杆是自我指涉时刻的整全，这一基本的、确定的时间特征是当一个人处于经验状态时才能认识自己。今天，当一个人与某个背景的关系如此具体、稳定、单调，以至于总是完全被重新融入自我反思之中，并通过长久的身份得以解决时，似乎就会获得类似的整全。这种生根是属于特定环境的单义形式，它构成了知觉和统觉和谐统一的具体背景。但是这种统一赋予了自我反思以特殊尊严，它反过来又是超越的源泉；"从外部"看时，它是反动的精神学徒，就像是进步的乐观主义的源泉一样。

大多数情况下，惯例、技巧和抽象来标记的背景发生变化会引起不断的根除过程，而这一根除过程推翻了这个体系，并使其接受无情的实践批判。在不断变化的环境中变得迫切的社会知识具体化压倒了个体意识。个体能听到更多他或她所听之物，并且能够知觉到更多他或她所统觉之物。因为现今的自我反思意识总是在"微知觉"网络方面有所欠缺，所以自我反思意识在其中发现了自身的极限：它不能"从外部看"总是超越它的东西。当我知觉到自己的知觉时，我只会选择其中的一小部分，这一部分甚至可能不是"我感知的自我"中最重要的部分。流动性、记忆衰退（无论是自然的还是传统的）、持续创新产生的冲击——我们通过"微知觉"适应所有这些事物。自我意识总是在这个知觉过剩所描绘的范围内被理解、被划界，这种过剩将我们置于一个永远不是"我们自己"的环境之中。

这种对"根"无法弥补的缺乏以最严厉的方式重塑并限定了自我指涉主体性的作用。奇怪的是，我们运作的环境越抽象，我们肉体和感觉的位置就越重要。通过缩小对知觉的统觉，一般智力所激发的系统性根除排除了无人区，使得我们可以将目光投射到我们自己的有限条件上，就像电影导演所看到的框架一样，超然且全面。正如我们所看到的，它排除了对超越性的冲动，而与单一的身份和坚实的根源相结合。

现在，存在和感知模式正毫无保留地放弃我们自己的有限性。根除——越是激烈连续，真正的"根"就越缺乏——构成了我们偶然性和不稳定性的实质。"世界的形式化"（formalization of the world）让人们彻底意识到其暂时性的特质。尽管如此，放弃有限性与其清晰的表现形式、与其阐释以及与"从表面上看"都是不同的。旨在澄清其自身有限性的有意识凝视总是把为被限制的情况提供可能的外在性作为前提。这种凝视升华了或者减缓了世界的消逝，并试图克服它。

这种对人类命运的存在主义呼唤，或者更普遍地说是世俗化呼唤，仍然与我们目前的感性截然相反，因为它实际上预示着一种对超越性的彻底尝试。从生命有限性的表现中获得规划"真实生命"的冲动。这种对暂时性的有意识考虑产生了"决定"、确定的身份以及根本性的选择。可以说，死亡已经开始发挥作用。虽然存在主义因意识到不容置疑的情况而得出了朴素的结论，并对此进行吹嘘，但实际上不容置疑的情况被挪用为存在主义的"工具"；它被超越、被救赎。相反，彻底放弃当代情感状况所特有的有限性，就要求我们将自身局限于一种无法"从外部"进行考虑的有限性之中。这是无法表达的，因而具有真正的不可超越性。这是一个不可用的限制，它既不能作为"决定"的动机，也不能作为良构身份（well-structured identity）的骨架。

对有限性的放弃也意味着强烈的归属感。这两者的结合似乎显得不协调或者说是相矛盾的。在坚定不移地坚持预计之外的、特定的、可靠的"根"的缺失后，我所说的归属感是什么呢？的确，一个人不再"属于"某一特定角色、传统或是政党。对"参与"和"项目"的呼唤已经慢慢消失。然而，异化并不是消除归属感，而是赋予它力量。在任何持久的环境下，我们无法保护自己，这种不可能性不成比例地增加了我们对"此时此地"最脆弱情况的坚持。令人眼花缭乱的是，最终这样的归属，不再被确定的"属于某物"所限定，归属感反而与对缺乏某种享有特权的、保护的"对象"的归属成正比。

正是在现今情感调性的中性内核中，矛盾再一次出现。被剥夺了任何"对象"的纯粹归属可以全面地、同时地坚持所有现有秩序、规则和"游戏"。这是20世纪80年代发生的事情。当代犬儒学派在自我肯定的策略中表现出了这种趋势，并且更倾向于简单的社会生存。然而，一旦归属感从所有的根或任一特定的"对象"中解放出来，也具有强大的批判性和变革性潜能。

在不久的将来，这种潜能已经显现了出来。青年运动和新的劳工组织不止一次选择叛逃和"成群撤离"，而不选择任何其他形式的斗争。他们尽可能迅速地放弃自己的角色，摒弃压迫他们的枷锁，而不是公开对抗它们。这些逃跑路线一开始被认为是他们自己的经验领域，是一种除了在经验中锻造外没有任何其他基础的"习俗"。传统的欧洲左翼从未想过如何看待这一发展，因此它严厉地诋毁了这些叛逃和逃跑的战略。但事实上，成群撤离——例如，从工资劳动撤离走向活动——不是一种消极的姿态，它不受行动和责任的影响。相反，因为叛逃改变了冲突发生的条件，它要求特别高的主动性——即它需要肯定的"行动"，而不是屈服于它们。

现在，叛逃和成群撤离表达了纯粹的归属感，用巴塔耶的话来说，这是由所有无社会团体的人构成的典型社会团体。叛逃抛弃了决定个人角色和准确身份的支配性规则，并且暗中设置了归属的"对象"。成群撤离走向一个"习惯的地方"，这个"习惯的地方"由一个人自己的活动不断地进行着重建，它从不先于决定其位置的经验存在，因此也不能反映任何先前的习惯。事实上，习惯现今已经成为一种不寻常的和非习惯性的形式，它只是一种可能的结果，而不是一个出发点。因此，成群撤离指向归属于身体和体形这样的生命形式，而不是指向归属于某物的新生命形式。或许，成群撤离是一种最适合于要求彻底改变现状的斗争形式——这种可能会改变乃至推翻20世纪80年代的经验。

机会主义、犬儒主义和恐惧定义了一种当代的情感状况，这种情感状况正好充满了对有限性的放弃、对归属于根除的放弃，以及顺从、奴役和急切的默许。与此同时，他们将这种情况视为一个不可逆转的事实，在此基础上也可能构想出冲突和反抗。我们必须要问，一些反抗的迹象反映了现今主要出现的机会主义和犬儒主义这样脆弱的情感，这些反抗的迹象是否可以辨别以及如何进行辨别？我们必须要问，反抗和希望能否从已经引起愉快和自满的虚无主义的根除中产生，以及如何产生？我们还必须要问，我们与变化的机会之间的关系是否可能不是"机会主义"以及如何可能不是"机会主义"？我们与规则的密切关系又是否可以不是"犬儒主义"以及如何可能不是"犬儒主义"？任何一个憎恨当代道德的人恰恰会发现每一个要求解放的新要求，如果从一个相反的主张看，只能回溯机会主义者和犬儒主义者已经走上正轨的经验的道路。

迈克尔·图里茨（Michael Turits）/ 英译

杨烨、陈思聪 / 译　张春田 / 校

第 20 章　作为情感结构的末世论（断续六章）①

李文石

序：结构如何失灵

价值观和意义，和一切开放系统一样，是由身份从大脑动态结构（内部过程）和社会关系网络（外部过程）中的出现方式以及二者的连接方式中产生的。

文化理论家雷蒙·威廉斯用"情感结构"（structure of feeling）这个术语描述"鲜活地存在着并被感知到的意义和价值观"。在他看来，结构既来自其内在连贯性——它们构成"一组彼此关联而又处于紧张之中的、有特定内在关系的集合"的方式；又来自其依附于社会结构的方式——尤其是层创（emergent）结构，因它尚未被明确表述过，所以很可能在任何"正式意识"（official consciousness）流露之前便已应用在了在情感和感觉层次上。

情感为何特别依附于社会结构中的层创结构，还有个更为基本的缘

---

① 本文译自 Ira Livingston, "Apocalypticism as a Structure of Feeling (in Six Sprawling Pieces)," in *Poetics as a Theory of Everything* (New York: Poetics Lab, 2015)。感谢作者授予中文版版权。
李文石，现为美国纽约普拉特艺术学院人文及媒体研究教授，研究兴趣包括英国浪漫主义、诗学、视觉艺术和文化研究等。著有 *Arrow of Chaos: Romanticism and Postmodernity* (University of Minnesota, 1997)；*Between Science and Literature: An Introduction to Autopoetics* (University of Illinois, 2005)；*Where God Comes From: Reflections on Science, Systems and the Sublime* (Zero Books, 2012) 等。本文在情感结构的新视角下探讨"末世论"思想，透过诸多鲜活的文学、影视作品和社会事件案例，阐释生命力情感和情感劳动如何让末世论具有了持续性。——编者注

故：尤其当它处于面向世界的更持久的结构、气氛或立场中时，情感呈现出面向未来的姿态，其来源从心理上说是"对主体之身体与另一身体相遇的期待，不论这是真实的还是想象的相遇"。

不过，情感结构也与衰落中的社会形态有关联。例如，19世纪贵族的世界是契诃夫戏剧《三姐妹》（创作于1900年）的表现对象，这些贵族经历了贵族处于主导地位的旧时代。主人公梦想重返莫斯科的美妙时日，但随着剧本推进，你开始意识到她们生活在谎言之中。因为未来的消逝，她们活在我们眼里的过去之中并感伤于此。这一意识的发觉过程，即缓缓揭示，正是本剧传达的内容：我们根本没有往前走，只是在踩水——不，等等；其实是在沉没。从上述情感结构中产生同情（identification）和无感（disidentification）的混合是剧本进行的情感劳动（affective labor）：我们或许会同情，但我们从她们所处的黄昏转身，朝向另一种未来的黎明。

我们身份的固定桩是植根于过去、现在和未来的。当我们不得不拔起未来里的固定桩时，当下时刻的形状就改变了。因此，末世论包含一个世界的实际失落及其在当下的回声。它包括时间组织方式的改变——在其形状中：我们靠近了各种未来可能有的戏剧性收缩，一种紧缩。我们可以肯定的是，前景将大为动荡。我们希望某种未来会在瓶颈之后再度打开，希望无论将来怎样，都会是一种诞生的末世。

情感结构是那些能被当作噪音打发掉的一切——所有尚未能会意的一切。它是我们感知我们栖居其中并构成其中一部分的结构失灵的方式。18世纪的威廉·布莱克如是说："一切受造之物叹息、劳苦，直至被拯救"；他经常做此感叹，混合了基督教末世论以及对个人启示和政治革命的希望。

最微小琐细的事物，比如写作和阅读体验，往往看似如此远离世界、如此无关紧要，尤其在涉及小说和诗歌时；但我们在其中，有时却能和各种世界里的真实死亡与诞生的遥远轰鸣共同呼吸，乃至被浸没。

时间的形状：正被拉下、被压垮

心理学家理查德·尼斯贝特（Richard Nisbett）在《思想的地理：亚洲人和西方人想法如何不同……以及为什么》（*The Geography of Thought: How Asians and Westerners Think Differently... And Why*）这本小书中描述了一个实验：向美国人和中国人展示不同趋势图，诸如经济增长图表等。实验显示，"如果某个特定趋势上升，美国人比中国人更可能预测它将持续上升"，而"中国人通常预测变化持平，而且对变化方向扭转可能性的预测比美国人多好几倍"。

尼斯贝特并没有说实验是否是按族裔的不同对美国人给的答案做出区分，但他确实继续讨论了犹太思想中普遍的"有起必有落"这个观念。

不能全盘接受这些笼统的描述——尽管我猜"不能全盘接受笼统描述"的观点可能也是要具体看族裔和文化的！

华裔学者林凌瀚为我解释过中国故事如何倾向于坏结局，但过程中亦有欢欣时刻（西方人可能称之为基督教的恩典时刻）。

不管出于我自己的族裔倾向或其他缘故，万事倾向于坏结局这个想法令我震惊，不是作为特定的故事组织方式，而是作为关于世界的简单事实。

这也未必令人沮丧。就算生命在某个时刻后便是漫长的下坡路［塞缪尔·贝克特所发表的小说《更糟糕了，嘀！》（*Worstward Ho!*）］，也可以在过程中的任何时候发现甜美时刻。谁能说你在终点附近发现的时刻不能是最甜的？你难道不该，如莎士比亚写的，"要最爱那个你不久后必然离去的"？

西方的体裁往往是目的论的：根据其方向性或终点组织起来。结局会战胜沿途的一切，叙事的意义往往被认为仅在于如何结束。喜剧结局幸福而悲剧非是；不管事情发展如何之好，总有时候会转而变坏，因此古希腊人要求"人死之前勿称其幸福"。

相比之下，以 2007 年的中国电影《落叶归根》为例。故事讲述一个人打算将朋友的遗体带回朋友亲属家以便安葬。漫长旅途中他费力搬运尸体，经过诸多曲折障碍，终于到了朋友的家乡，却发现为了建大坝，整个镇子都已夷平，而死者的亲属也无处寻找。电影结尾他在碎石堆上弯着腰哭泣。

而且，没错，这是一部喜剧！

中国正在经历快速发展，有点像美国一百年前的情况，或者再早一百年的英国的情况。在其中的每个时刻和位置上，在那些被进步的风暴拉下的人、被划分到历史垃圾堆里的人身上发生了什么？

18 世纪晚期的英国诗人威廉·柯珀（William Cowper）生活在一个历史的"拐点"之时：那时，资本主义现代性在生活彼此关联的各个方面如野火般启动，似乎要将旧世界留在身后。他将自己长期的抑郁同一位从海船跌落、望着船只驶远的海员的体验相类比，这个类比很有名："我们独自死去：但我在更汹涌的海水下，被比他更深的漩涡吞没。"

英国画家 J. M. W. 透纳（J. M. W. Turner）在 19 世纪生活的年头较长；其画作如米歇尔·塞尔（Michel Serres）所言，浪漫化了全新的动态经济，及从经济形象之中构想出来的火、蒸汽和烟雾组成的热动力宇宙。但我倾向于看见另一面：他绘制的驶入狂暴海洋的船只［《雪风暴》（Snow Storm）是最有名的画作之一］或许理想化了一种不畏艰险的抗争，但是当你思考观察这一进程的那种视角时，往往代入的是柯珀所描绘的乘船遇难者：眼睁睁看着船开走却没带上你，扔下你直到淹没。在透纳 1840 年的画作《奴隶船》（Slave Ship）中，这一点并不隐晦，这是他献给全球废除奴隶贸易运动的作品。这幅画是为了纪念 1781 年，为了保险金而被奴隶船"宗号"（Zong）船长抛入海里淹死的 133 名奴隶而作的。

柯珀的悲剧在弗吉尼亚·伍尔夫的现代主义杰作《到灯塔去》中作为闹剧得到重复，书中主角的丈夫拉姆齐先生正沉溺于形而上的焦虑中："他朝她摇摇头，大步往前走（"独自"——她听见他说，"毁了"——她听见他说）。"

然而中国的现代化表明，情况往往是"跑得快的将要被甩在后面"。关于现代性的现代主义故事如是说：现代性的故事前景单一，而其他所有人都会被落下；而这种故事本身也已经过时和落后了，至少眼下如此！或者用不那么矛盾的说法，它已经变成诸多故事中的一个。

进化要求多种路径和变体；现在，身为山丘之王却让你和那些在低地艰难前行的人相比处于劣势，因为他们是唯一有机会找到远处山峰的人。不只是条件变了，而是我们知道，某个物种或范式的主宰地位也会为自己的垮台创造条件。

阅读与避难：来自诗歌的新闻

> 结果到后来我时不时产生一种可笑的想法，再也不回地洞，就在入口附近住下来，以观察入口了此一生，时刻想着我若待在洞里它能向我提供多么可靠的保障。——卡夫卡

> 飓风掀掉我的房子也没事，只要我还有狗和所有飓风录像带。我会挨着房子停车……观看它被吹走。——风暴追逐者里德·蒂默（Reed Timmer）

> 我认为各种艺术家心中都能探测到连贯的两难境地，属于两种共存的趋势：急迫的交流需求和更为急迫的不被发现的需求。——D.W. 威尼科特（D.W. Winnicot）

> 很难/从诗歌中获取新闻/但人们每天痛苦死去/因为缺乏/从那里发现的东西。——威廉·卡洛斯·威廉斯（William Carlos Williams）

一

玛丽·雪莱（Mary Shelley）的小说中，弗兰肯斯坦的怪物被其创造者和遇到的所有人排斥。他在一座农舍附带的棚子里找到藏身之处。棚子

太矮,让他无法站立;但它很干燥,还有烟囱提供暖意。这个怪物夜里从附近溪流打水,从农舍的食品储藏室窃取食物。没人看见他,他得以透过木板钉住的窗户缝隙观察农舍居民。他们彼此说话、朗读的时候,他发现了语言的存在;在他们教外国客人英语时,他学会了说话。

不同寻常的是,这个怪物在棚里的处境类似于阅读时读者的处境。独自一人,退出公共空间;读者和怪物一样,似乎静止了,可将全部注意力用于偷窥眼前不断以语言展开的场景。

在这幅畸形的读者形象画里,有某种逃避现实的意味。当然,这种逃避也许是保护性和反思性的。(我想到认识的一个人,儿时曾在公共图书馆避难,躲开拥挤的家庭和虐待人的家长。)这亦有某种读者身为寄生虫的意味。在较广的意义上,这也许能让人想起吸血鬼般的有闲阶级在旁人劳作时阅读;甚或更为宽泛一点,即我们所谓更高级的功能——意识和文明本身,像寄生虫一般搭上了我们动物本性的顺风车。

读者容易被当作吸血鬼,而作者们也不遑多让:不仅因为他们遇到的每个人都是潜在猎物,可被吸取运用到下一部小说中;还因为他们致力于让自己通过书籍的后裔(而非通过活着的后代子孙)而生存,某种意义上也许意味着从未彻底活过。

不管怎样,正是在这个薄暮世界中,读者与作者相遇。

一旦明白了偷听的怪物被当成读者形象,那就容易看出其处境也匹配玛丽·雪莱对自己一生投入写作幻想故事的叙述了。玛丽·雪莱跟着一位出了名抑郁疏远的父亲和一位出了名自恋的继母长大,写故事、编白日梦为她提供了不间断的"避难所"和"最深切的乐趣"。也是这样,她幼时去过的"枯燥荒凉"的乡村成了她"愉快的区域,无人留意,我便能和我幻想中的生物交流"。

通过幻想避难是对避难的幻想。但有时,幸存便取决于这脆弱的同义重复。

二

拉尔夫·埃利森（Ralph Ellison）的《隐形人》（*Invisible Man*）不再讲述埃利森所称的 20 世纪中期美国黑人生活的"存在主义式的折磨"。黑人找到了避难所，"在一栋只租给白人的楼里，地下室有块地方在 19 世纪就已封闭并被遗忘，我在晚上试图逃走时发现了这里"。这里不用付租金，还能利用独营电灯公司的主线照亮这处避难所。余下的叙述，即关于脱离那一刻之前的生活，是从这一位置发出的。

叙述者的情况和埃利森写这本小说时情境的特定细节有类似之处。埃利森在纽约哈莱姆区的一间地下室公寓里生活，他的写作时间（尤其和他妻子的常规工作形成对照）使他成了这个以工人阶级为主的黑人社区中一个高度可见的可疑人物。那段时间他也在曼哈顿第五大道朋友的办公室里写作，这又讽刺地让他得以"在白人为主的环境里找到了避难所，在那里，这同样的肤色和模糊的身份让我变得无名，并因此不再为公众关注。"

当然，一名作家不可避免会将其当下情境中的各方面纳入写作内容，不管他写的什么。在埃利森这里，他的当下情境或许直接就是他写作内容的一部分。

但我这里的意思是，身为作家的方式和身为读者的方式彼此共鸣，是同时既在世界之内、又在世界之外的方式，（在这个例子里）也和在美国身为黑人的体验共鸣、和既隐形而又高度可见共鸣。

这并非主张身为黑人就像读书或写书的过程一样，或说所有作家都有"黑人的灵魂"，只是说我们或可认出接触的共鸣点。

三

我在看《弗兰肯斯坦》和《隐形人》的时候，想起我自己旧时的一部科幻作品。我的幻想作品场景是末日后的城市夜景，有点像后期的耶罗尼米斯·博斯可能绘制的场景。

黑暗的废墟和城墙间，鬼祟黑影照看着篝火，零落火星噼啪闪耀。远处的警戒塔耸立于被照亮的阴森堡垒和铁丝围栏之上。寂静令人不安——能在其中辨认出发动机的低鸣——却被炮火声以及闷住的含糊叫喊声打破。

在这地狱般的画面中间，一位孤单的旅人择路而行，如中国山水画中孤零零的旅客。你能想象我们的旅人曾见过怎样可怕的场景，忍耐过怎样的困苦，有多少次以诡计和运气骗过死神。

一天晚上，他被残暴的赛博格警察（或狂怒的狗，或变异僵尸）追踪，跌跌撞撞进入一道墙上隐蔽的出口，潜入安全地带，进入建筑之间被遗忘的、洞穴般的梯形封闭空间。

从这时起，你可以继续加入各种混杂的修饰：成堆储藏的罐头货品、新鲜水源、巨大机器从墙的另一侧传来的热量和嗡嗡声。

我的幻想到此为止，但如果你要围绕它编出更多故事，你可以再扔一个避难者进去——她蹒跚而入，衣衫褴褛，双眼闪耀，露着低胸乳沟。我们的主角将她争取了过来，但接着她的变异前男友出现。最终所有人都死了，或者起码避难所被破坏，我们的旅人被抛回自己的漫游之中。

也许你会再次见到他：现在是在远方，一个小小的身影，沿着照亮的堡垒围墙艰难地行走着。

四

这一切将我们带出对避难所的幻想，后者当然是暂时的状态。你总会重返世界。

但相反的情况也同样真实：你再也不能重返那个世界——或者像鲍勃·迪伦唱的，"你能重归旧地，但已沿途不再"（you can always come back, but you can't come back all the way）。

这两种相反情况的相反情况也能成立：你从未离开。而上述情况的相反情况则是：一开始你就不怎么算是这世界的一部分。

所有这些相反的情况是共存的，这才是问题。阅读活动让我们接触到同时作为暂时和永恒状态的抽离与孤独，也接触到一些方法。我们总是以这些方法吊诡地既是社会性在世存在的一部分，又在它之外。

后末世幻想是经典的抑郁意象，标志是感到某些可怕而不可扭转之事已然发生，正如焦虑症会感到可怕之事即将发生。

已发生之事往往就像世界的失落，至少是一个以温暖和人际连接为特征的世界。用心理分析家 D. W. 威尼科特的术语说，这样的世界有时被称为"抱持性环境"（holding environment）。

你也许会想，如果你反正要幻想，为何不唤出像老民谣里的《大冰糖山》（"Big Rock Candy Mountain"）描绘的那样天堂般的世界，而不只是黯淡危险荒原中一个相对舒适的破屋？如果吹着口哨穿过墓园（俗称"耍赖"）是你的首要防御战略，那就继续，你会有许多同好。但想想《黑客帝国》（The Matrix），机器是怎样造出美好世界的幻象去抚慰其人类奴隶，却发现大多数人类无法应对？就像格特鲁德·斯泰因（Gertrude Stein）提到马略卡岛（Mallorca）时说："那就是天堂，如果你能忍受的话。"但多数人受不了。

抑郁能清晰地带来对事物本相的精确评估，该现象被称为抑郁现实主义。现实主义中的抑郁部分倾向于为事物可能的情况打折扣，更愿意尝试在不指望重建的世界的废墟中行进。

但我是否不得不指出，这一立场仅仅是一种病理性状况的极端形式？

如果你，亲爱的读者，对把抑郁幻想作为应对策略还未有了解，我很确定我不会在这里发现你正在这篇怪异文本中捡拾天知道的什么玩意儿，而应该是在别处：两眼放光，端着马提尼，交朋友，做爱，赚钱。

五

那你为何在此？是什么让你成为读者？你为何独自溜走，到这冷僻角落？这篇文章对你而言会是什么——哪种避难所、储藏室、药物？你在这能得到什么？就在此刻你正得到什么？

埃利森甚至断言:"小说可塑造为希望之筏"——它"或可让我们一直浮着,让我们尽力通过障碍及漩涡,而它们标记了本民族通往或远离民主理想的犹豫不决的道路。"

在你和一段文本之间最可能发生的事是它令你保命,它将成为令你生存之事的一部分、你为何而活的一部分。

你撞到这些词语真是走运!

抬头看一下。也许周围有别人,他们能看到你在阅读。但他们无法真正看到我们正编织的那张网、你正从这阅读中获取的秘密的心理支持:"在我敌人面前,你为我摆设筵席。"(《旧约·诗篇》第 23 篇)

这是一桩物理事件,视觉浏览一行行印刷字体,就像抽烟。两手伸出,双眼浏览,大脑点亮。放下又再一次拿起:再一次地双眼浏览,大脑点亮。你头脑里的一个声音将词语大声读出;这是你的声音但又不是你的声音。如果你很专注,你能感到它在你的喉结、舌头和嘴唇肌肉回荡,如同一个声音的影子,此时你的大脑映照出你认同的一个说话者强调的手势姿态和激情的语调变化,仿佛你自己正在低语这些词语,仿佛你正在观看你爱的某人在你看过多遍的戏剧中表演。

读书就是这样,它既像又不像和另一人互动的过程。感觉某种意义上像是因为你不知道接下来是什么。文本看似有某种独立的主动性。阅读不同于闲坐着思考或自己编织幻想故事。

读者甚至可以被表现为可悲的被动:作为读者,我所能做的不过是浏览文本,我什么也无法改变——我无法对其施加行为。而文本反过来也似乎几无行动能力。它无法回应我,也无法回视我。

但文本可以做某件甚至事关生存之事:它抱持我。

六

大卫·格罗斯曼(David Grossman)讲述了作家布鲁诺·舒尔茨(Bruno Schulz)的故事:他生于 1892 年;1942 年,在他 50 岁时被一个盖世太保军官枪击死去，此人看起来是要报复另一个盖世太保军官。据说第一个军官向第二个军官说道：“你杀了我的犹太人……我杀了你的。”

你怎么可能甘心忍受这个？

舒尔茨的一名高中学生泽韦·弗赖谢尔发现他死在街上——至少是他讲述了这个故事，他在把舒尔茨拖走埋葬之前吃掉了一点在他口袋里发现的面包。

格罗斯曼讲道：“当舒尔茨还是孩子时，有一次，在一个忧郁的夜晚里他母亲亨利埃塔走进他的房间，发现他正在给寒冷秋天存活下来的最后几只家蝇喂糖粒。”被问到为何这么做时，他回答道，"这样它们就有足够力气过冬了。"格罗斯曼将他对舒尔茨作品的反应总结如下：

> 我再次惊叹于这位作家——一个极少离开家乡的人，如何为我们创造了一个完整的世界、现实的另一种维度，甚至直到今天，在他死去多年以后，他如何继续喂给我们糖粒和面包屑，让我们或能设法度过这寒冷、无尽的冬天。

我们不仅生活在死亡的幽谷，还处在无所不在的法西斯主义阴影里。如历史学家文朵莲（Iona Man-cheong）所言，我们生活在"帝国的罅隙"里，也如瓦尔特·本雅明所写的，"敌人未曾停止胜利"，或者像我之前的老师阿德里安·里奇（Adrienne Rich）说的，"他们仍然控制着世界"。

与此同时，生活本身浮出水面，维持在起伏的死水中。

结局（总是）很近：末世论的可持续性

一

当下美国末世论的风潮及其不相称的叙事和政治氛围，是一个正在衰落中的帝国情感结构的一部分。

当然，所谓的"准备者"（preppers），围绕着为不同大型灾难做准备而安排生活，不论是新罕布什尔州的生态‐分离主义者（eco-separatists），俄勒冈州武装起来的白人至上分子，还是亚利桑那的郊区家庭——换言之，那些末世论即生活方式的人，已经明确失去对社会或国家的信心。

他们对未来将会发生什么意见不一：经济混乱、核泄漏、连续的电网故障、超级火山喷发、小行星和彗星、日冕物质抛射、基督教末日狂欢。不论这些情况有多可信或多疯狂，都像是某种必然：所有这些早晚终结。例如，灾难性气候变化是真实的，资本主义是不可持续的，这两件事似乎紧密相关。

与此同时，生活还是要继续。许多"准备者"有工作、有家庭和朋友，是良好的消费者。我此处的观点不是关于这世界上会发生或不会发生什么，而是一个真实事件——关于在想象中、意识形态里或心理上，（个体的或群体的）已真实发生之事或正在发生的事。

末世论在情感（情绪）意义上是真实的。

二

我想试着通过最近注意到的一条新闻来简单考证这一点。

奥斯利·斯坦利（Owsley Stanley）因汽车冲出高速公路而丧生，车掉下路堤、坠入树丛。斯坦利是20世纪60年代最有名的致幻剂（LSD）生产商——估计他生产了超过100万剂迷幻药。斯坦利时年76岁，生活在澳大利亚凯恩斯港口附近的丛林里，他是20世纪80年代搬过去的；"他在很稀有的访谈中解释过，这样他就可能从他认为即将到来的冰河世纪中幸存，而那会摧毁北半球。"

斯坦利70多岁时会在想什么？就算在所有那些LSD造成的迷幻感受之后，他还能相信冰河世纪能如此突兀地到来——在他在这个星球上剩余的十年、二十年内爆发？他是否想过，好吧，在我这个年纪，搬回美国很安全？

即使你本人没有末世论倾向，你现在也该知道，这个选项没有心理建设意义。回美国就是被打败，是失去核心组织原则，甚或是毁坏品格人性的一次危机。为了避免这些，也许他想到：我已经在澳大利亚安家，等冰河世纪到来，就算我已走了，我家里的其他人是安全的。

当末世成为结构性原则，其潜在的缺憾可能成为需要避免的灾难。在这个意义上，末世论幻想令人安慰。人们至少会感到情感现实的某个关键方面因此得以处理，这往往是真实地感受到失去了未来这个方面。

末世论是多因素决定的：可以为实现不同的政治目标、差异很大的心理情绪服务。首先（如上所言），焦虑是感到某些灾难性事情将要发生，抑郁是感到它已然发生，而所谓的灾难是真的失去一个世界——一个"抱持的环境"。

末世论可以是上述两者的归途。对抑郁者，令人恐惧的是事情往往会一直持续，就是说我每次醒来后我了解的那个世界还在那儿。图帕克·沙库（Tupac Shakur）是这么说的："我唯一的死亡恐惧就是又回到这个贱货身边"——也就是回到这个世界，即"投胎转世"。这就是尼采说的"永劫回归"。

末世论也许牵涉到自我陶醉般的对死亡的否定：其他人会死，但我不会；或者自我陶醉于必死性的全球化：世界会和我一块儿死。我们会从参与和认同某些相对持久之物中获得一点不朽感——无论是家庭、社区、文化、民族、或社会，那么对于这些实体稳定性的扰乱的确会危及我们的不朽。在此意义上，末世论是真实的，也是心理上的防御机制。

我知道我说过我不会谈论学术界太多，但我不由得想起一些年长的同事，从他们那里我了解到被落下的感受，即感到在生命和工作中获得意义的那种时势已经过去，可以导致卡珊德拉式的（Cassandra）末世论、抑郁症、侵略性还有试图否认，这都体现在他们对待年轻同事终身教职的态度上！

三

瓦尔特·本雅明说过，人类的"自我异化达到如此程度，能够体验自己的毁灭，将其作为一级的审美乐趣。这就是法西斯主义将政治审美化的后果"。马克·费舍尔（Mark Fisher）认为文化理论家弗雷德里克·詹明信（Frederick Jameson）和斯拉沃热·齐泽克（Slavoj Zizek）提出了如下的见解，这也是末世论幻想的流行趋势表明的："想象世界的终结比想象资本主义终结容易"。

所以，我喜爱末世幻想、将末世体验审美化，这有何含义？难道我是法西斯分子？瓦尔特（本雅明），抱歉啊。弗雷德里克（詹明信）和斯拉沃热（齐泽克），抱歉。

让我们换个略为不同的思路。萨斯基亚·萨森（Saskia Sassen）认为，后现代"民族国家的解体在旧的（世俗的）结构中产生了结构空洞，或空白空间。"她说，一个后果就是组织性宗教的兴起，以填补空隙。

不只是信奉启蒙理性稳步替代宗教的现代主义者会感到意外。对结构性体系真正的信仰者而言，一种结构位置中的事物可能被重新用来服务于另一功能，这个想法让人无法容忍，这就好比说我们可以开始用胃而非脑子来思考。

但我的肠胃告诉我这是正确的；至少从我对事物变化之速的感受而言，这说法感觉很准确。大约2亿年前，我的部分下颌进化成了耳朵；但仅仅过去数年间（不管怎样至少我是这样），它们似乎正在忘记自己的新工作。

另一方面，结构主义者相信断裂是因为他们相信结构。这就是为什么人类学家玛丽·道格拉斯（Mary Douglas）在其经典之作《纯净与危险》（*Purity and Danger*）中用名为《打碎及更新的系统》的一章作结尾。这也是托马斯·库恩研究在长时段中发生的、他所谓的被革命性范式转换所打断的"常规科学"。这就是为什么福柯——就算他成了个后结构主义者——

依然如此坚持知识断裂的概念。

如果系统的概念多少是个封闭体系，你自己的幽闭恐惧症让你需要定期焚毁它！

四

我很幸运，一直作为一些令人浮想联翩的半末世事件的证人，但还没成为其牺牲品。

我在明尼苏达州长大，每年夏季都有几次飓风警报响起。我们没有按照被严令的那样跑到地下室，而是跑到街道中央，兴奋地看着天空，寻找即将到来的旋风。

街道中央：因为这儿最好看天空，但要注意这一时机如何允许我们占据其他时候被禁止的危险场所。这种情感类似于革命的快感：乾坤颠倒、警笛长鸣、恐慌的孩子在街上跳舞。

我从未真正置身飓风之中，直到多年以后在纽约市的布鲁克林遇到，偏偏是这儿。两股飓风横扫 2010 年，其中一个经过我工作的普拉特学院。大概下午 5 点，我在办公室里，和同事詹妮弗·米勒说话，她是剧作者、表演者兼社会活动人士，一位长胡子的女士。我提到这点，你就能想象那个场景。风开始呼啸，一个留着白色短须的男人和一个留褐色长须的女人被吸引到窗口，还在聊天，但越来越兴致勃勃：此时暴雨正被拽入地平线，眼前方形庭院中的树木开始被折成两段。

我见过明尼苏达州明尼阿波利斯市中心整个街区在 1982 年感恩节被烧毁。我曾亲身经历过 1989 年旧金山洛马·普雷塔（Loma Prieta）大地震、1991 年纽约飓风鲍勃（Bob）、2011 年的飓风艾琳（Irene）和 2012 年的飓风桑迪（Sandy）。我和邻居们从布鲁克林街角和屋顶目睹了纽约市曼哈顿世贸大厦双子塔的燃烧和倒塌。2003 年美加大停电时我也在，更别提各式各样的暴风雪和冰风暴。"我曾见过你们无法想象之事：战舰在猎户座边沿熊熊燃烧。"——不，等等，那是《银翼杀手》（*Blade Runner*）里的。

每次在为受伤害群体感到恐惧与关切之中，我都感受到一种此类情景中独有的活力。

这么说感觉很冒险。我想到过，有些右翼分子会将这错误解释为我说我很高兴发生了9·11事件——我先前还忧虑过我的末世论可能被经典左翼组织理解为革命想象力的失败。这样的焦虑可以暗示这种生命力情感（vitality affect）、这种活力被否认或防控的程度。

末世情境触动了心弦。我的目的不是做心理分析，而是指出，将生命力情感导入恐惧、害怕、愤怒、焦虑、兴奋、喜悦，即所谓的"情感劳动"中，正是我们这些文化生产者的工作。这次我说"我们"，不仅包括我和所有还有足够兴趣、仍在阅读的人，还因为我们全都是文化生产者——当我们说话时、当我们探索可能说什么、什么故事能讲述、能让什么变得易于理解，甚至什么能被思考、感受、体现和认可，而什么被排除、被污名化时。

只有右翼分子和自由意志论者才能捕捉正面的末世论情感，而自由主义者和新自由主义者却很可能相信西方资本主义的无忧无虑和永恒统治：当出现裂隙，甚至出现伤亡时，他们体验到的却唯有恰如其分的恐惧。我们不应屈从于接受这样的观点。

我们的工作是让其他的、参与感更强的政治形态也能获得末世论主义的生命力情感。

五

我注意到，最依附于权威的人通常也是最相信领袖们辜负了我们的人，以及最害怕或常幻想权威崩溃的人。我猜这是基本的俄狄浦斯式冲突。总之，这必然是这么多电影在末世情节中编入父亲的角色赶来救赎并恢复秩序的原因。

许多令人满意的世界末日就这么被毁了！当海啸掠过自由女神像［电影《后天》(The Day After Tomorrow) 里］、海浪冲过华尔街时，多令人神往！当杰克·霍尔［丹尼斯·奎德（Dennis Quaid）饰演］告诉儿子"我会来找你"，并在充满男子气概的漫长跋涉后真做到了，这真是乏味到呆滞！（顺便说一句，这是9·11事件之后第一部大成本好莱坞灾难片。电影制片人提到发行本片的一个崇高理由：如果我们允许对纽约市的攻击攫取了我们对这个城市毁灭的幻想，那么，恐怖分子就会赢了。）

另一个充满希望的开局［在电影《我是传奇》（*I Am Legend*）里］：威尔·史密斯（Will Smith）在野草蔓生的时代广场上猎鹿。超赞！另一个无聊的结局：史密斯牺牲自己，从僵尸手里救下了自己的小家庭和人类的幸存者。拜托！

长话短说，在当下情势中，这些电影的叙事弧线并未在情感上产生什么意义。它们所表现的有关末世的方面短暂地与意义相交，之后，其所表现的有关世界秩序恢复的轨迹让我们失去了兴趣。

但是，感谢上帝，秩序被打乱并被重建再唤起曲线及叙事弧线并非唯一看点。问题在于如何停留在世界末日这个时刻里——末世论的可持续性。注意，这是准备者们通过将其变为一种生活方式而琢磨明白了要做的事。

对小说家或电影人而言，最容易的方法不过是继续从后末世氛围中榨取注意力，并遮掩任何你喜爱的叙事。

科马克·麦卡锡（Cormac McCarthy）的小说《长路》（*The Road*）及根据小说改编的电影都做到了这一点。我得说主叙事弧线粗暴笨拙（父亲牺牲自己救了儿子），不过这几乎无关紧要。通篇的要点，也就是抱持我们的内容，似乎是后末世氛围的美好滋味。

科幻电视剧集《萤火虫》（*Firefly*）引人入胜的前提是在边缘地带努力维持后末世生活，而非恢复秩序及文明。《黑客帝国》如此成功的一个原因在于其核心前提的持久回响：末日已经到来，错觉在于以为我们的平凡生活仍在继续。

其实我们已经走在现代性和美国帝国的废墟周围。

在我世界的一角中，这有别样的回响。我说过，学界人士，除非他们像许多人那样系统性地否认，理应了解"过了临界点"是何感受。人文学科也许最明显：我成长时被教育要珍视的共享的文化遗产，以及我的英文博士学位授权我提供的内容都已被替换，仿佛又回到过去的私人占有财产状态。一般而言，这些都是悲痛哀叹的主题，但在后末日电影的标准套路里也能看到：私人住所满是能一眼认出的、从博物馆抢救出来的艺术珍品。从电影上看，情感是一种极为正面的强烈兴奋感：现在绘画与雕塑失去了其标志性的、公认的价值，拿来装饰那些依然珍视它们的人家岂非更好——仿佛已然实现了瓦尔特·本雅明描绘的那种持续的弥赛亚般的尝试，"将传统从即将压制它的因循守旧中抢夺出来"已经完成；尽管不尽如我们之前所想象的那样，这是自然。

六

停留在末日时刻就是生活在吉姆·莫里森（Jim Morrison）所谓的"万物皆破且起舞"的世界里。

为了普及它，有人可能会宣称就算科学也已确认，莫里森命名的那种远离平衡的状态其实是我们生活和世界的基线状态。相应地，我有点想告诉那些年长的同事，开错头、死胡同、走弯路，全都是对可能性空间探索的一部分，这对于知识生活进化的重要性，不亚于对于生物生命存在的重要性。

说威廉·布莱克1793年的乌托邦宣言"帝国不复存在"在经验上是错的或时机远未成熟的、天真的，这是全盘误解了末世论的情感劳动。我记得2008年，乔治·W.布什还是总统时，我看到有人仿制的《纽约时报》上"伊拉克战争结束"的大字标题时有多激动，那是以"好好先生"（Yes Men）闻名的媒体活动家们制作并分发的。

我们的内心为后帝国的未来跳得更快，不管是美是丑。我知道这不对，但我仍然很爱听到你说："火，火，落下来了……帝国不复存在！不再有狮与狼。"

达斯·维达和占领华尔街

在以前我思考艺术的地方，现在我思考末日……这个过程中，我们当中有些人一直盯着世界末日。当然，他们的意图是终结那百分之一的人的世界、债务构成的世界。不论他们相信与否，占领者谈论起来就像这样的末日也许很近了的样子。但是，对这种异乎寻常的轻信最适合的解释是人们承认——我们可能体验到的真正终结是运动本身的终结。——内森·施耐德（Nathan Schneider）

一

2011年大众公司一则颇受赞赏的广告里，一个孩子装扮成达斯·维达（Darth Vader），想要用"原力"控制世上之物。爸爸下班回家，和妈妈一起站在厨房窗口，看见孩子试图以精神控制车道上的家用车。汽车魔法般启动，接着你看到那位爸爸悄悄用遥控装置启动了车，验证了孩子对自己超能力的信念。

这是经典的后现代广告，向观众展示了到底怎么耍把戏，却又要相信它。

想必就算对爸爸来说（别的时候其作用仅限于往返工作），远程启动车辆也依然赋予他拥有超能力的感觉。但问问他有能力去做什么？你看到当作魔法般无限能力售卖的，只是用按钮而非钥匙启动汽车的能力。

最坏的情况下，这种话术与资本主义可辨识的法西斯主义倾向结盟——如果法西斯主义的定义是为人们提供了一种膨胀的、神话般的自我感觉，以及幻象般的归属感；同时却系统性地剥夺了他们任何真正的主动性和政治权利。去上班，买辆车——你就是超级英雄！（当然我不是说一家像大众这样优秀的公司能和法西斯主义有什么关系。)

但还有另一面——让广告起作用的是其心理有效性。

除非父母会为孩子的魔法万能感出力,不然孩子会病理性抑郁,或干脆死掉。婴儿哭泣,食物出现;他在挫败感中扭来扭去,就因为想要个玩具,但缺乏够到它的力量和协调性——等妈妈爸爸看到了,就魔法般地实现了。就婴儿所知,他自己的欲望本身便能促进其实现。

独立主动和无所不能的幻想会先于实际主动性和权利获得,前者也是后者所必须的,并持续构成后者的基础。除此以外,另一种选择是习得性无助。

两种相对立的观点在面前时,我们怎么才能想通?

就算你觉得广告是芝麻小事,但矛盾是赤裸裸的,代价也似乎颇高。

向另一语域提问:2011 年占领华尔街这种抗议活动和相关政治行动有否为人民赋权?是否为动员和打开政治话语做出贡献?能否被描述为只是发泄,乃至更糟,是某些系统性损失控制机制的一部分,以真正的政治动员为代价提供审美或象征性的表演?就好像革命是一辆车(或更奇幻,是你手里拿的书),最新的展示是让其启动的遥控器?

二

如你所料,许多右翼分子、一些所谓的左派分子竭尽全力向我们保证,占领华尔街的抗议只是婴儿般的幼稚表现:我们是在紧抓稻草,在这里不会出现持续的运动。

面对矛盾,就算现在仍是晚期资本主义的初期,他们怎么就能这么肯定?是什么让心怀憎恨者假装拥有在此阶段不可能掌握的知识?

哲学家雅克·德里达这么说:"矛盾中的连贯性表达了一种欲望的力量。"无论其他内容为何,这欲望寻求"令人安心的确定性",通过它"焦虑能被制服"。焦虑来自"被牵涉其中",来自"游戏中的生死关头"。而我们都在生死关头。

以德里达为起点，我们可以推测那些想要一笔勾销的人所欲之物，以及他们可能失去的，是对单一中心、单一起源或立场或目标、单一因果、单一政治主动性、单一公共空间、单一理性与话语、单一左派和单一右派的结构幻想；而所有这些都是占领华尔街公然谋求反抗的。

有一段著名祷文祈求勇气、宁静和"了解差异的智慧"的出现：在能改变的事和不能改变的事之间的差异。最好为愚人祈祷希望他们不要了解差异！威廉·布莱克曾说："如果愚人坚持愚蠢，他将变得明智。"

三

如果政治，或说如果世界不完全以我们了解的方式运转怎么办？

如果事情在复杂的生态系统中兼具全球性和地方性，且更复杂地相互连接，这样我们就不一定能预测一个领域中的事件会如何在另一个之中回响，那能怎么办？如果巴西的一只蝴蝶扇动翅膀可以引起德克萨斯的龙卷风怎么办？如果数学家的算法会触发股市崩盘怎么办？如果微小的、超本地化的基因突变能通过自然选择导致集体演化怎么办？那岂不是会不可置信般怪异？

如果占领运动可被形容为运动的隐喻（常见说法是不过是个隐喻），我们仍然希望它有助于促成这一运动，也就是说，占领像华尔街附近的祖科蒂公园（Zucotti Park）等特定地点这件事，会与个人如何在任何不友好空间里试图建立有价值的立足点产生共鸣——无论是在经济、学术、家庭还是身份中，那怎么办？如果这些回响是真实的、会蔓延的怎么办？

如果即将到来的暴动会采取"音乐的形式，其焦点尽管散开在时空中，却成功地将自身共鸣的节奏强加于人怎么办"？

如果我们视为稳固现实的事物——比如钢筋混凝土桥梁，有一天开始波动并分裂怎么办？如果我们问为何如此，结果发现（就像鲍勃·迪伦说的）"答案啊，我的朋友，答案在风中飘扬"怎么办？

如果在当下事态中，我们可以赢得更多影响力，不是靠卖弄知识，而是靠坚持不懈提问（就像那首著名的歌曲那样），会怎样？

如果上帝从旋风中向忠实信徒现身，向他们提出史诗般的系列问题，意在暴露他们对不可能拥有的知识的妄自尊大，会怎样？

四

如有些人声称占领华尔街从来不缺乏理性计划和动议。这些都可以给你：累进税制、金融管控、医疗保健、就业保障、社会主义。随便选，我还有。

左派更缺乏的是情感结构中的情感连贯性。这是占领华尔街帮助发现并发明的事物的一部分。

当然，林林总总已经存在的情感连贯性是有的。持重的左派知识分子，还有他们很确定地认为占领华尔街是昙花一现的态度，自有其男子气概的坚忍和抑郁的透彻。茶党有正当的义愤，历史学家琼·斯科特（Joan Scott）将茶党的立场转化为心理分析术语，强烈抗议道："他们偷走了我们的快感！"

至于我们其他人，起码没人偷走我们的快感！在占领华尔街运动中，你能听到数百场生机勃勃的政治对话（实际上这是占领运动的特点之一），其中你能找到细致的分析、魔幻般的思路、政策提议、妄想症的语无伦次、理论化实验、新时代的唯灵论（spiritualism）等等不一而足，但在此之上、在此之下、在此之侧，贯穿其中的是某种其他事物。它不完全是正当的义愤：义愤来自更多特权、更多权利与尊严受伤的感受，但在场的多数人并不拥有这些。

无时不在的超现实主义氛围的存在，来自对政治话语定义如此狭窄、主流话语如此彻底锁定的感受——如此排除其他可能性；这是从一开始就削弱希望实现的政治目标，否则是不会仅限于使用这些话语工具的。最终，就像奥德丽·洛德（Audre Lorde）说的，"主人的工具永不会夷平主人的房子。"

但这不只是工具和工具性策略的问题。算作现实的事物本身就如此贫瘠之时，被看作合理的职业发展和人生抱负、明白易懂的政治诉求、切实可行的社会身份也是如此步履艰难而且具有侵蚀性，并令人窒息般的艰难，乃至于让新自由派晚期资本主义现实变得不堪居住之时，便是超现实主义出现之日。

如果不能栖居其中，就占领它！

五

所有对话之上、之下、之后，贯穿其中的起码还有——生命力。

布鲁克林艺术家德里德·斯科特（Dread Scott）谈到占领华尔街运动："房间里又有氧气了。"

当然，我必须指出，单靠生命力你无法辨识出建设性政治。

有一次我听完了整部瓦格纳歌剧，被其舞台艺术、悲剧性的性别政治、等级制度、责任和家庭的色情强度所冲击：确实非常有活力！我被催眠了——但我也第一次有点明白了纳粹主义捕捉到的活力和情感强度。

我说过，政治工作（当然还有文化政治）中的许多内容是情感劳动，也就是将生命力转化为立场。

我在听伍迪·格思里（Woody Guthrie）的老歌时，惊异于那些歌曲如何无缝联结了工人、社会主义者、反法西斯人士、自豪而爱国的美国人、同情移民和逃犯的联盟等诸多立场的人——一种如今无法想象的结合。但我提起这个完全不是要说那些日子都过去了。首先，从没有过那些日子；其次，现在依然是那些日子："富人夺走了我的房子，赶我出门，在世上我再无以为家。"

无论如何，至今无法想象的其他组合（甚至现在也无法想象），将会成为可能。法西斯主义仍是且将一直是资本主义持续存在的倾向之一，不只是作为遥远的幽灵。即使你倾向于低估更清楚、更切近的危险：如民意煽动者可能当选、系统性针对替罪羊、人民被动员起来支持象征性的但会死人的战争，或者二元论善恶斗争所兜售的连绵战争，那你如何解释我们已有的民意煽动者、找替罪羊的行为和象征性的长期战争？

我们为了拿到奶酪、避免震荡而跑过的迷宫，我们为了获取不管什么药丸而压下的操纵杆，无情地售卖给我们的身份和归属感的幻影，以及这一切背后、这一切之下推动我们所有人分崩离析的黑暗能量又是如何？

如果在最基本的层面上，我们并不如此汲汲于施行特定改革或策划一次性革命，而是投入持续的反法西斯斗争中，让世界适合生活，那会怎样？如果在这过程中我们最大限度地和其他各种怪人、酷儿、工人、不同文化间的穿越者（culture-crosser）、妇女、移民，及其他不合时宜的人或边缘人群结盟，完成每日生存的劳作，又会怎样？

如果我们一生中仅能知道回声微弱的局部的小小胜利、噼啪作响又瞬间熄灭的火花、从未燃成火焰的余烬，那又会如何？

这暖意足够支撑我们吗？

六

对作家而言，这是很有意思的时刻。乔治·W. 布什的总统任期对任何关心语言的人来说都是一场噩梦。语言本身似乎正在经历被系统性持续移除意义和生命的过程。随即，听见其继任者言之有物且兼具神采（甚至语法都是精确的）都能让你流泪。只是这样还不够，但已经值得一提了。

因此，当我发现占领华尔街的话语空间基本不是我的空间，这一点很有意思。即使我本人靠说话谋生（作为教师，反正），我也并不倾向于在这场运动里发言。我听过学界人士在那儿的讲话，似乎也有点格格不入。

其实，位于占领华尔街行动核心的持续行为——占领，似乎要积极扰乱并替代言语，不是让每次迭代都具有决定性，而是让话语变为复数，就像被称作人民麦克风的行动（其中足够接近发言人、能听清讲话的部分人群逐字逐句重复发言人的话语——当人群足够大时，会将声浪连续传到后排）。

尽管我并不倾向于发言，但这让我感觉不错！部分原因在于，传统抗议集会大规模单一的声学空间总让我感到像是希特勒或墨索里尼从阳台上长篇大论训斥人群。那样的话，你真的想要统一的公共空间吗？

我体验到我对语言、对如今所有可说内容的一种转移，更像是去思考、写作，是伸手去够那想要被说出、但仍然还是不可能说的东西。

那边那个，垂着头的！为什么你含含糊糊自己咕哝？我在思考。

七

如果对魔法超能力的幻想成为所有主动性的基础，那么是的，某种意义上我必须相信世界围着我的词语转并围着所有打动我的词语转。

另一方面，我知道诗人奥登是对的："诗，无济于事。"

如果语言能被理解为寄生物或共生物，与我们人类的大脑共同演化，那么是的，我就是这一物种的叛徒之一，服务于语言这种范畴。不管怎样，这是极端情况。

但如果作家和知识分子既不是服务员也不是叛徒或领袖，只是诸多生命形式中的一种，其中每一种即使以简单多样化之名，也都有权利号称为生命，那怎么办？或者更简单点，如果文本并不为自己要求任何所有权利，只宣称它在被写出或读出时所显现的活力这一明显事实，会怎样呢？

所以我想对那些占领华尔街的人、正在占领这些话语和思想并注入活力的人说，谢谢你。

身为文字人士，我几乎花了五十年才承认（不同的心理治疗师和许多不如心理治疗师那么会说话的人一直在告诉我这一点）：词语本身总是为它们被占用的方式、它们被使用的方式，还有赋予其生命力的情感所压倒。

"那时候，"弗吉尼亚·伍尔夫伤感地写道一战前的日子，"每一场谈话似乎都伴以某种嗡嗡声，并不清晰，但如同音乐，令人兴奋，这改变了词语自身的价值。"

那么在占领华尔街运动里的所有谈话之上、之下、之后，贯穿其中的是什么？

很反常地，有史以来众所周知最难读的作者之一、心理分析家雅克·拉康给了我想要拿着走出去的标语牌口号：

语言的功能不是告知，而是召唤。
令我成为主体的是我的提问。

偏路的公交

一

我在地铁上，把我赶到不得不去的地方，我感到焦虑、孤立无助，不想待在人群中。

我看着公共服务海报。这些海报好像是要设计得尽量傻一点："我们关注安全——你的安全！"这条太傻了，简直莫名其妙。让我想起另一幅地铁海报，推销足病诊所："你可以忍着脚痛生活——但为什么？"我一直觉得这是在鼓励脚痛的人自杀。

抱歉，我在说什么？噢对了，我看到海报上的"地铁"（subway）这个字，倒过来写就是 yawbus[①]，这令我吃惊。

尤其（但不只）当我焦虑或无聊时，大脑就开始此种词语游戏，很像是晃腿，可称为不宁腿综合征。有时这只是抽动症，有时达到诗学的层次。

我还想到，yawbus 是 subway 的对立面，因为公共汽车在地面走，没有轨道，刚好很容易偏航（yaw）——也就是甩尾行驶，这正是列车轨道

[①] yaw 有偏航、偏离轨道的意思。——译者注

要控制的。

二

前几年在飞机上，一位老海军陆战队员坐我旁边，给我讲解偏航以及俯仰（pitch，轮船或飞机上下动，从前到后）和翻滚（roll，从左向右倾斜）有何不同。在机械工程中，这三种运动形式被称为交通工具的力矩（moment），也就是它沿着相交于交通工具中心的 x, y, z 轴转动的倾向。也可以称为交通工具在其他情况下线性运动的间隙。

In the moment 的意思是被移动，并非简单因惯性（动量）在轨迹上向前，而是因为晃动（wobbling），即移动的交通工具如何感到并表现出施加于其上的各种横向力——随时改变航线或偏离轨迹的势能。晃动是当下的实际拉力，有多种可能的前景。

在数学里，moment 用于与一组点的形状紧密相关的含义，就像概率分布那样。虽然很可能在任意一点有无限数量的可能前景，但同样清楚的是，并非所有前景都是开放的：甚至在更无限的不可能之事的大范围背景下，即使可能前景的无限性也有限制。

这一特性在牛津英语词典所称的 moment 一词的"丰富含义"上使用时更为突出："适当时机，提供某种机遇的暂时性条件联合"，含义丰富的晃动、分水岭，或者莎士比亚《裘力斯·凯撒》中布鲁图斯的著名言论：

> 世事的起伏本来是波浪式的，人们要是能够趁着高潮一往直前，一定可以功成名就；要是不能把握时机，就要终身蹭蹬，一事无成。我们现在正在涨潮的海上漂浮，倘不能顺水行舟，我们的事业就会一败涂地。

布莱克也相似地描述了线性的、以钟表测量的时间能够以思考和想象开启："每天都有一个时刻撒旦无法找到／他的钟表恶魔也找不到，但

勤奋的人找 / 到了这一时刻 / 它会成倍增加 / 一旦被发现 / 它就修复了一天中正确放置的每个时刻！"我们也许倾向于将这样的时刻想象为一处偏远的小开口，或可勉强通过；也许能接着走，因为它通向某个高耸的水晶山洞。但布莱克是在更高的维度上想象，仿佛立于时间之外，可以伸手进去、摘出一个时刻并将其安放至新的所在。从这一时间线，这看似突然转向又绕回来的闭环，由于这次退出，返回到了被改变的——修复过的时间线上。

德国哲学家尼采将西方历史看作一条流向灾难性瀑布的河流，但作为哲学家，他"站在旁边和外面。耐心地，拖延着，落在后面"，在思想中追随未来各种可能性，"作为在未来每个迷宫里都迷过路的大胆的实验精神"，并因此"经历整个虚无主义，直至终点，留在身后，在他自己之外"。

尼采并非在隐喻地、夸张地言说。他不是未来学家，我们现在用这个词形容的人是会收集并权衡一系列数据和技术、经济和政治因素并提出建议：如何穿过由各种选择和可能性组成的前景。但尼采为了哲学却当真这么做了（我的意思是与比喻性地这么做相反）：他留意各种思想序列、组织意义的方式和情感结构（例如宗教），沿着它们可能的进化方式。和布莱克一样，他不停地发现基督教神学中某些限制性事物。这堵墙他已厌倦用头去撞。

国际象棋大师如何看到各种未来可能有的状况？即使在如此规则明确并有限制的运动中，未来的数量也多到惊人。要怎么组织各种可能性并反过来影响当下，然后为下一步提供信息？最大型的超级计算机能足够好地模拟或接近这一情况，承担这份工作，但倚靠的仅是数以亿万次计算的压倒性力量，而非理论的洞察力和手段。

无论如何，作为开始，你能通过迷路找到路。你四处打听，找到不同出口和死胡同。你下定决心往前，以头撞墙，直到厌烦；或者你按下手柄，得到一点食物，直到厌烦；或者你最终意识到你寻找的东西沿着目前这条路就是无法找到，于是你原路返回，另寻路径。

例如，（数年后）我终于厌烦了和科学家反复争论同样的事，我自己变换了思路。

这始于后退的那一步。

三

旁白：

但这一切只是个隐喻？

问题一再出现：在何种程度上，这一切是引申的隐喻，一种来自机械工程、数学和动力学的混搭——稍微晃晃就被当作新纪元哲学端上来，或者相反？我在本周《新科学家》杂志的书页中偶然撞上了答案，总是这样。

麻省理工的材料科学家正用电脑建模设计丝纤维，他们要在自然纤维中引入变量，将氨基酸的化学序列转为音调与旋律并倾听它们。他们已经发现，听起来"更柔和流畅"的、能做成更好的纤维，比"侵略性般刺耳"的更好。这是可能的，因为根据他们首席科学家马库斯·布勒（Markus Buehler）的说法，"我们的大脑天生有能力处理音乐的等级结构"。他也可以说得更消极：我们心智的限制令我们能轻松使用音乐的隐喻——这件事里，也就是音乐至通用语言这一古老隐喻（约2500年前毕达哥拉斯提出）的派生物。从1620年的弗朗西斯·培根开始，我们就被告知，现代科学建立于对我们轻而易举而来的隐喻的不信任基础之上。但布勒的（后现代）观点似乎认为，确为隐喻的事物能够表达大脑、音乐和丝绸中化学序列之间实际的家族相似性。证据一目了然：更好的音乐产生更好的纤维——通过不断进化的隐喻。

让隐喻变得更好的是让大脑、音乐和丝绸更好的同一件事：我称之为它们的节点；或者用布勒的话说，是它们"更为彼此交织的网络"状态。我们所探讨的、作为机械工程和新纪元哲学间转化器的隐喻借以起作用的禀赋，正是它们看起来如此充满希望的原因。

布勒是材料科学家，所以他就该说出这种话："我们能发现构成世界蓝图的普遍模型"（和我用了迷幻剂神魂颠倒时想宣称的一模一样！）而不会被捆在紧身衣里带走。作为从事文化理论的我的劝说就略为，嗯，微妙。是的，我一开始就说了我是个隐喻贩子。但都一样：用隐喻做实验，看你能用它思考、再思考什么，你能拿它做什么或妥协什么，它和你用它做的任何东西如何进化。不管怎样，证据仍然一目了然。

艺术、语言和思维是从世界退回的步伐——元认知是从认知退回的步伐，就像从一条不停向前的河流运动中退出的漩涡或回水，但因此也可能意味着新河道借此造就。

新的未来开启之前，先是存在限制。一颗拉长的水滴先拉长再分离，变成一滴水，颤抖着变成球形：系统的形成，例如心智的出现，或从心智中层创地出现思想、语言、艺术的虚拟世界（以及我们现在更狭隘地命名为虚拟现实）。

这和进化论塑造的适合度景观必然相关。在其中，可从几种可能的局部最高值（适合度的顶点）之一出发，去往某些更高的、可能更全局的最高值。既然无法从顶点出发去其他地方，那么抵达更高的顶点就不得不经由朝下的一步、变得不那么适合，而只有最终变得更适合的潜力（不保证）。例如，有性生殖的演化，以及随之而来设定的必死命运，好像是来自实际上永恒的单细胞生物颇为陡峭的下降——后者能无穷无尽地自我复制、平行分享基因。但我们坚持下来了，有性繁殖带来增长的可进化性，证明这是颇为不错的战略。就算科学本身也可以说是从宗教代表的宇宙确定性的顶峰爬下来，带着诸多束缚踽踽而行，坚持通过最复杂、强迫症的仪式，一次只扩张一丁点儿它那精简过的领域。

一边前行一边休息，能维护任意数目不同方向的可能性。紧抓不放，试图留在路上,却往往因此放大了波动,导致航向的偏离更具灾难性(可能性也更大)。这就是为何如果你参加摩托车驾照考试,被问到如何处理高速摇晃的情况,正确的(但反直觉的)回答是"不要控制摇晃;别碰刹车"。我觉得车管局里某位秘密哲人也许已经将这一禅意寓言塞到考试中了。

我们摸索前行,如弗朗科·贝拉尔蒂(Franco Berardi)所写:

> 承认资本主义铭刻在社会历史之中的灾难性趋势的不可挽回,不等于与其决裂。相反,如今我们有一件新的文化任务:以放松休闲的灵魂体验无可避免之事。

这就是文化任务——情感劳动。为了捕捉时代节奏,要求休闲这种事与情感结构共鸣,不只是关于短暂局势的情感,而是关于某种正在崩溃、燃烧、将在长远未来进化并层创性地出现的事物。

四

有一种集体失眠的情绪,也可以说是清醒的梦:在其中你知道自己睡着了,在做梦,这一认识让你感到有控制感。也许这就像身处一件艺术品之中,既不是模特,也不是艺术家,而是画笔和颜料。

革命真的不是它看似的那样遥远,也并非末日。"开端就在眼前",一条占领华尔街时广为人知的标语这样说。

活动家、记者内森·施耐德描述参加占领华尔街运动的感受如末世降临:感到自己是创造新世界的一部分那么具有启示性。有一种崇高和超现实的感觉,既不是主体也不是客体,既有在世感又有即时感。

无政府主义者艾玛·戈德曼(Emma Goldman)时常被人(错误)引述说:"如果不能跳舞,我不愿成为你们革命的一部分。"这貌似是其自传里一段话的缩略转述：

> 在舞会上我是最不知疲倦、最开心的人之一。一天晚上，萨沙的表亲，一个年轻男孩，带我到一边。他脸色肃穆，好像要宣布一位亲爱同志的死亡似的。他对我低语说，煽动者跳舞不太合适。不管怎么说，肯定不能这么不管不顾的。对于即将成为无政府运动一分子的人而言这很不成体统。我的轻浮只会伤害这一事业。对于这个男孩放肆的干涉，我怒不可遏。我告诉他少管闲事。我厌烦了总是不停拿事业来说我。我不相信一个象征着美好理想的事业，为无政府主义、为摆脱习俗和偏见而进行的事业会否定生命和快乐。我坚持认为我们的事业不能指望我变成尼姑，运动也不能变成修道院的方式。如果是这样，那我宁可不要它。"我要自由，要自我表达的权利，要所有人拥有美丽、光芒四射事物的权利。"对我，无政府主义就是这些，我会无视全世界来如此生活——监狱、迫害、任何事。是的，就算我最亲密的同事也来谴责我，我仍会实践我的美丽理想。

戈德曼认为手段和目的的失调就是虚伪：如果坚持高度严肃，那必须是出自对高度严肃的信念——如果不是，那很快就会成为就像叶芝所说的"太漫长的牺牲 / 会将一颗心变为石头"。

另一方面，这些手段和目标一致的时刻也许正是这样：时刻，就像一股股辫子的交叉点或者室内饰品的纽扣连接着表面和下层结构。你也许没有活在持续而幸福的手段—目的一致的情况里，但除非它们持续性地关联、持续性地产生并强化彼此的一致，否则，你就会同推动你的理性分离开来。

（这些羽毛翅芽不能让我飞，但展开拍打它们能让我保暖！）

各种无政府主义信念对占领华尔街运动来说都很重要，特别是拒绝代表制度、支持参与直接民主，尤其是通过运动的全体大会——有时称为全体委员会、所有在场人士的委员会,而非其"代表"的委员会。有些会议令人挫败、难以控制(随着运动发展、分化、发展,也无法以原本的形式继续下去),但对参与其中的人来说它们有改造人的能力,其运行原则可以持续地被融入不同层面。

(出现块状疙瘩时,火开小一些,继续搅拌,让疙瘩融入麦片。)

令主流评论家迷惑并时而鄙视的是,占领运动的反代表主义延伸到拒绝代表一套特定的政治要求。相反,占领运动关注解决运动如何通过自我组织的过程实行并体现其原则。[顺便说一句,这正是自创生(autopoiesis)主义先锋马图拉纳(Maturana)和瓦雷拉在智利参与1968年学生运动的经验中学到的。它同反代表主义者对语言的工作原理的理解产生了共鸣,这一理解的发展——部分因为马图拉纳和瓦雷拉的贡献——与其说是作为外在于它的世界的代表,不如说是作为在共同构造过程中与世界接触的自我组织系统。这在语言学和文化理论中有另一个常见术语,即表演性。]

任何事,如果不是按照由弗洛伊德所说的"现实原则"(即延宕当下之快感,以便未来得到更多满足之欢愉)所定义限制,就会产生即时感、活力感,时而还有超现实的情感。这不是说延宕是可以避免的,而是说它不可避免地成为快感之一部分,即带有快感的系统的一部分,而非仅仅通往快感的线性道路上的一步。戈德曼认识到,我们若遗忘或不承认这一点,这让我们处于危险的地步。新系统的层创结构性出现是正在发生之事,而非通往它的一段弯路。

可能存在完全不同于占领运动所体现的无政府主义、反资本主义、反消费主义,但也在同类过程中的情况。

现在,市场营销人员为"脸书"及其他社交媒体用户——特别是儿童、青少年和年轻人提供奖励(有时是完全象征性的,例如积分),奖励他们喜欢某些产品、传播自己的点赞、赢得产品更广泛的在线受众。营销人员一般隐藏其对此过程的精心编排,令其显得自然,他们却仍然称此为透明营销。想必这是因为(例如)如果我发送信息"我喜欢某品牌",并不会被后续信息连累，反而会得到如下信息的强化，例如："我刚刚向 10 万个粉丝转了我的第 100 条关于某品牌的推特"，或者"我获得了某品牌的顶级粉丝奖，他们正在请我飞往佛罗里达！"或者"我在佛罗里达，正和某品牌营销团队聚会"。好像这一切都是公开透明的。

这与传统营销和广告区别不大，后者将产品表现为被使用者喜欢——使用者成了产品的非正式代理人；只不过代表或表征再次退出了这个倾向于表演性、透明化和循环性的过程。产品及其使用者都未被理解具有某种得以表达的特质，而更接近于因为出名所以出名。这一体系中的价值（不管是我自己的还是一件产品的）源自网上的流行程度，其中品牌推广、身份和消费社区环环相扣。

你认为这是新范式——后现代同现代过往的断裂，或跨越临界点，或只不过是一成不变，都不那么重要：要识别并评价这里有事发生，或者持续发生。

大规模线上推广活动让《饥饿游戏》（*Hunger Games*）系列的第二部影片《星火燎原》（*Catching Fire*）成了史上最受期待的电影。电影中的设定让成人指定儿童参加一个游戏，并在这个游戏中俘获其他儿童。这一设定和电影的线上营销推广模式神秘地一致。这种循环的自我指涉通常是一个系统的标志：很可能电影人意识到了这一点，但他们本不必如此——当你是系统一部分时，你从系统的角度思考。揭示这一点也并不会导致追随者幻灭的丑闻，而更可能是自知之明，是对意会的圈内人的反讽眨眼（又一个后现代元花招，展示了如何耍花招而不损害其魔力）。其实，这种自我指涉很大程度上可能就是年轻观众为何感觉电影真实的原因。

意义是价值和身份制造之间的连接：一件事越似无意义，我们就越可能接近我们称为的纯粹意义。以社交媒体为例，金钱不一定是特权的终点（我地位越高，钱越多），而是闭环的一部分（地位越高，钱越多，地位越高）。但即便钱和地位实现其意义，这也只是成为和身为系统的产物这一持续快感的一部分——以及伴随着交际性的归属感，为身处闭环之中的一个部分。

成为某种正在层创性地出现的事物的一部分，这会有何感受？为了什么是生或是死，通过与未来相连而让自己的生死有意义？这个过程不是关于个体成为某个集体的一部分，而是关于个体和集体、复杂系统及其复杂的组成部分共同构成的时刻。同样，当下的时刻不是以线性的、因果关系的方式与未来相联（这在传统的延宕逻辑中是如此），而是通过成为进化的一部分——其中结果和起因构成闭环，这一般通过选择可行性的持续反作用来实现。你可以说这一闭环路径是可行性的通道。

要理解我们在新世界从旧世界废墟中层创性出现过程中的作用，有各种乌托邦和反乌托邦方式，其中一个特别恰当的比喻（连接了科幻小说、宗教、异教团体、文化和反主流文化）叫作被传送上去，在新的所在中再次得以实体化实现。这一意象类似对基督再临时提送信徒升天的描述，信徒（我差点说成那百分之一）被传送至天堂，而世界在身畔终结。

不论是否令人惊讶，那些相信自己被外星人劫持的人讲述的经历中，这一意象也常见：被选之人被传送到密谋主宰地球的外星人飞船上，用来作为各种邪恶实验的对象，遭受诸多机械探测和移植。就算你认为基督再临时提送信徒升天只单单是满足了愿望，外星人劫持行动就更难解释。和其他末世情景一样，你不得不问，这怎么就能替代某种更糟的事——不被允许进入意识，或者无法以现实主义表达。我觉得这是对被改造为后现代资本主体的颇为不错的叙述。一个提议：可以试试无政府主义——在其中，身为实验对象意味着栖居于机缘巧合时刻的乌托邦式的一部分。

身处可持续性和末世之间的中间地带和既被构造又被消解的时刻是何感受？冲浪于波峰，在涌浪和冲撞的中间地带上（即一处中间的非立场），在此被动员加入正在被传送或横穿过我们的模式。作为开始，这让人感觉活着。

五

抱歉，我们说到哪儿了？我在地铁上，想到那次我在飞机上，老海军陆战队员给我讲偏航。于是我认识到让我在飞机上感到那么不安的是偏航——既非俯仰也非翻滚。我也明白了何以如此：我在明尼苏达长大并学会开车，冬季漫长，道路冰封，我的身体设定了将偏航看作即将失控的信号。认识到这一点真的重建了我的大脑，帮我对飞机上的偏航脱敏。

所以我在地铁上想着这些事，意识到我在这些思绪中找到了摆脱焦虑的避难所，这都是看海报、发现字母重组时开始的。我记得博学的丹尼尔·塔梅（他能展现令人惊异的记忆和数学技能，但患有令人虚弱的焦虑）用计算减轻压力，很像我的文字游戏那样，许多强迫症都这样：

> 我不喜欢坐火车。很脏，地上有塑料糖果纸，前座有份揉皱的报纸。火车前行，弄出许多噪音，让我很难集中注意力在其他事物上，比如数我身边窗户上的刮痕。一站又一站，火车逐渐满是人，我越来越焦虑。

也许我是强迫症谱系上的一点。我无法展示令人惊异的记忆和数学技能，但怎么说，就算偶尔会强迫性地重组字母，我也依然会系好鞋带、开始工作。

你会看到，思考 yawbus 时，我跃到另一层面：焦虑感和脆弱感让我退后，以阅读海报、玩文字游戏为避难所，从那里我再度退回，思考我自己在思考。这件事的不可思议之处在于，我貌似随机的小发现（关于 subway 和 yawbus）如何反映了我思考的过程。

在拥挤的公共空间我感到焦虑，就像要偏航的公共汽车（面对他人时脆弱的焦虑，以及因此而生的即将失控感），这导致我移到另一层面，进入我思维的地下轨道（它在社会性的开放空间之下喋喋不休，无人看见），进入语言和文字游戏那更令人安慰的运动中。

正如创造艺术和更一般的语言和思维中那样，在文字游戏里，为了获得自由和控制，人接受了一种极端层次的束缚。在我思考和言说（能在一张 8.5 乘以 11 英寸纸上画画或写作的事情）中，我感到更有把握、更自由，超过我是作为社会存在的时候。在后者中，我是自己与他人关系的产物，而他人有其自身的欲望和权力。

我朋友的五岁孩子告诉我他想成为艺术家，因为艺术家没有老板。聪明的孩子。

但此处的点睛之处在于，随着我越退越远，我发现自己再次被带回到自身和社会世界中，这在你看来也许会说是治愈了；然后回到闭环，再次进入外界，进入这一时刻。

汪蘅/译　姜文涛/校

第六部分

20 世纪中国的情感问题

第 21 章　重访中国革命：以情感的模式①

裴宜理

（存目）

---

① 裴宜理，《重访中国革命：以情感的模式》，《中国学术》，2001 年第 4 期，第 97—121 页。
　裴宜理（Elizabeth J.Perry），哈佛大学政治系讲座教授，哈佛燕京学社社长。著有《上海罢工》《华北的叛乱者与革命者》《安源：发掘中国革命之传统》等。《重访中国革命：以情感的模式》认为，在 20 世纪中国，"激进的理念和形象要转化为有目的和有影响力的实际行动，不仅需要有利的外部结构条件，还需要在一部分领导者及其追随者身上实施大量的情感工作"，并将此"情感工作"解释为中国共产党迅速取得革命胜利的关键性因素，革命在组织形式、符号体系、运动方式上都重视和发挥了情感的作用。这篇文章将情感史视野带入对中国革命的观察和思考中，关注革命主体，强调情感动员的重要意义，对"新革命史"研究起到了较大影响。越来越多的学者开始关注 20 世纪历史中的"情感政治"，在革命的情感化、情感在革命中的表达，以及情感本身的历史性与政治性等问题上发展出新的论述。——编者注

第 22 章　非理性之魅惑：朱谦之的群众观[①]

肖铁

（存目）

[①] 肖铁，《非理性之魅惑：朱谦之的群众观》，《新美术》，2014年第2期，第15-36页。

肖铁，现为印第安纳大学东亚语言与文化系副教授，研究领域为中国现代文学。学术著作有 Revolutionary Waves: The Crowd in Modern China（Harvard University Asia Center, 2017）等，翻译作品有雷蒙德·卡佛，《大教堂》（上海：译林出版社，2009）；巫鸿：《废墟的故事》（上海：上海人民出版社，2017）。本文以朱谦之的革命哲学为讨论对象，分析他对群众概念的借用方式和畅想手段，探讨朱谦之对群众情感力量的激进展望，以及这与日后革命话语之间的连接。——编者注

第 23 章　与爱何干①

李海燕

（存目）

---

① 李海燕，《与爱何干》，出自《心灵革命：现代中国的爱情谱系》（北京：北京大学出版社，2018）。

李海燕（Haiyan Lee），美国斯坦福大学东亚语言与文化系教授，研究兴趣为中国现代文学与流行文化、情感研究、文化研究、法律与文学之关系等。著有 The Stranger and the Chinese Moral Imagination（Stanford University Press, 2014）; Revolution of the Heart: A Genealogy of Love in China, 1900-1950（Stanford University Press, 2007）等。本文回顾了情感和欲望在中国近现代思想中的发展历程，认为现代情感取代儒家情感结构的过程，形塑了现代主体与社群，并推动了现代史的进程。——编者注

第 24 章　唯情与理性的辩证——五四的认识论①

彭小妍

（存目）

---

① 彭小妍，《唯情与理性的辩证——五四的认识论》，出自《唯情与理性的辩证：五四的反启蒙》（台北：联经出版公司，2019）。

彭小妍，台湾"中央研究院"中国文哲研究所研究员，研究兴趣为中国现代文学、中国台湾文学、跨文化研究等。著有《海上说情欲：从张资平到刘呐鸥》（台北："中央研究院"中国文哲研究所筹备处，2001）；《浪荡子美学与跨文化现代性：一九三〇年代上海、东京及巴黎的浪荡子、漫游者与译者》（台北：联经出版公司，2012）等。本文从1923年爆发的科学与人生观论战入手，发掘人生观派"唯情论"的哲学源头，讨论五四运动中"启蒙的悖论"这一面向。——编者注

第 25 章　有情的历史：抒情传统与中国文学现代性[①]

王德威

（存目）

[①] 王德威,《有情的历史：抒情传统与中国文学现代性》，出自《抒情传统与中国现代性》(北京：三联书店，2010）。

王德威，美国哈佛大学东亚语言与文明系教授，研究范围包括中国现当代文学、晚清文学、比较文学理论、离散文学与 20 世纪中国知识分子思想史等。著有 *Fin-de-Siècle Splendor: Repressed Modernities of Late Qing Fiction, 1848-1911*（Stanford University Press, 1997）；*The Monster That Is History: History, Violence, and Fictional Writing in Twentieth-Century China*（University of California Press, 2004）；*The Lyrical in Epic Time: Modern Chinese Intellectuals and Artists Through the 1949 Crisis*（Columbia University Press, 2015）等多部学术著作。本文对沈从文、陈世骧和捷克汉学家普实克提出的"抒情传统论"进行深入考察，将"抒情"与革命、启蒙两大主题并列，作为中国文学现代性与现代主题建构的新维度。——编者注

图书在版编目（CIP）数据

情感何为：情感研究的历史、理论与视野／张春田，姜文涛主编. —北京：北京大学出版社，2022.10
ISBN 978-7-301-32801-9

Ⅰ.①情… Ⅱ.①张…②姜… Ⅲ.①情感–研究 Ⅳ.①B842.6

中国版本图书馆CIP数据核字（2021）第274319号

书　　　名	情感何为：情感研究的历史、理论与视野 QINGGAN HEWEI: QINGGAN YANJIU DE LISHI、LILUN YU SHIYE
著作责任者	张春田　姜文涛　主编
责 任 编 辑	曹芷馨　陈万龙
标 准 书 号	ISBN 978-7-301-32801-9
出 版 发 行	北京大学出版社
地　　　址	北京市海淀区成府路205号　100871
网　　　址	http://www.pup.cn 新浪微博：@北京大学出版社 @阅读培文
电 子 邮 箱	编辑部 pkupw@pup.cn　总编室 zpup@pup.cn
电　　　话	邮购部 010-62752015　发行部 010-62750672 编辑部 010-62750883
印 刷 者	天津联城印刷有限公司
经 销 者	新华书店 660毫米×960毫米　16开本　27.75印张　445千字 2022年10月第1版　2024年7月第2次印刷
定　　　价	108.00元

未经许可，不得以任何方式复制或抄袭本书之部分或全部内容。
版权所有，侵权必究
举报电话：010-62752024　电子邮箱：fd@pup.cn
图书如有印装质量问题，请与出版部联系，电话：010-62756370